经典服装设计系列丛书

服装款式大系

——女大衣·女风衣

款式图设计1500例

主 编 章瓯雁
著 者 周荣荣
蒋 雪

東華大學出版社
·上海·

图书在版编目（CIP）数据

女大衣·女风衣款式图设计1500例/章瓯雁主编.
—上海：东华大学出版社，2016.6
（服装款式大系）
ISBN 978-7-5669-1067-7

Ⅰ.①女… Ⅱ.①章… Ⅲ.①女服—大衣—服装款式
—款式设计—图集 ②女服—风衣—服装款式—款式设计
—图集 Ⅳ.①TS941.717-64

中国版本图书馆CIP数据核字（2016）第119487号

责任编辑　吴川灵
封面设计　李　静
版式设计　刘　恋
彩色插画　程锦珊

服装款式大系
——女大衣·女风衣款式图设计1500例
主编　章瓯雁
著者　周荣荣　蒋　雪
出版：东华大学出版社出版 (上海市延安西路1882号 200051)
本社网址：http://www.dhupress.net
天猫旗舰店：http://dhdx.tmall.com
营销中心：021-62193056　62373056　62379558
电子邮箱：805744969@qq.com
印刷：苏州望电印刷有限公司
开本：889×1194　1/16
印张：22.5
字数：792千字
版次：2016年6月第1版
印次：2019年7月第2次印刷
书号：ISBN 978-7-5669-1067-7
定价：78.00元

前　言

服装款式大系系列丛书是以服装品类为主题的服装款式设计系列专业参考读物，以服装企业设计人员、服装专业院校师生为读者对象，尤其适用于全国职业院校服装设计与工艺赛项技能大赛的参赛者，是企业、学校师生必备的服装款式工具书。

女装系列共分为6册，分别为：《女大衣·女风衣款式图设计1500例》《女裤装款式图设计1500例》《女裙装款式图设计1500例》《连衣裙款式图设计1500例》《女衬衫·罩衫款式图设计1500例》《女上衣款式图设计1500例》。系列丛书的每册分为四部分内容：第一部分为品类简介，介绍品类的起源、特征、分类以及经典品类款式等；第二部分为品类款式设计，介绍每一种品类一千余款，尽量做到款式齐全，经典而又流行；第三部分为品类细部设计，单独罗列出每一个品类的各部位的精彩细节设计，便于读者分部位查阅和借鉴；第四部分为品类整体着装效果，用彩色系列款式图的绘制形式呈现，便于学习者观察系列款式整体着装效果，同时，给学习者提供电脑彩色款式图绘制的借鉴。

本书为《女大衣·女风衣款式图设计1500例》，图文并茂地介绍了大衣的起源、特征、分类以及经典大衣款式，汇集一千多例大衣流行款式，确保实用和时尚；以大衣廓型分类，便于学习者查找和借鉴款式；规范绘图，易于版师直接制版；单独罗列出大衣的领子、袖子等部位的精彩细节设计；最后，用彩色款式图表现大衣的系列款式整体着装效果。

本书第一章由章瓯雁编写，程锦珊插图绘画，第二章至第九章由周荣荣、章瓯雁、蒋雪绘画，图片调整章瓯雁。全书由章瓯雁任主编，并负责统稿。

由于作者水平有限，且时间仓促，对书中的疏漏和欠妥之处，敬请服装界的专家、院校的师生和广大的读者予以批评指正。

作者

2016年5月18日于杭州

目 录

第一章

款式概述

第一节　大衣概念

大衣，英文名coat。为了防御风寒，大衣特指穿着在最外层的衣物或户外服装的统称，属长外套大类。一般认为，大衣最早始于西洋贵族服装或军队服装，先影响西方男士着装，后流行于女士服饰，成为男女大众的常服（图1）。

图1　1942年斯特拉斯纳设计的对襟合体大衣

第二节　大衣起源

大衣的起源最早可追溯到古希腊时期（公元前1500年~公元前150年）的多瑞奇天衣（doric chiton）和艾欧尼奇天衣（ionic chiton），或古罗马时期（公元前700年~公元476年）的托加袍服（toga）和帕拉披肩（palla），或拜占庭时期（公元330年~1453年）的法衣（dalmatica）和卡福顿袍（caftan）等。

进入中世纪（5~15世纪），特别是14世纪后半叶流行于欧洲贵族间的胡普兰袍（houppe lande），可视作大衣演化的重要阶段。16世纪后半叶流行的大布利夹衣（doublet）、17世纪的磨光皮外衣（buffcoat）和18世纪后半叶的骑装大衣（justaucorps），对大衣的流行产生了重要影响（图2~图6）。

图2　1551年金编带贴边及地大衣

图3 1552年灯笼袖长大衣

图4 1616年英国妇女无袖大衣

图5 1640年天鹅绒大衣

图6 1799年双排扣大领大衣

19世纪初，披风作为大衣的特定形式流行于欧洲。与此同时，带有大衣特征的制服广泛应用于军队将士。19世纪40年代，出现的柴斯特菲尔德大衣样式（chesterfield coat）深受人们喜爱。随着毛纺工业的发展，19世纪70年代，流行适用于暴风雪气候的阿尔斯特大衣（ulster）。此外，19世纪中叶的马车夫大衣（coachman's coat）、19世纪后期流行的佛若克大衣（frock coat）和20世纪初的爱德华大衣（Edwardian coat）广泛流行于欧洲社会各阶层（图7~图12）。

图7　1810年高腰大衣

图8　1828年大灯笼袖细流苏装饰丝质大衣

图9　1863年喇叭形大衣

图10　1887年羊毛大衣

图11　1899年大披肩带扇形拖尾紧身大衣

图12　1902年大翻领皮草大衣

进入20世纪，特别是第一次世界大战（1914~1918年）和第二次世界大战（1940~1945年），女性服装逐步趋于男性化，即由繁至简，女式大衣也不例外。在夏奈儿、迪奥、圣洛朗、三宅一生、拉尔夫·劳伦等一大批巴黎高级女装设计师的引领下，女式大衣在20世纪的50年代至80年代得到空前发展，其中达佛尔大衣（duffel coat）成为这一时期男女皆穿的休闲大衣（图13~图24）。

图13　1910年插肩袖大衣

图14　1918年肩育克处打褶衣片式披肩袖大衣

图15 1921年宽松法兰绒大衣

图16 1928年毛领及膝大衣

图17 1929年辑明线毛领及膝大衣

图18 1941年合体格纹外套

图19　1942年围裹式外套

图20　1951年公主线分割大衣

图21　1954年宽松粗呢外套

图22　1969年滚边装饰双排扣大衣

图23　1972年印花及膝绵羊皮对襟外套

图24　1980年纵向衍缝棉布外套

第三节　大衣特征

在形制上，大衣通常为有袖、开襟、衣下摆长度过臀围线，可采用多种材料缝制而成。在样式演变过程中，大衣变化丰富。在领型上，有翻领、立领、无领和连帽；在袖型上，有无袖、装袖和插肩袖；在袖长上，有短袖、中袖和长袖；在门襟上，有明暗之分；在系扣上，有单排、双排、钮襻和拉链；在衣长上，有短、中、长和及地（图25~图28）。

图25　1921年门襟侧开高领大衣

图26　1928年插肩袖宽松外套

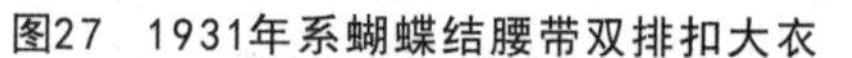
图27　1931年系蝴蝶结腰带双排扣大衣

图28　1932年袖部打褶双排扣大衣

较高级的大衣可采用羊绒、驼绒、骆马绒、羊驼毛等各种动物纤维，也可直接用动物毛皮或皮革制作。普通的大衣则采用羊毛或与羊毛混纺的苏格兰呢、麦尔登、华达呢、哔叽呢、人字呢、粗花呢、海狸绒等（图29、图30）。

图29　1918年狐皮领袖外套

图30　1929年交叠大披肩领插肩袖皮草大衣

随着纺织科技的发展，大衣按用材可分为两种：防寒用的厚大衣和防雨用的雨衣。雨衣的材料通常为有涂层处理的防水透气的高支高密织物或透光不透水的化纤制品。

第四节　大衣分类

西洋服装史上，大衣的命名因廓型、设计、材料、用途、穿着者的变化而不同。在廓型上，有A型、Y型、X型和O型等；在设计上，有达佛尔大衣、公主线大衣、迷你大衣、蓬腰大衣和媚嬉大衣等；在材料上，有海军呢大衣、粗花呢大衣和哔叽呢大衣等；在用途上，有阿尔斯特大衣、马车夫大衣、战壕大衣和汽车大衣等；在穿着者上，有柴斯特菲尔德大衣和爱德华大衣等。

第五节　经典款式

蓬腰大衣，腰际呈蓬松悬垂状效果，1926年风行一时，如图31。

中庸长大衣，衣下摆到小腿中部，流行于20世纪30年代，如图32。

短大衣，长至臀，呈喇叭型轮廓，流行于20世纪40年代，如图33。

A型大衣，外观呈A字型，流行于20世纪50年代，如图34。

达佛尔外套（duffel coat），连帽式纽绊，男女休闲大衣，流行于20世纪50年代后期，如图35。

迷你大衣，刚盖及迷你裙下摆的大衣，流行于20世纪60年代中期，如图36。

媚嬉大衣，衣长至脚踝，流行于20世纪60年代末至70年代，如图37。

图31　1926年蓬腰大衣

图32　20世纪30年代中庸长大衣

图33　20世纪40年代短大衣

图34 20世纪50年代A型大衣

图35 20世纪50年代后期达佛尔外套

图36 20世纪60年代中期迷你大衣

图37 20世纪60年代末媚嬉大衣

第二章

款式图设计

（A型）

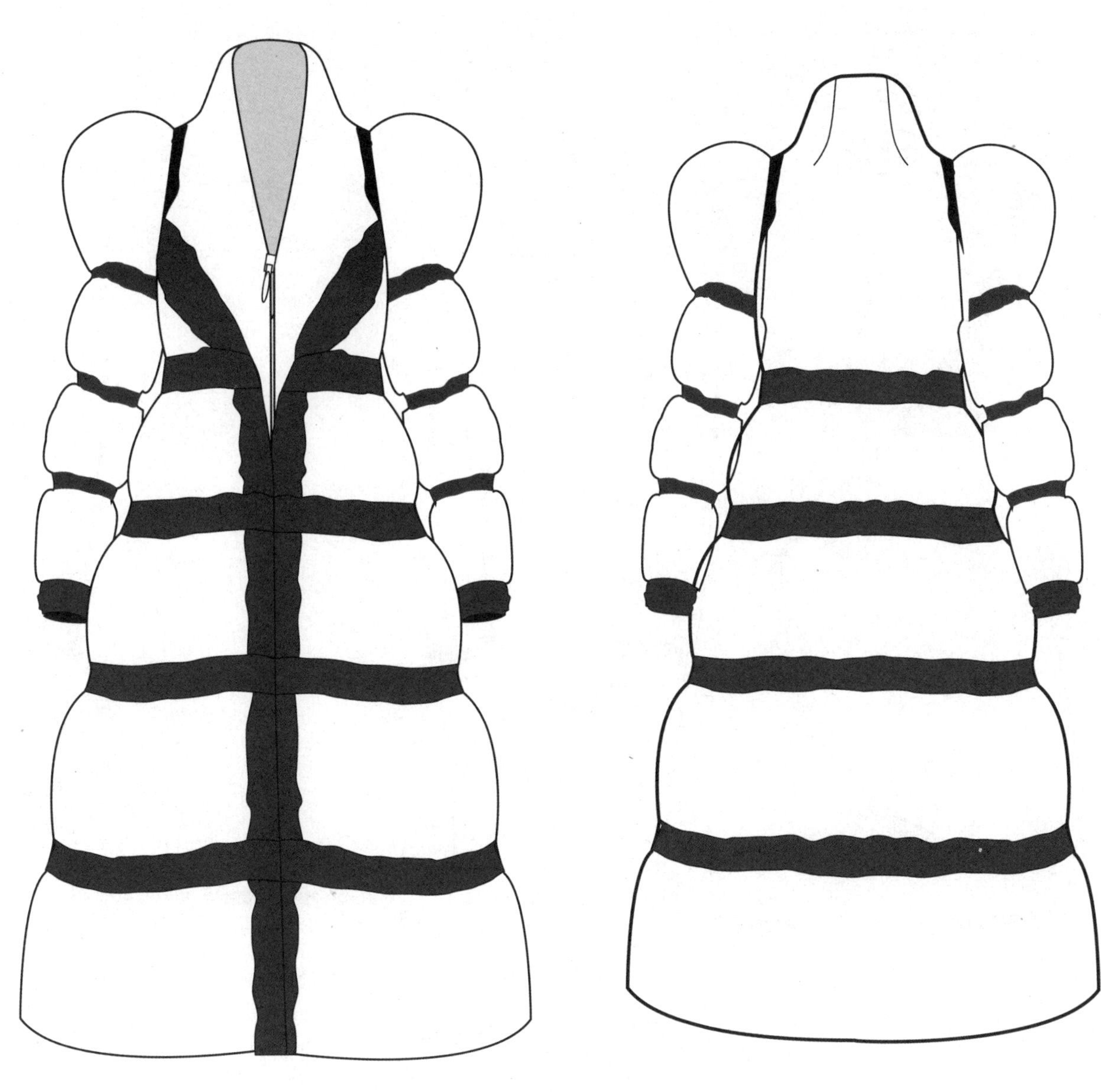

A型充棉系绳装饰大衣

A型V领斜襟单颗扣大衣

A型半披肩双排扣风衣

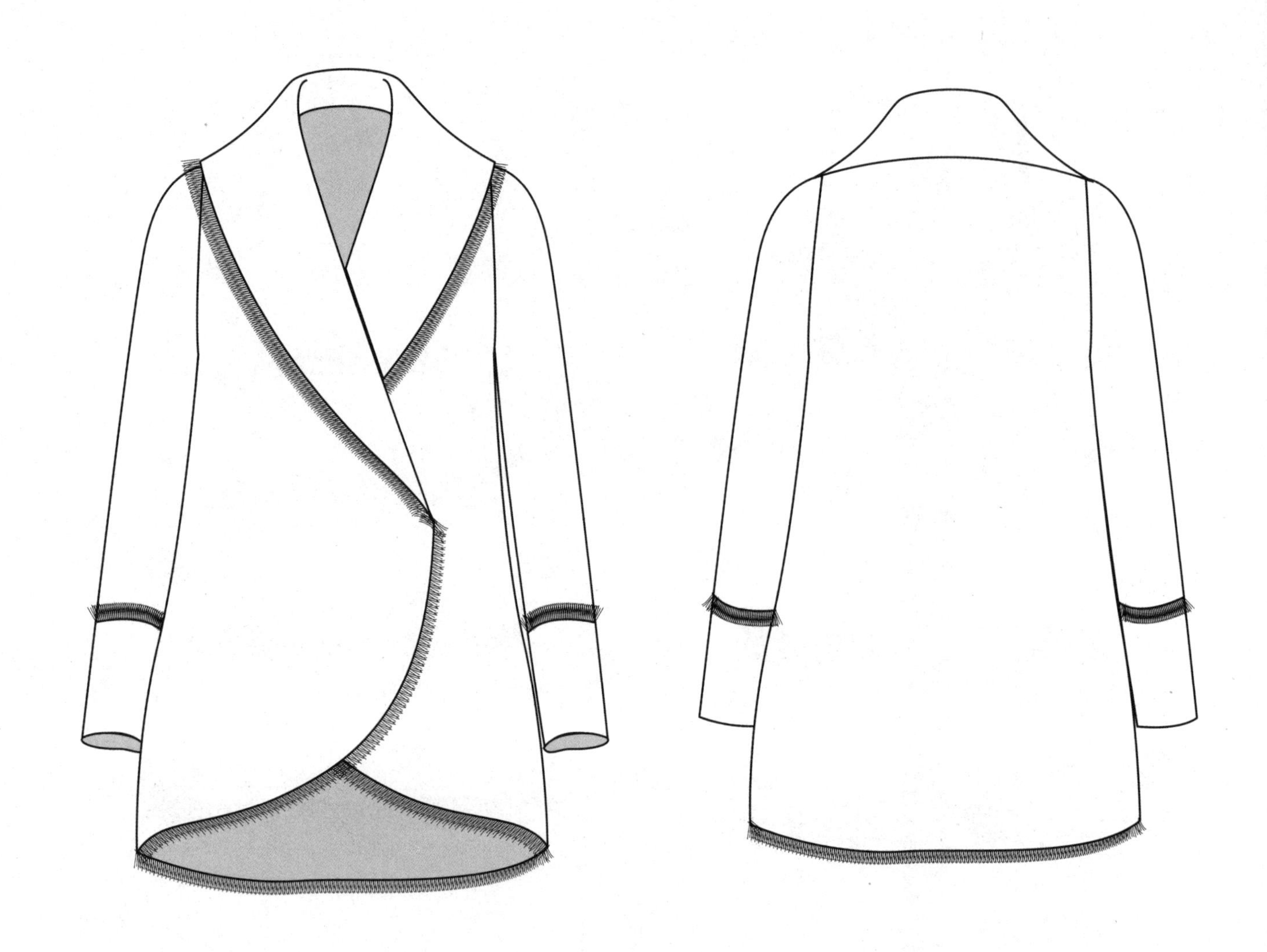

A型大翻领流苏边装饰大衣

A型变形翻领分割拉练装饰大衣

A型蝙蝠式系带斗篷大衣

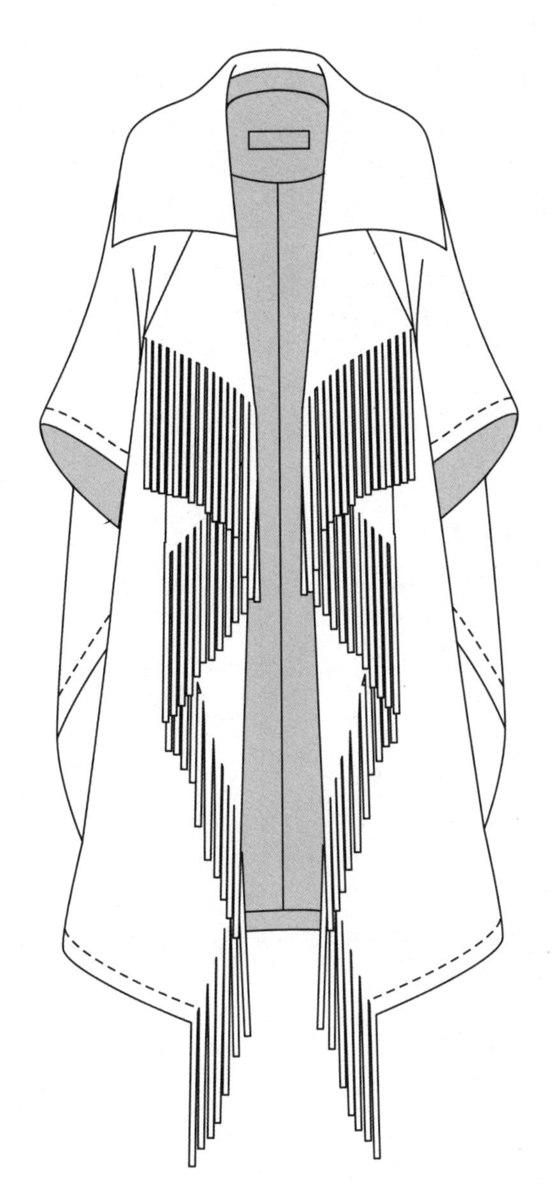
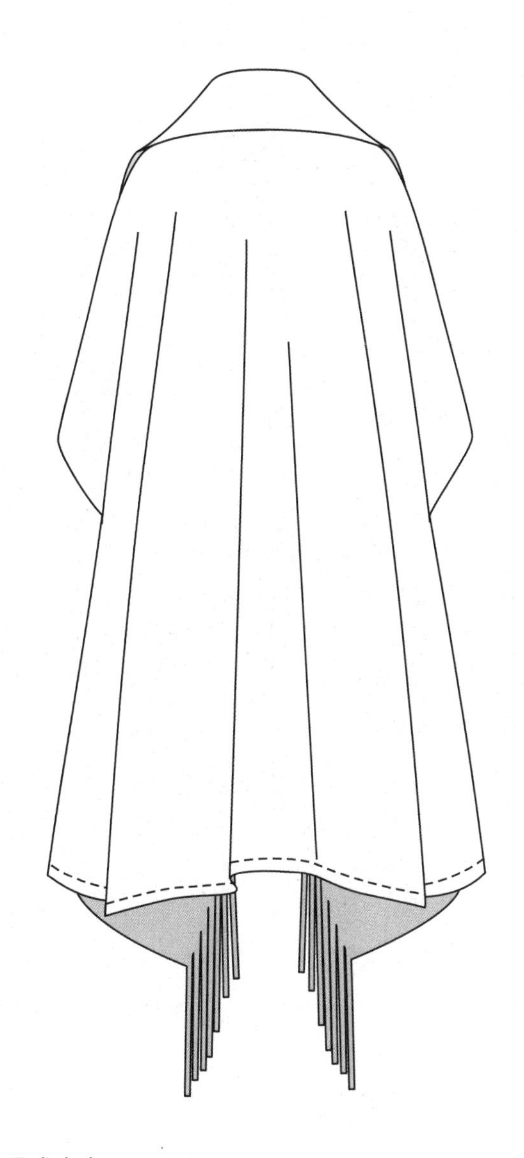

A型大翻领流苏装饰披风式大衣

A型插件袖风衣

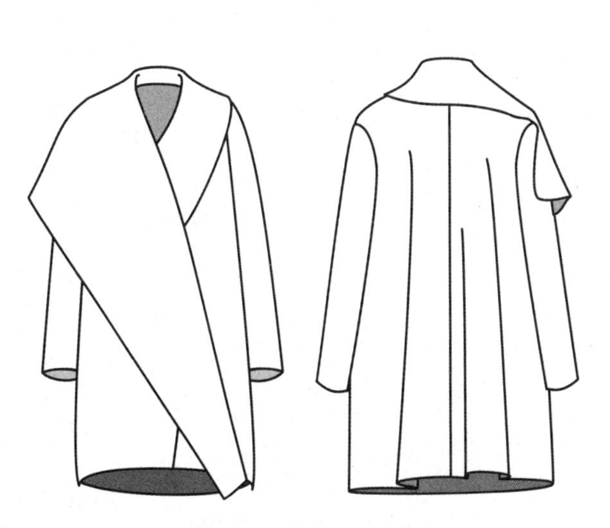

A型不对称驳领设计大衣

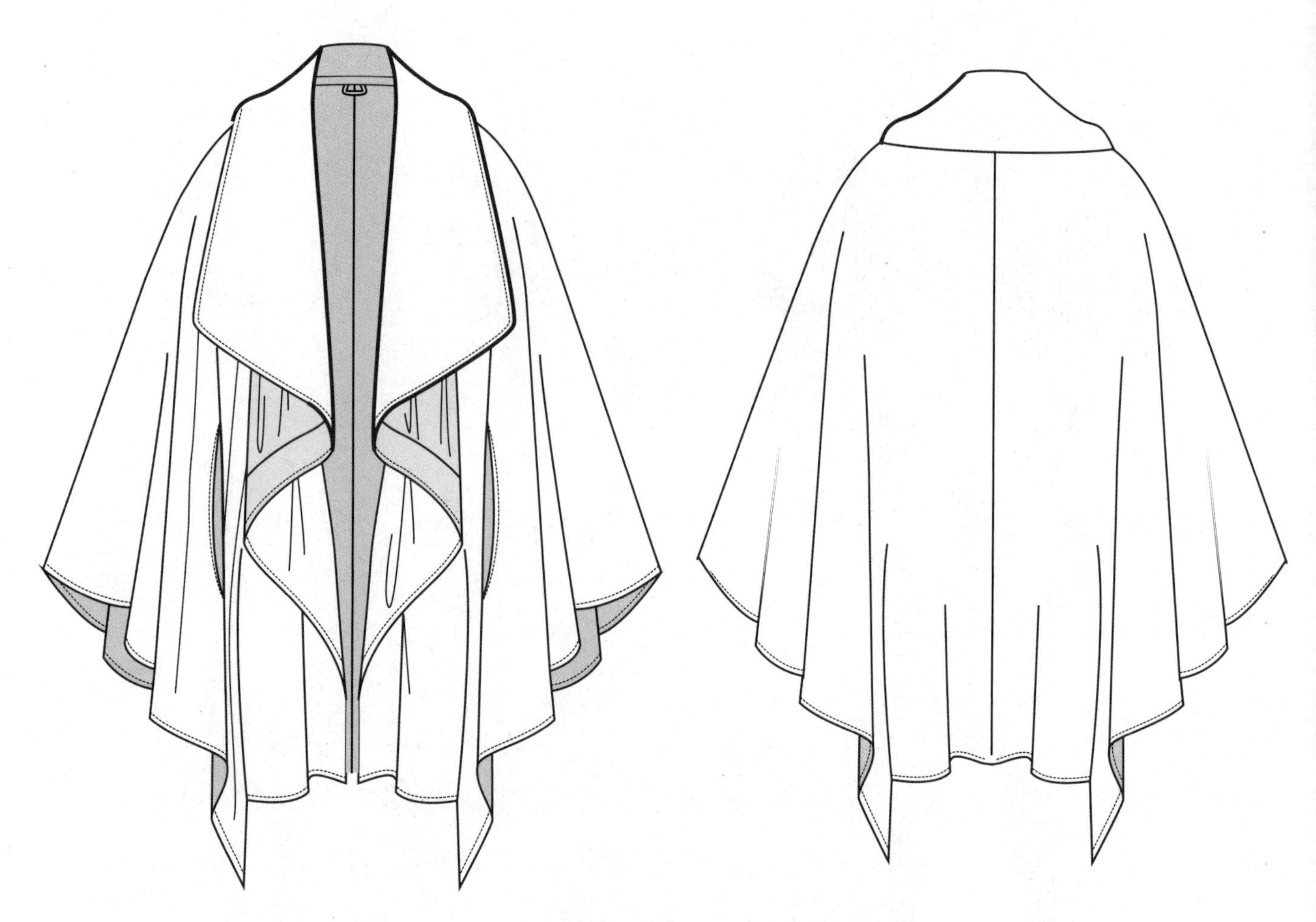

A型荡领蝙蝠式大衣

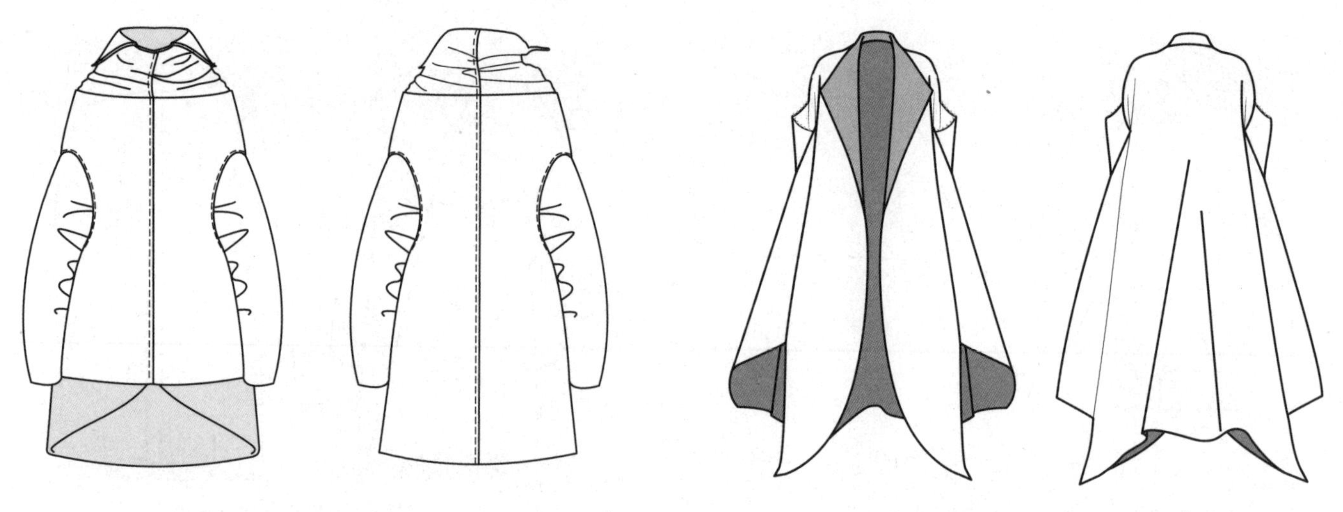

A型充棉大衣

A型大翻领长短型下摆大衣

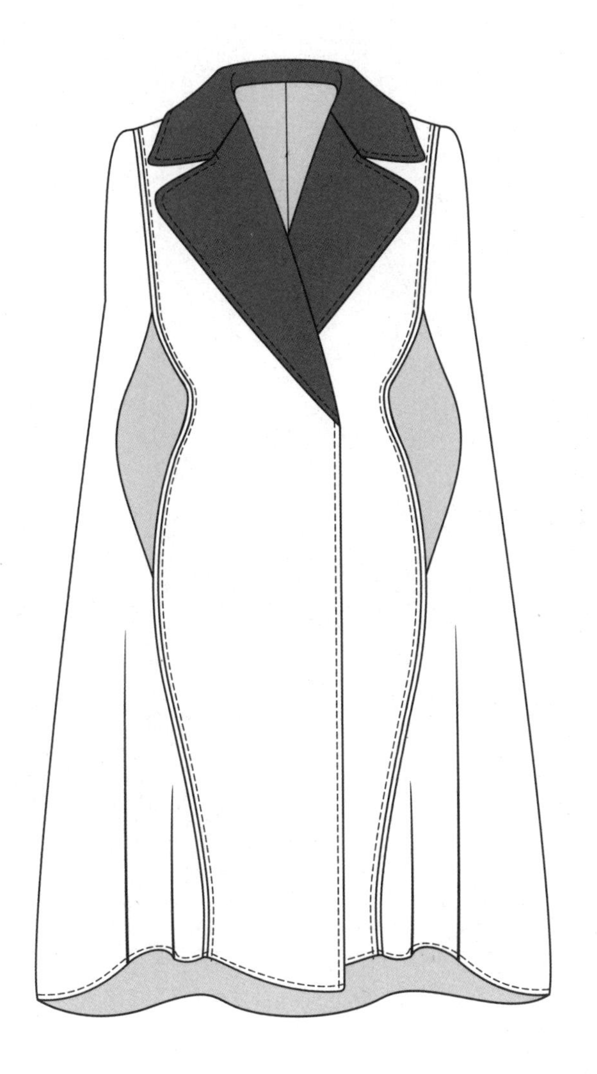
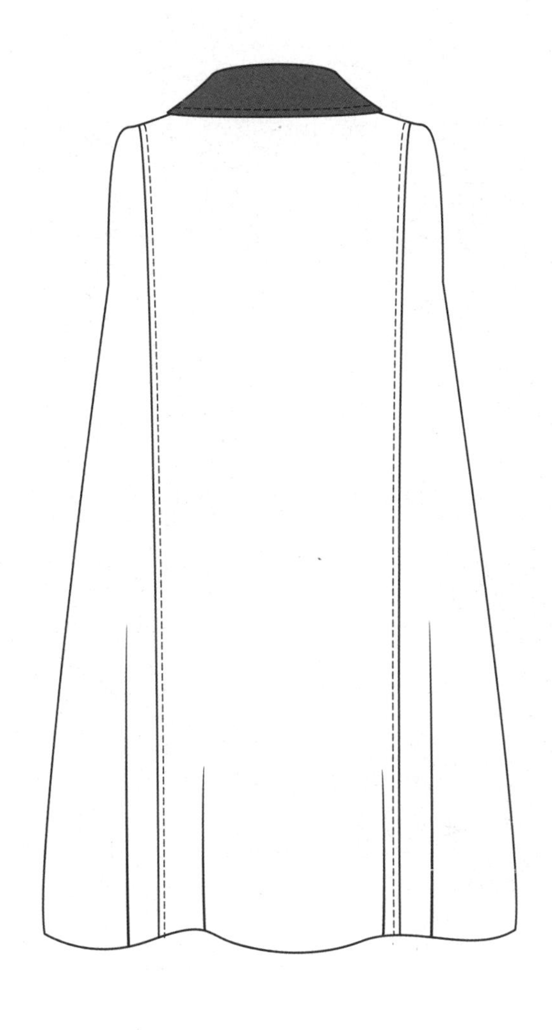

A型斗篷

A型带帽落肩装饰分割大衣

A型挡雨贴翻驳领方型贴袋长款风衣

A型翻驳领插肩袖大衣

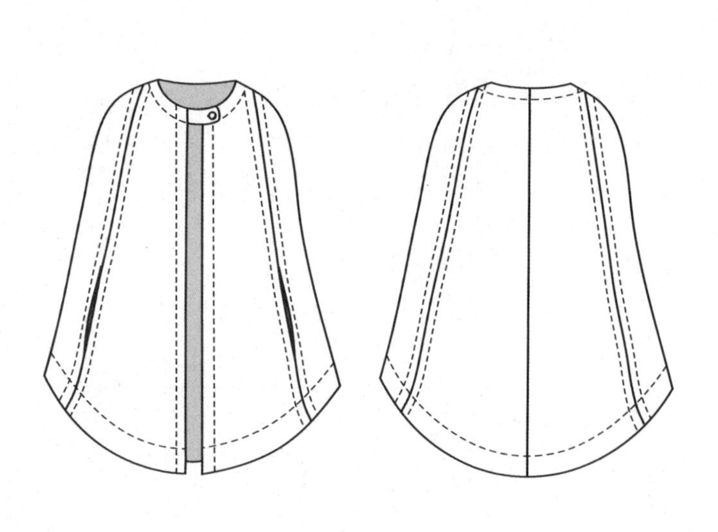

A型斗篷大衣

A型荡领无袖摆浪大衣

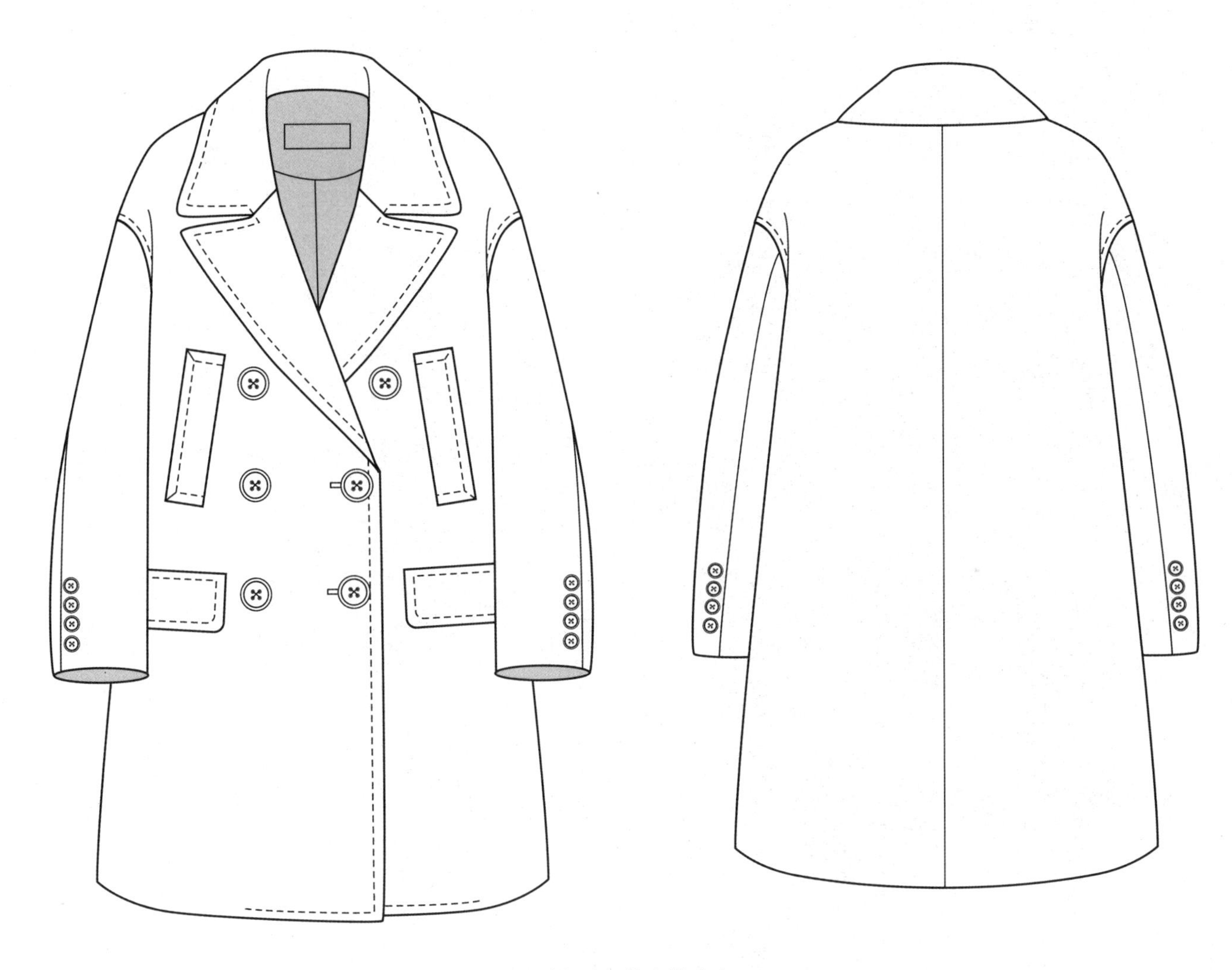

A型翻驳领落肩袖大衣

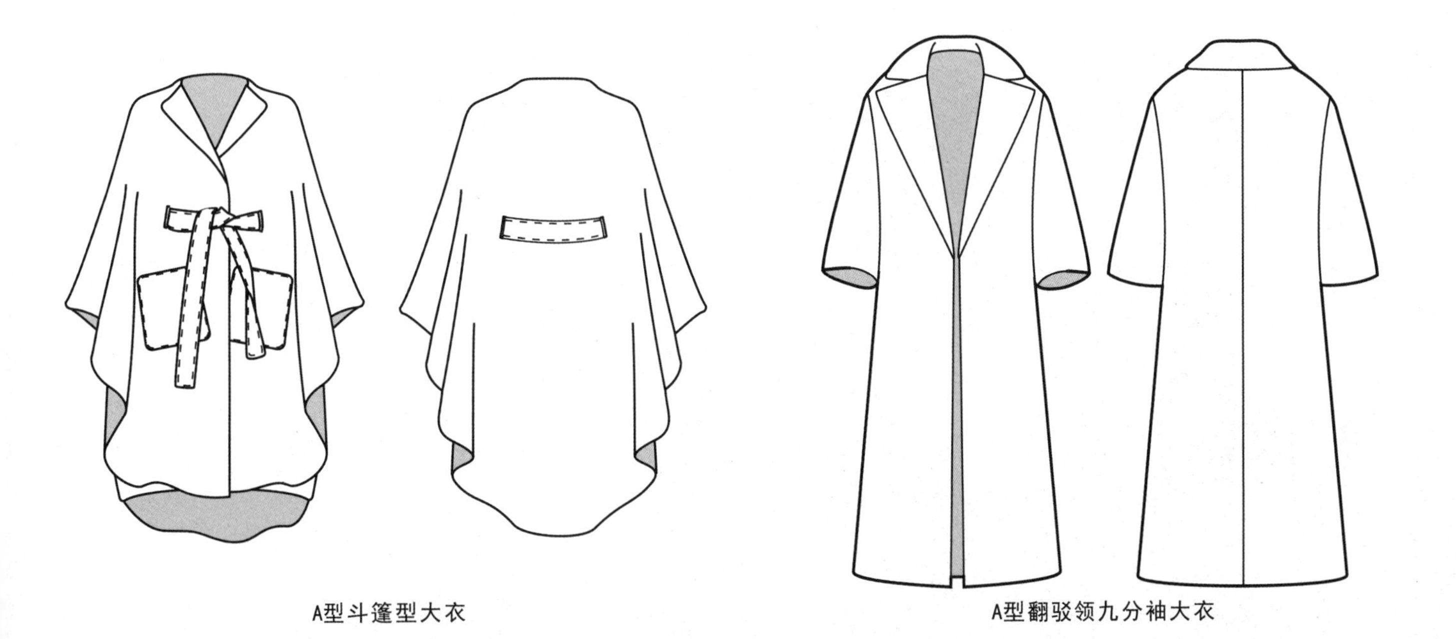

A型斗篷型大衣

A型翻驳领九分袖大衣

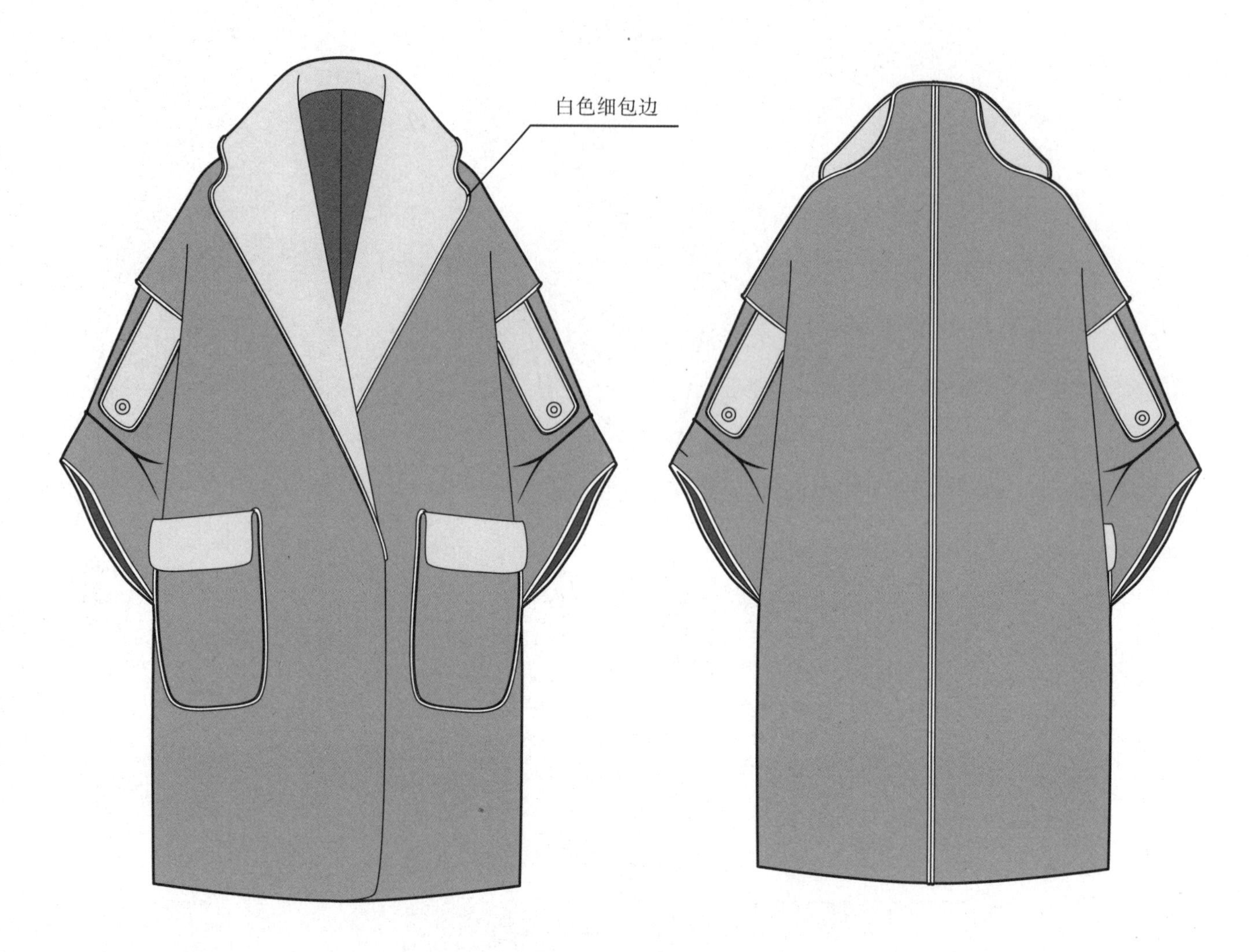

A型翻领七分袖大衣

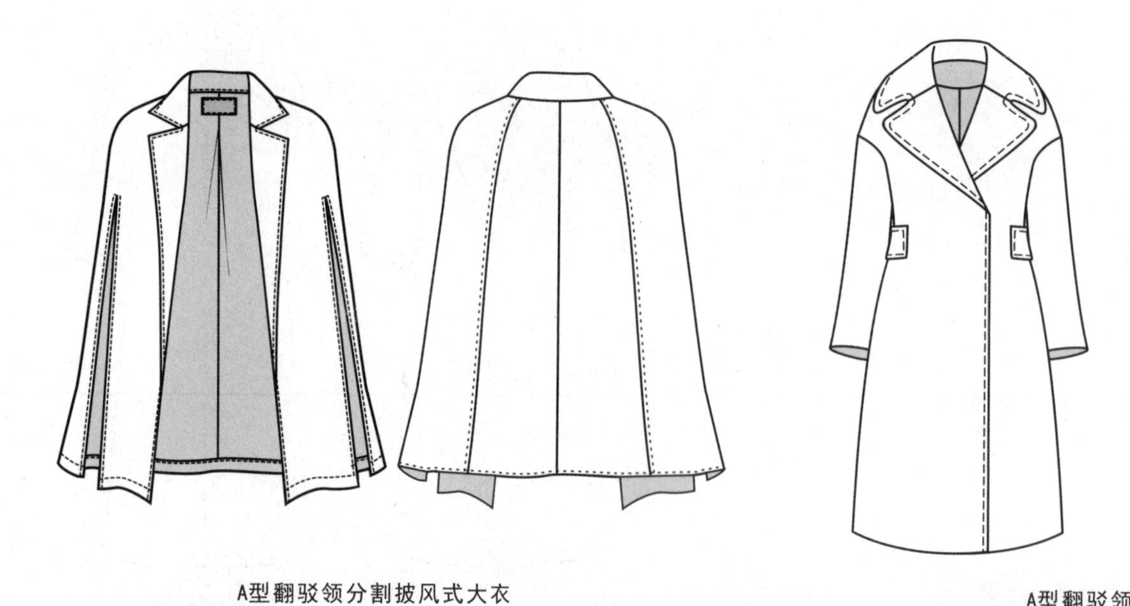

A型翻驳领分割披风式大衣

A型翻驳领大衣

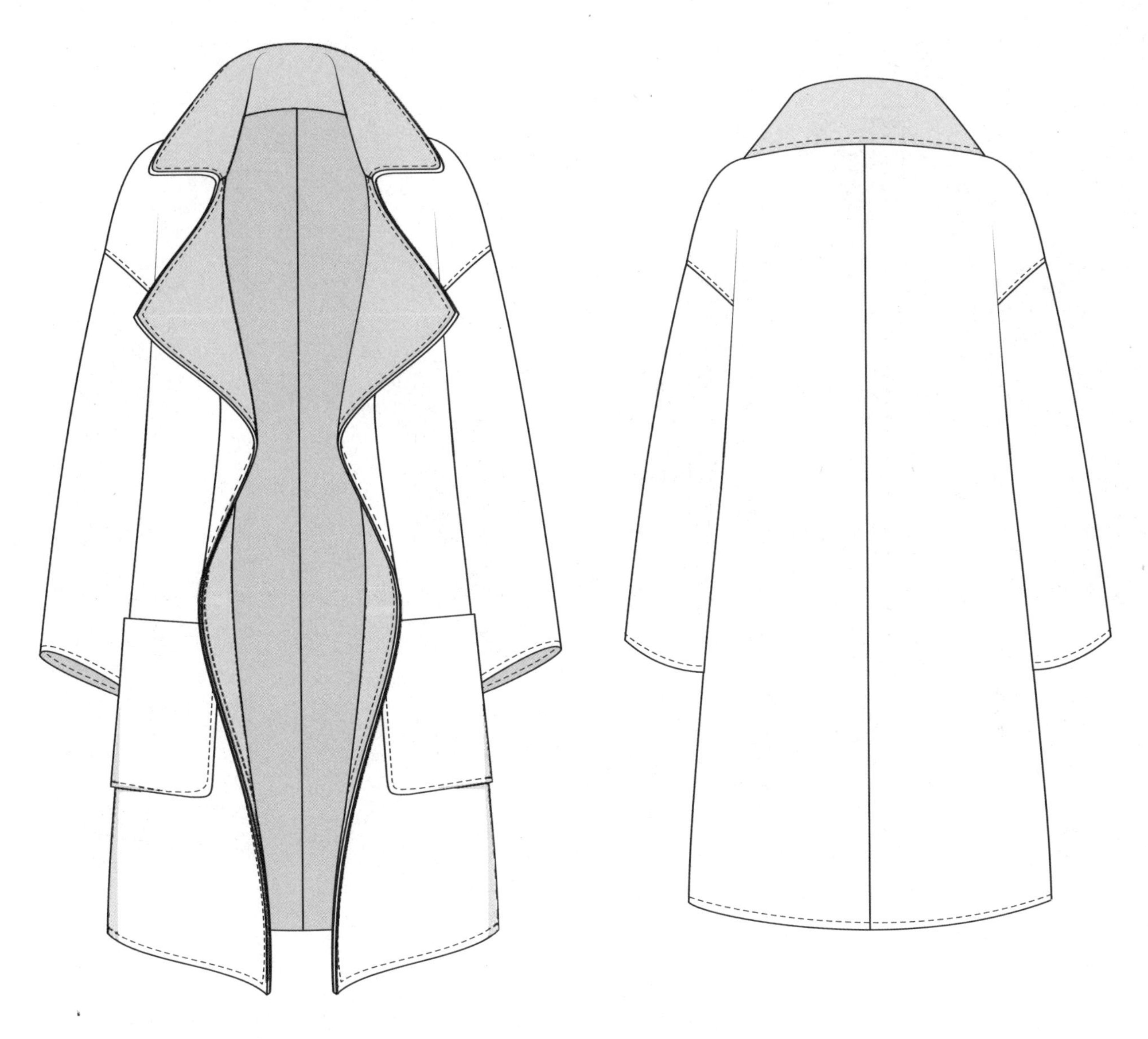

A型翻领大衣

A型翻驳领高腰钟型摆大衣

A型翻驳领格子布大衣

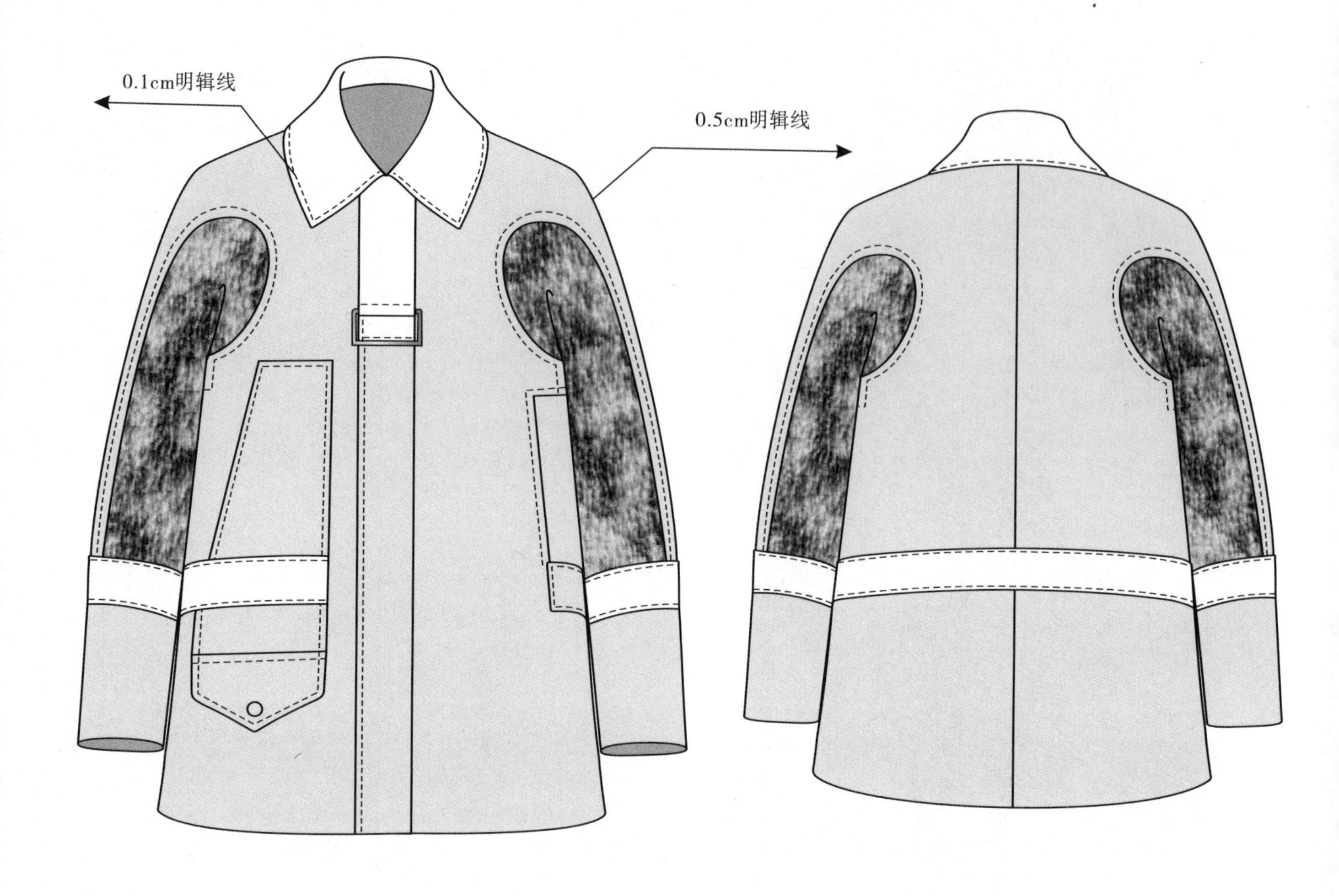

A型翻领连身袖拼色大衣

A型翻驳领落肩长款大衣

A型翻驳领连身袖大衣

A型翻领双排扣带腰带大衣

A型翻驳领双排扣斜插袋大衣

A型翻驳领拼色长大衣

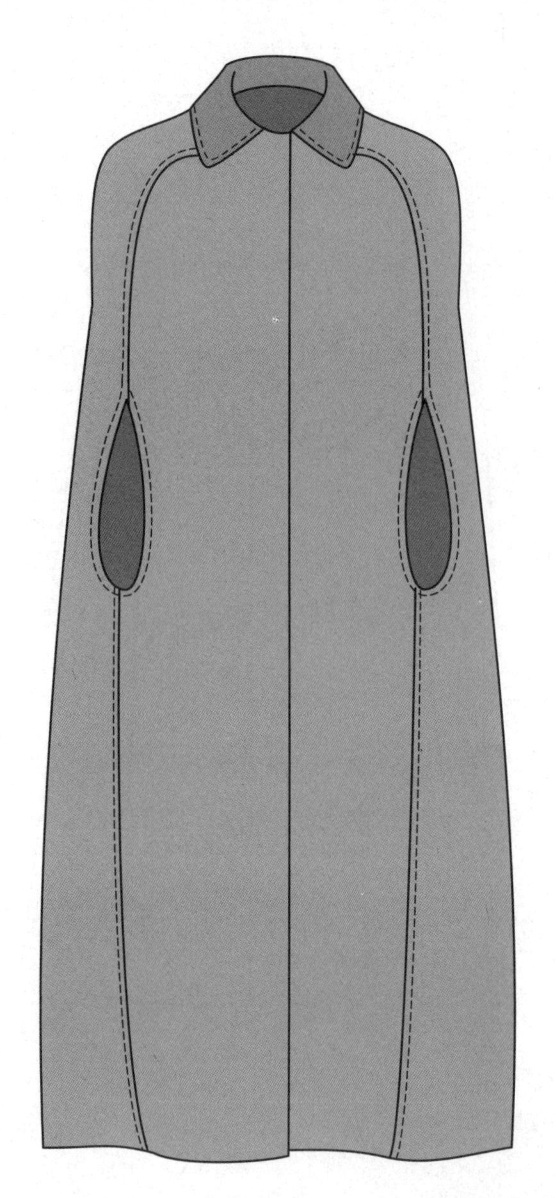

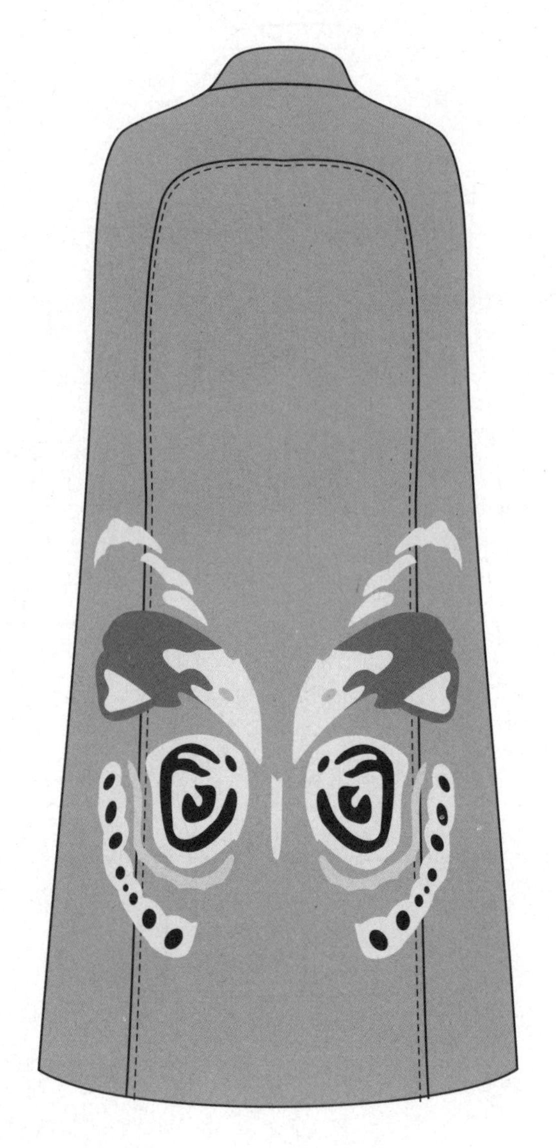

A型翻领图案装饰斗篷型大衣

A型翻驳领无袖大衣

A型翻领插肩袖圆摆大衣

A型高腰设计女大衣

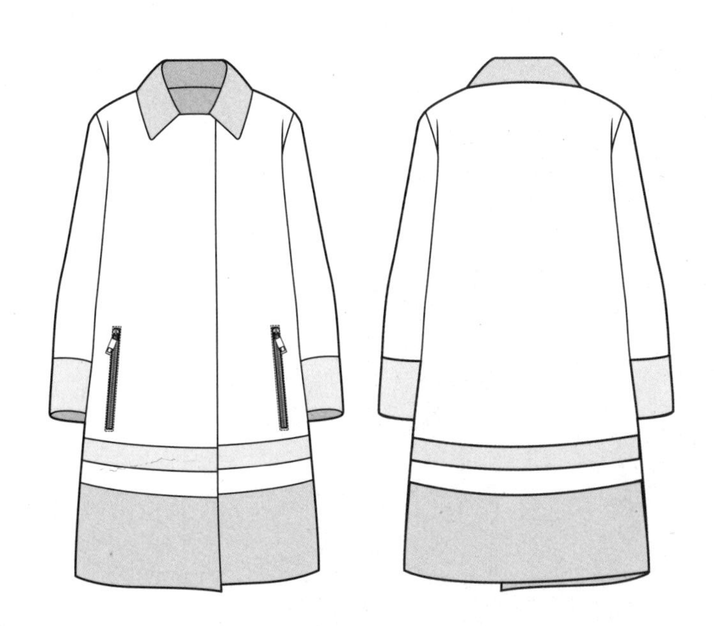

A型翻领分割大衣

A型翻领领口系带装饰大衣

A型夹两件分割大衣

A型翻领披肩式大衣

A型分割小翻领泡泡短袖大衣

A型夹两件装饰大衣

A型滚边装饰大衣

A型分割装饰大衣

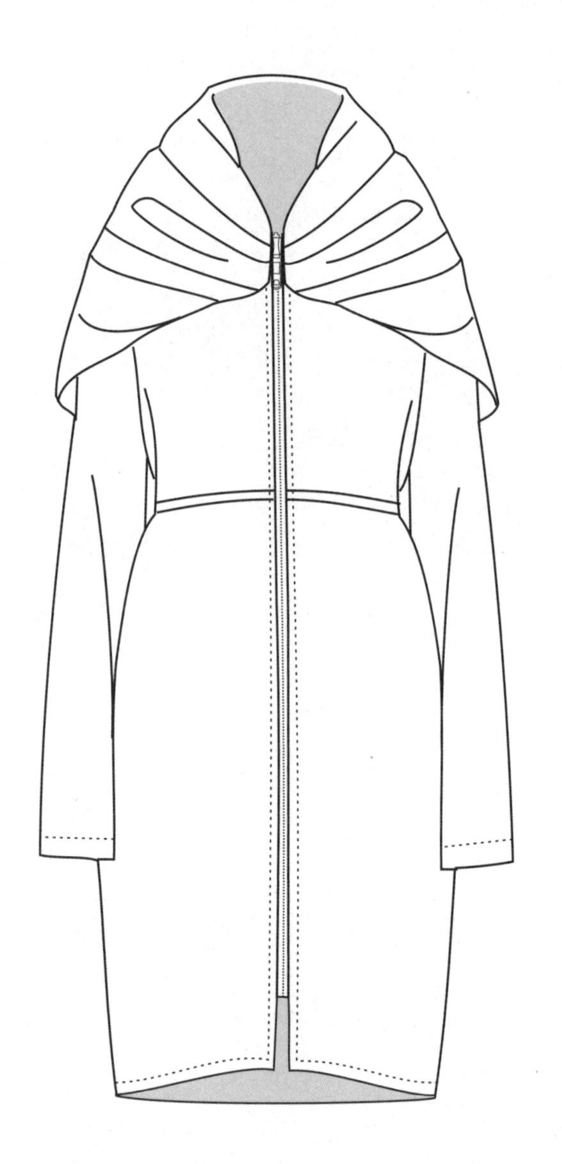

A型拉链垂荡领大衣

A型肩省装饰两片袖大衣

A型假两件大衣

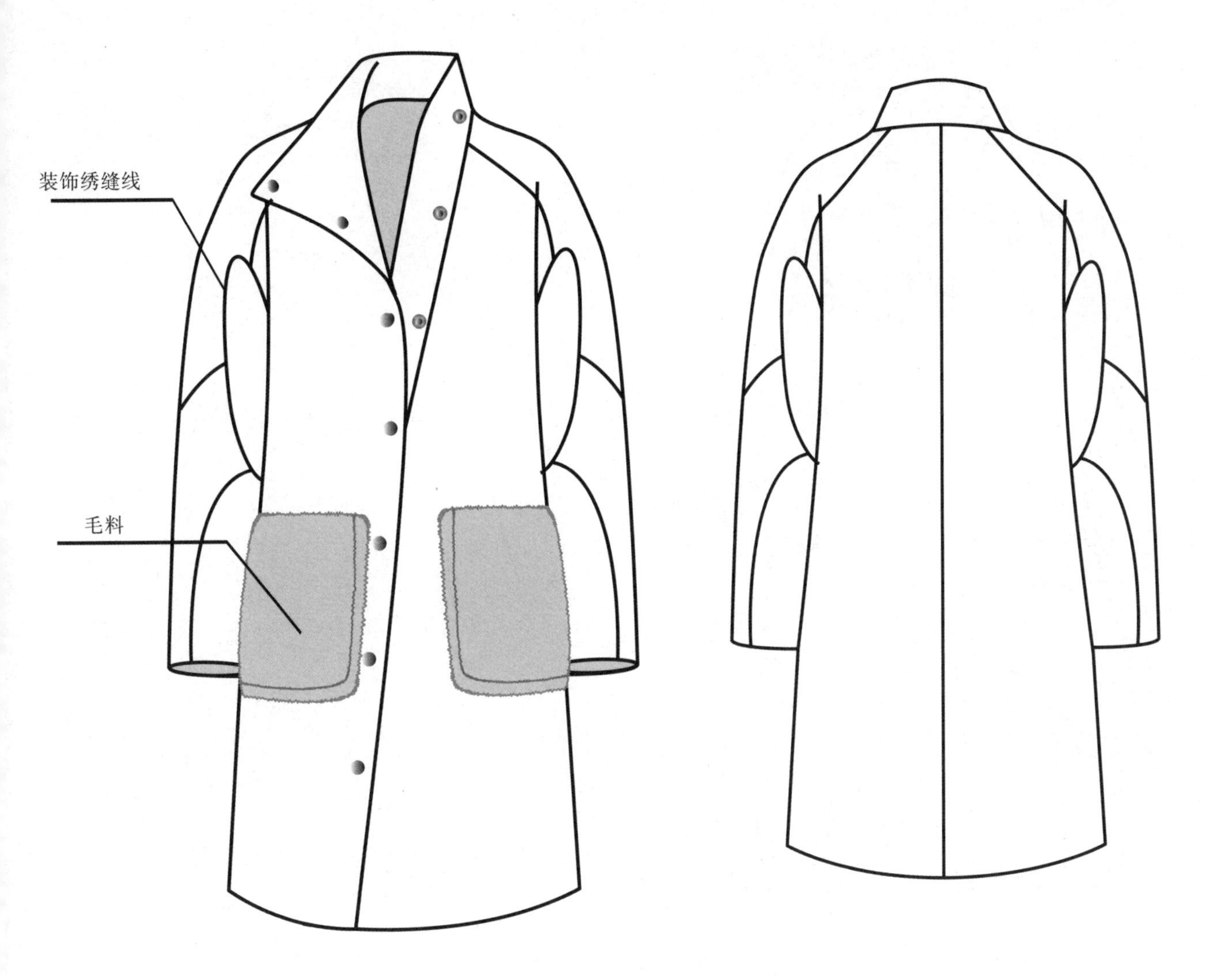

A型立翻领插肩袖大衣

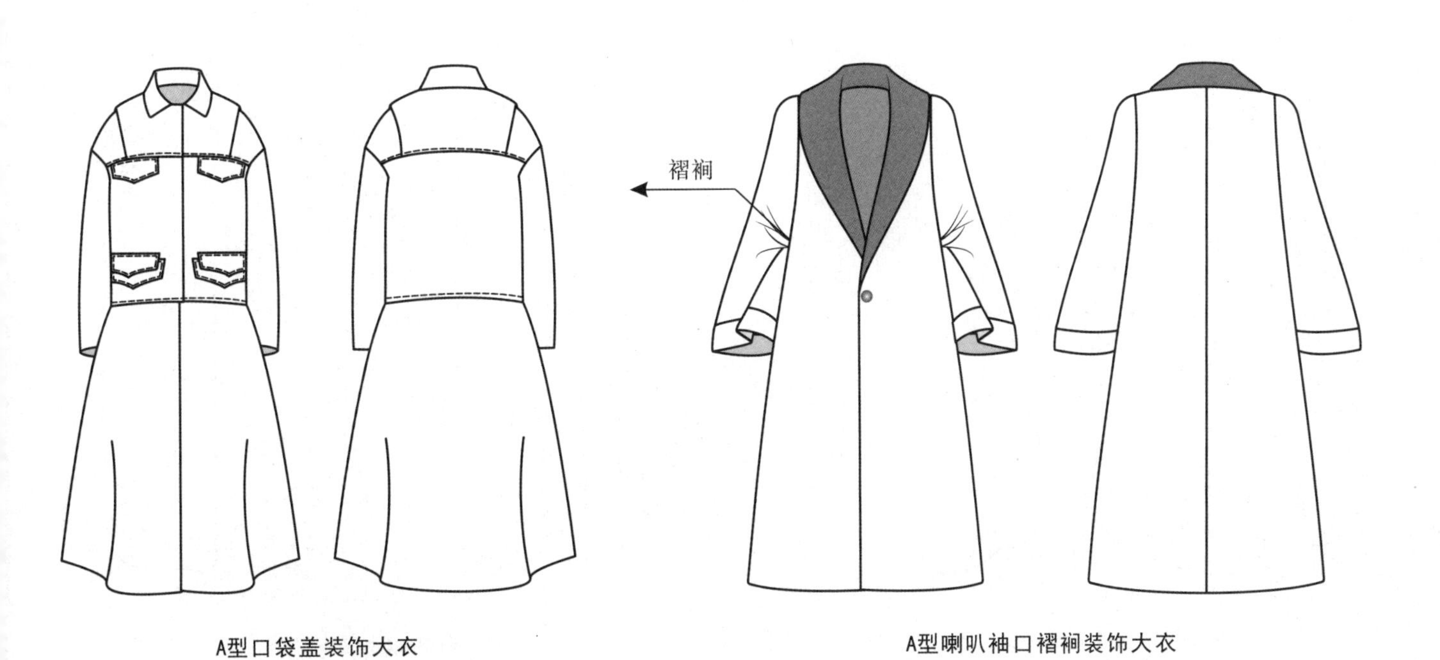

A型口袋盖装饰大衣

A型喇叭袖口褶裥装饰大衣

A型立领大衣

A型立领插肩袖领省大衣

A型立领大衣

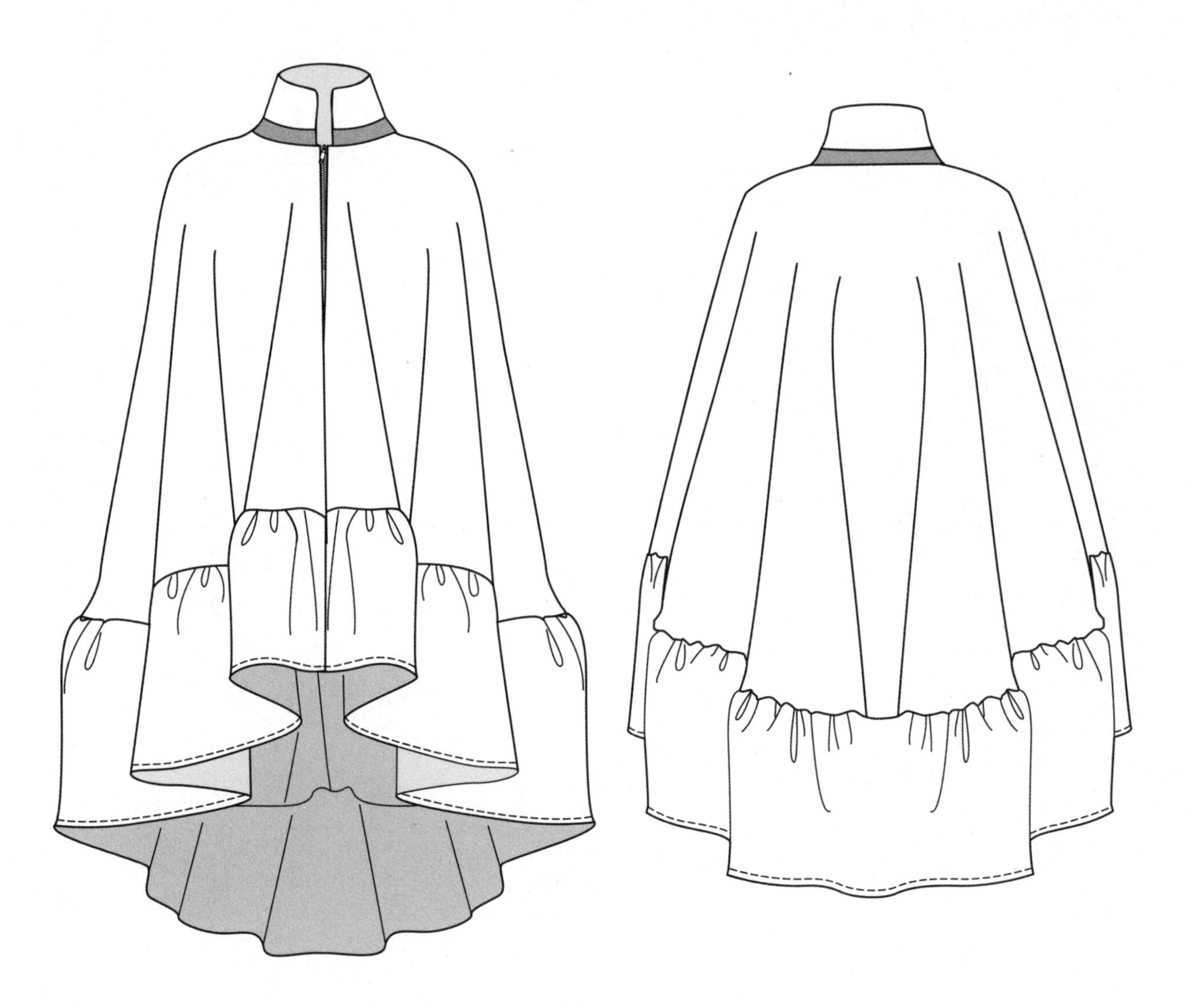

A型立领斗篷式大衣

A型立领两粒扣大衣

A型立领灯笼袖大衣

A型立领肩襻装饰大衣

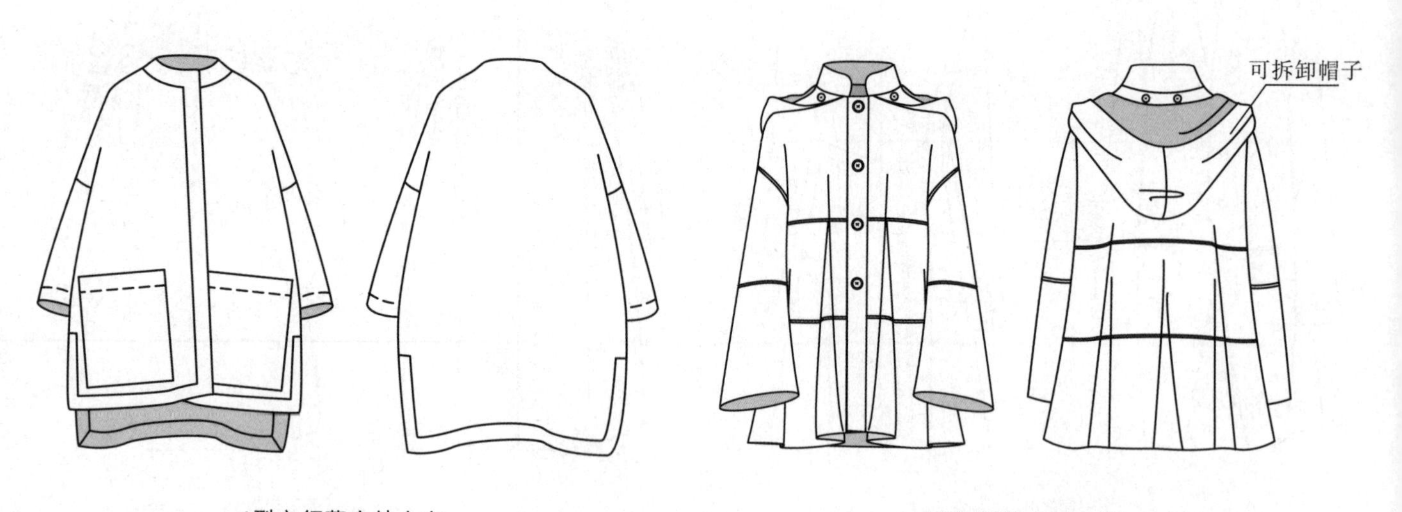

A型立领落肩袖大衣

A型立领落肩袖大衣

A型连帽大贴袋充棉绗缝大衣

A型立领披风大衣

A型立领披风式系带大衣

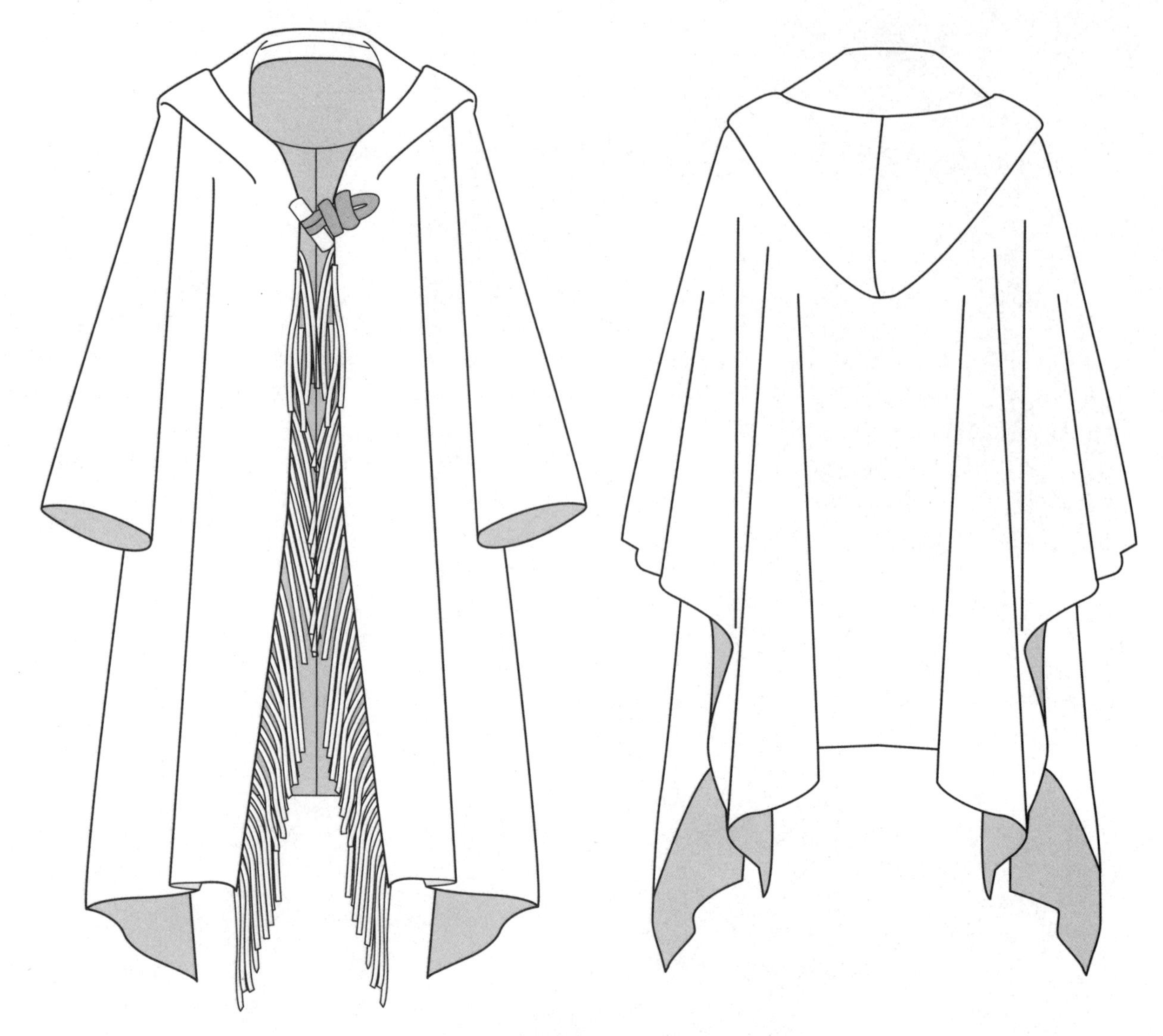

A型连帽流苏装饰披风式大衣

A型立领披肩大衣

A型立领披肩式大衣

A型连帽明线装饰大衣

A型连立领大衣

A型连帽带毛里大衣

A型毛料装饰螺纹下摆大衣

A型连帽拉链式披风短大衣

A型领口系带装饰大衣

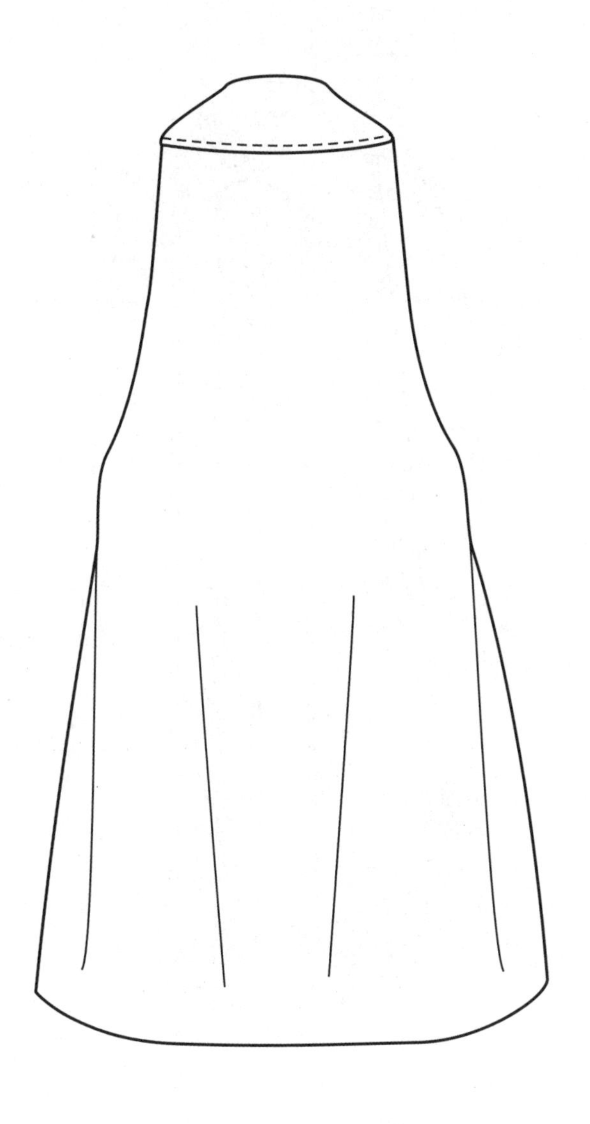

A型毛皮装饰口袋无袖大衣

A型连帽掉缀装饰分割大衣

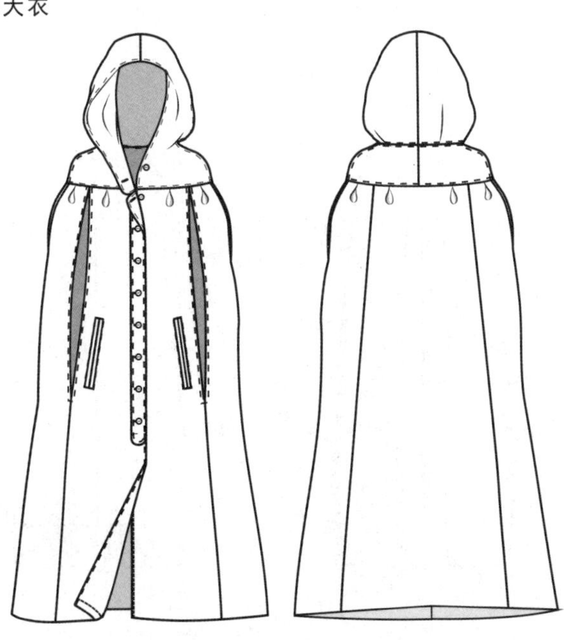

A型连帽掉缀装饰分割大衣

A型木耳边装饰大衣

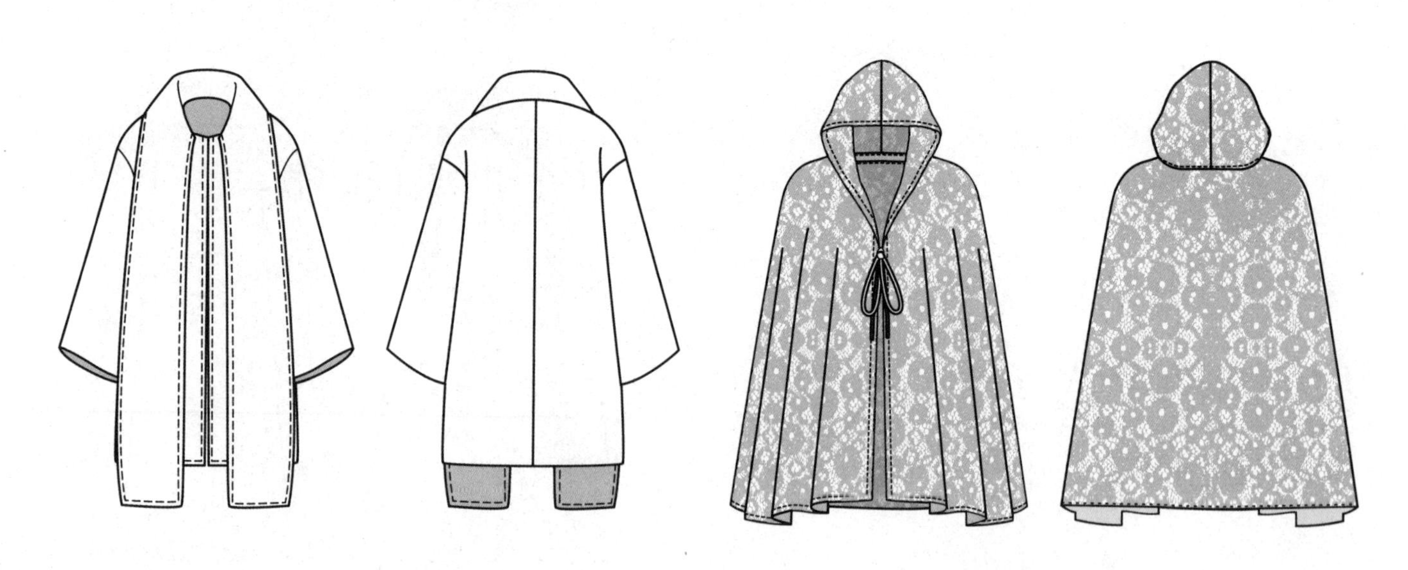

A型连围脖式落肩袖大衣

A型连帽系绳披风大衣

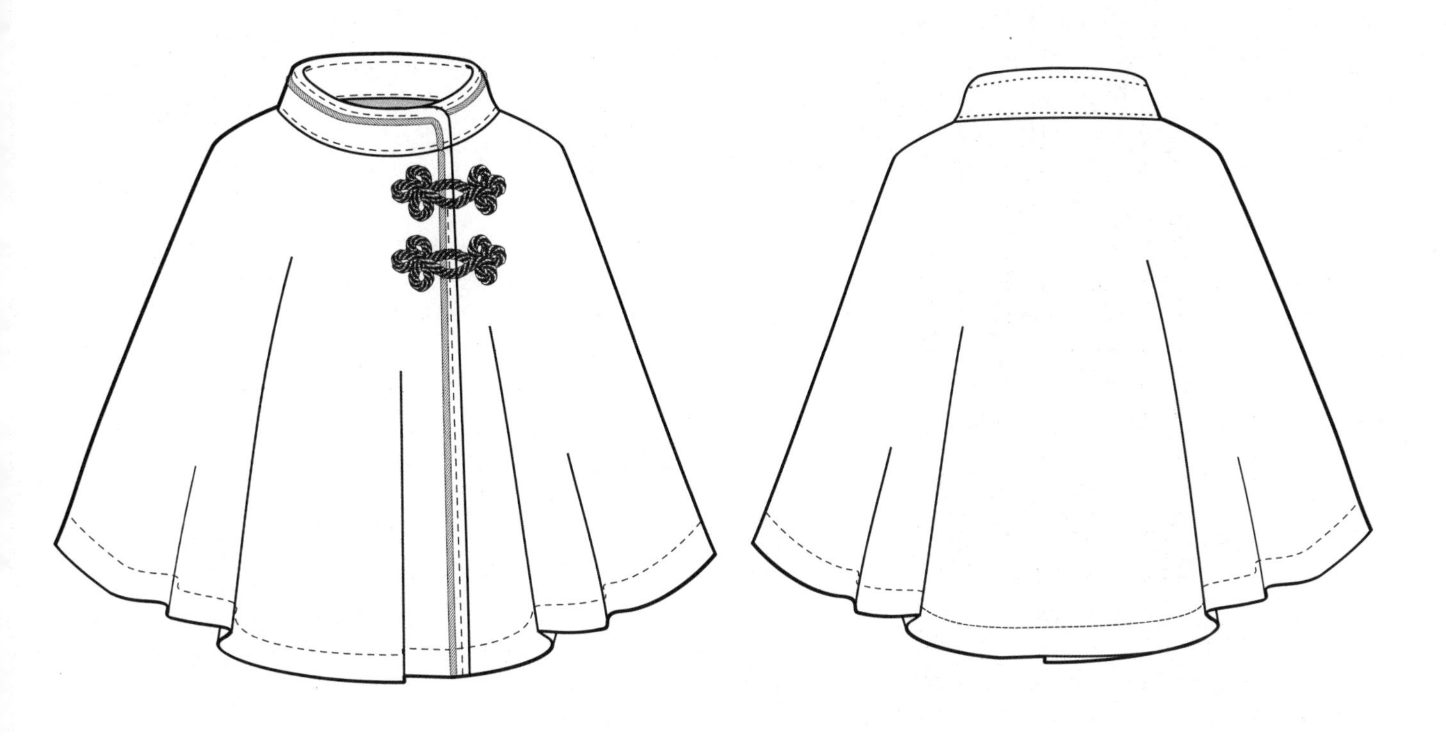

A型盘花扣立领披风大衣

A型连袖刀背双排扣短大衣

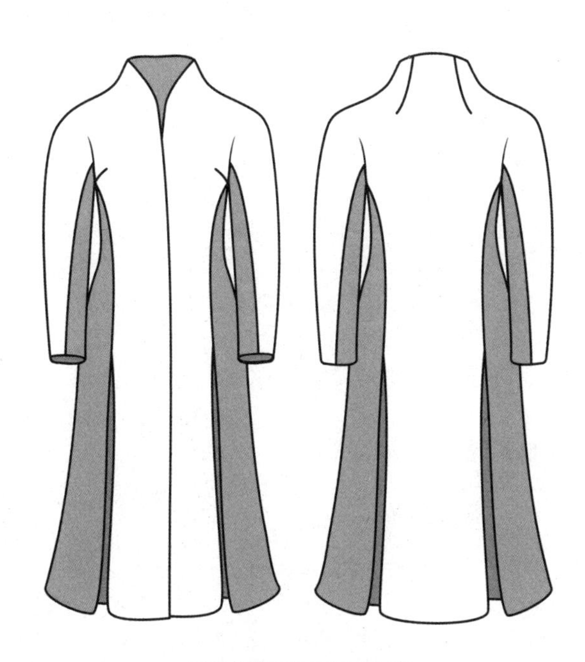

A型连袖下摆开衩大衣

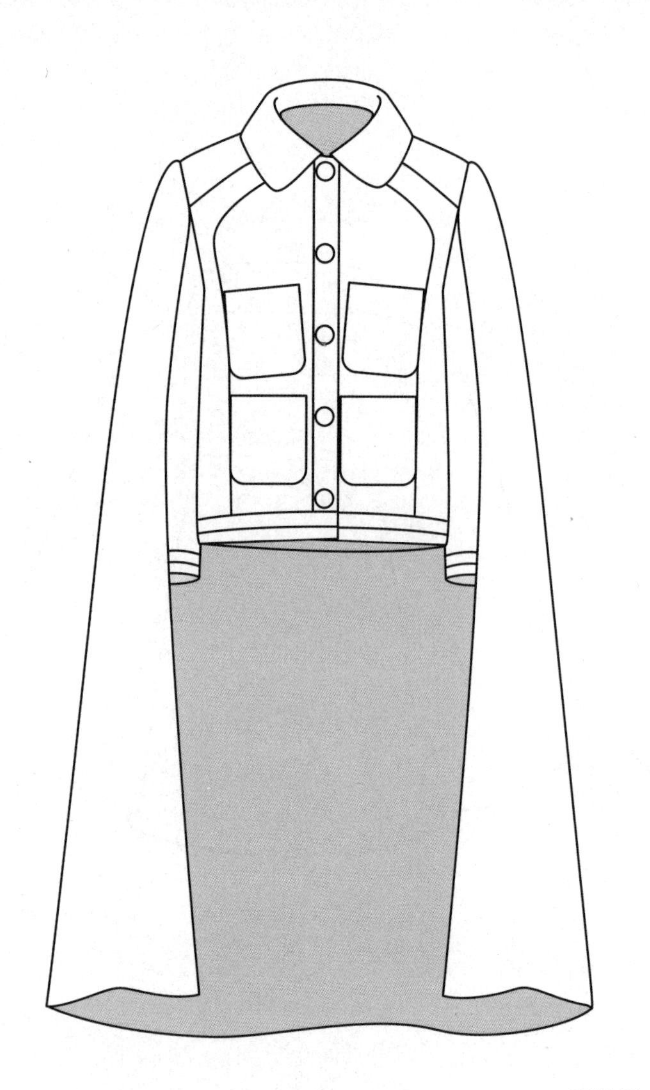
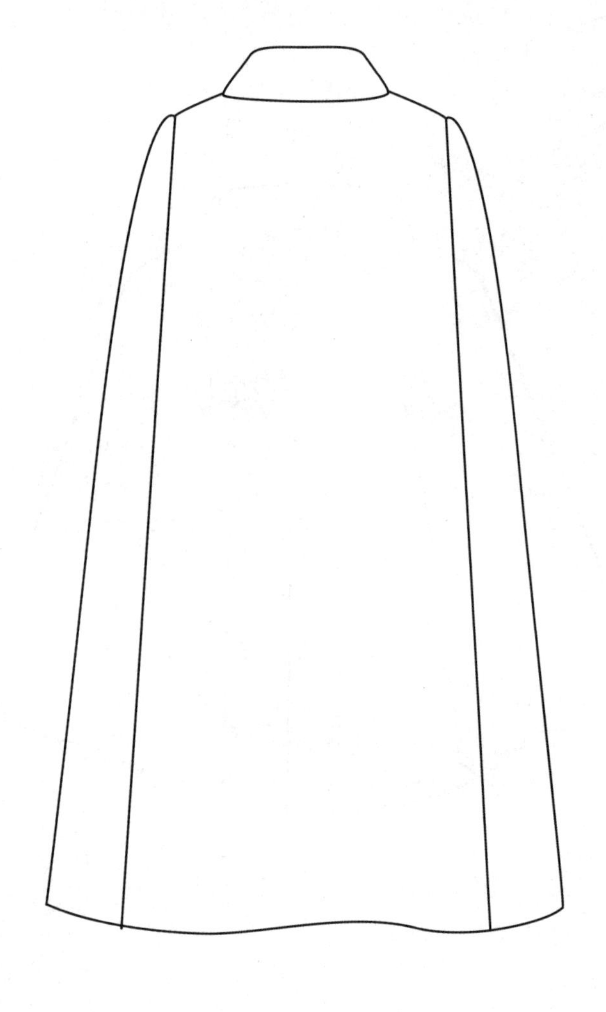

A型披风大衣

A型毛料装饰短款大衣

A型毛料蕾丝贴片装饰大衣

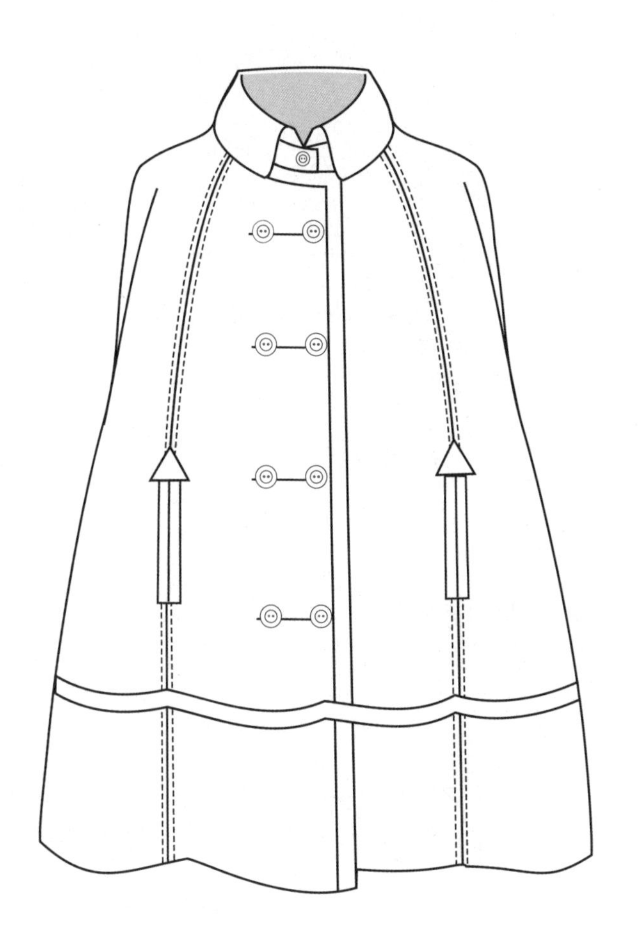
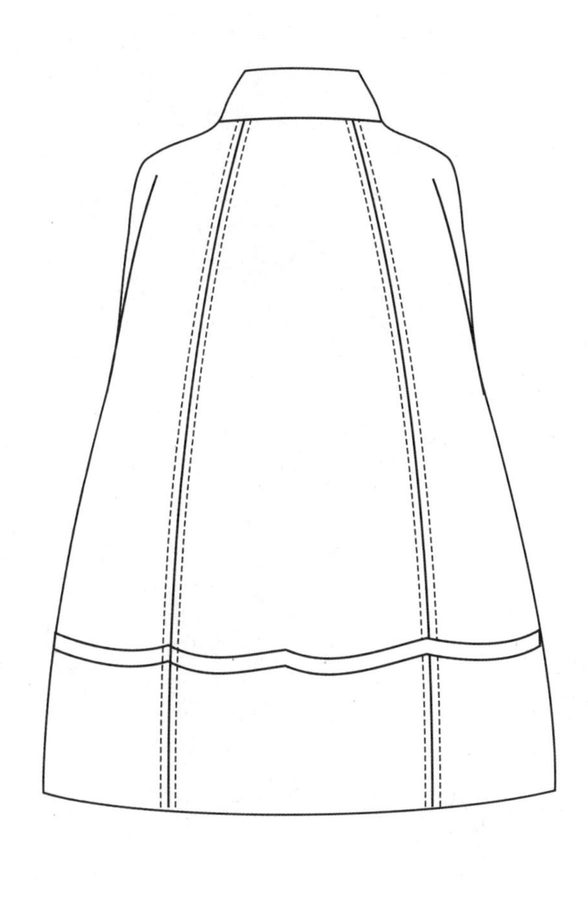

A型披风双排扣翻领分割大衣

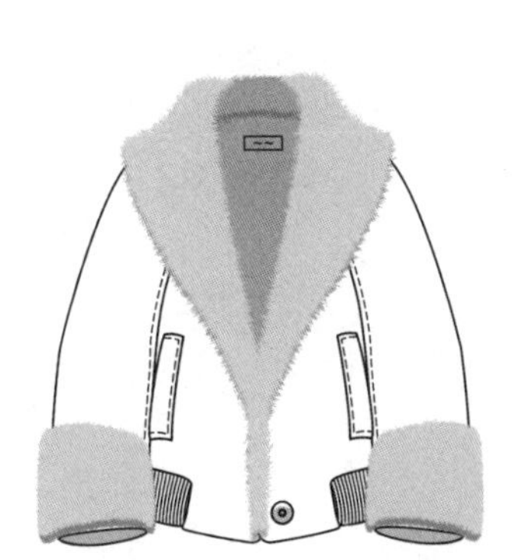
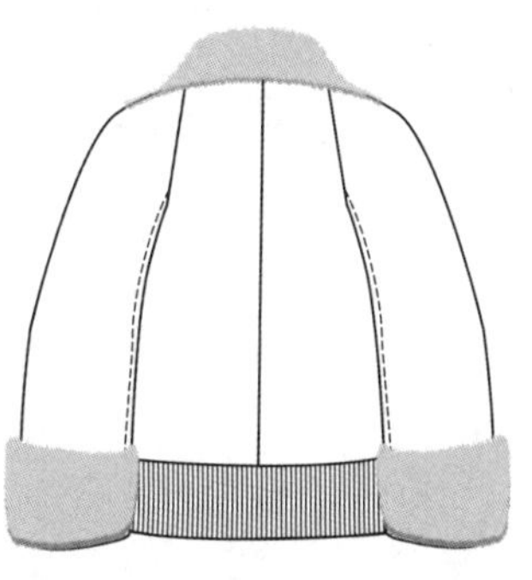

A型毛料装饰螺纹下摆短款大衣

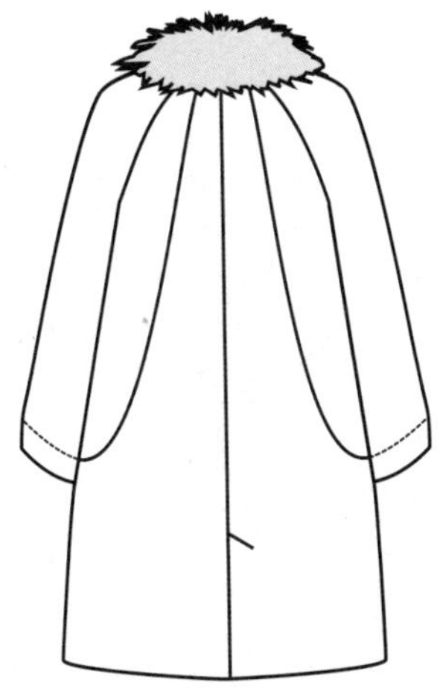

A型毛领插肩分割大衣

A型披肩小翻领式大衣

A型毛呢青果领披风短大衣

A型毛领披风

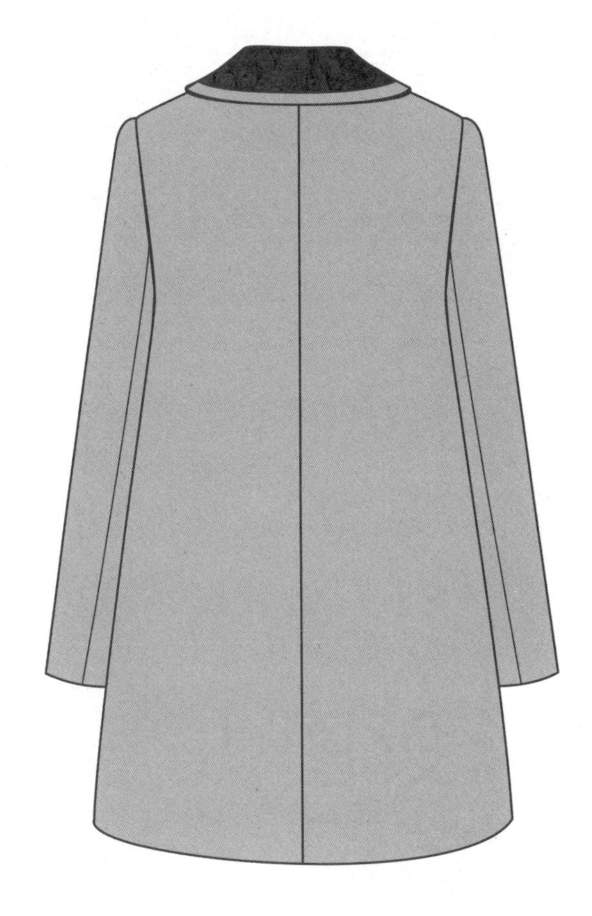

A型青果领拼色大衣

A型毛球扣装饰大衣

A型门襟外翻长大衣

A型青果领双排扣羽绒服

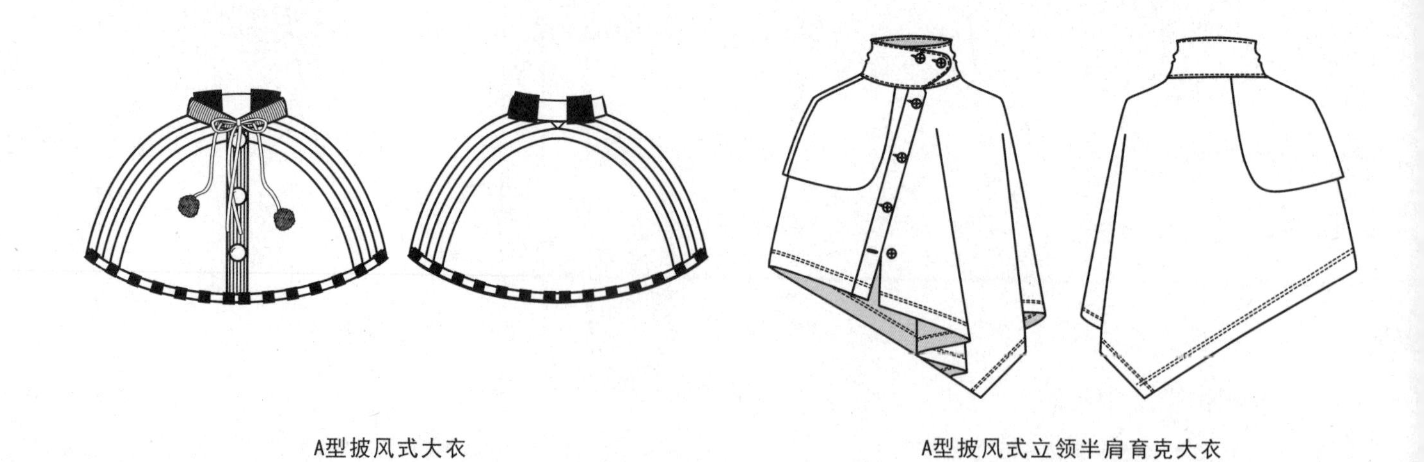

A型披风式大衣

A型披风式立领半肩育克大衣

A型双层领双排扣大衣

A型披风式连帽分割大衣

A型披肩翻领分割大衣

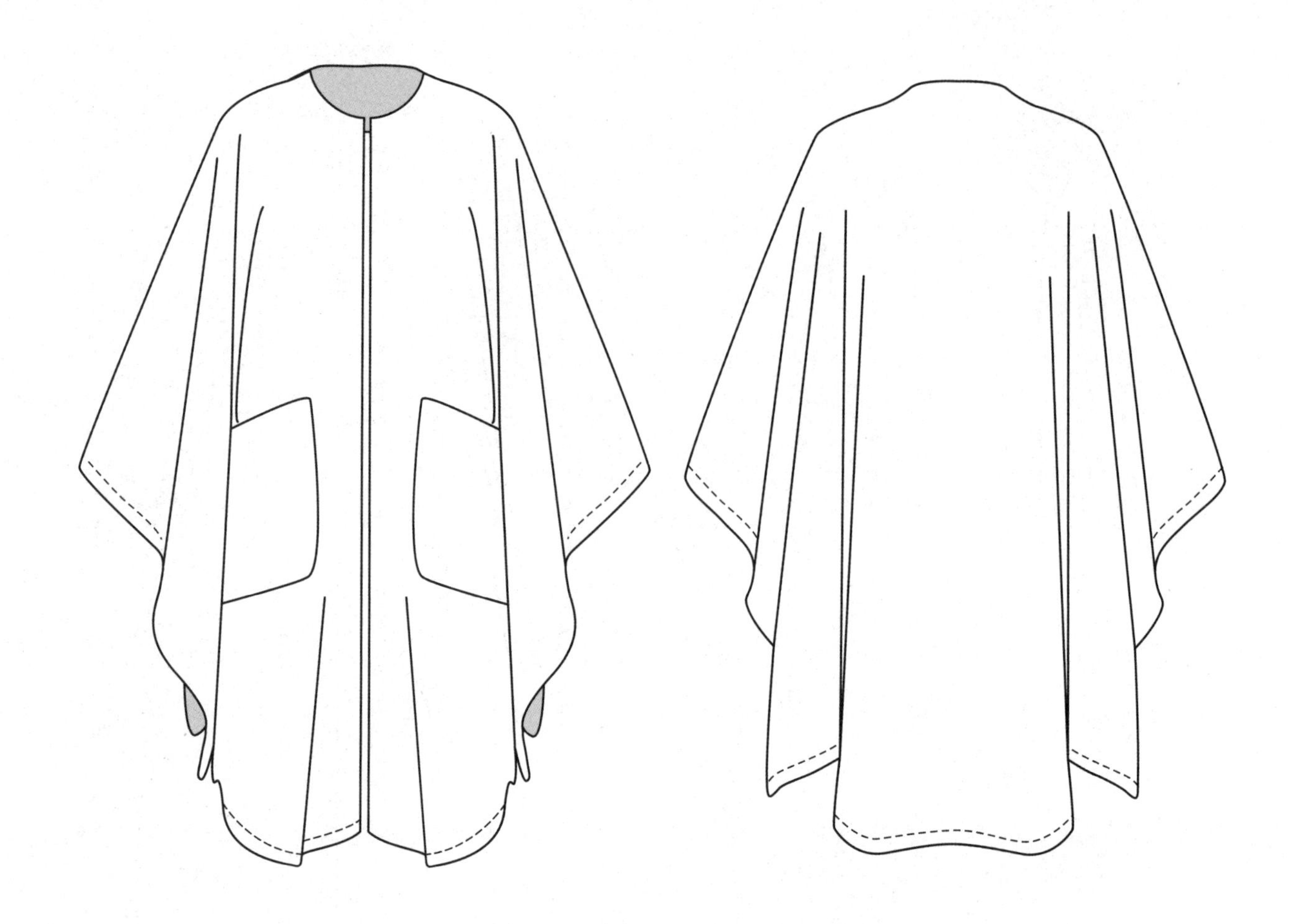

A型无领披风式大衣

A型披肩式分割立领大衣

A型枪驳领领双排扣大衣

A型无领衣摆毛巾绣装饰大衣

A型双排扣翻驳领大衣

A型青果领落肩袖大衣

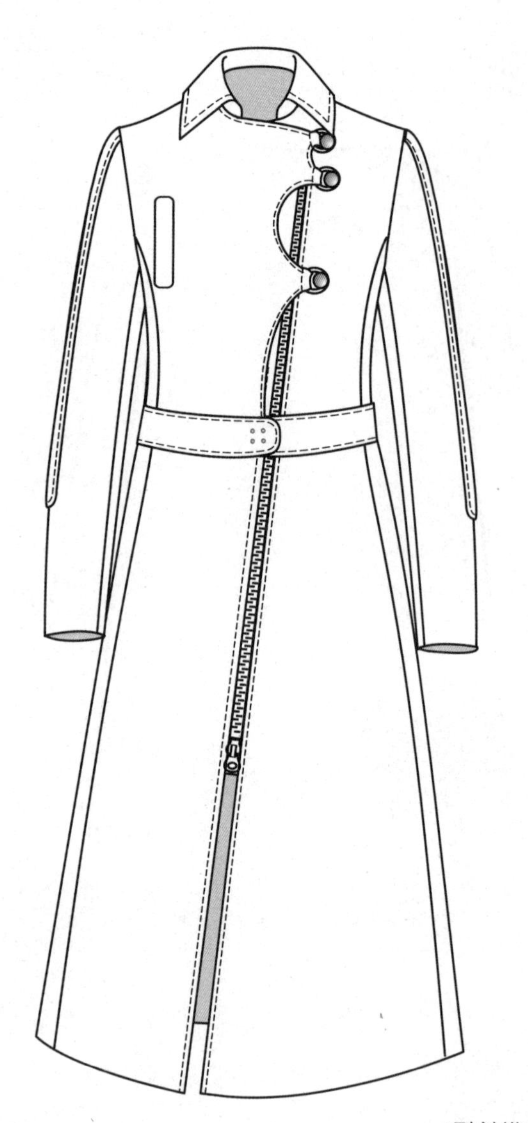
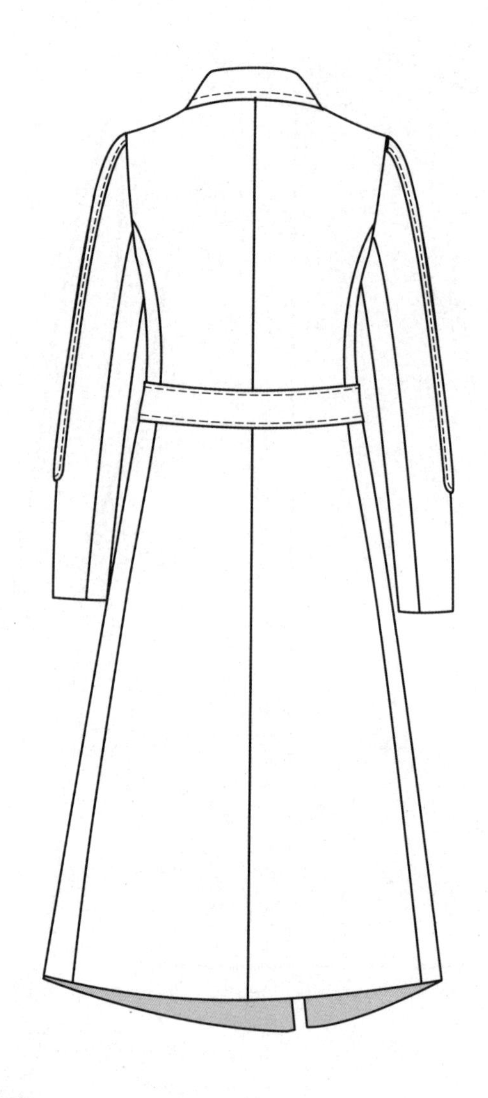

A型斜襟带拉链大衣

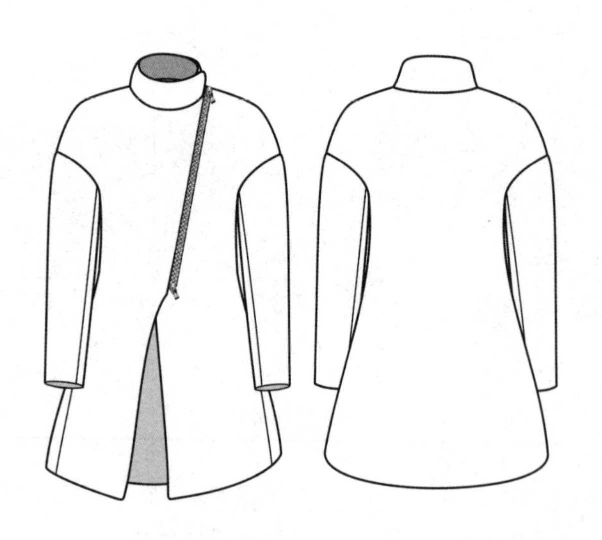

A型塌肩斜门襟大衣

A型无领暗门襟大贴袋大衣

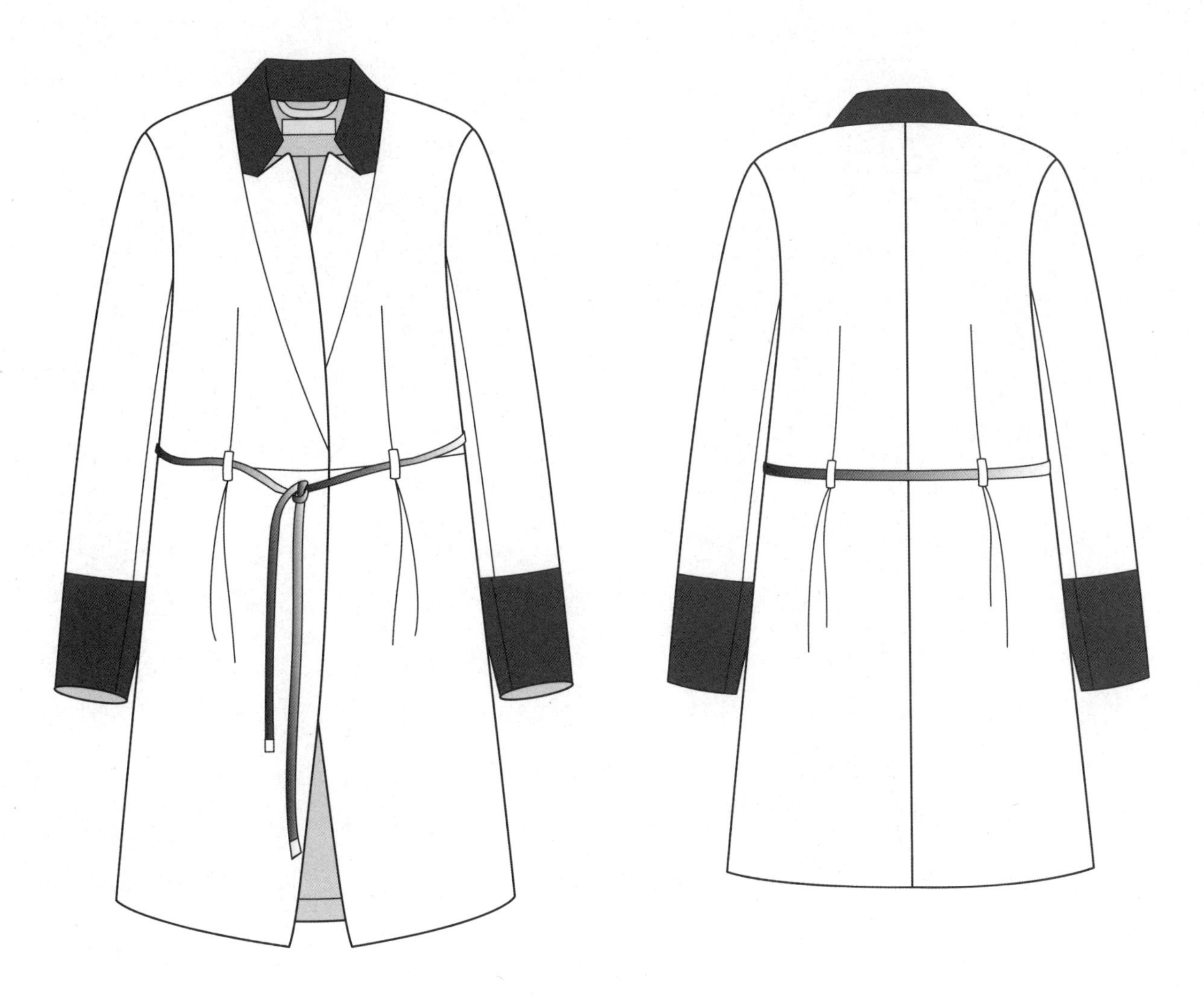

A型腰部系绳拼色大衣

A型无领大衣

A型无领蝙蝠袖毛料贴袋大衣

A型印花腰系带大衣

A型无领分割大衣

A型无领分割大衣

A型褶皱装饰风衣

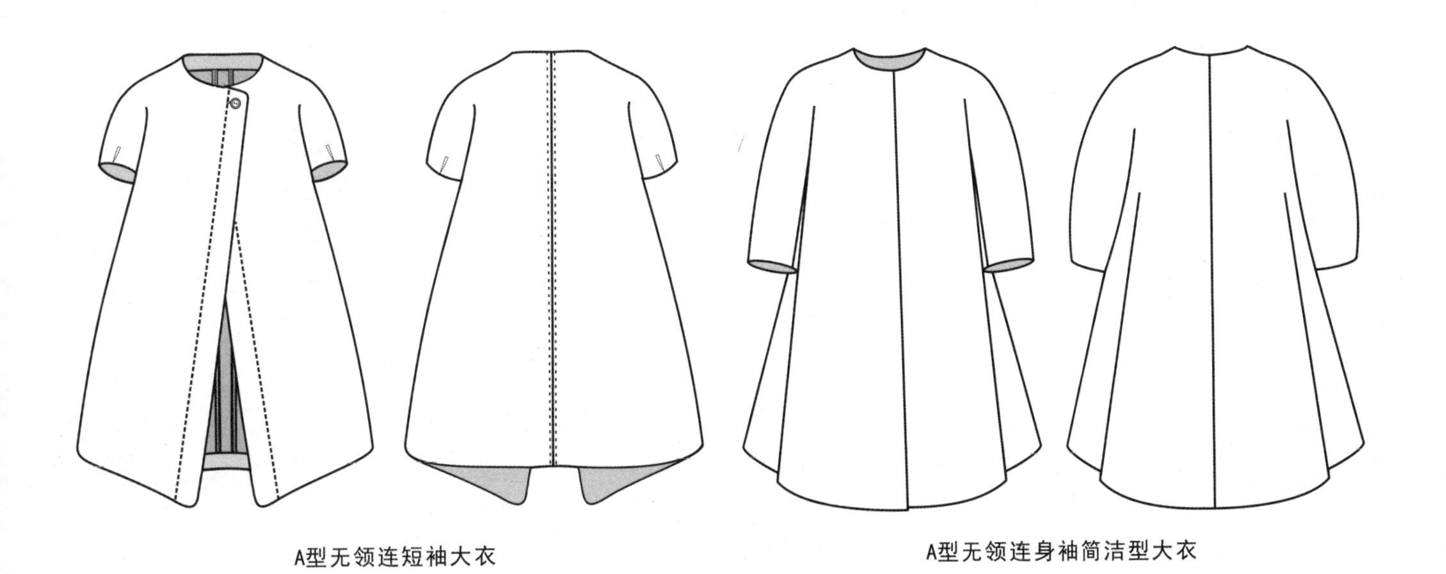

A型无领连短袖大衣

A型无领连身袖简洁型大衣

A型装饰扣系带露手披风式大衣

A型无领披肩式大衣

A型无领袖子毛料大衣

A型装饰扣系带露手披风式大衣

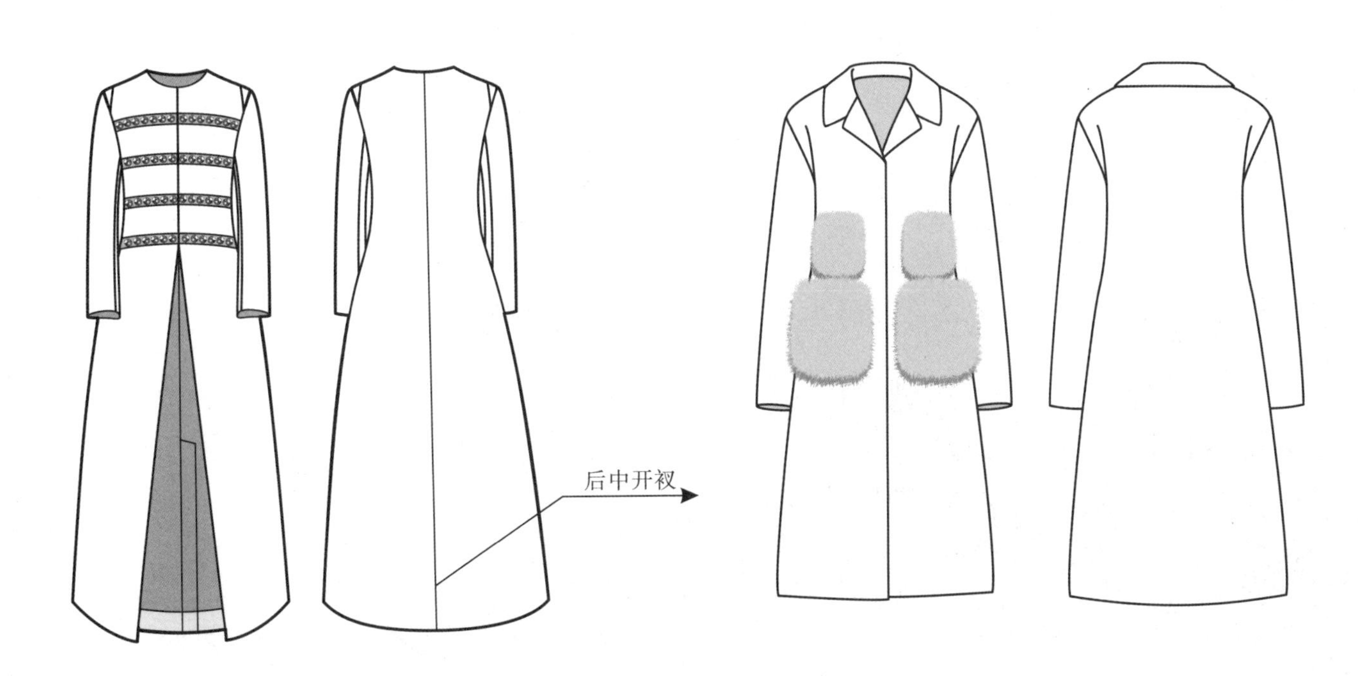

A型无领披肩式大衣

A型袖子毛料大衣

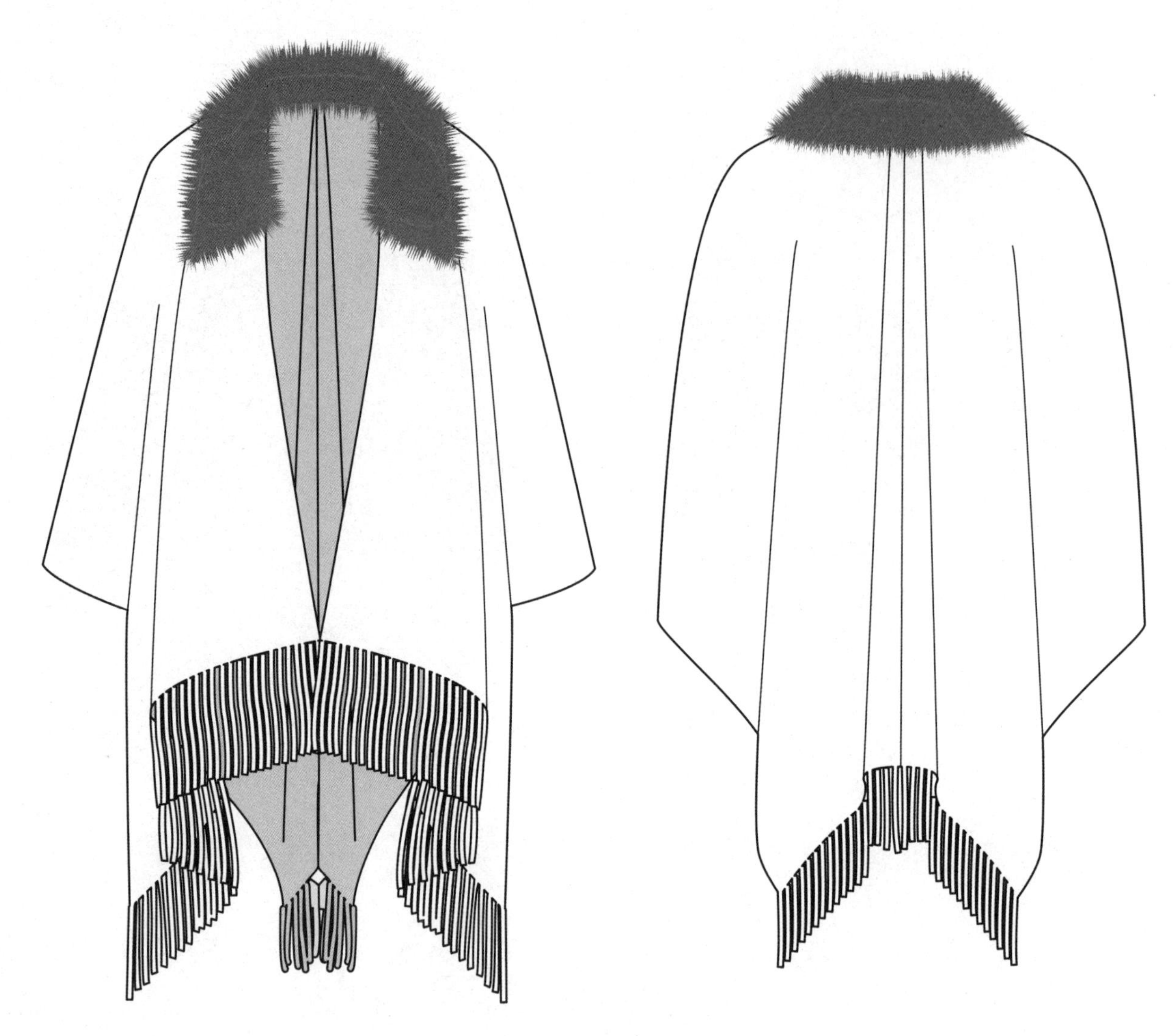
A型流苏毛领披风

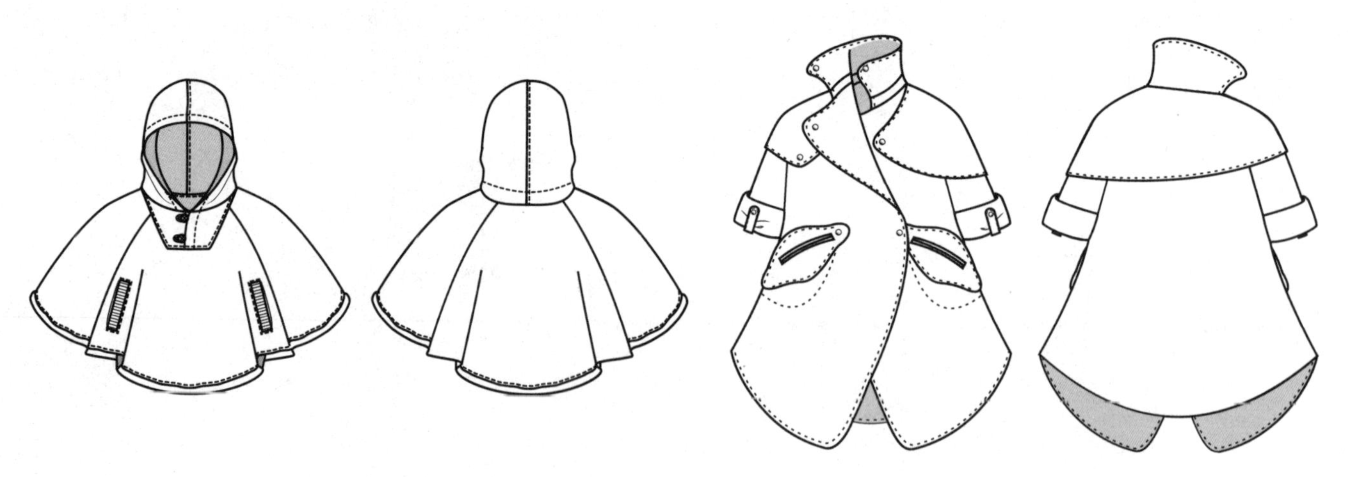
A型连帽分割披肩式大衣

A型连袖长短披肩翻领大衣

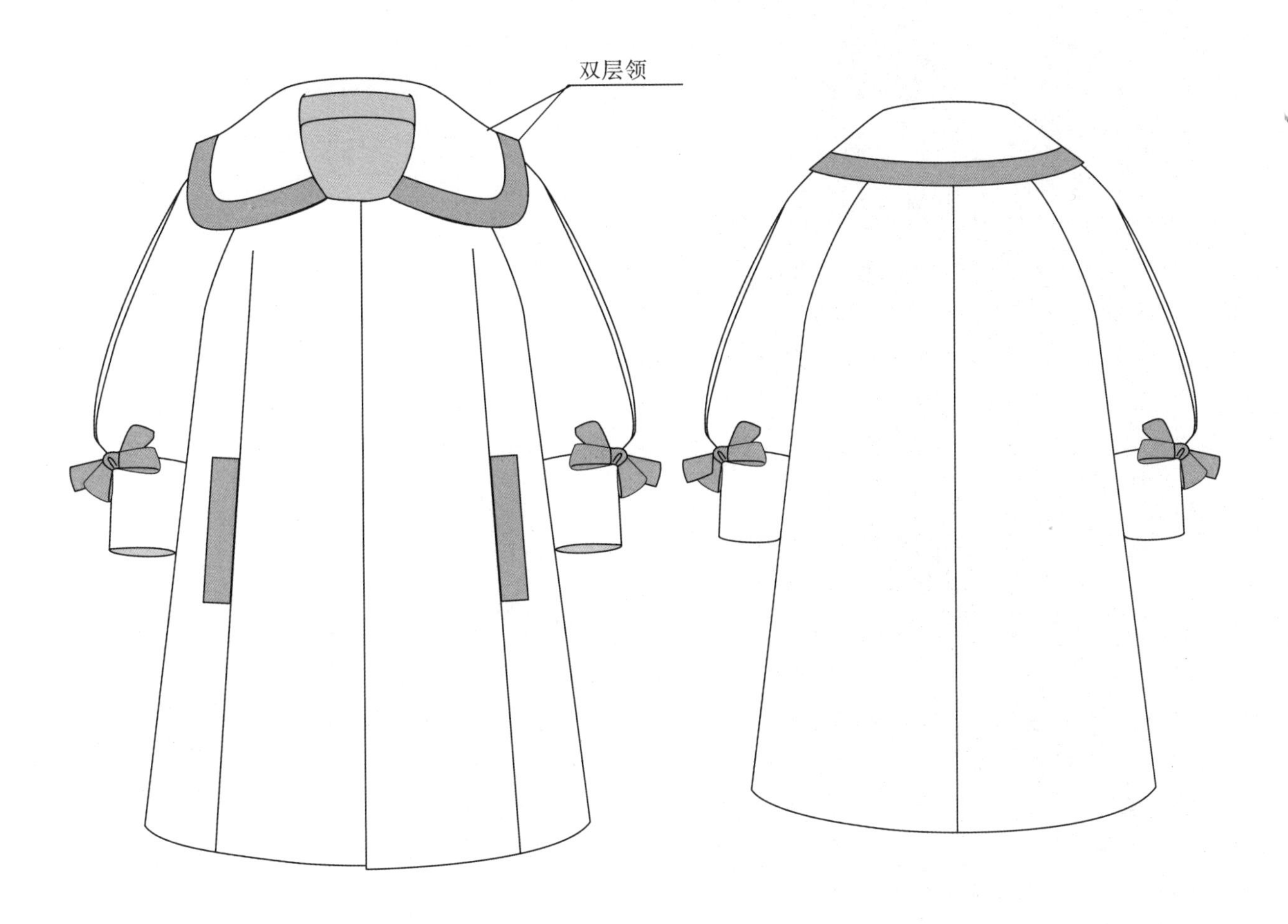

A型袖口蝴蝶结装饰娃娃领大衣

A型小翻领连袖贴袋大衣

A型小翻领分割披风大衣

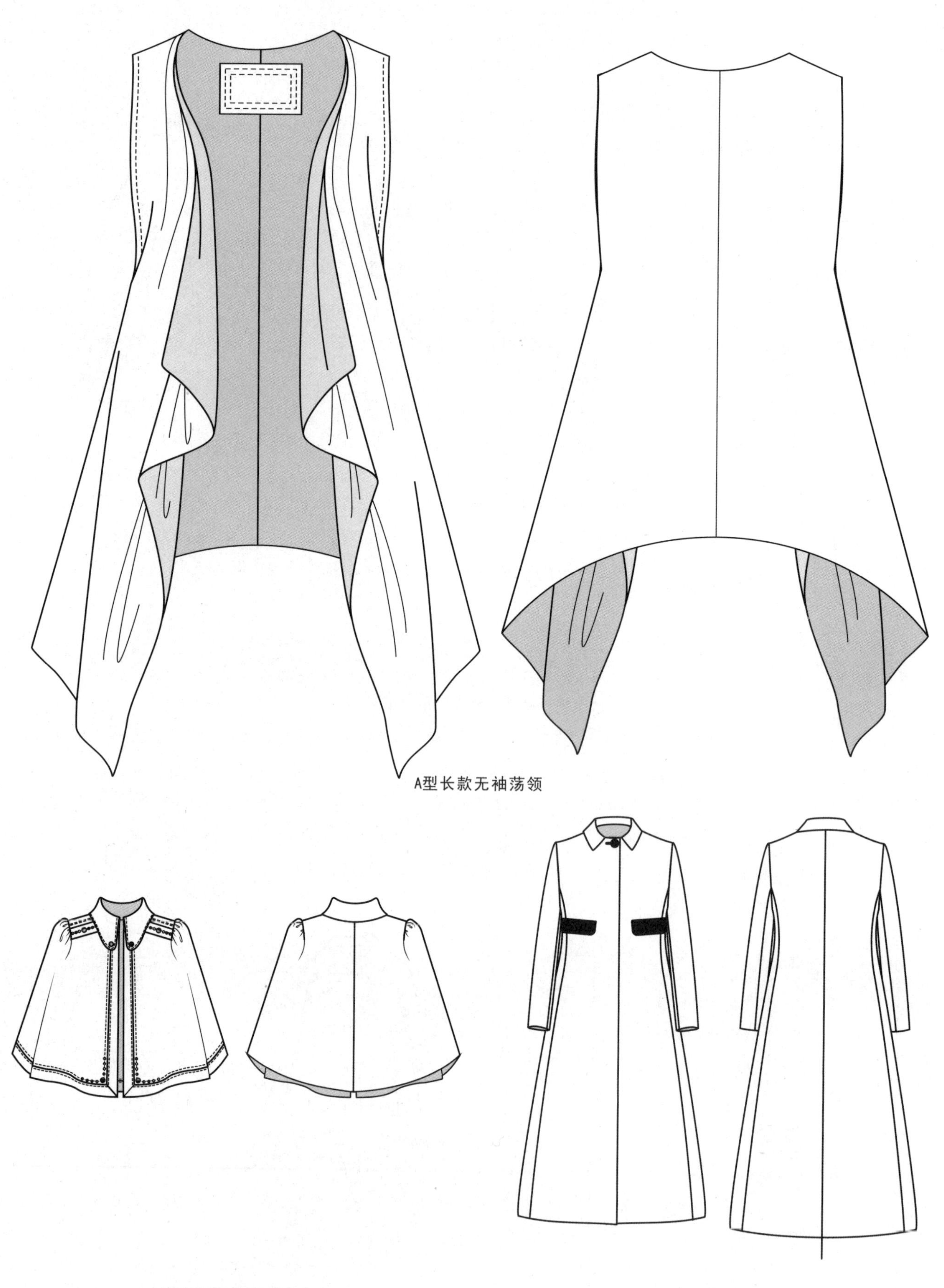

A型长款无袖荡领

A型小翻领披风式大衣

A型小方领大衣

A型小立领胸前圆形分割大衣

A型折线分割背心

A型褶皱装饰大衣

A型装饰扣立领毛呢大衣

A型装饰性大衣

A型装饰性披肩

A型撞色长款大衣

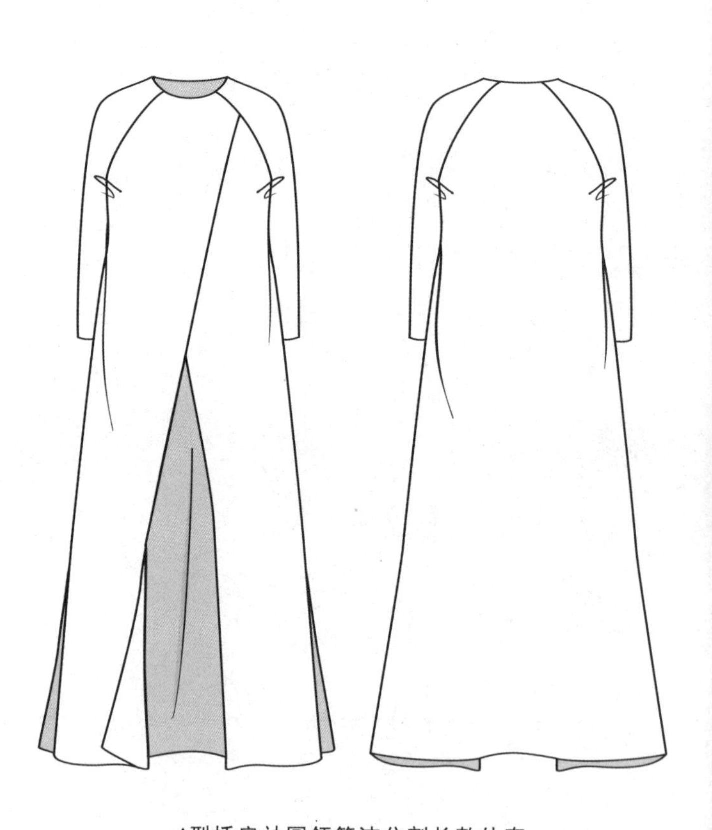

A型插肩袖圆领简洁分割长款外套

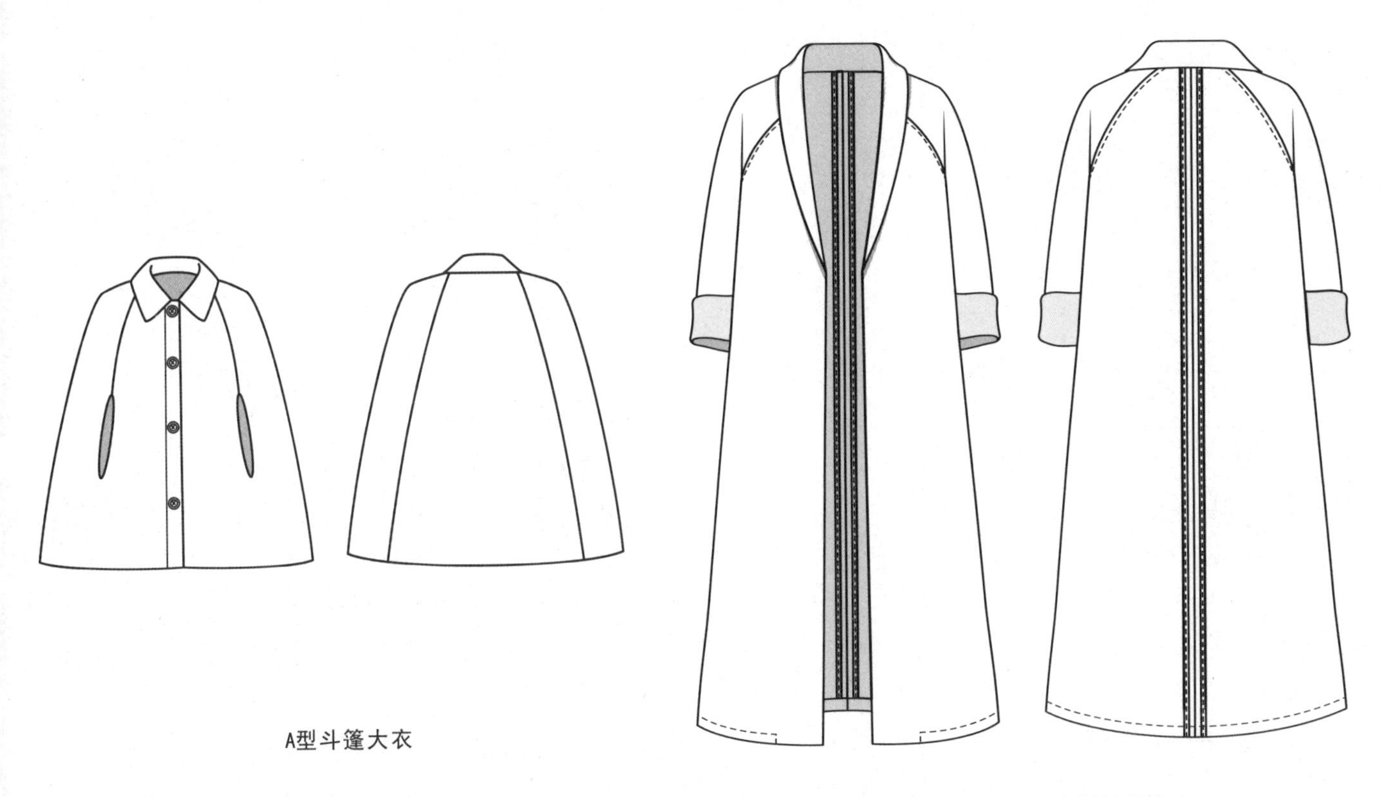

A型斗篷大衣

A型翻领插肩袖简洁无分割长款大衣

A型翻领插肩袖收褶毛下摆大衣

A型立领宽袖分割拼接短款上衣

A型立领中袖大衣

A型领口系丝带连帽披风

A型条纹间条大衣

A型无领毛领装饰大衣

第三章

款式图设计
（H型）

H型细条纹滚边深V领大衣

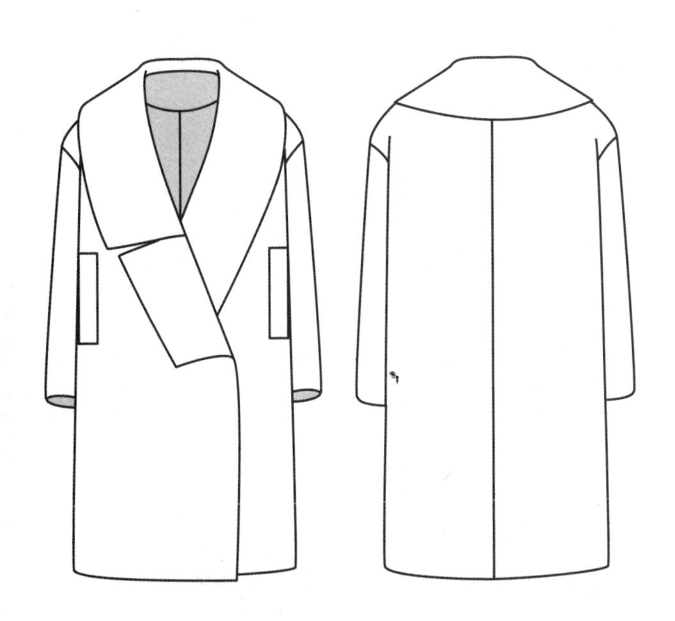

H型不对称大翻领短大衣

H型驳领小泡袖大衣

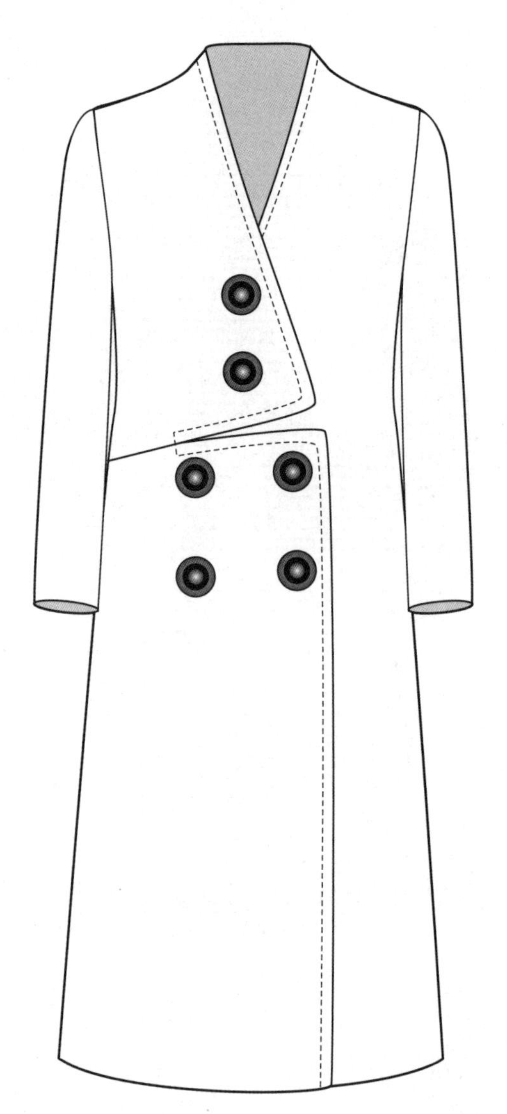
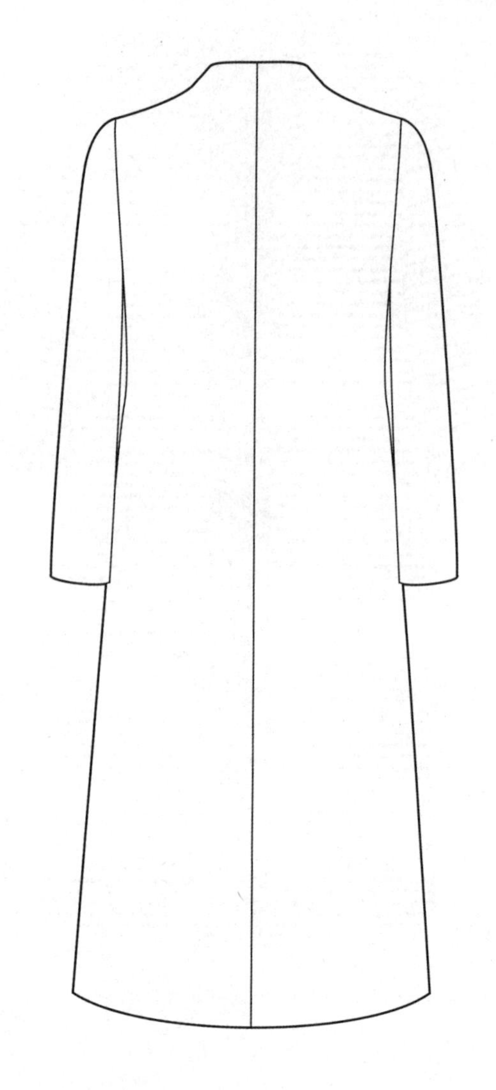

H型V领大钮扣装饰大衣

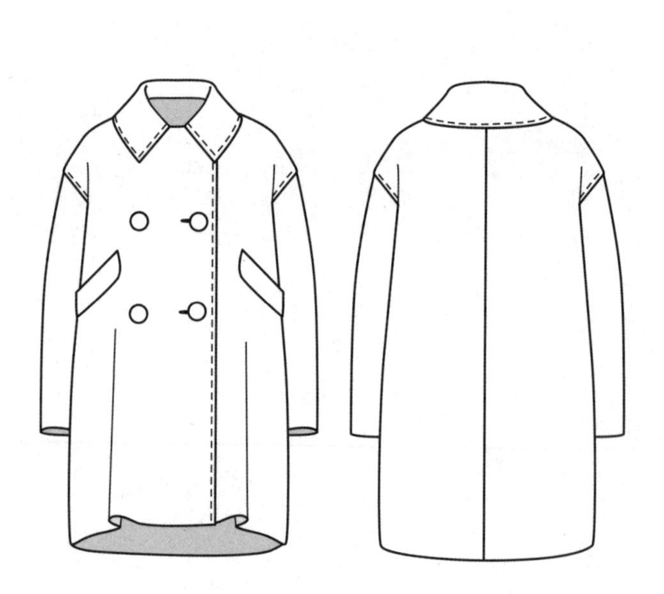

H型方领双排扣装饰袋盖中长大衣

H型假两件立领中长大衣

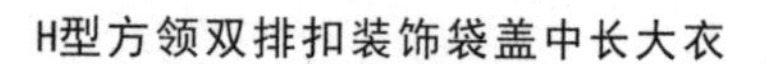

H型V领腰部缺口大衣

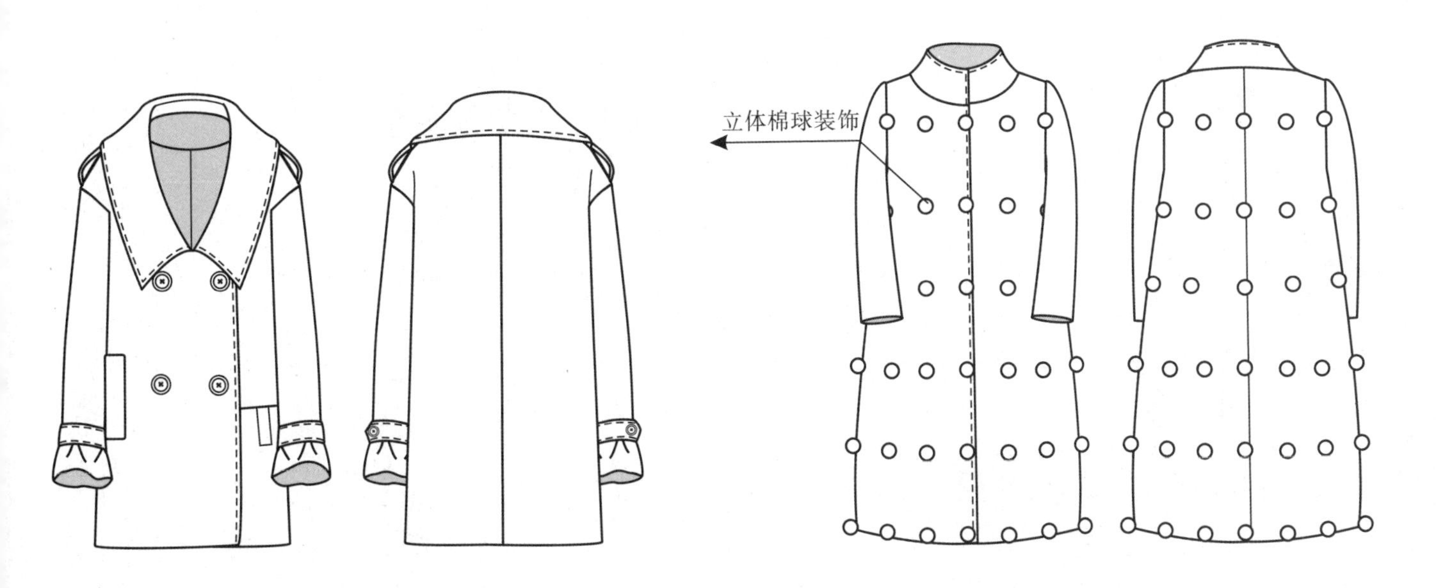

H型双排扣肩襻短大衣

H型立领立体棉球装饰大衣

H型V领字母装饰大衣

H型V领插肩袖大衣

H型V领不对称口袋大衣

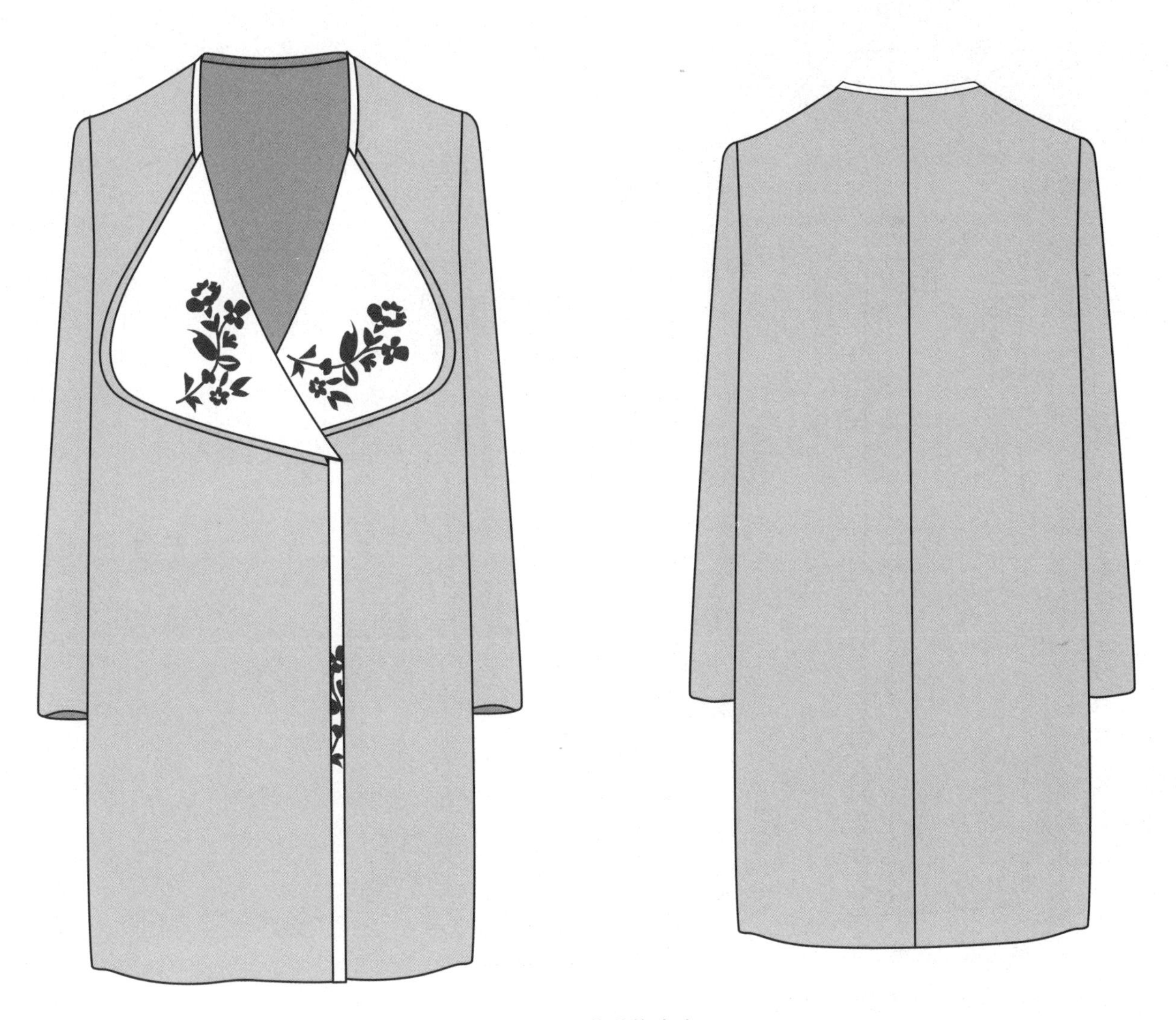

H型驳领绣花装饰大衣

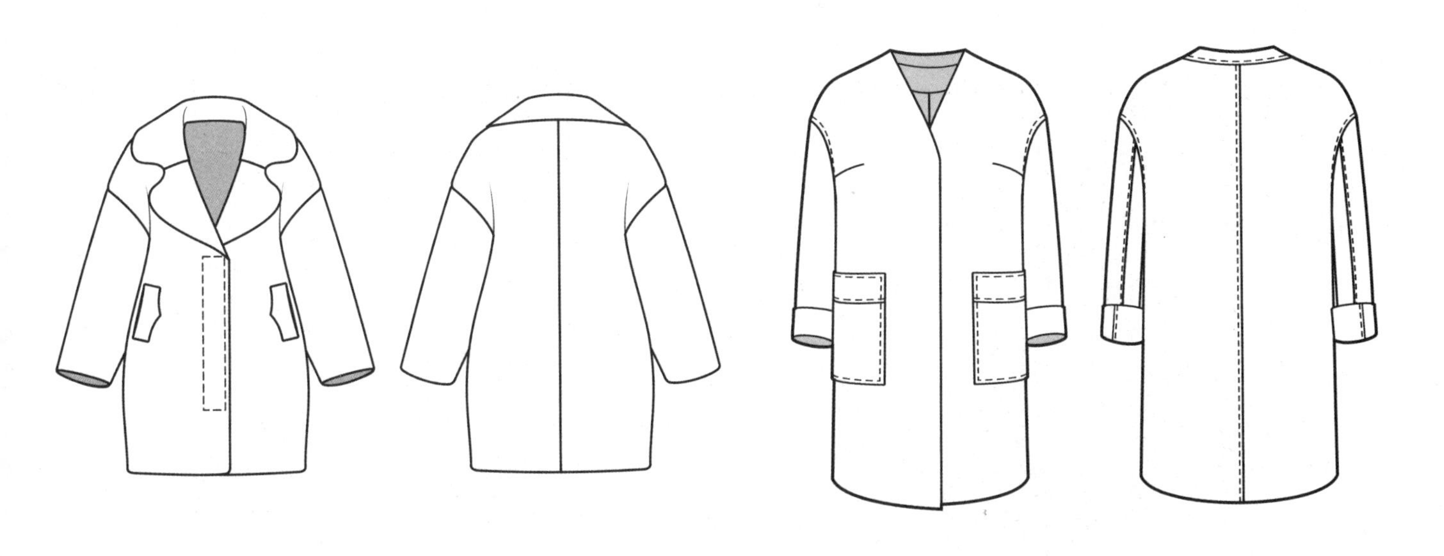

H型暗门襟尖角袋盖装饰大衣

H型V领大贴袋大衣

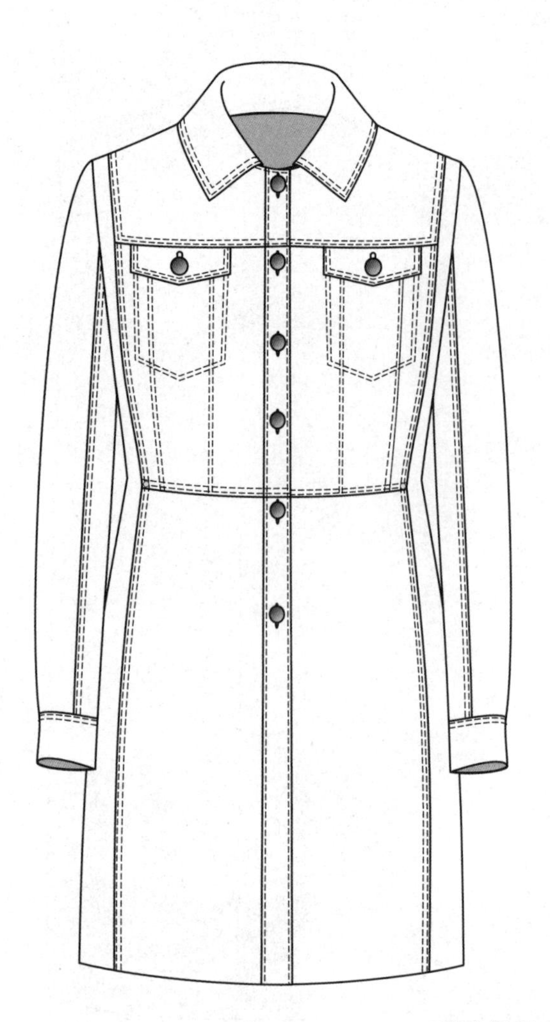

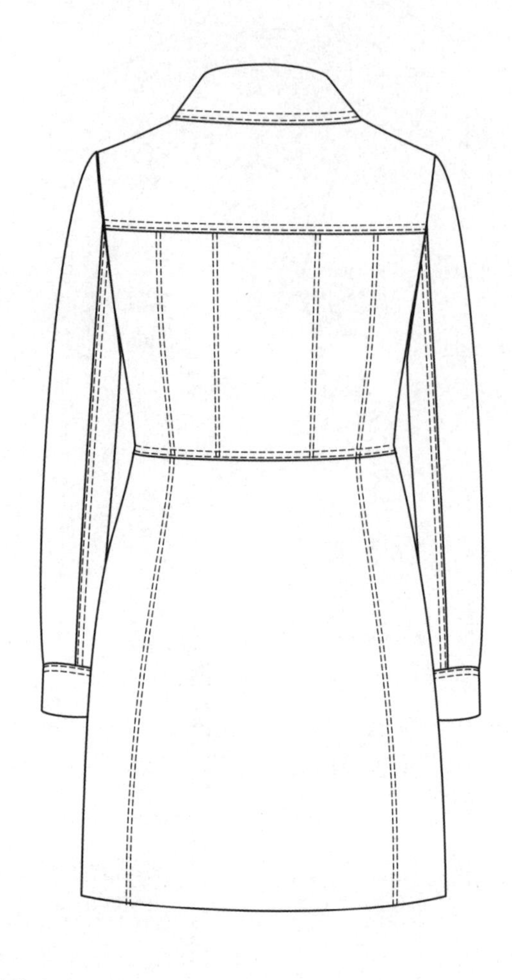

H型暗门襟尖角袋盖装饰大衣

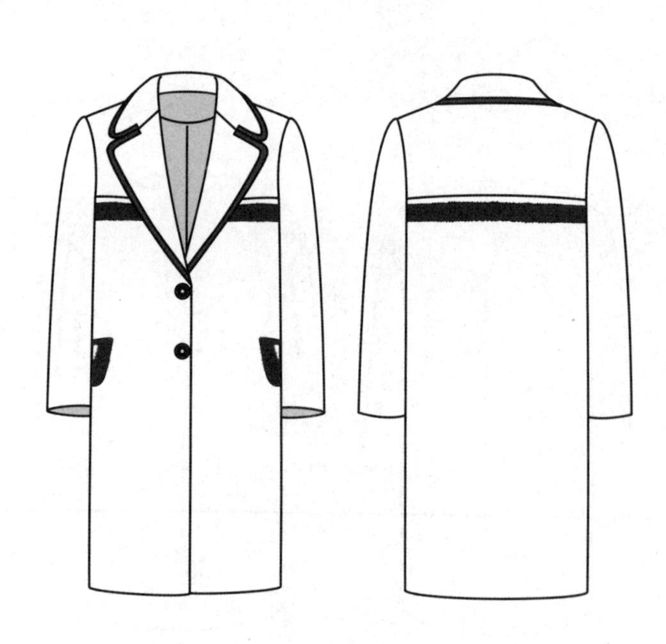

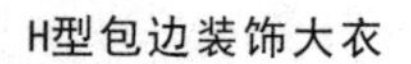

H型包边装饰大衣

H型暗门襟异质面料领装饰风衣

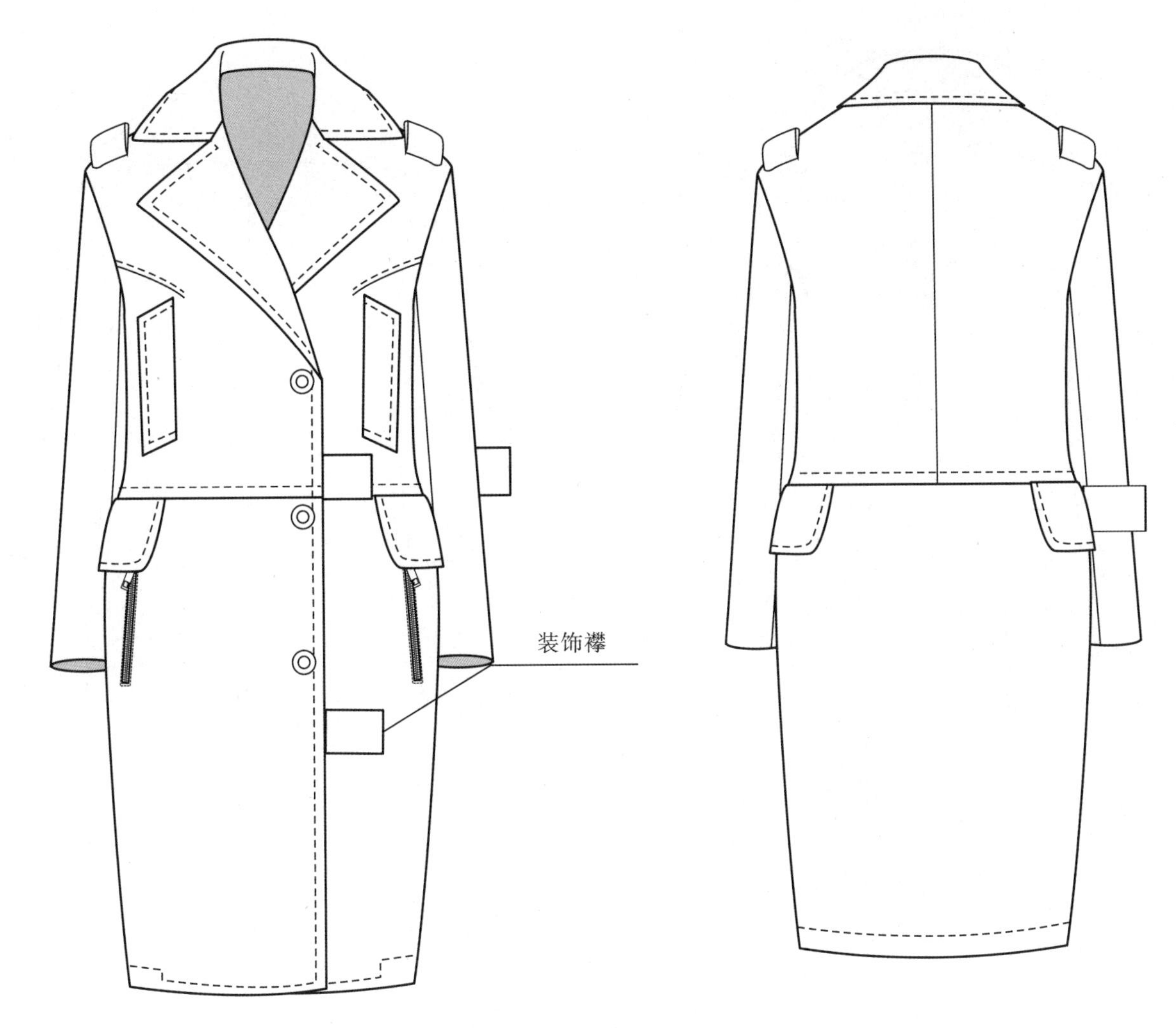

H型大翻驳领肩襻装饰大衣

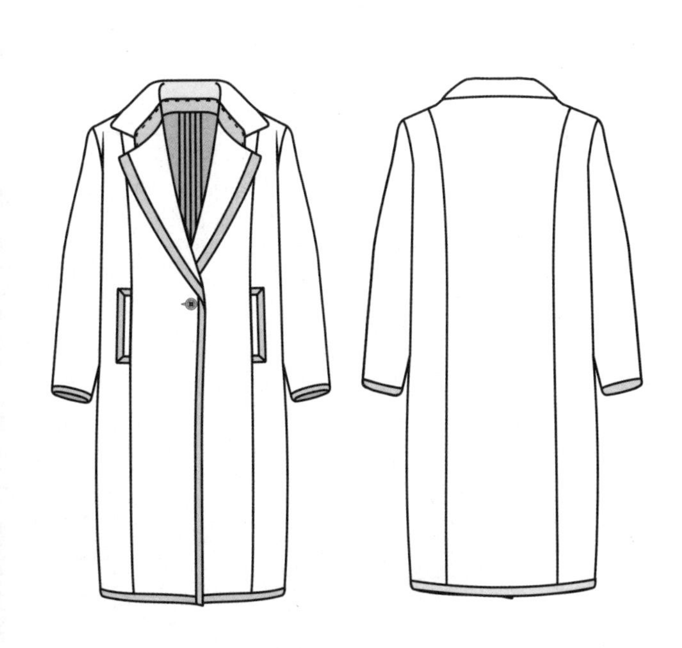

H型驳领翻领加领坐分割大衣

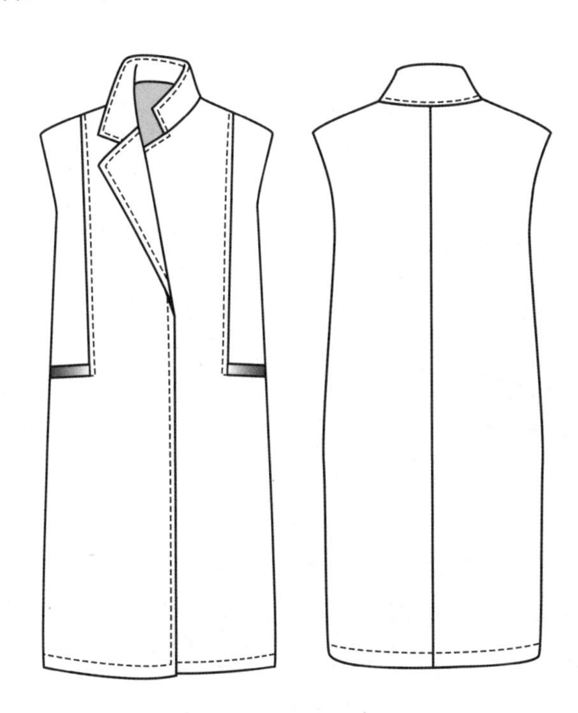

H型背心

H型大翻驳领喇叭袖大衣

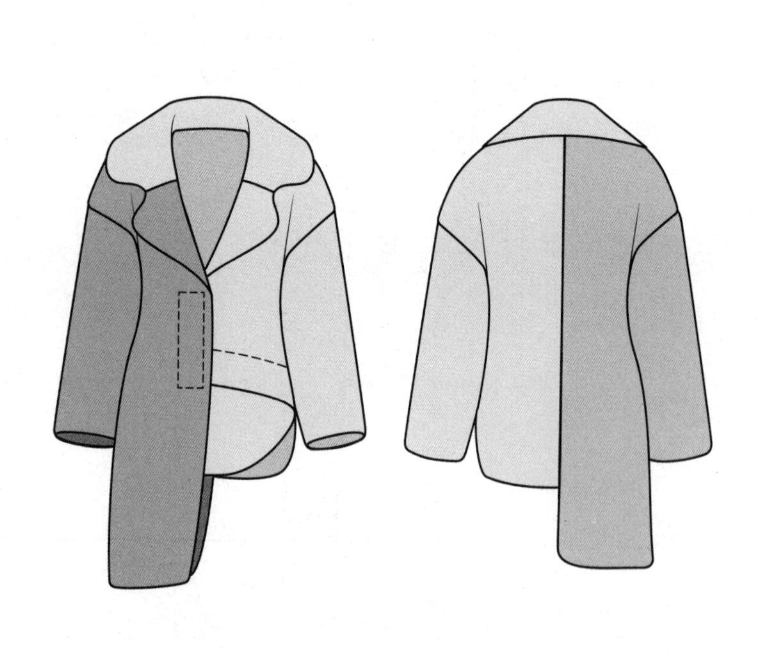

H型不对称大衣

H型不对称领腰部系带大衣

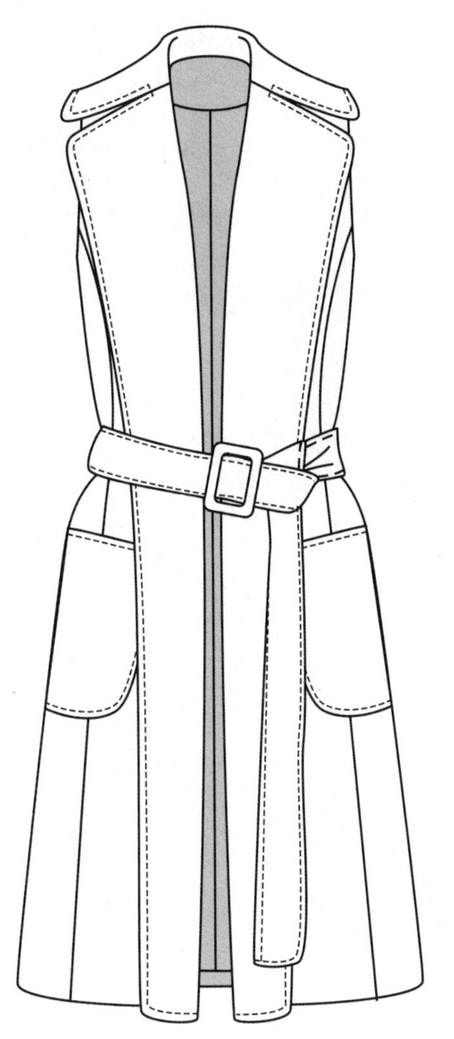
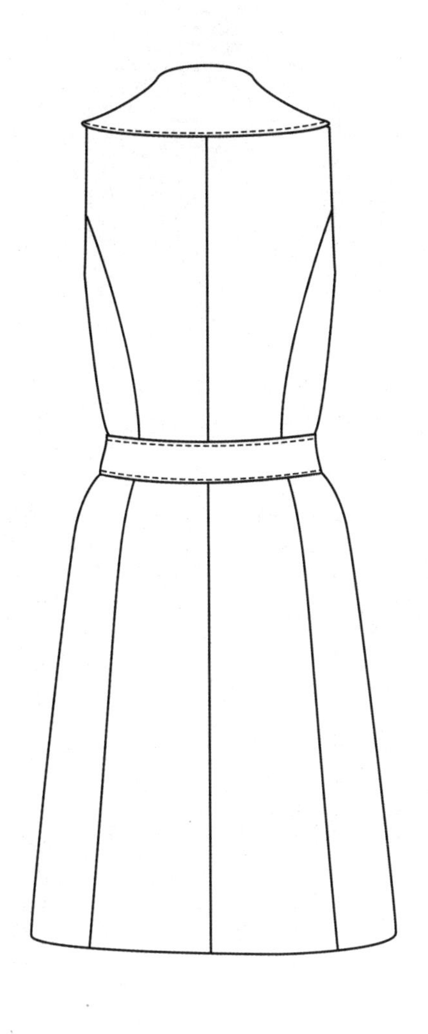

H型大翻驳领无袖大衣

H型层叠设计女大衣

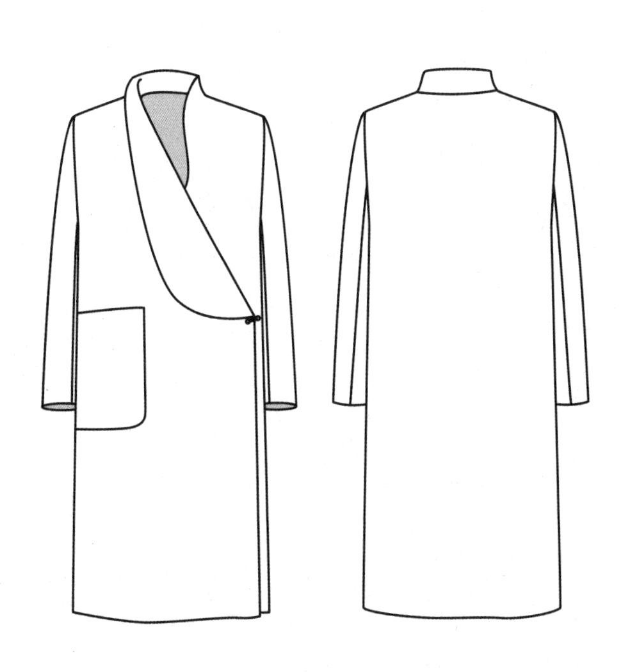

H型不对称设计大衣

H型大翻驳领装饰花卉大衣

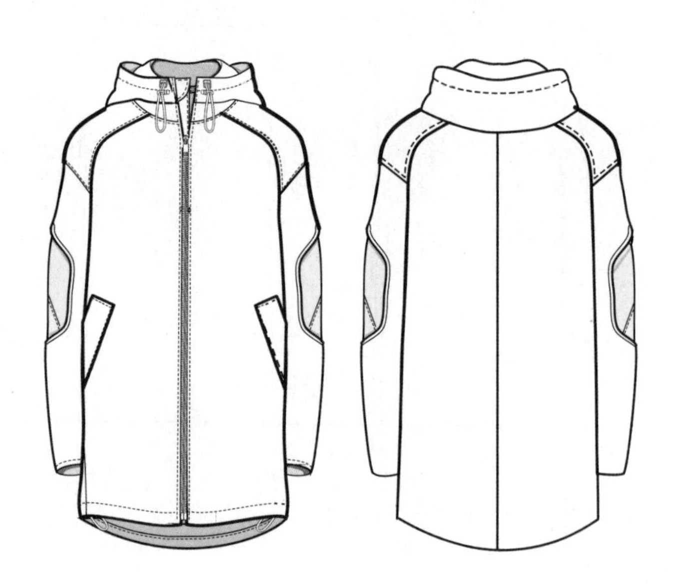

H型插肩带帽袖轴垫布大衣

H型插肩七分短袖无领分割大衣

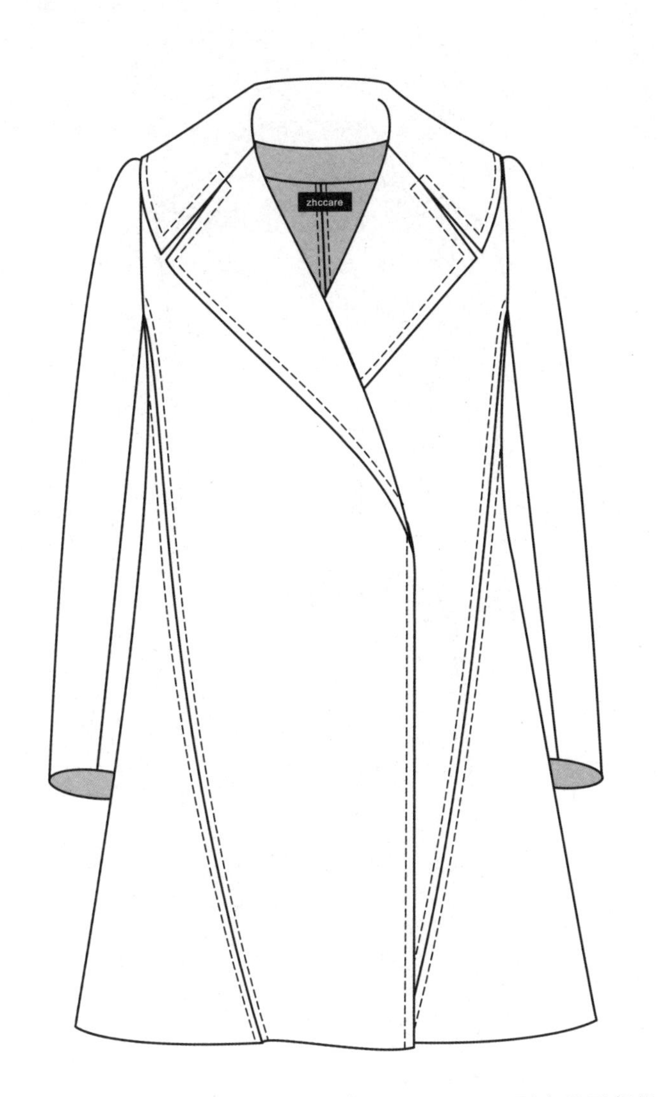

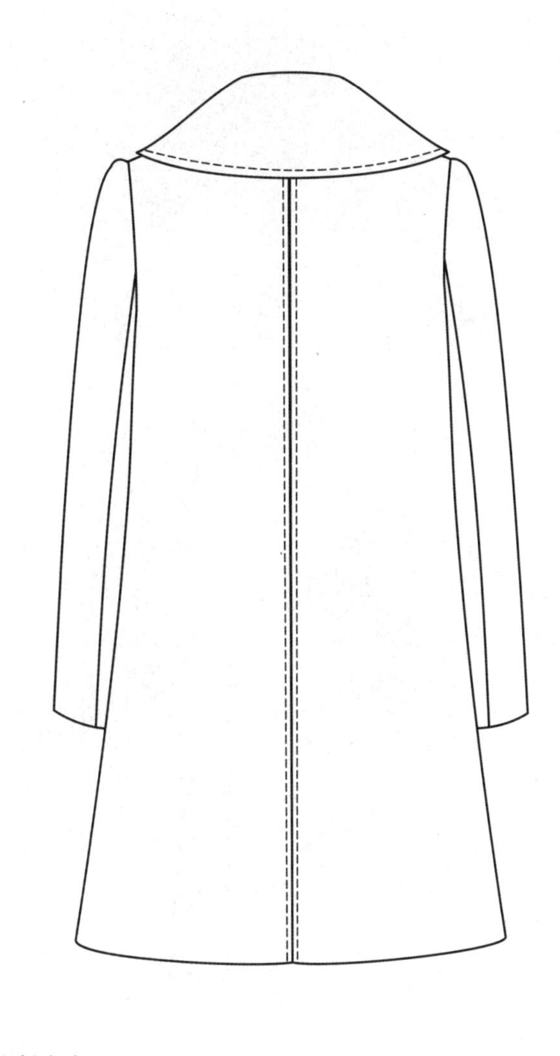

H型大翻驳领纵向分割大衣

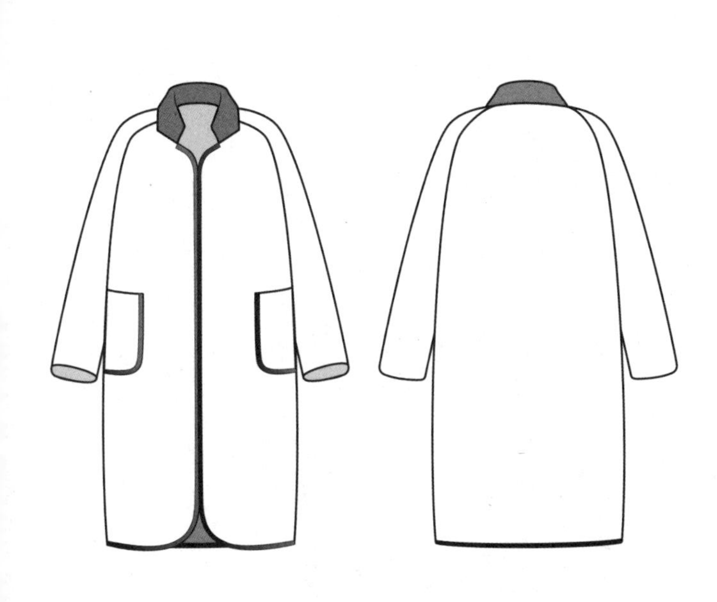

H型插肩袖立领大衣

H型插肩连帽拉链大衣

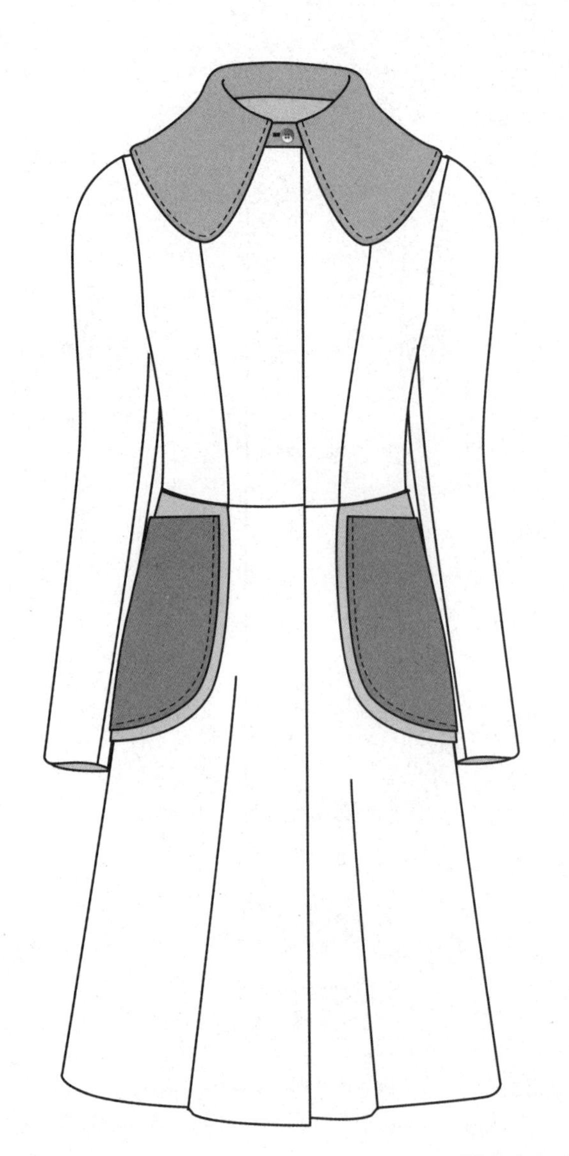

H型大翻领大贴袋装饰大衣

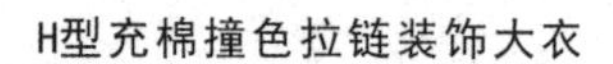

H型充棉撞色拉链装饰大衣

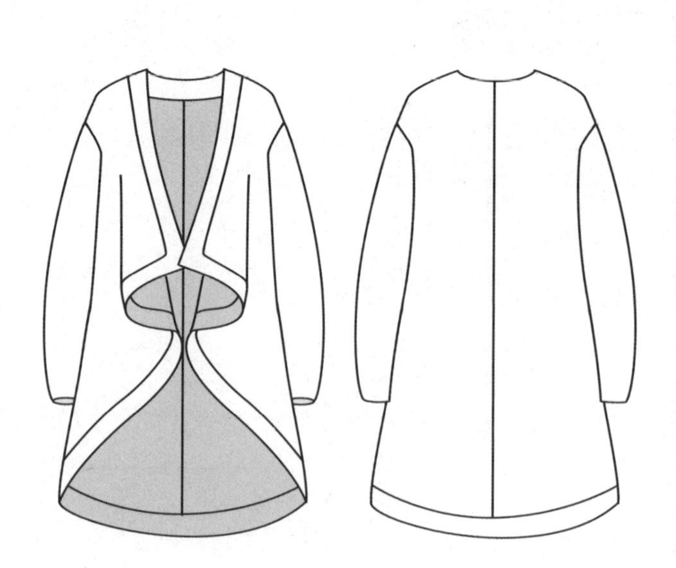

H型垂荡领大衣

H型大翻领大衣

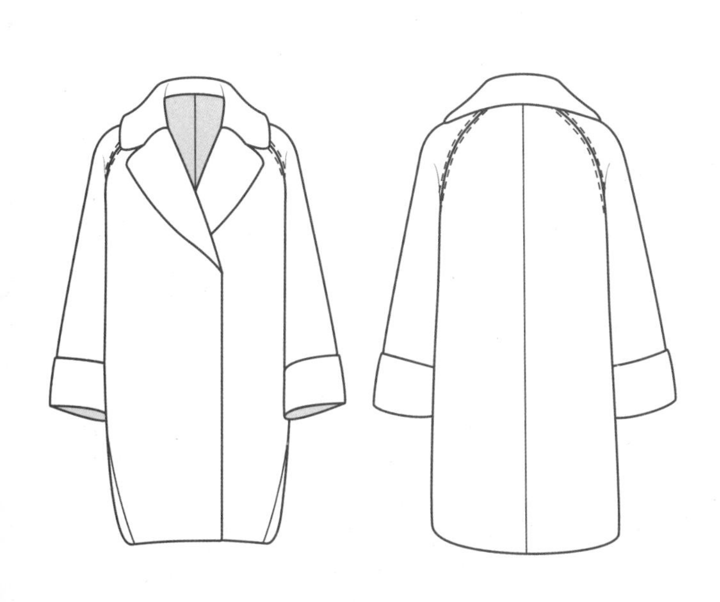

H型大翻驳领插肩袖大衣

H型大翻驳领大贴袋大衣

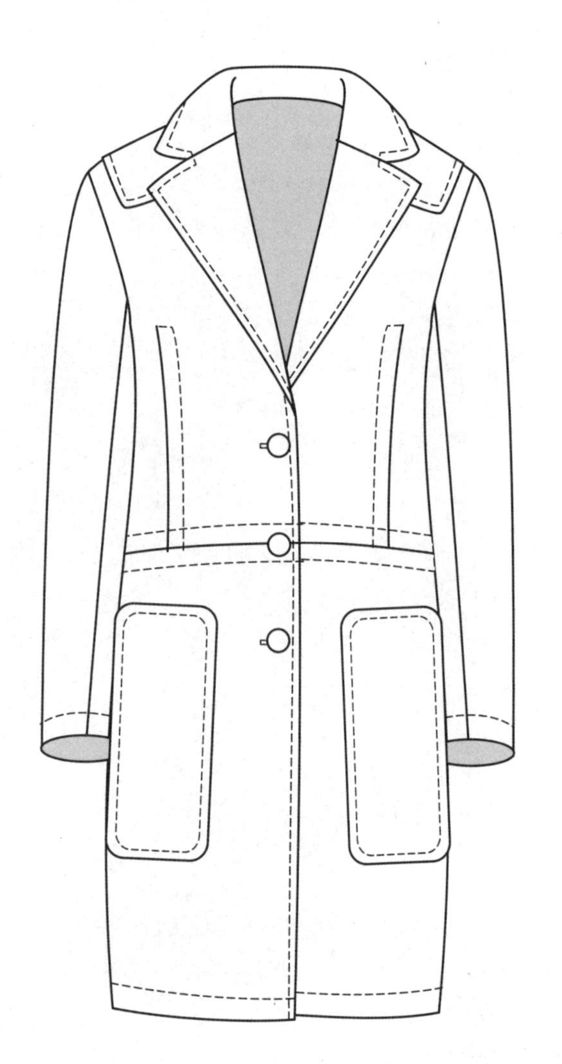
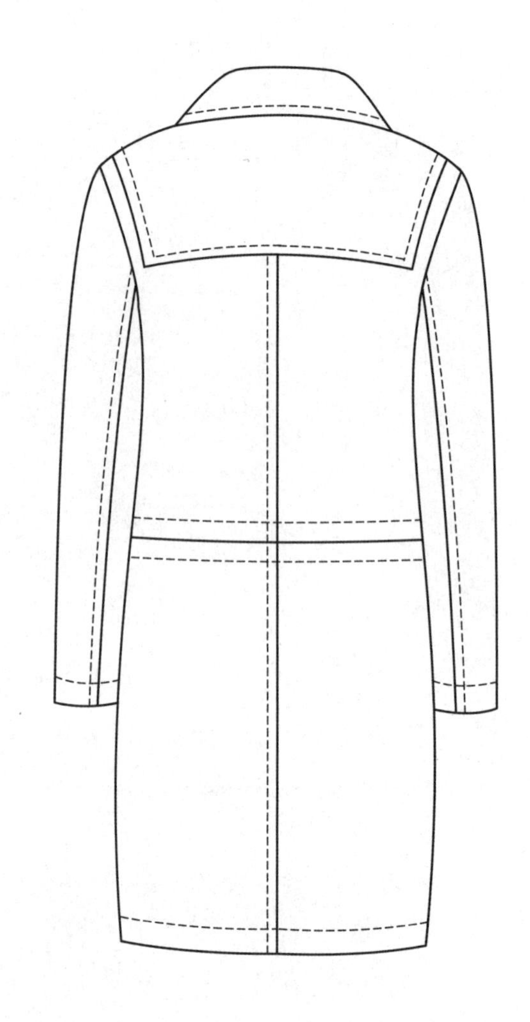

H型大翻领明线装饰大衣

H型大翻驳领大衣

H型大翻驳领大贴袋斗篷式大衣

H型大翻驳领大衣

H型大翻驳领大衣

H型大翻驳领大衣

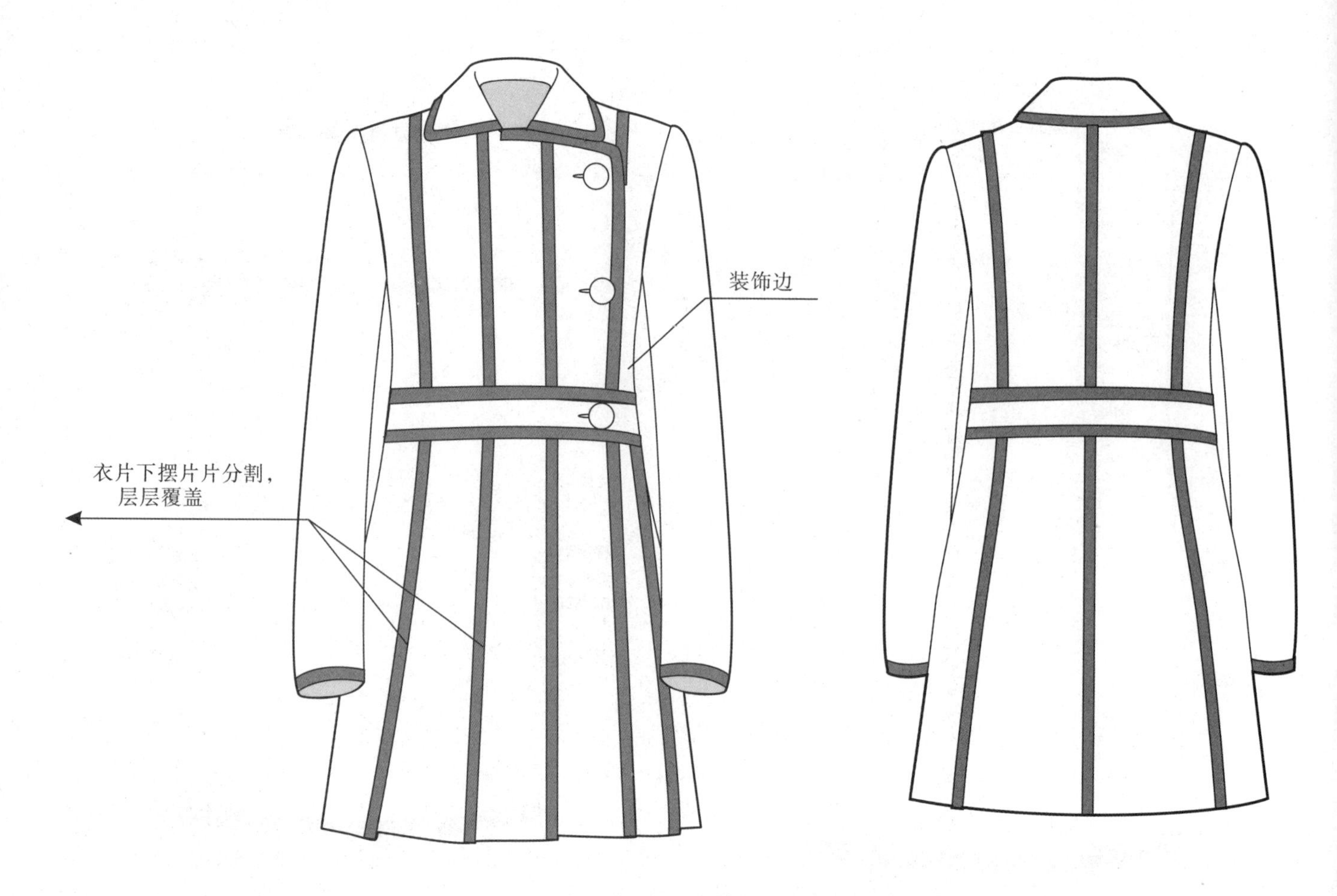

H型大翻领双排扣大衣

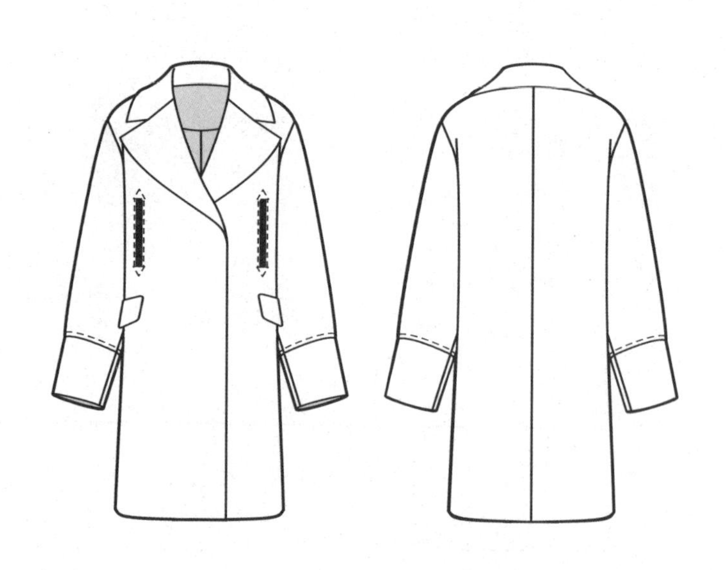

H型大翻驳领带袖克夫大衣

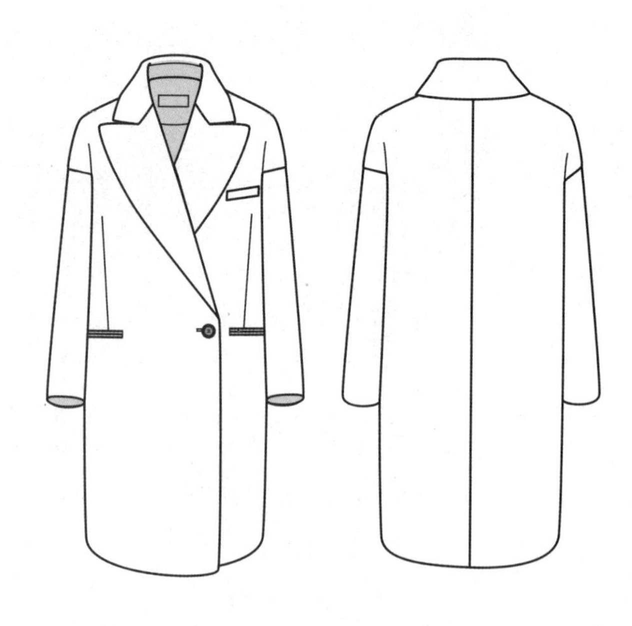

H型大翻驳领单扣落肩大衣

H型大翻领贴袋大衣

H型大翻驳领多口袋大衣

H型大翻驳领多口袋大衣

H型大翻毛领大衣

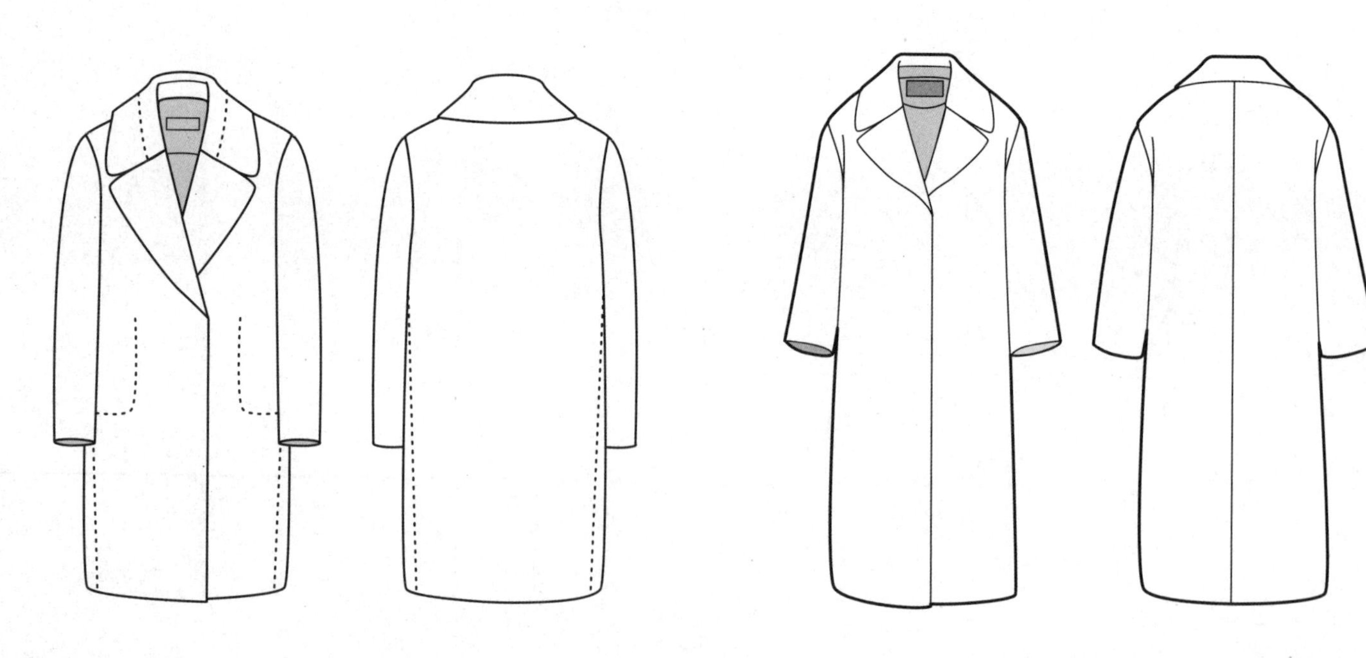

H型大翻驳领简洁大衣

H型大翻驳领简洁大衣

H型大翻圆角领单排扣大衣

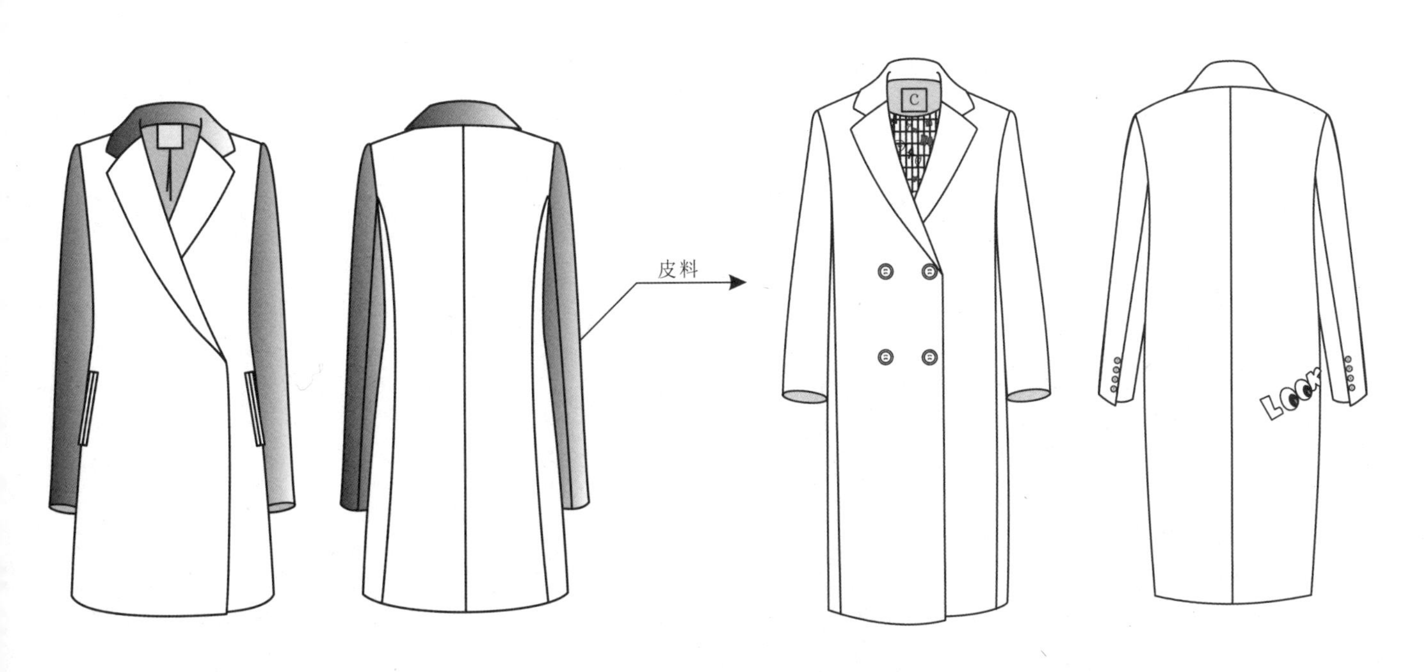

H型大翻驳领拼色中长大衣

H型大翻驳领双排口经典大衣

H型带帽子大衣

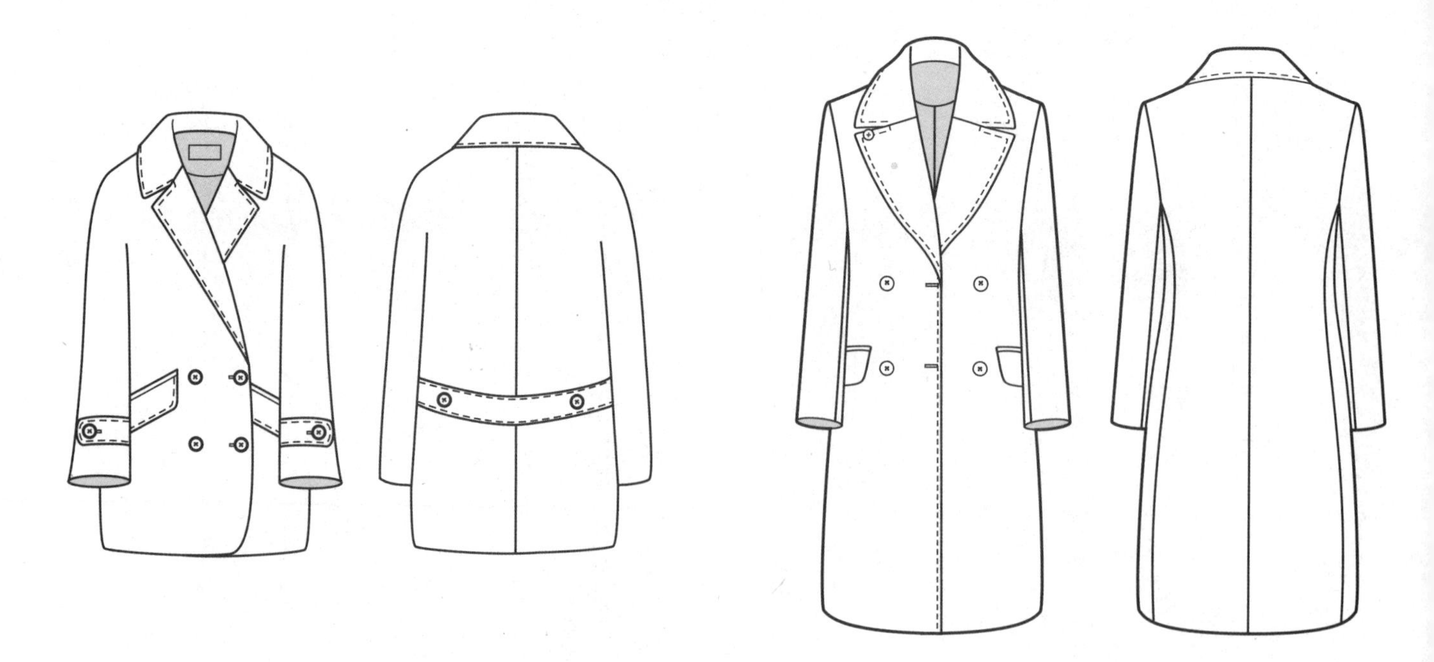

H型大翻驳领双排扣带袖襻大衣

H型大翻驳领双排扣大衣

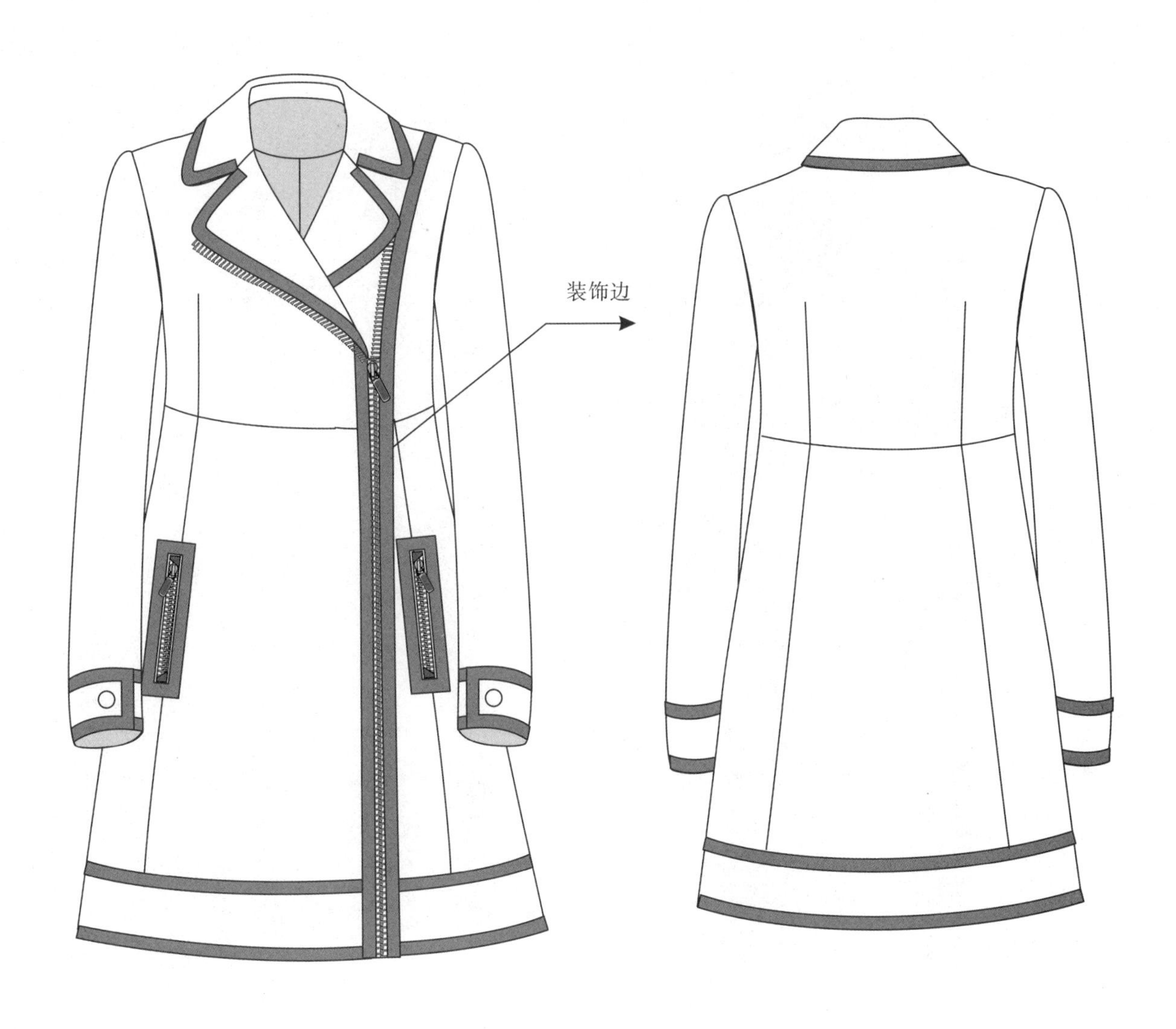

H型带装饰边大衣

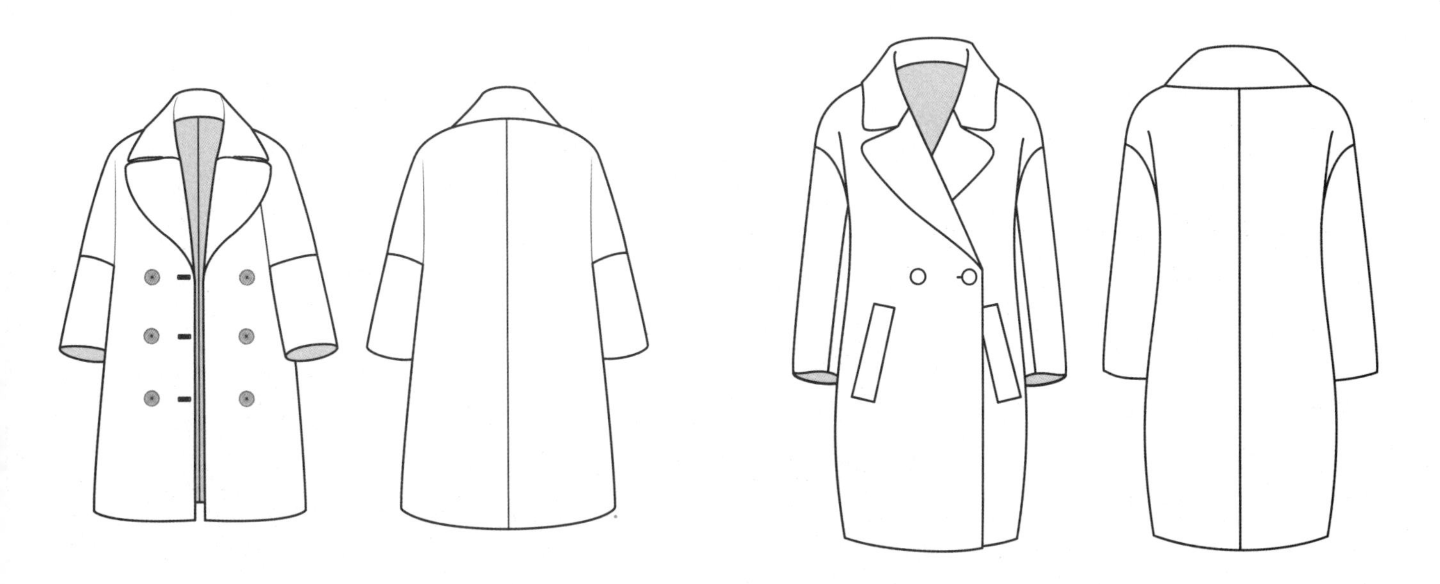

H型大翻驳领双排扣连身袖大衣

H型大翻驳领双排扣斜插袋大衣

H型刀背分割撞色拼接大衣

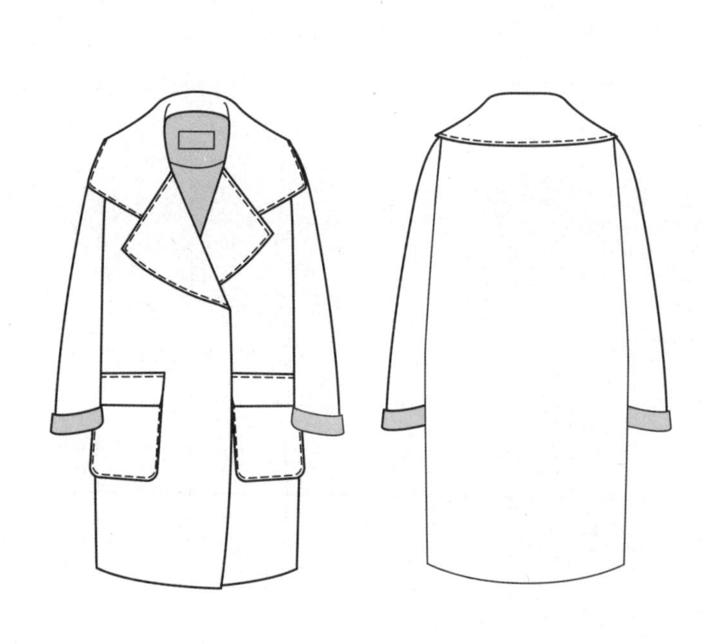

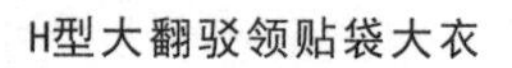

H型大翻驳领贴袋大衣

H型大翻驳领双排扣长大衣

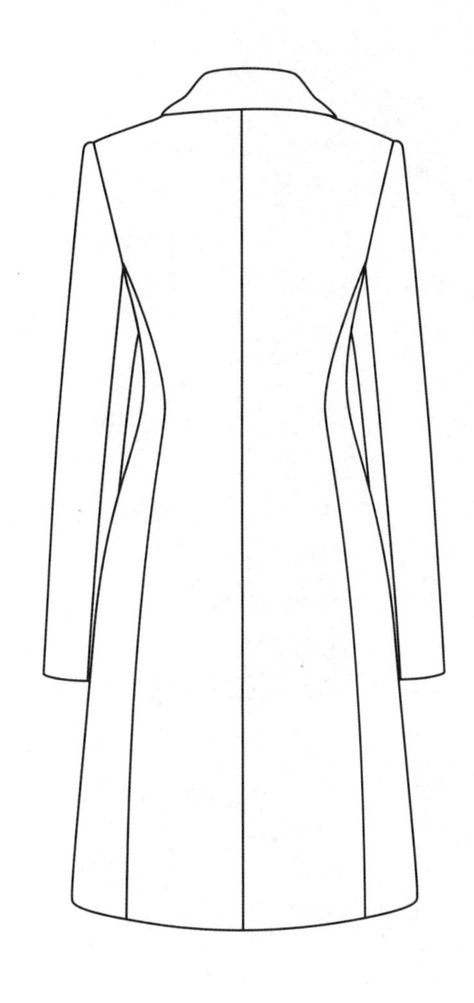

H型大翻驳领贴袋大衣

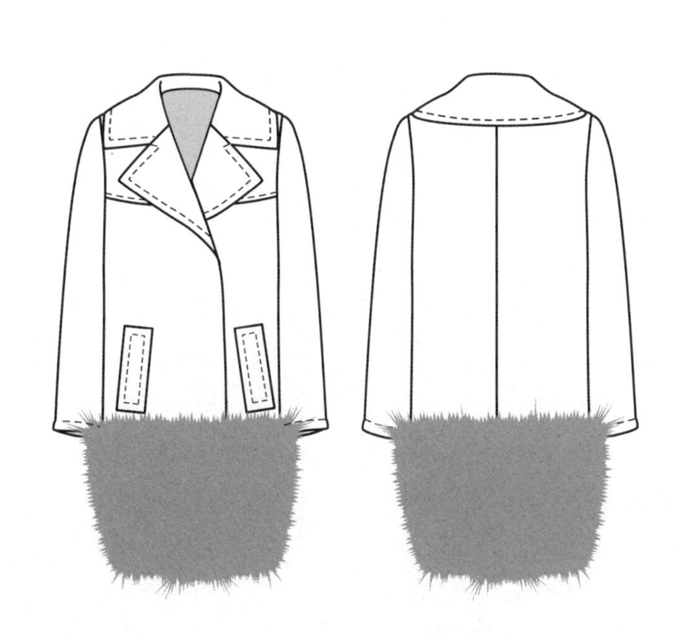

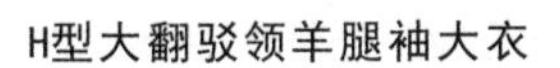

H型大翻驳领羊腿袖大衣

H型大翻驳领衣摆拼毛大衣

H型翻驳领大贴袋大衣

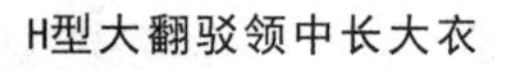

H型大翻驳领中长大衣

H型大翻驳领衣摆拼色一粒扣大衣

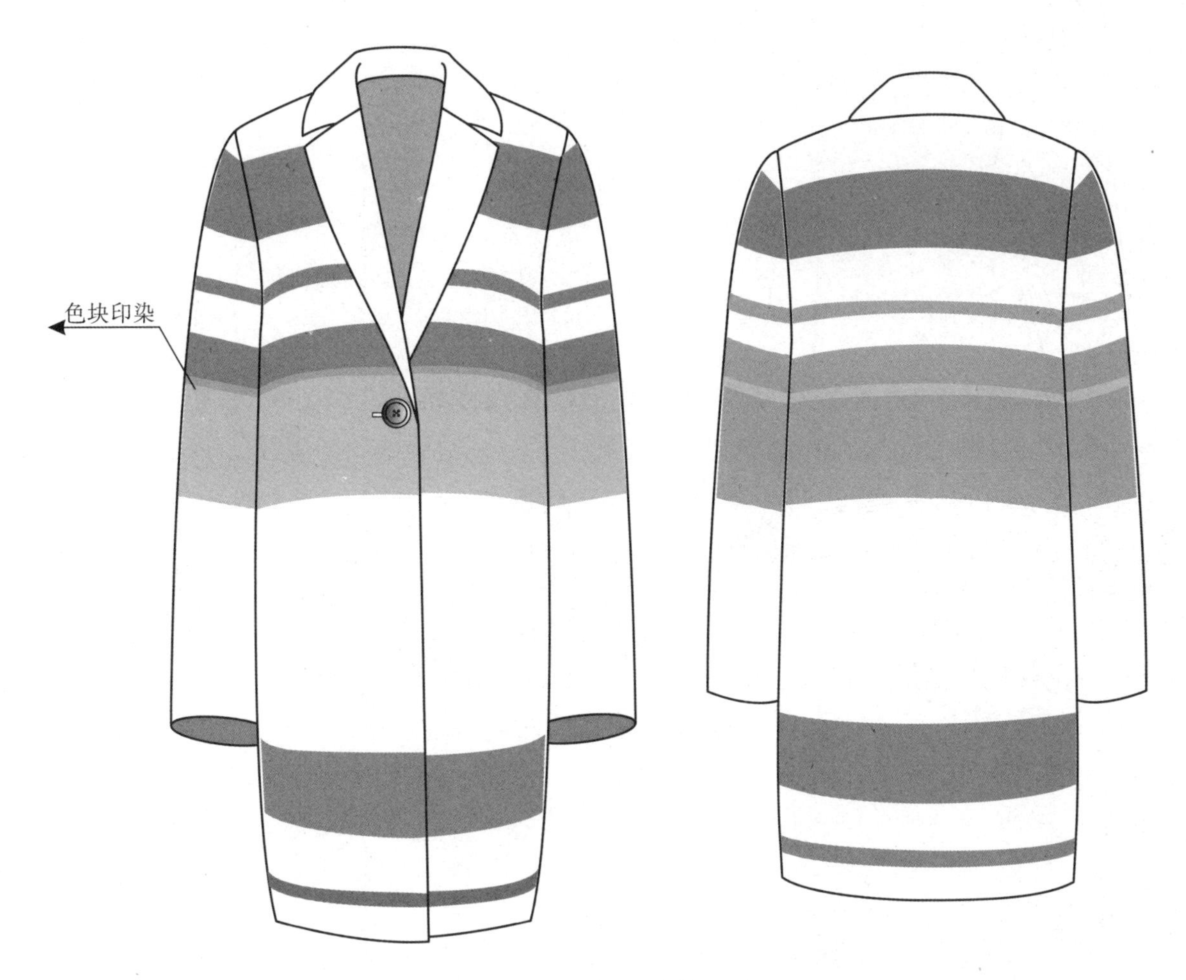

H型翻驳领多色拼接大衣

H型大翻驳领中长大衣

H型大翻领L型分割大衣

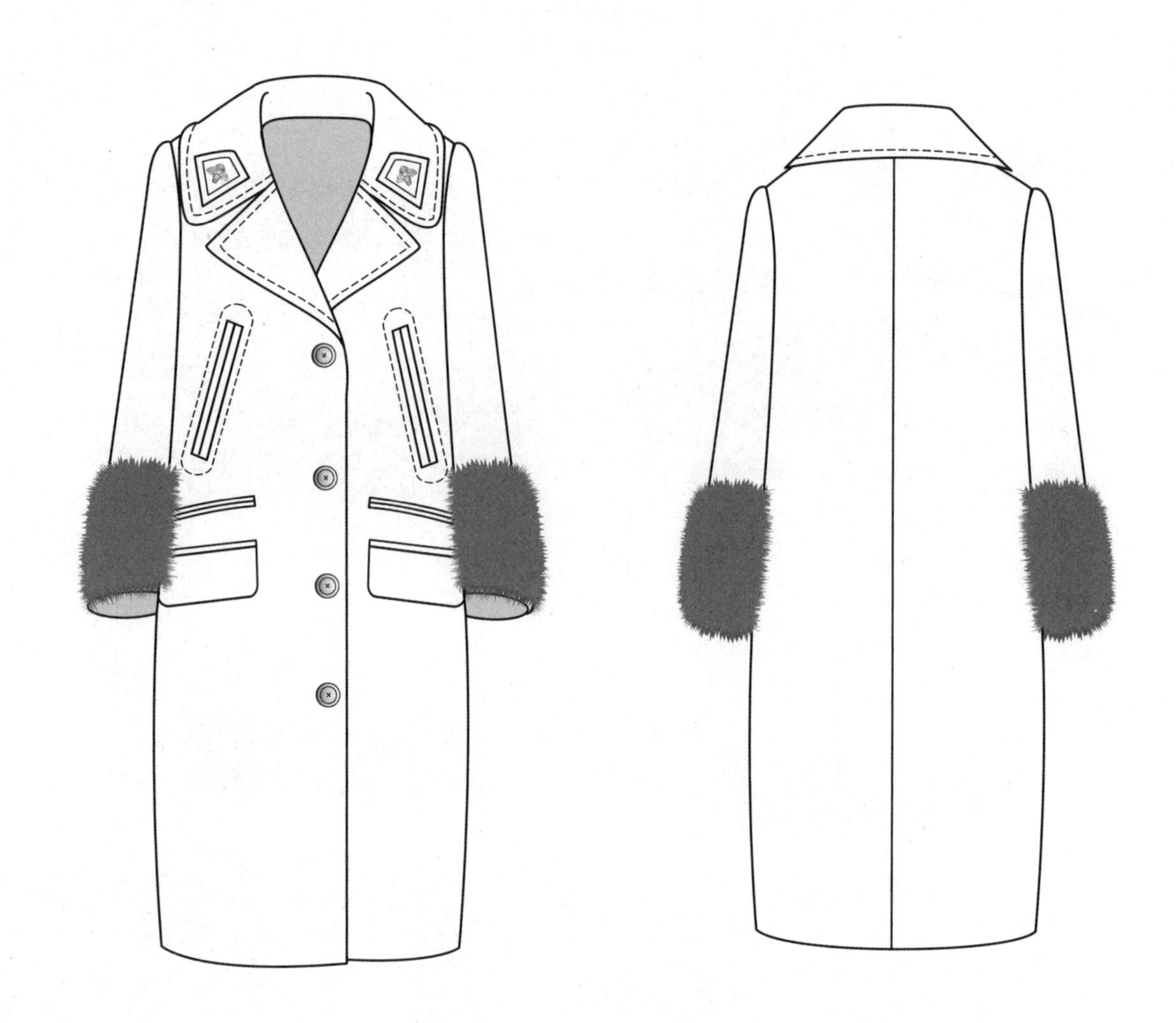

H型翻驳领毛皮袖口装饰大衣

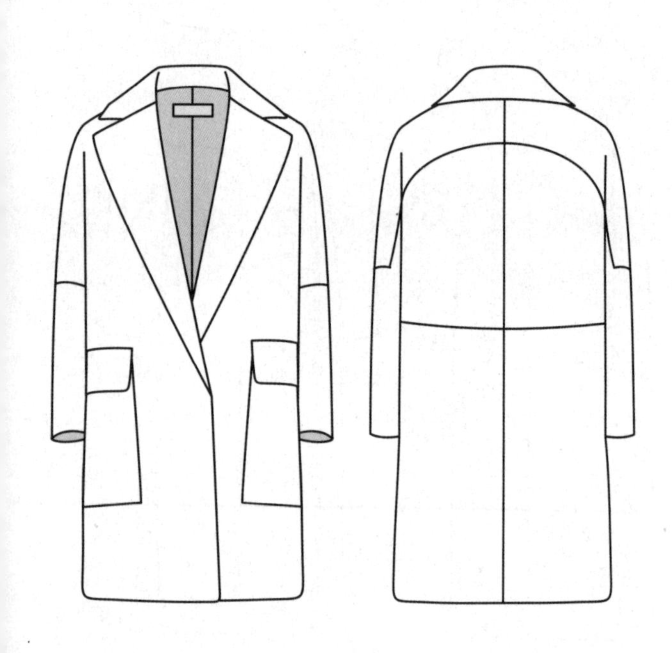

H型大翻领暗扣大衣

H型大翻领大衣

H型翻驳领双排扣系腰带大衣

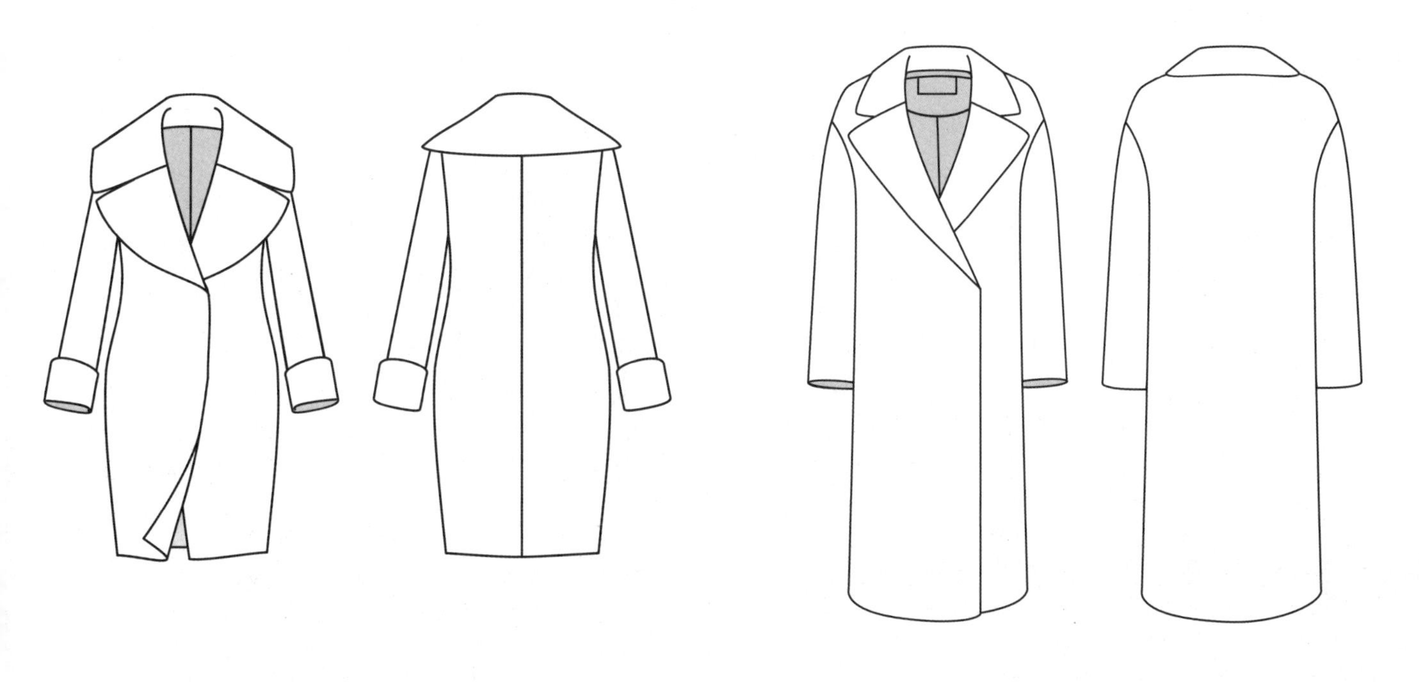

H型大翻领大衣

H型大翻领大衣

H型翻驳领下摆流苏装饰大衣

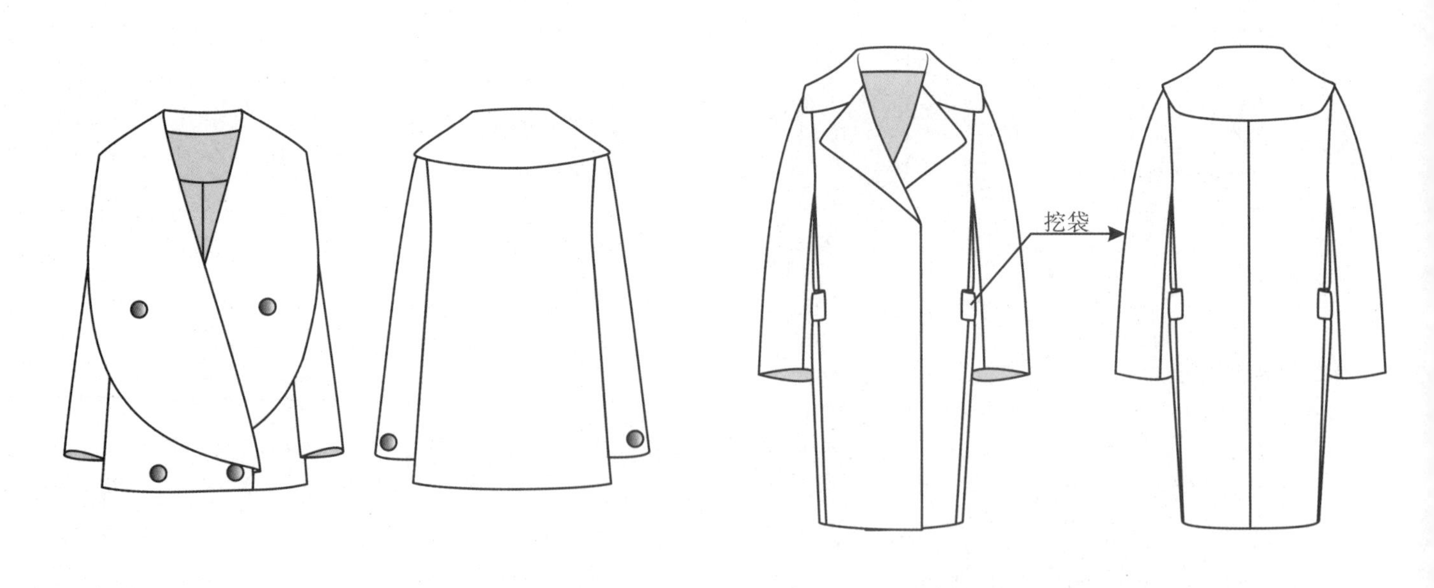

H型大翻领短款大衣

H型大翻领宽松大衣

H型翻驳领袖口装饰大衣

H型大翻领连身袖大衣

H型大翻领明贴袋大衣

H型翻驳领印花大衣

H型大翻领拼色大衣

H型大翻领拼色简洁大衣

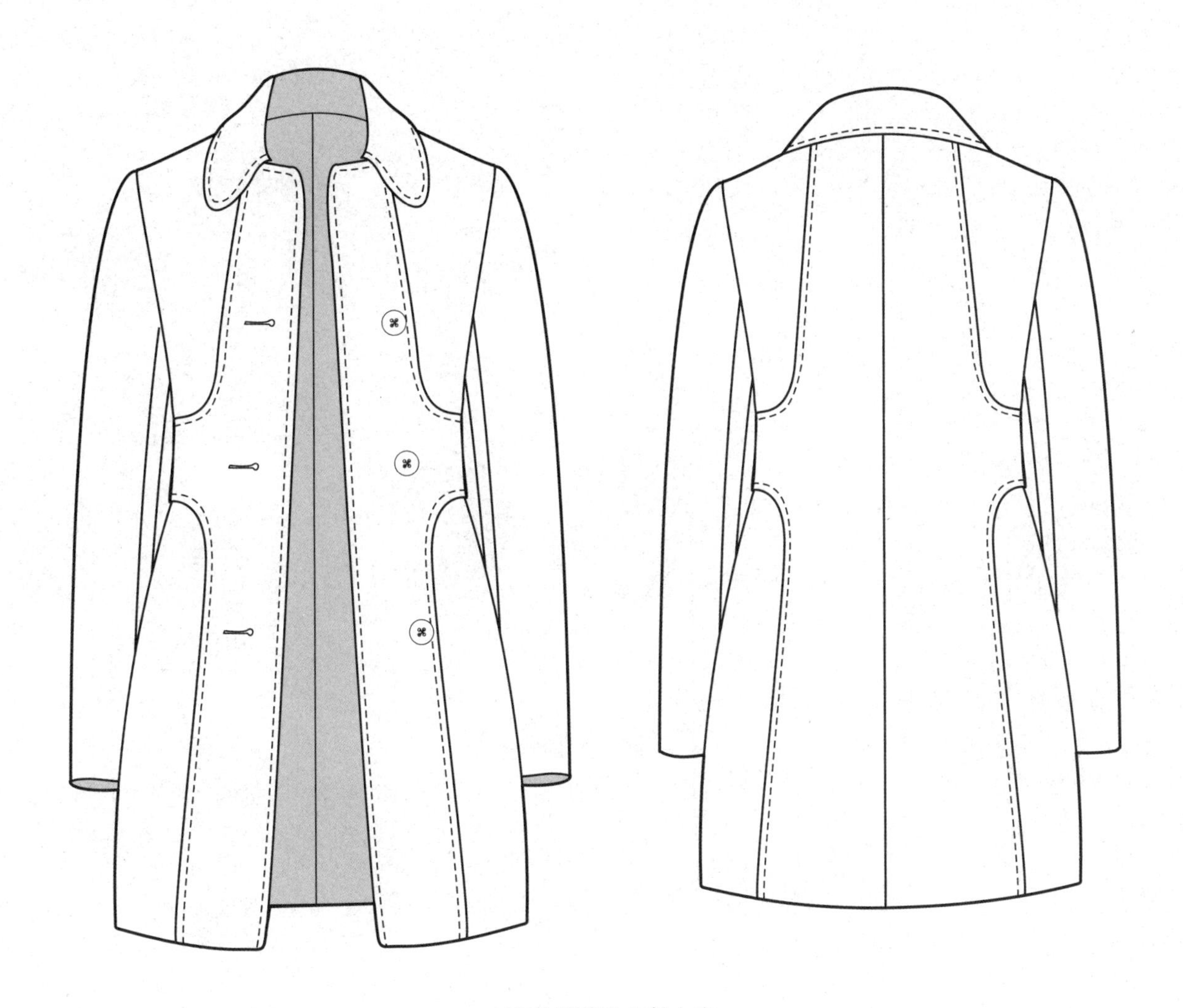

H型翻领弧线分割大衣

H型大翻领双排扣大衣

H型大翻领双排扣大贴袋大衣

H型翻领毛皮袖口装饰大衣

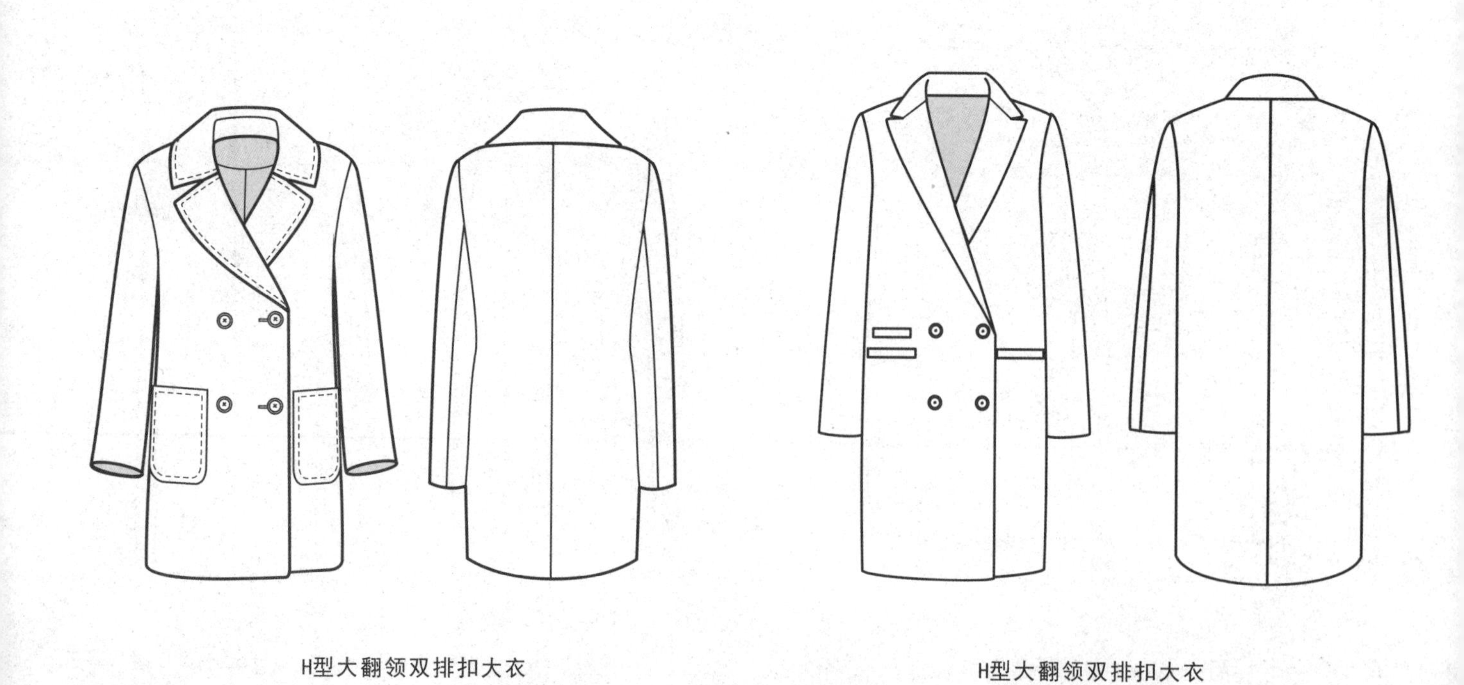

H型大翻领双排扣大衣

H型大翻领双排扣大衣

H型翻领贴袋宽明迹线装饰大衣

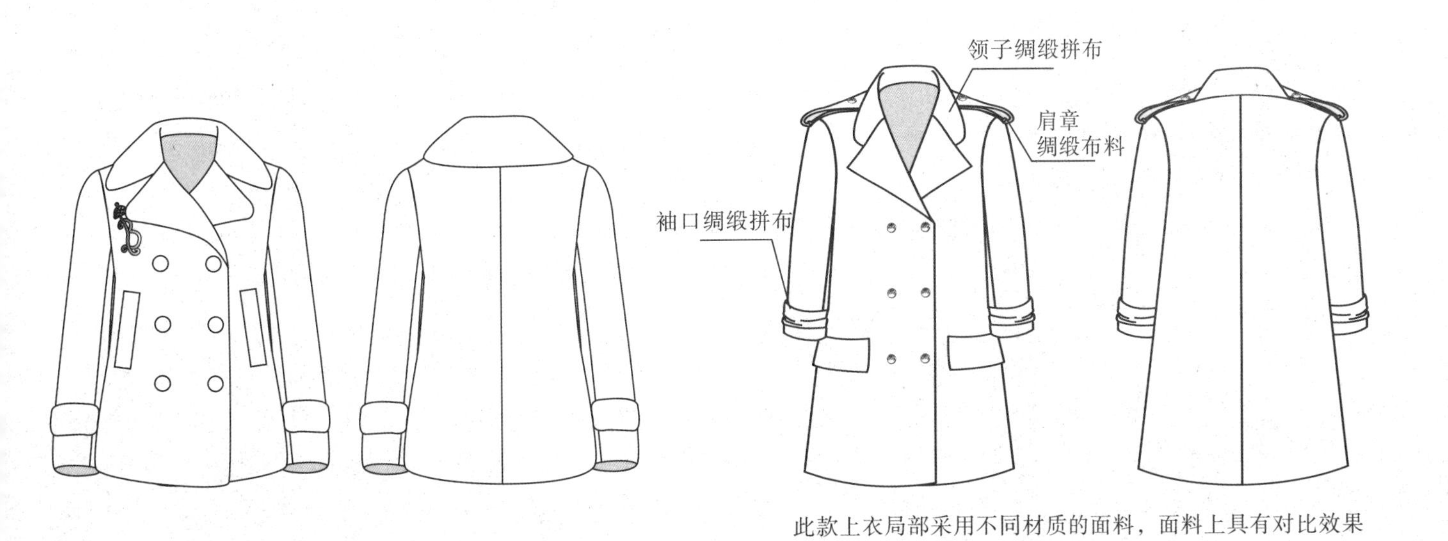

此款上衣局部采用不同材质的面料，面料上具有对比效果

H型大翻领双排扣短大衣

H型大翻领双排扣带肩襻大衣

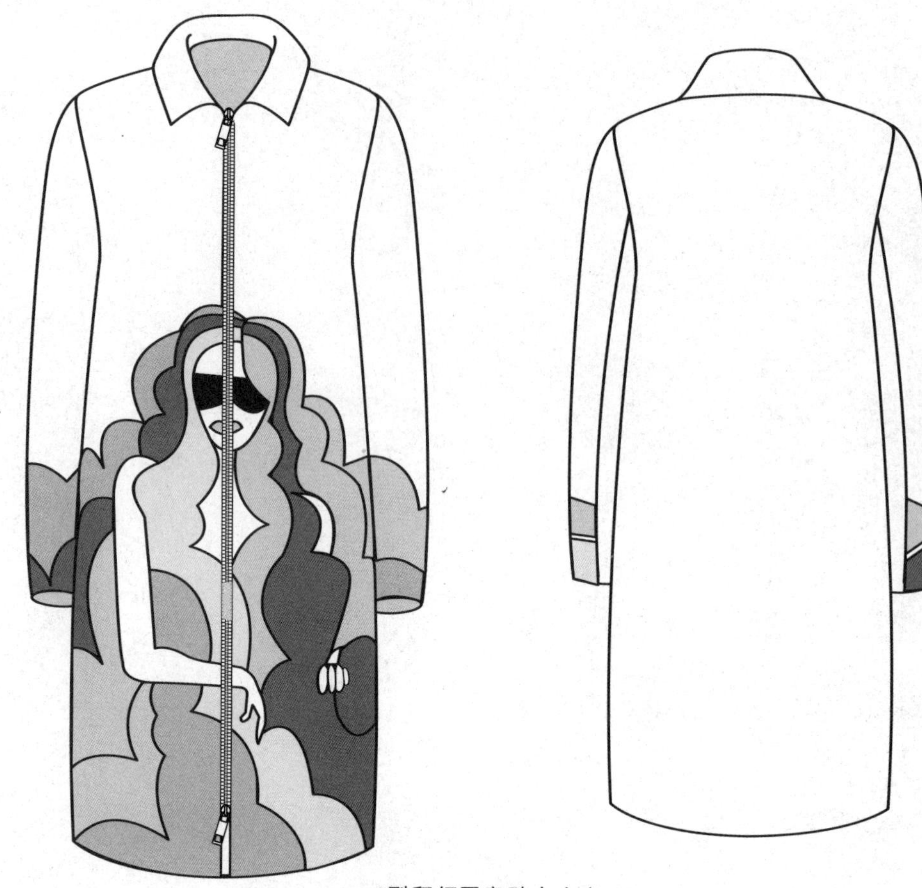

H型翻领图案贴布大衣

H型大翻领双排扣多袋盖大衣

H型大翻领双排扣断腰式大衣

H型翻门襟拼色大衣

H型大翻领双排扣斜插袋大衣

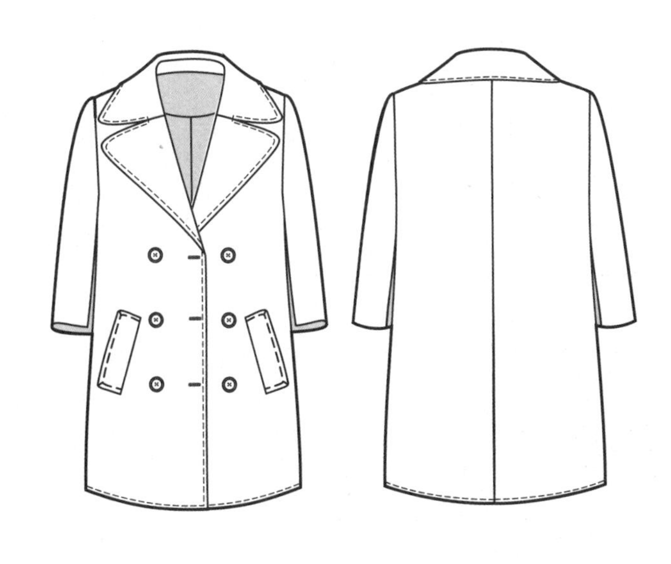

H型大翻领双排扣斜插袋大衣

H型方领抽褶装饰大衣

H型大翻领双排扣长大衣

H型大翻领双排扣圆角贴袋大衣

H型方贴袋双排扣大衣

H型大翻领双排扣装饰襻大衣

H型大翻领系腰带大衣

H型分割变形翻领大衣

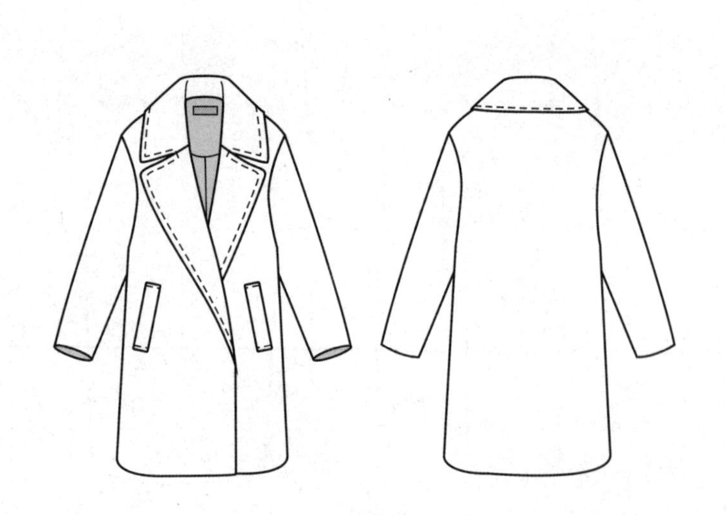

H型大翻领斜插袋大衣

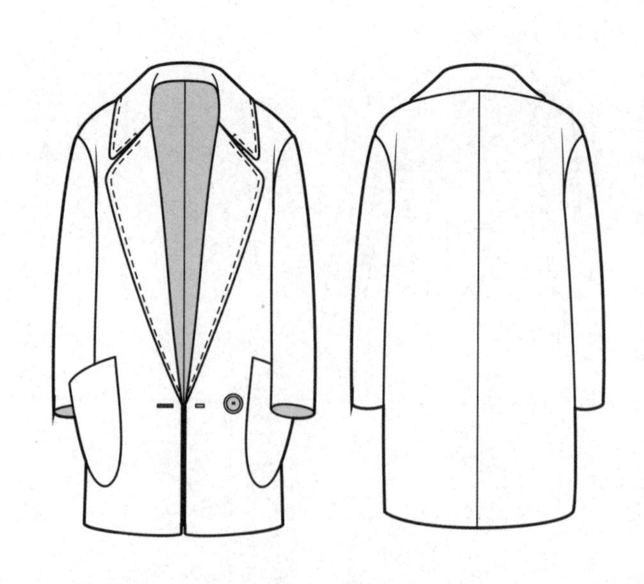

H型大翻领圆角贴袋中长大衣

H型分割无袖大衣

H型大翻毛领大衣

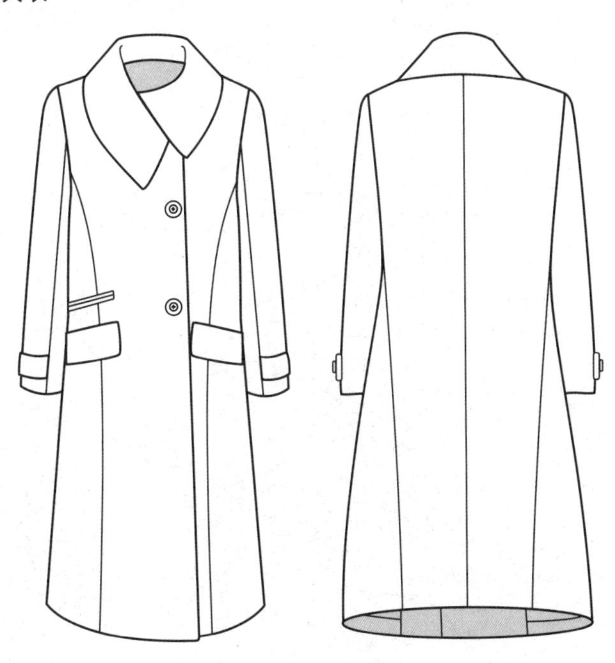

H型大翻领纵向分割大衣

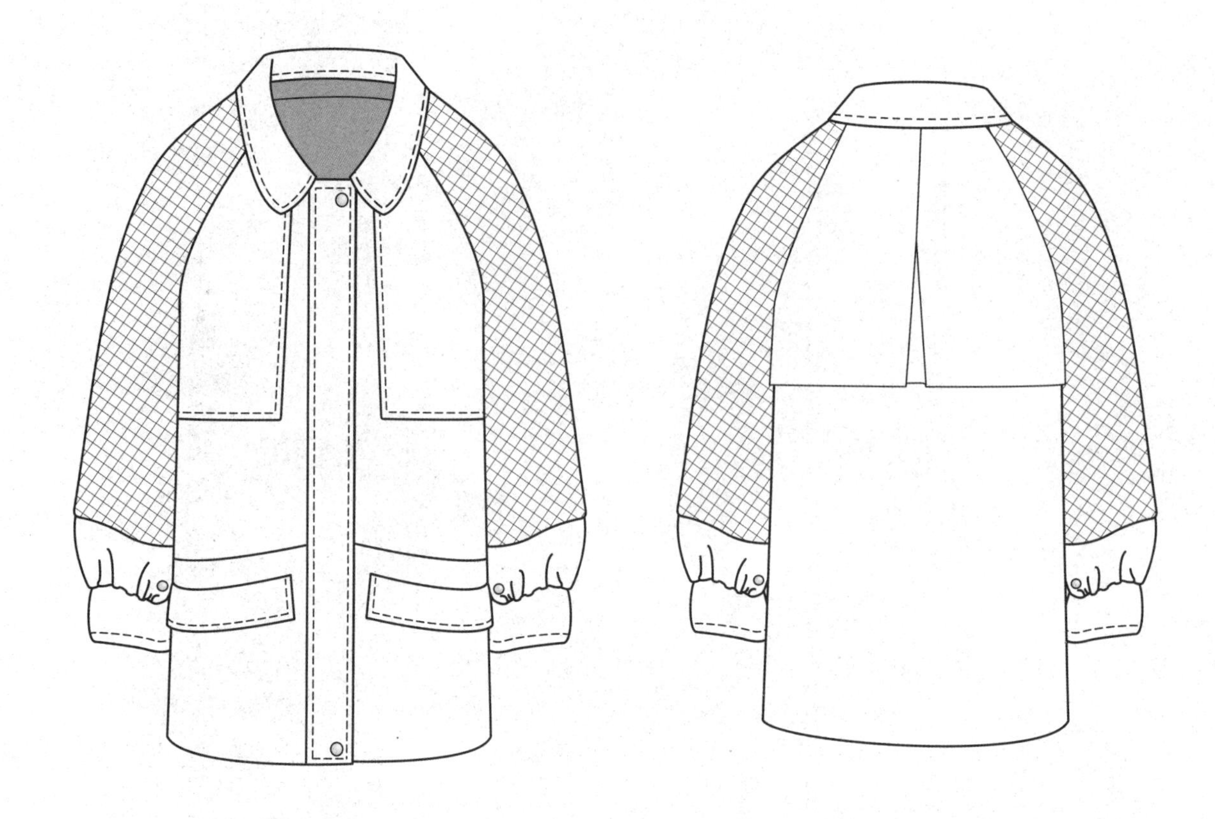

H型关门领插肩袖大衣

H型大衣

H型大翻圆角领双排扣无袖大衣

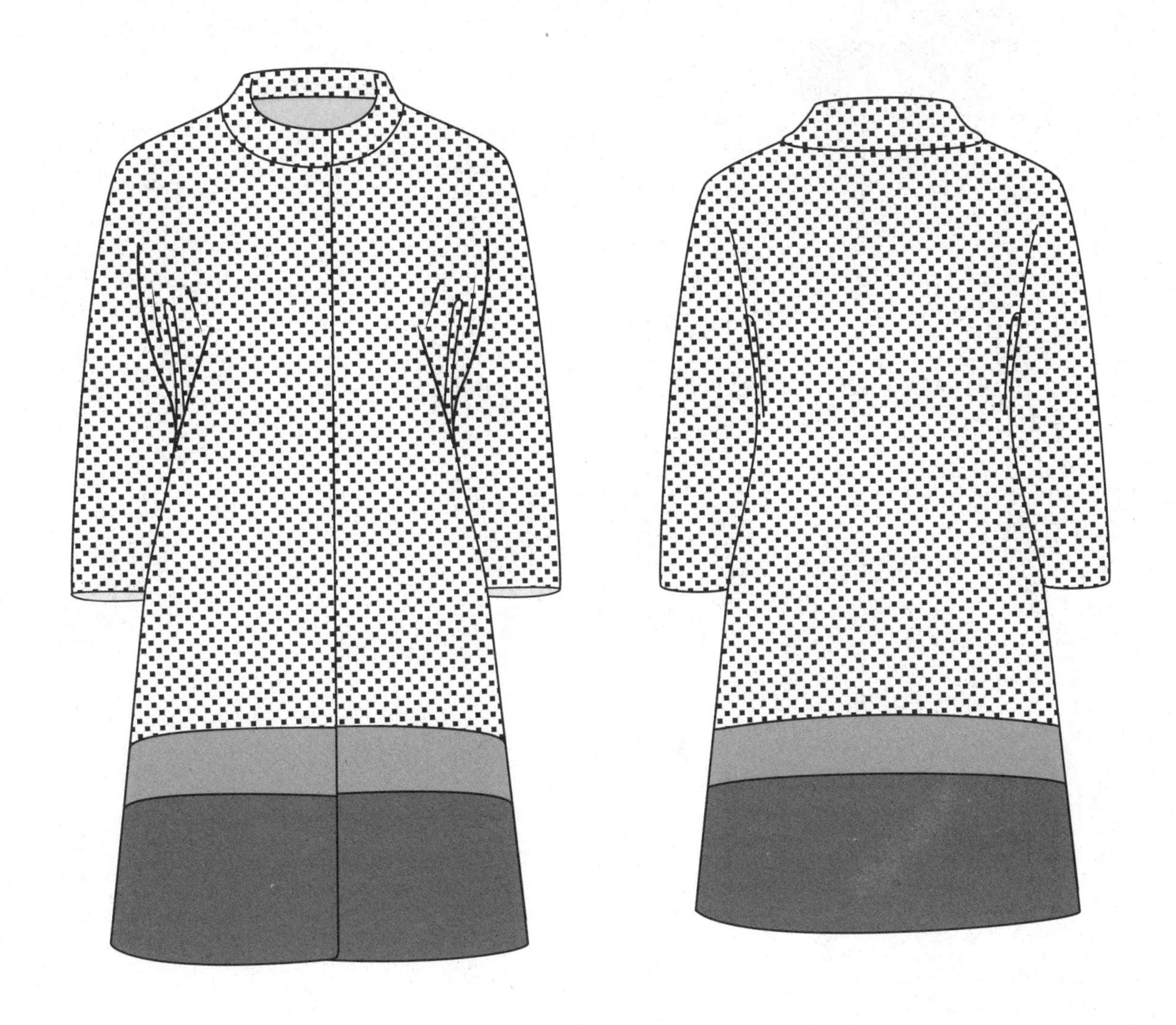

H型横分割拼色大衣

H型带帽子中长大衣

H型带帽双排扣大衣

H型立领拼色大衣

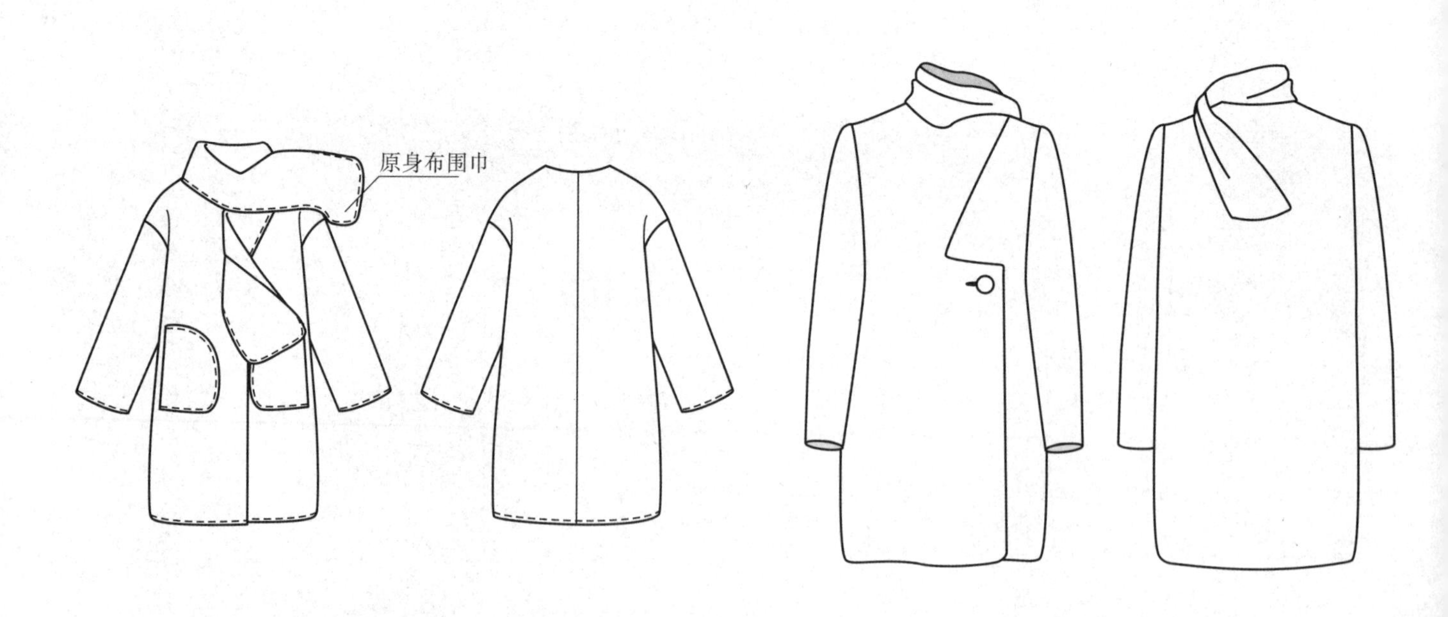

H型带围脖明贴袋大衣

H型带围脖一粒扣大衣

H型立领绣花大衣

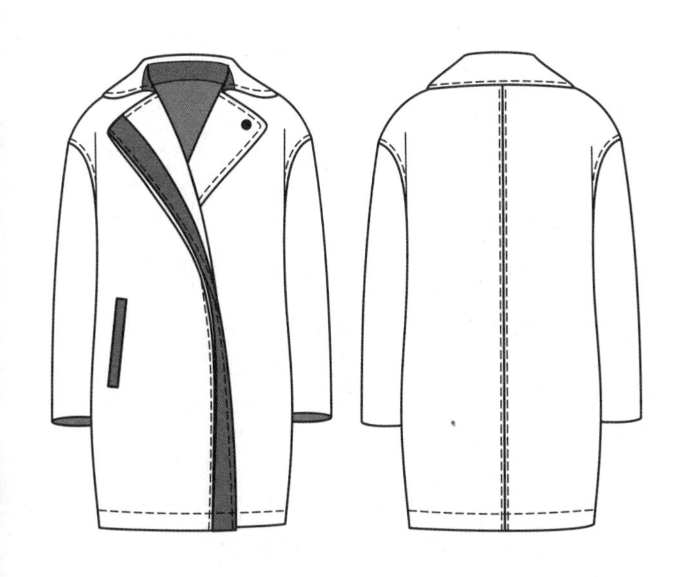

H型单口袋门襟拼色大衣

H型对称褶皱装饰大衣

H型立领纵向多分割大衣

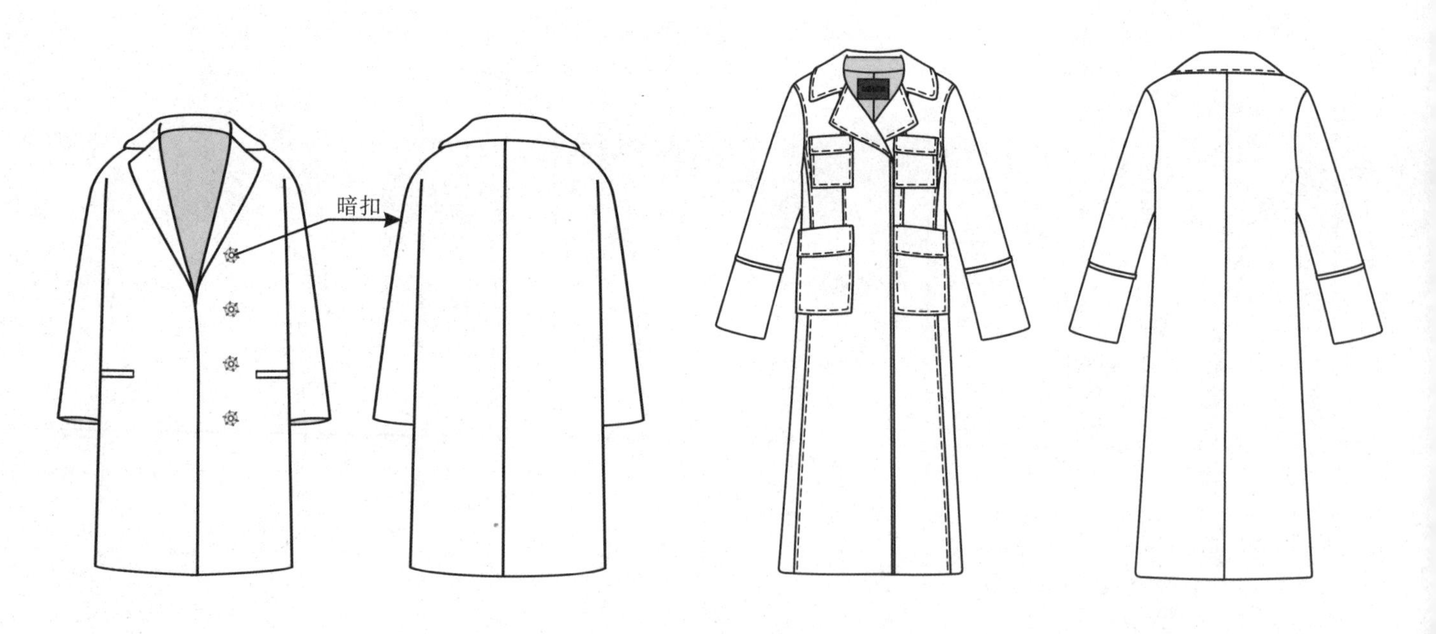

H型翻驳领暗扣大衣

H型多口袋纵向分割长大衣

H型立体花瓣装饰大衣

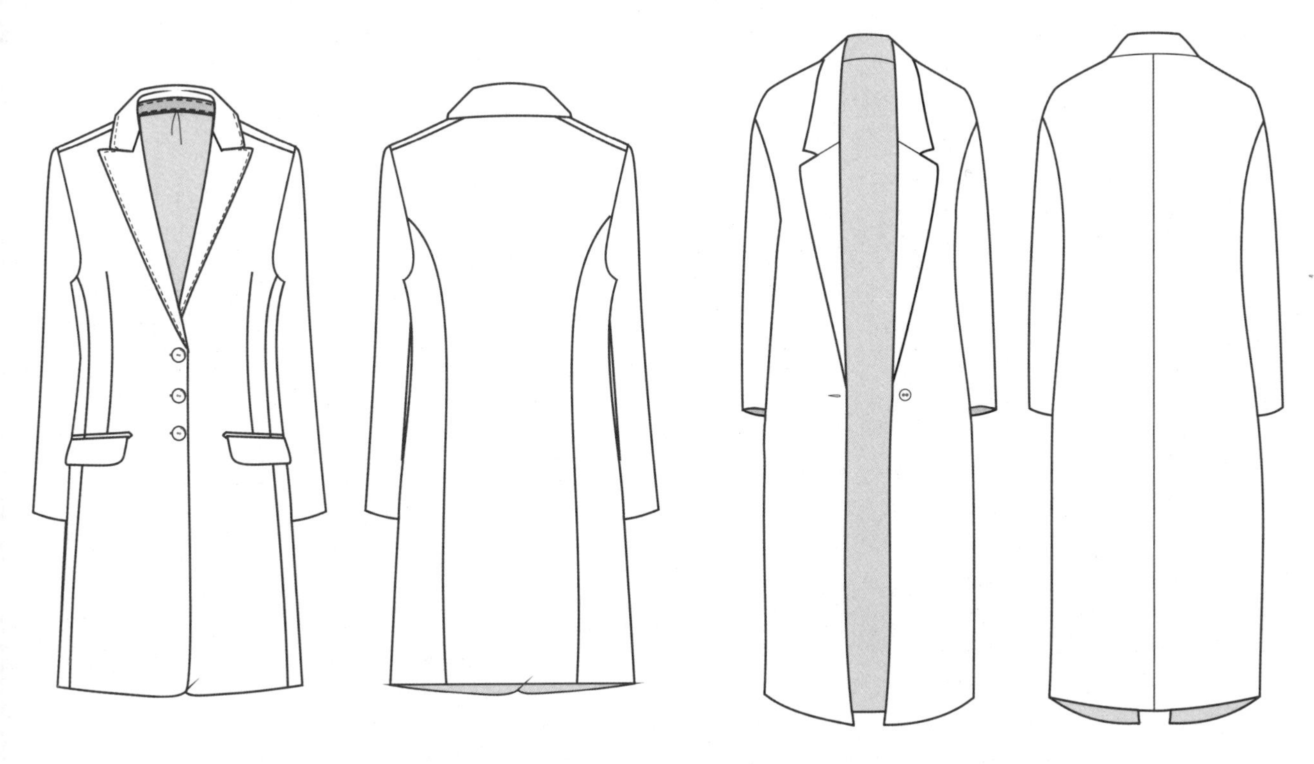

H型翻驳领大衣

H型翻驳领大衣

H型连帽明线装饰大衣

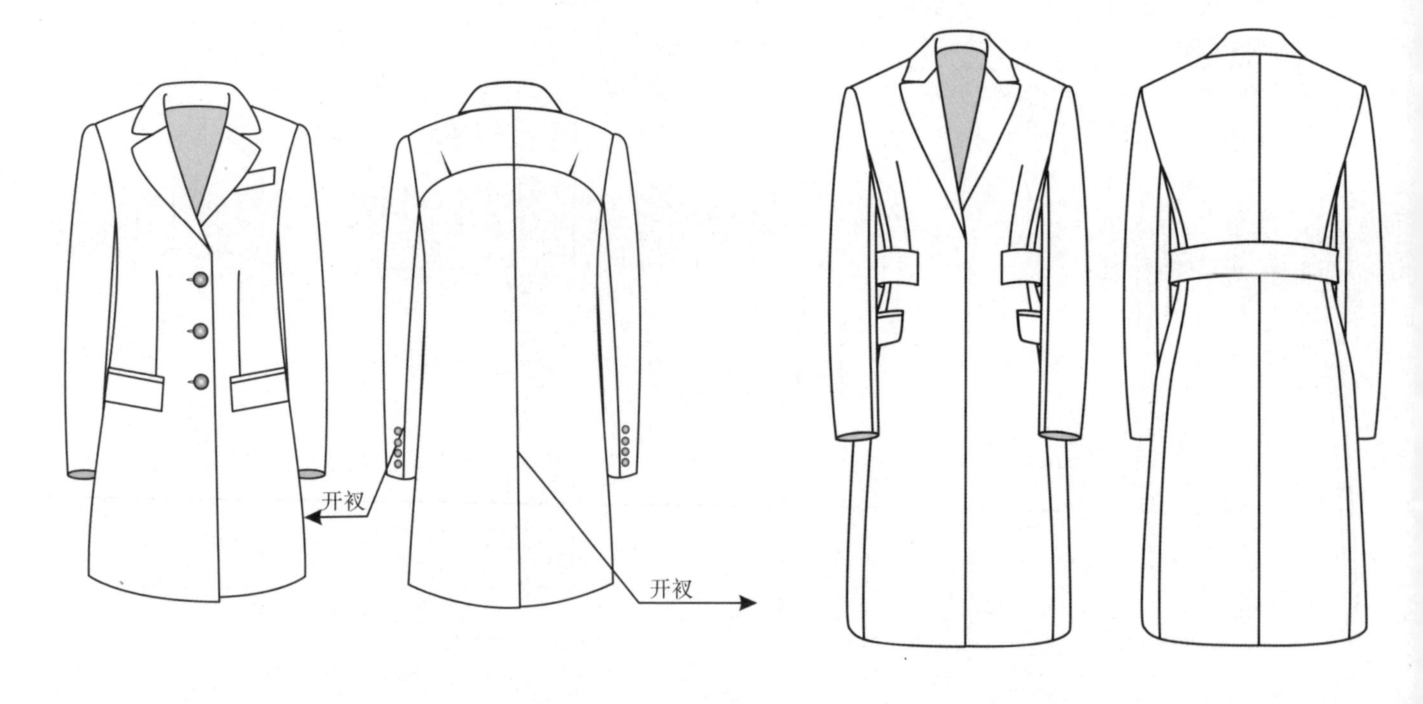

H型翻驳领袋盖装饰大衣

H型翻驳领多口袋大衣

H型领面袖口呼应落肩大衣

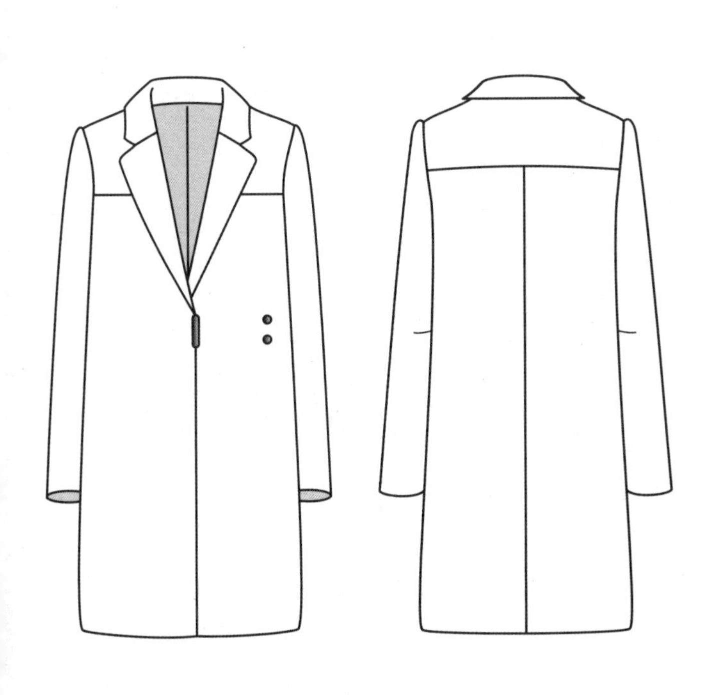

H型翻驳领简洁大衣

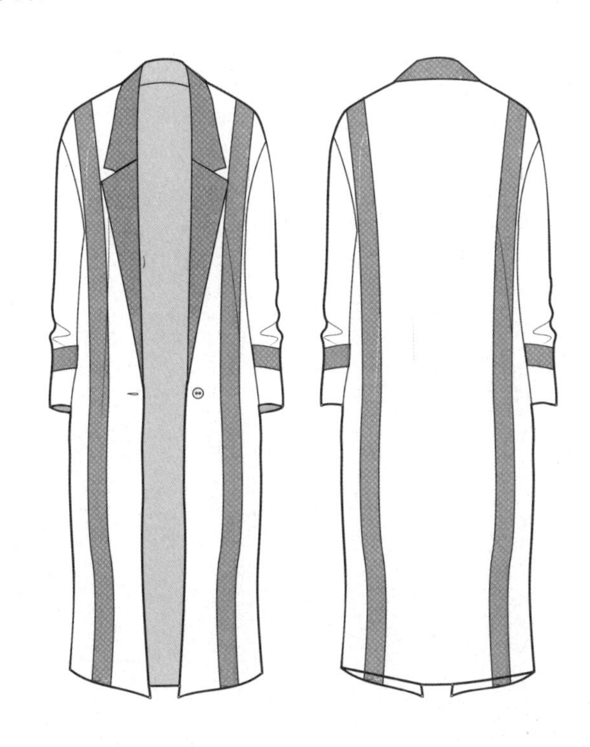

H型翻驳领分割大衣

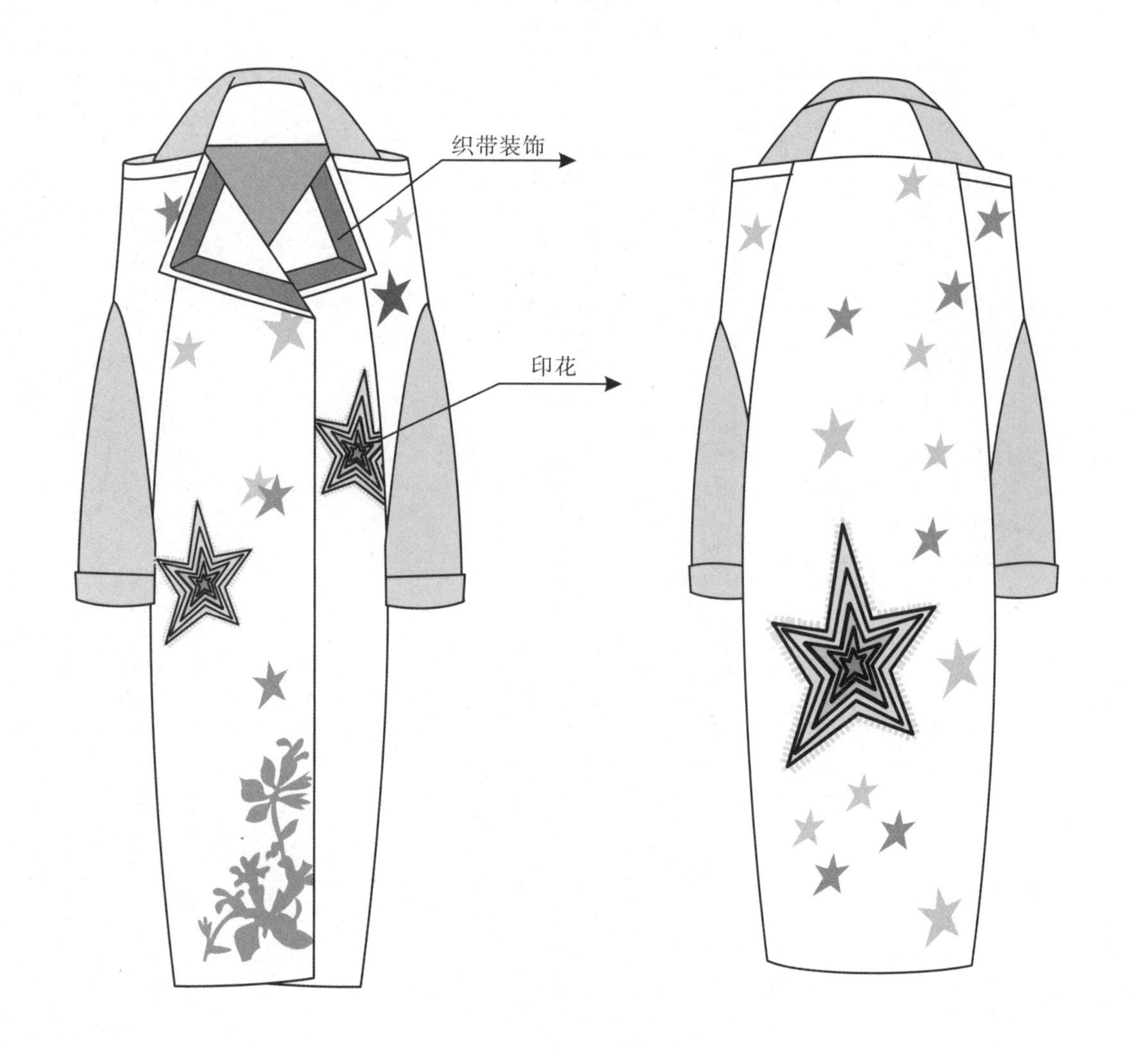

H型漏肩大衣

H型翻驳领简洁大衣

H型翻驳领金属扣装饰大衣

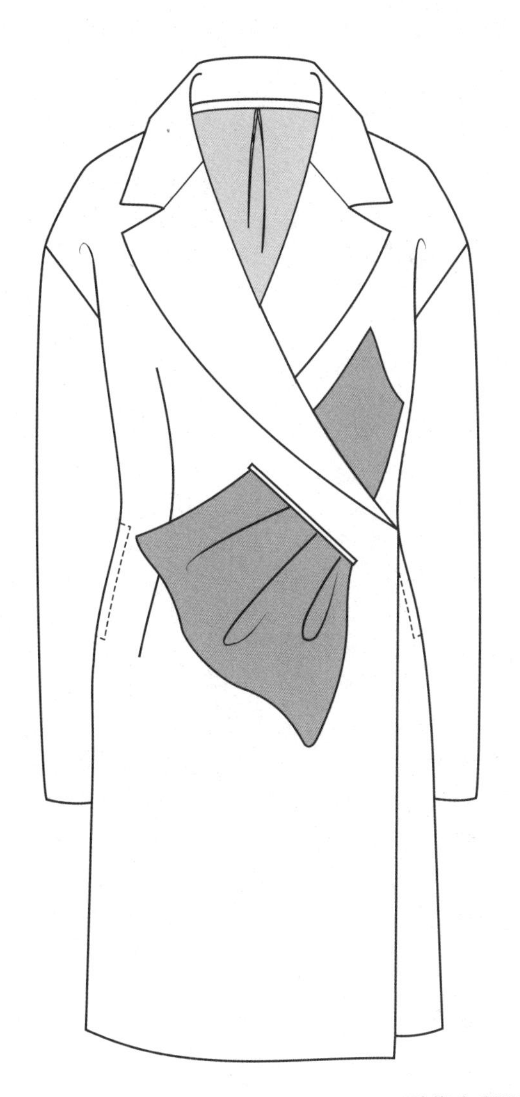
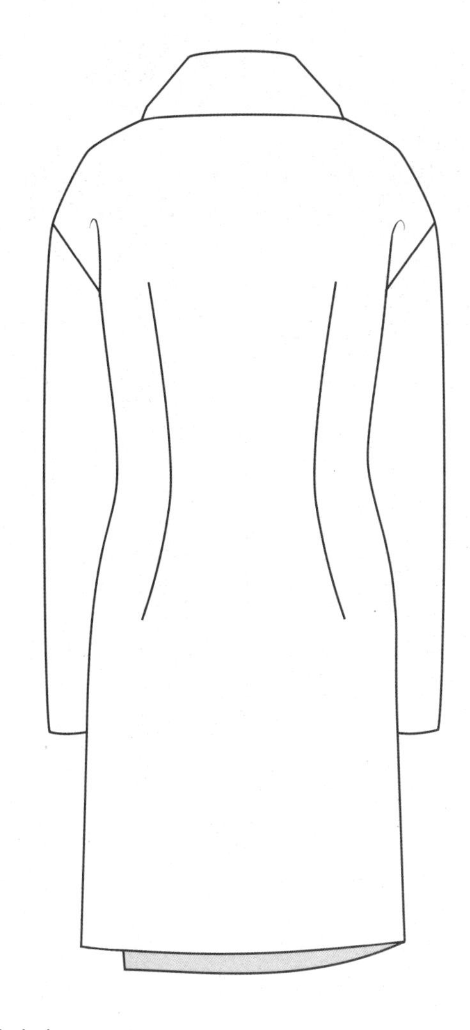

H型落肩翻驳领装饰大衣

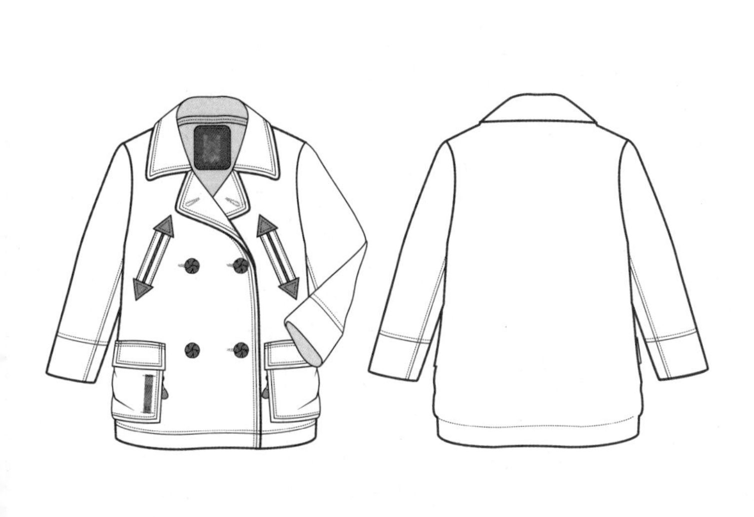

H型翻驳领口袋双排扣大衣

H型翻驳领两片袖大衣

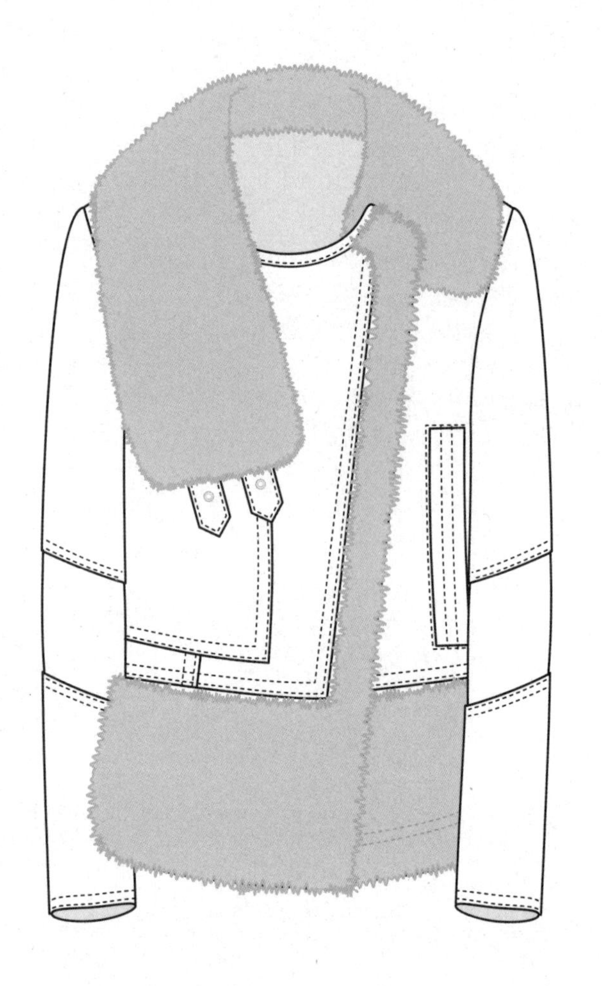
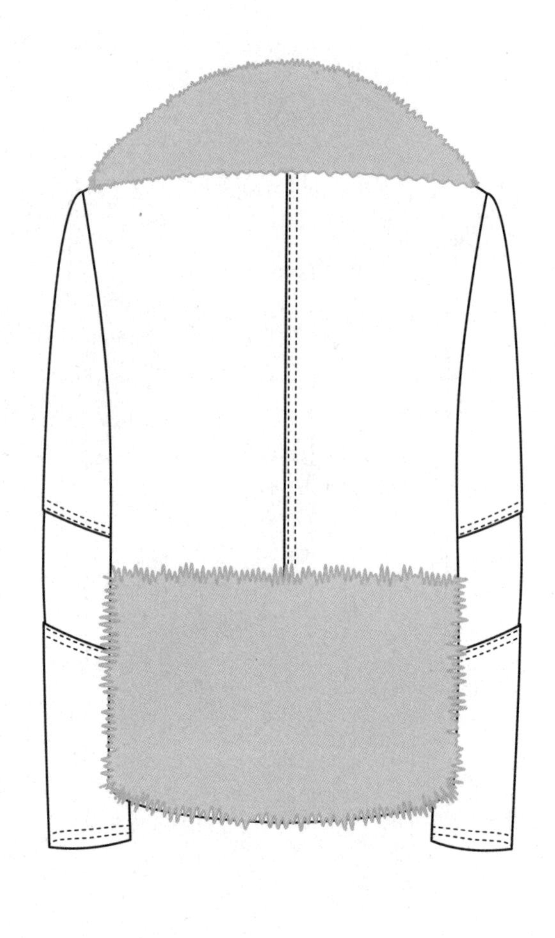

H型皮毛大衣

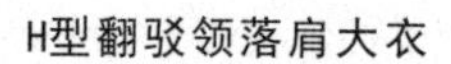

H型翻驳领落肩大衣

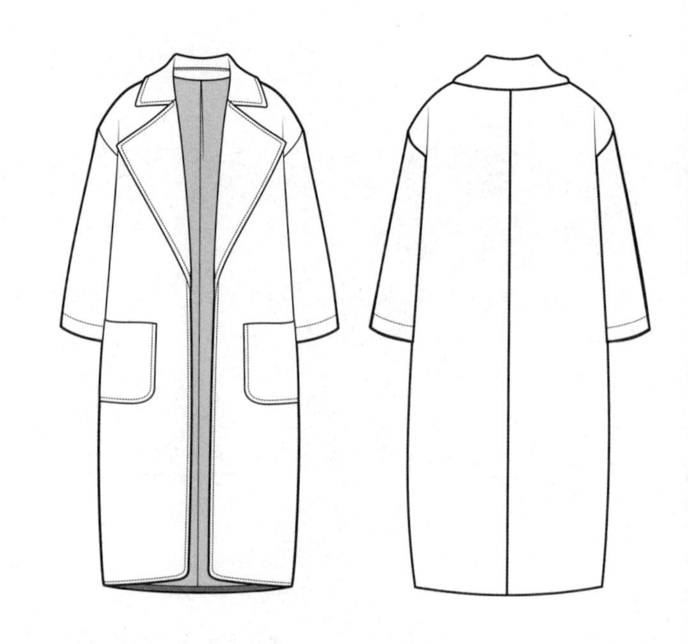

H型翻驳领落肩款大衣

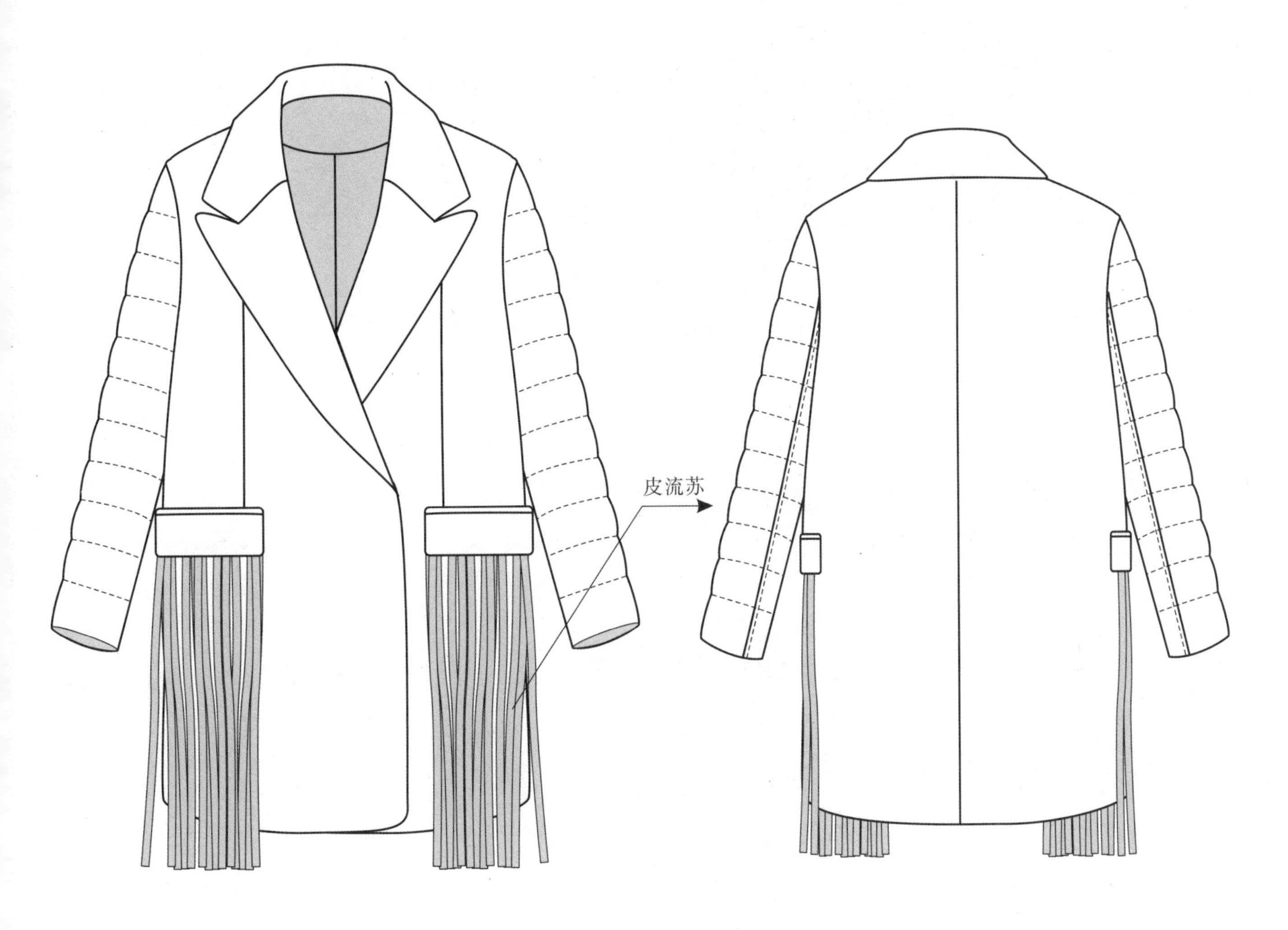

H型枪驳领流苏装饰大衣

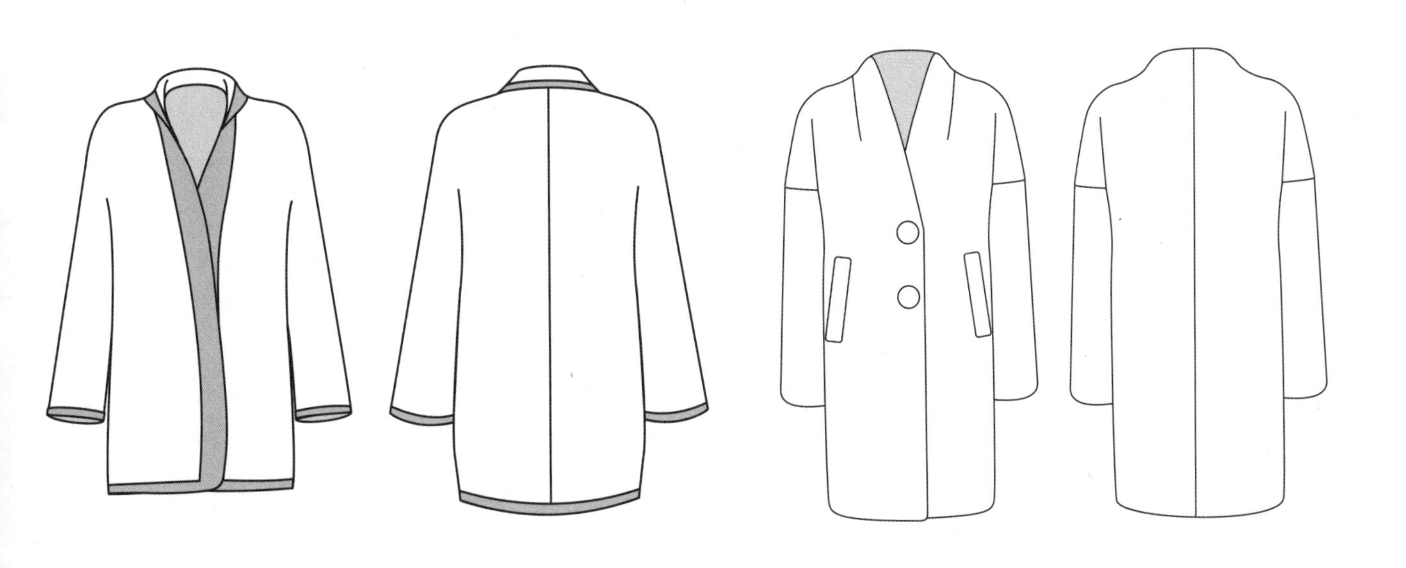

H型连身袖立领大衣

H型连身立领大衣

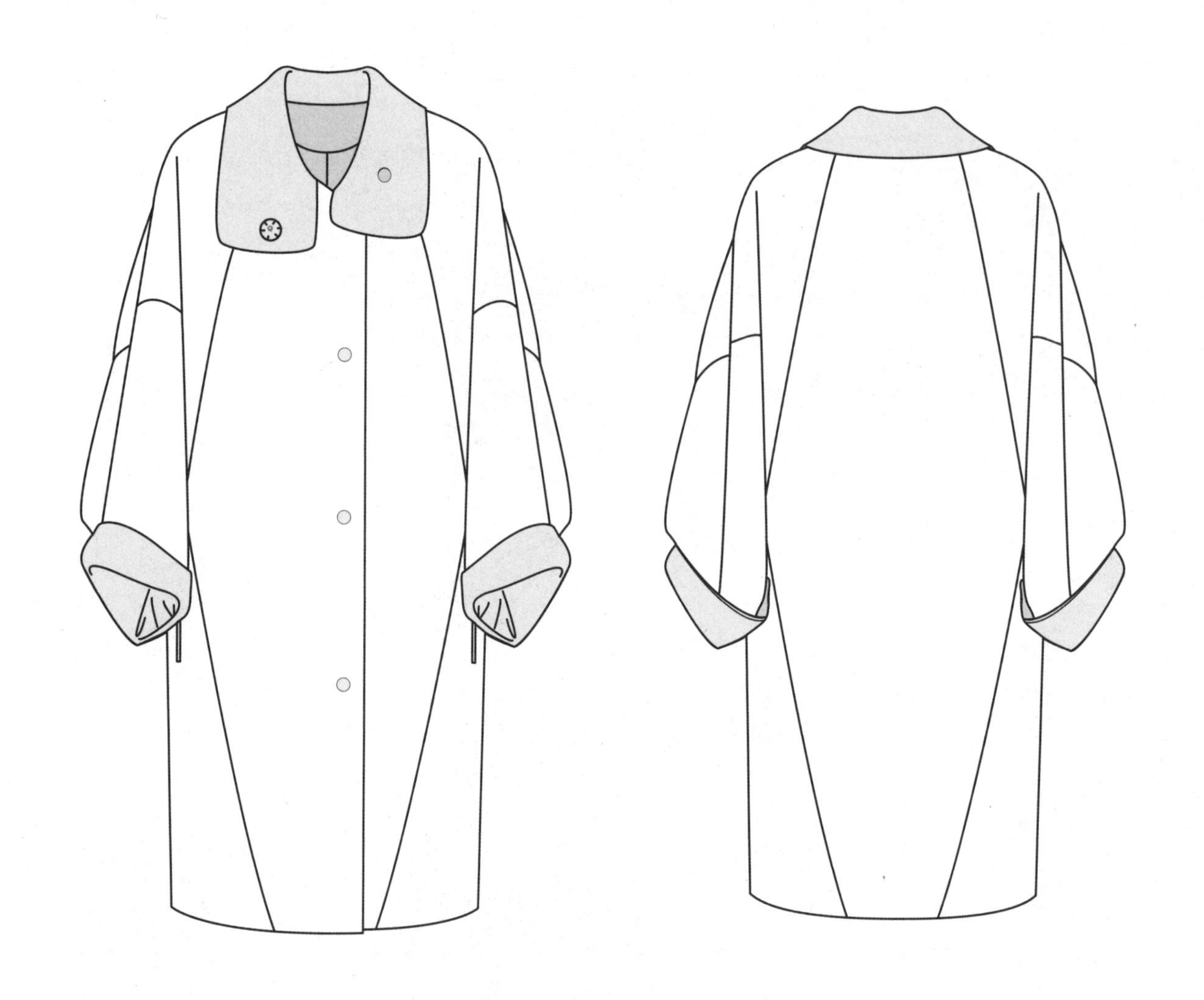

H型长款无袖装饰

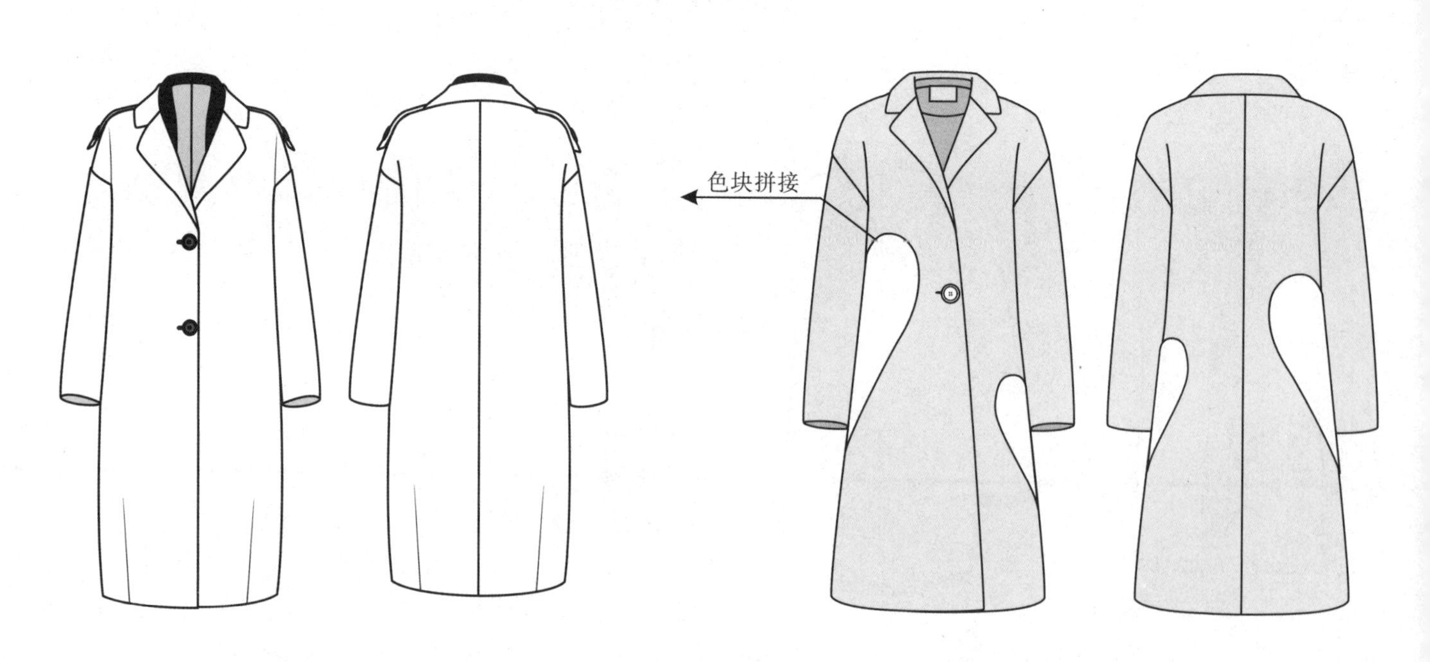

H型镶边系腰带短袖大衣

H型腰部松紧袖口底摆罗口毛领落肩大衣

H型双排扣翻驳领大衣

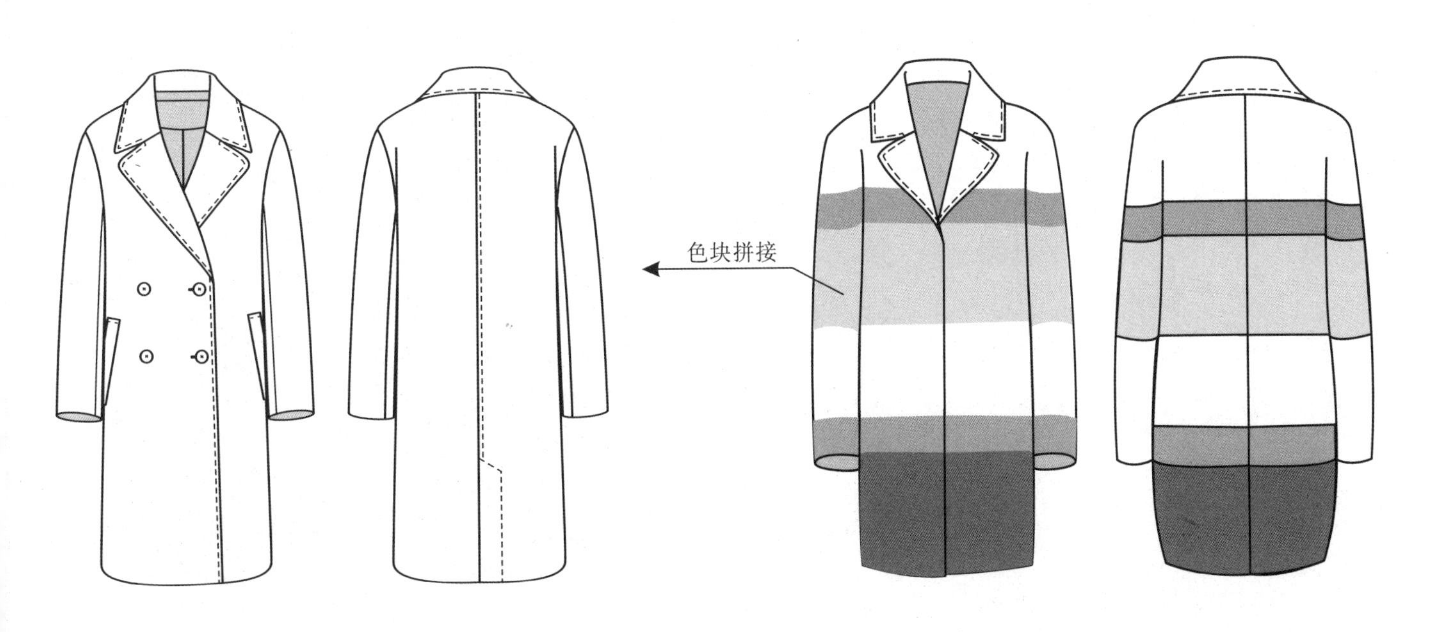

H型翻驳领双排扣大衣

H型翻驳领色块拼接大衣

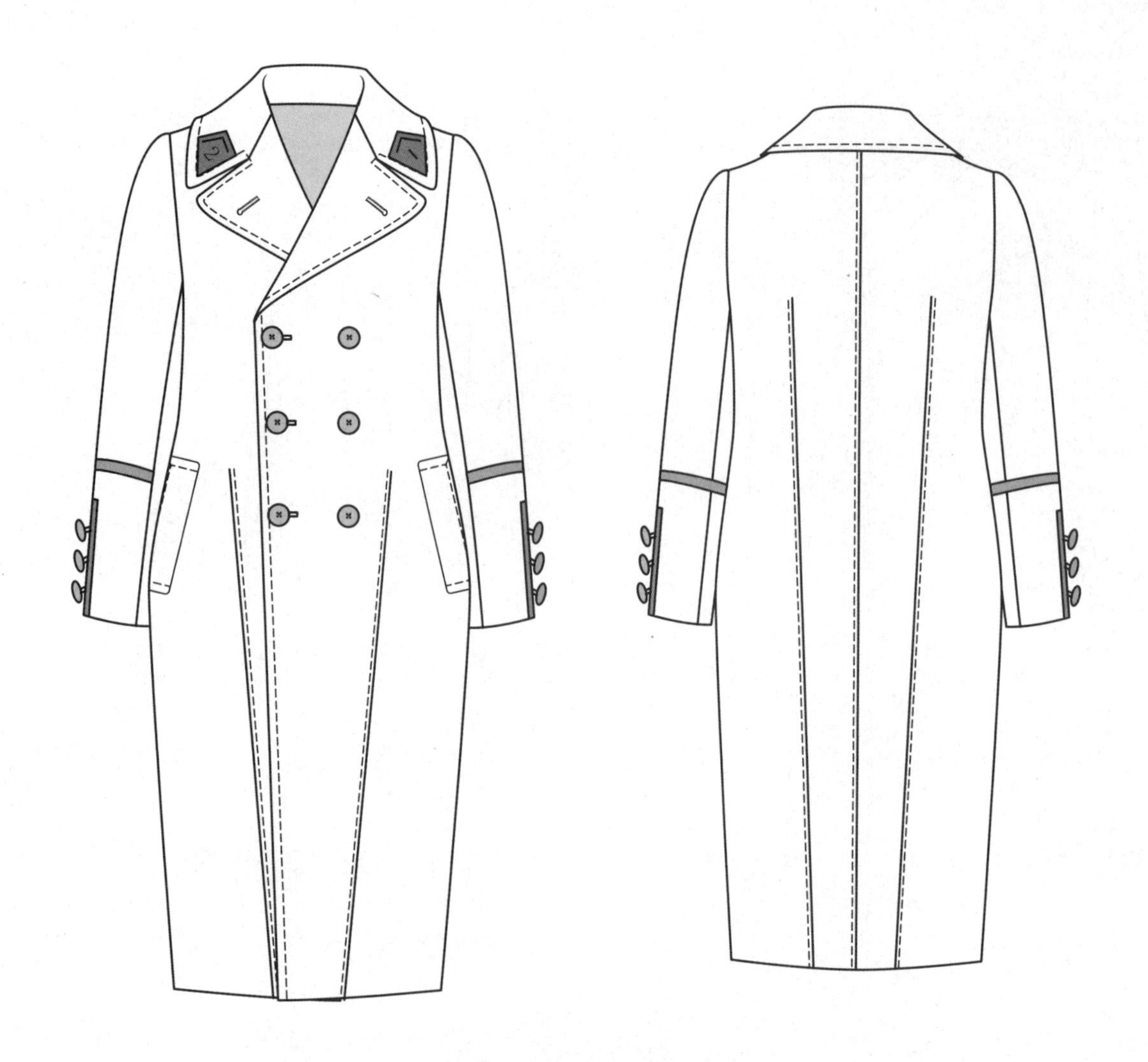

H型双排扣斜门襟翻驳领大衣

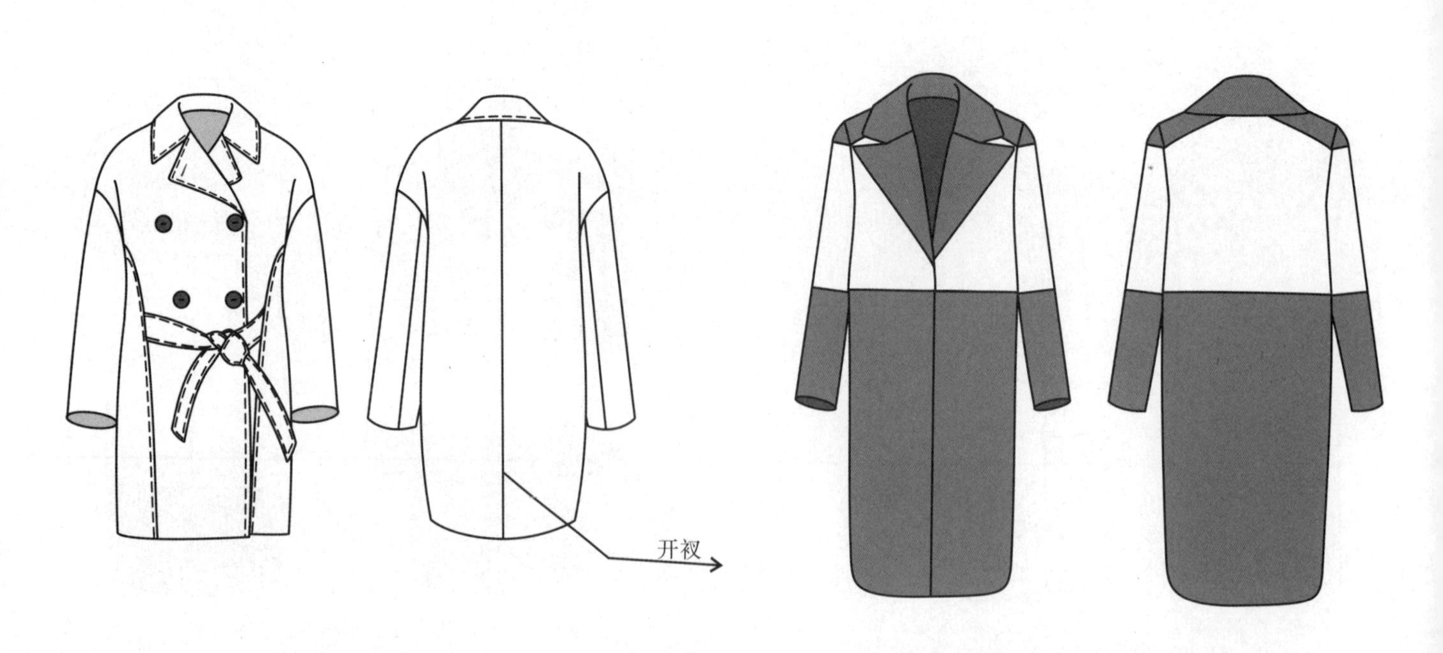

H型翻驳领双排扣系腰带大衣

H型翻驳领双排扣大衣

H型无领大衣

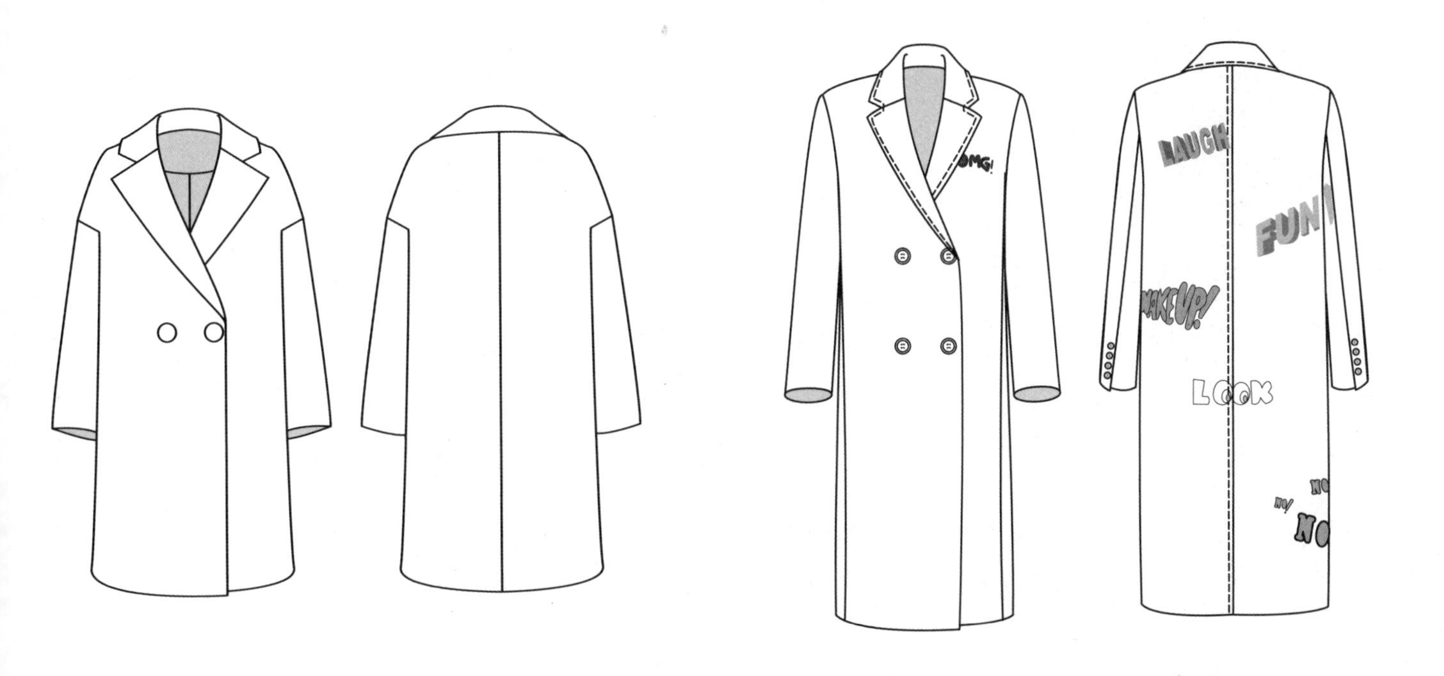

H型翻驳领双排扣中长大衣

H型翻驳领文字装饰大衣

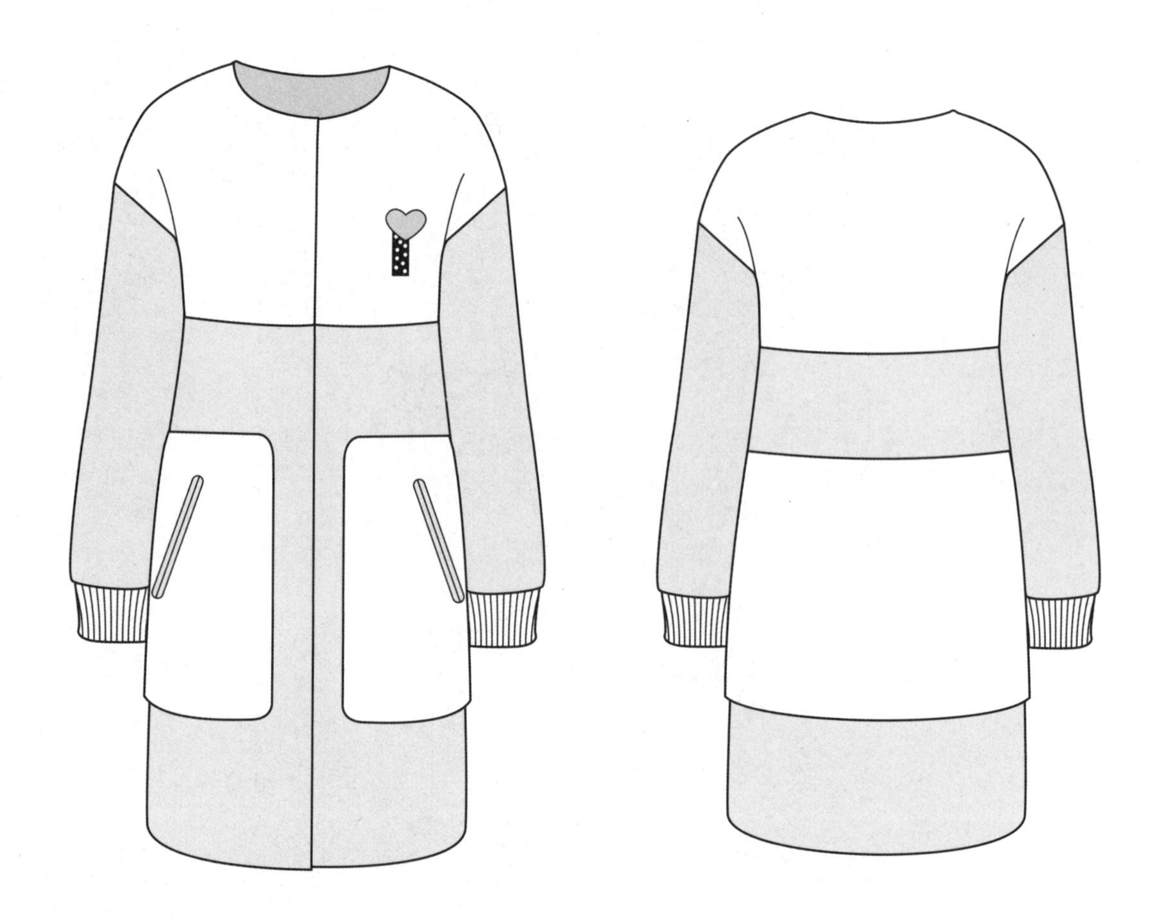

H型无领罗纹袖口大衣

H型翻驳领无袖大衣

H型翻驳领无袖大衣

H型无领斜口袋大衣

H型翻驳领无袖大衣

H型翻驳领斜插袋大衣

H型无领腰身立体装饰大衣

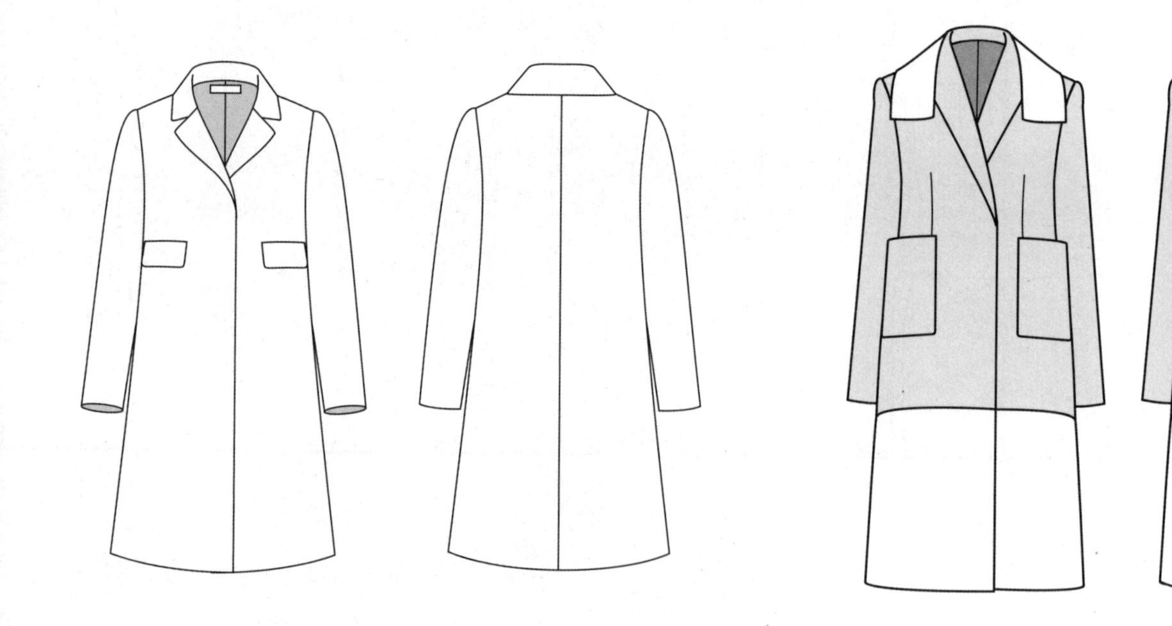

H型翻驳领长大衣

H型翻领大贴袋大衣

H型下摆流苏大衣

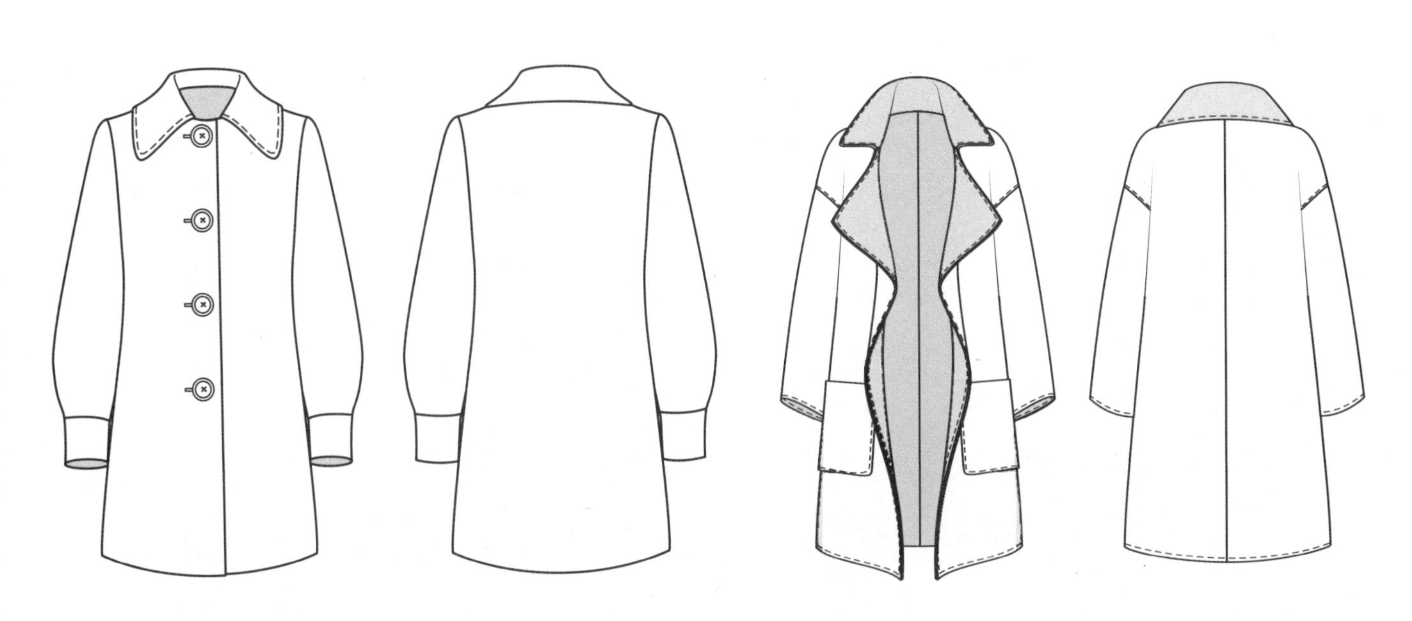

H型翻领带袖克夫大衣

H型翻领大衣

H型下摆毛料拼接大衣

H型翻领夹两件落肩大衣

H型翻领多口袋双排扣大衣

H型镶边装饰大衣

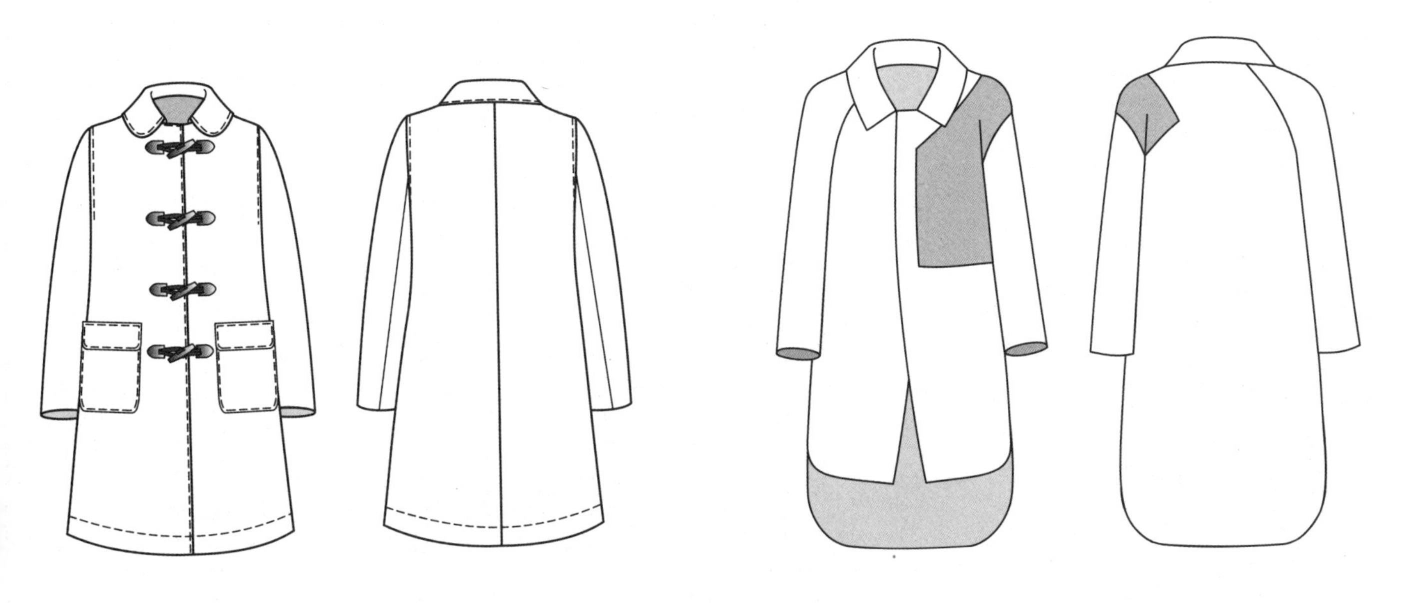

H型翻领明线装饰大衣

H型翻领前短后长不对称设计风衣

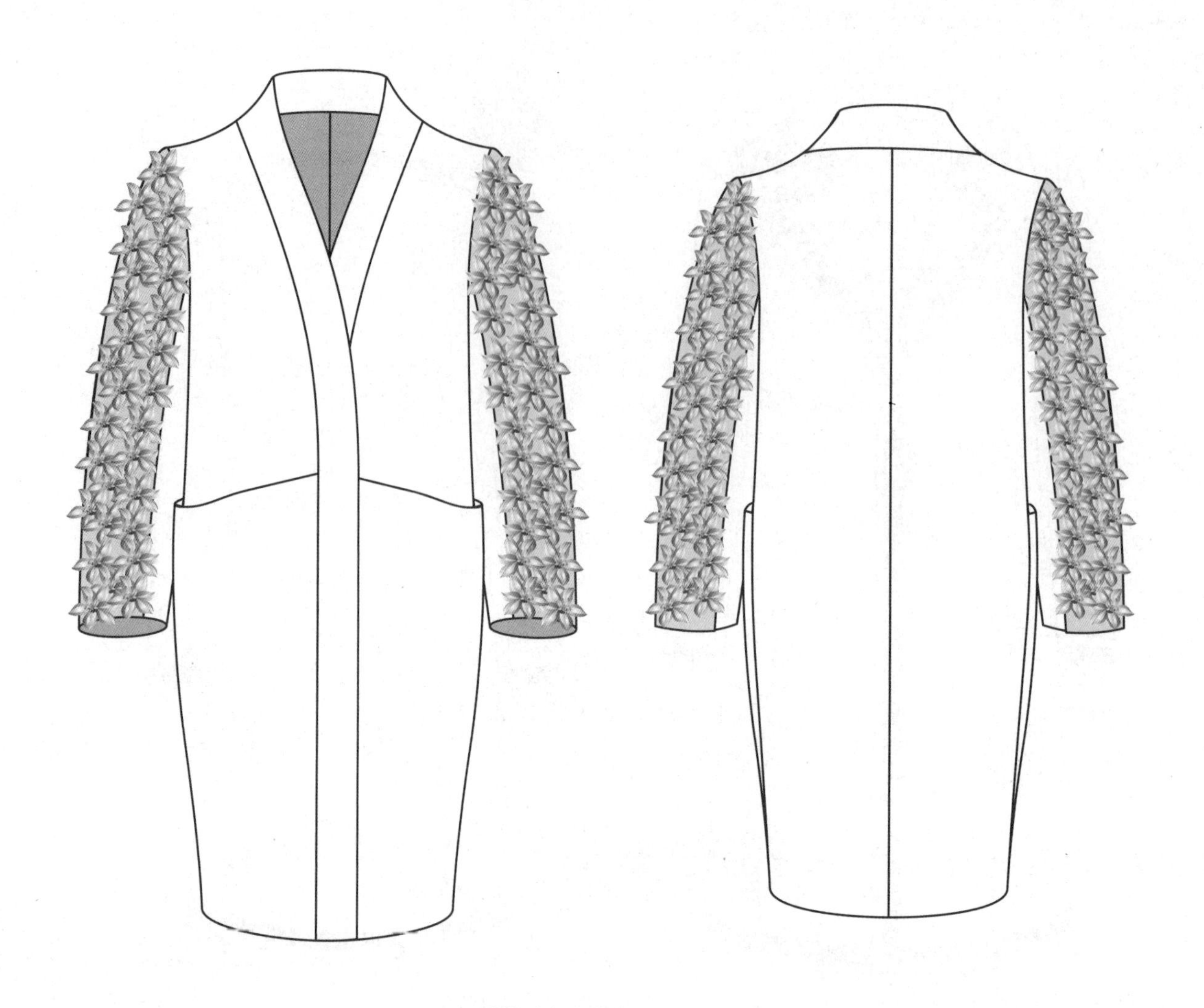

H型袖型立体花饰大衣

H型翻领双排扣简洁大衣

H型翻领绣花刀背线分割大衣

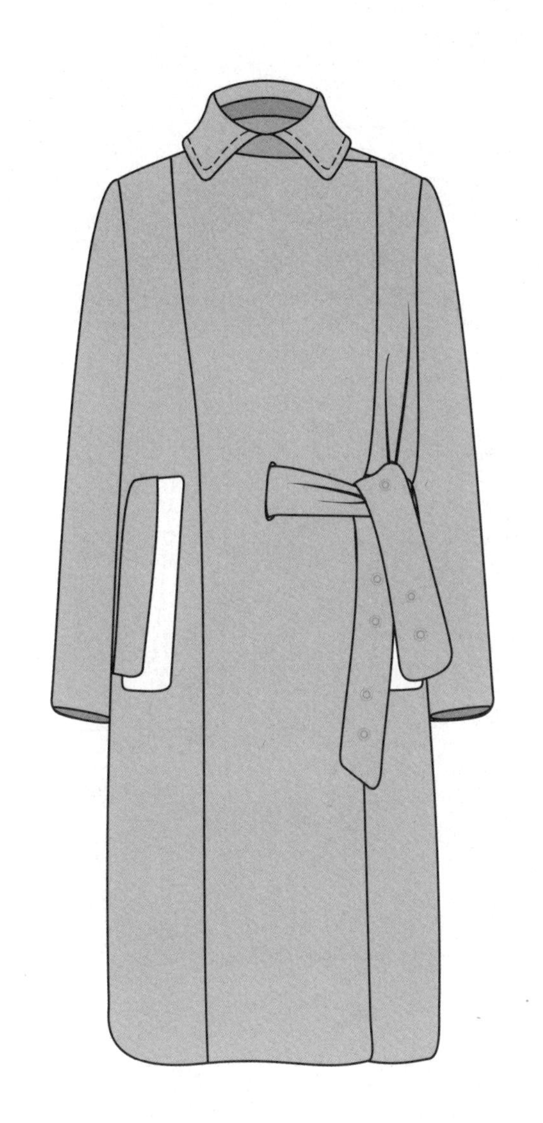
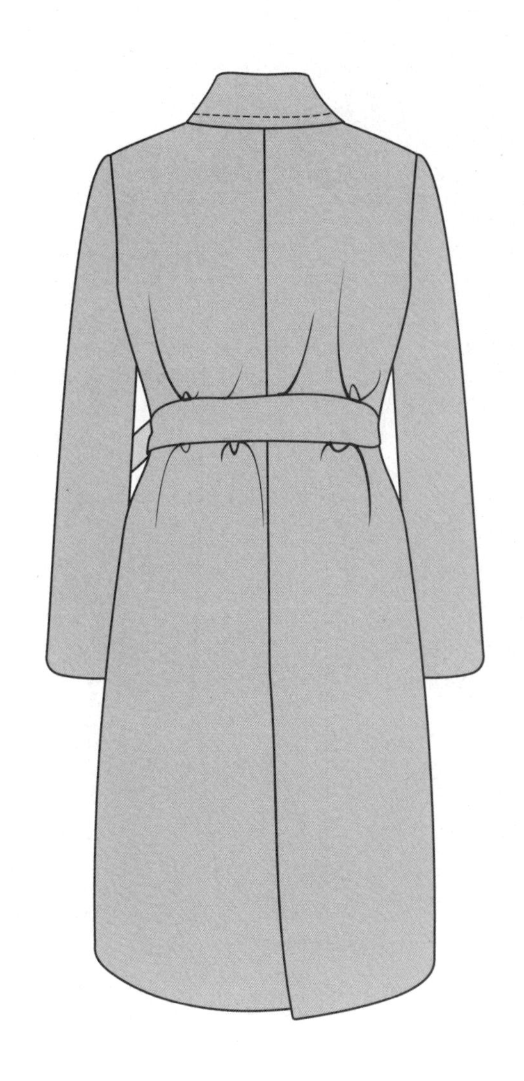

H型腰部腰部系带大衣

H型翻门襟长大衣

H型翻领直线分割大衣

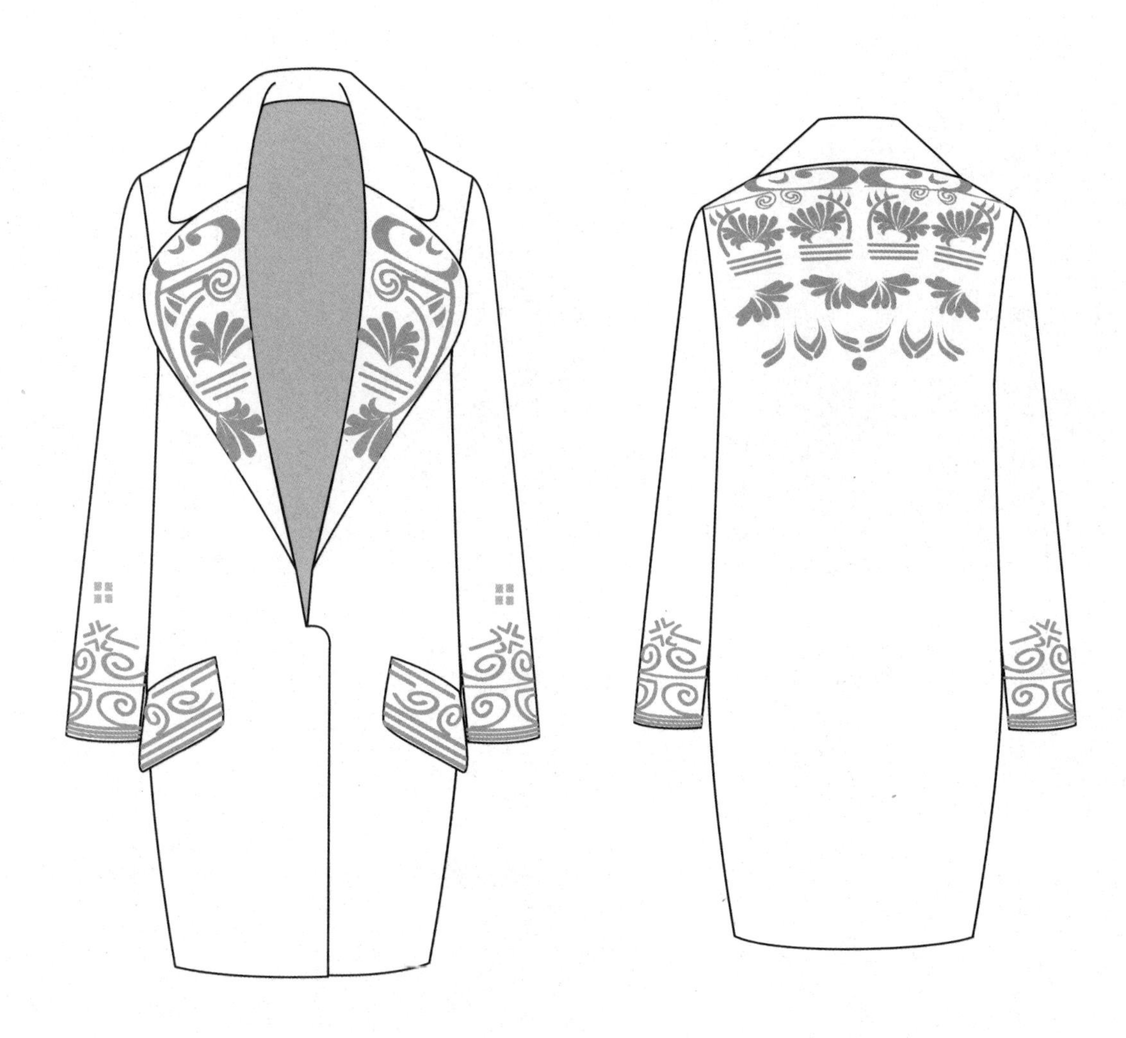

H型印花大衣

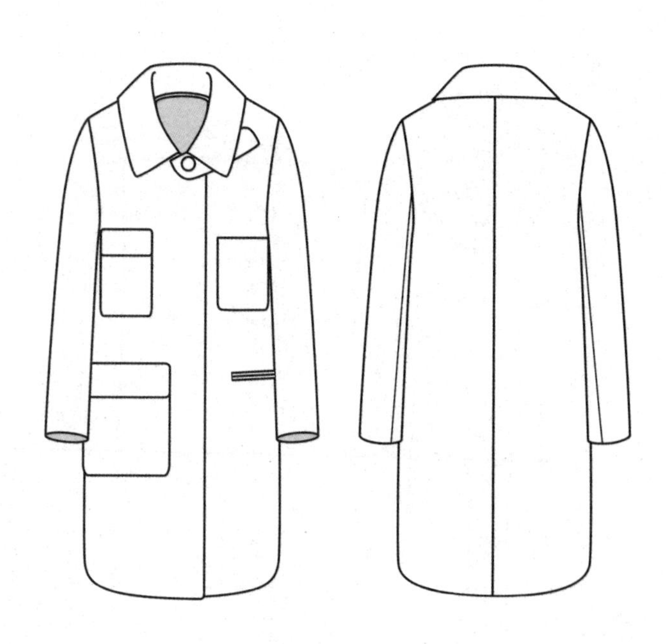

H型方领多口袋大衣

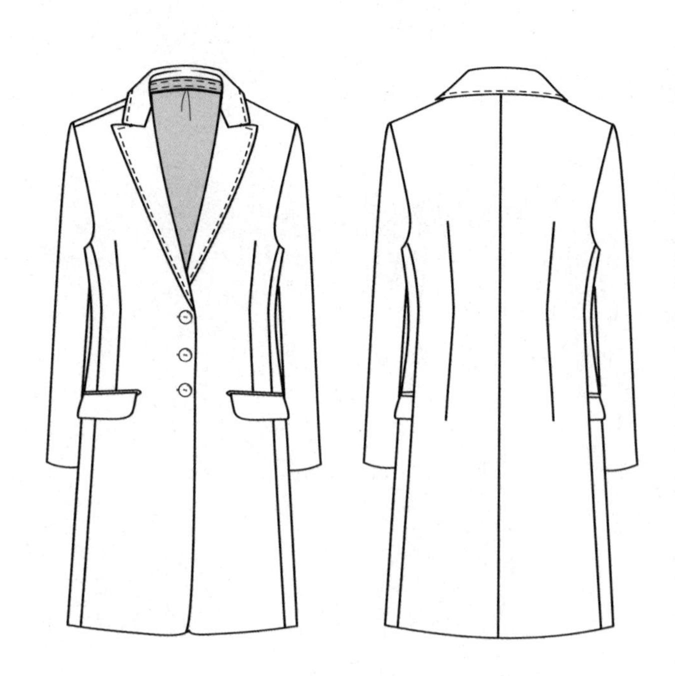

H型分割刀背长款夹克

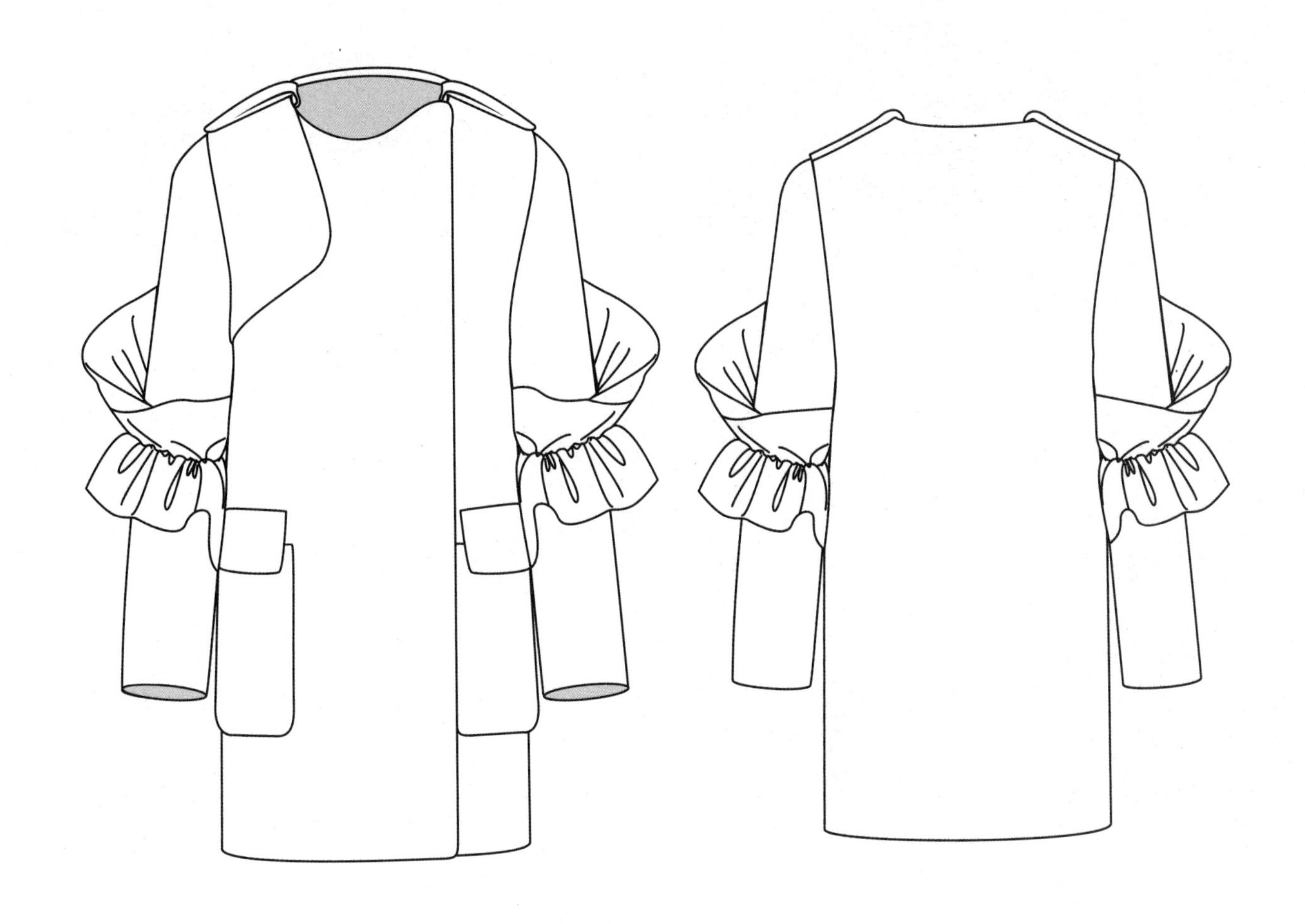

H型褶裥装饰袖子无领大衣

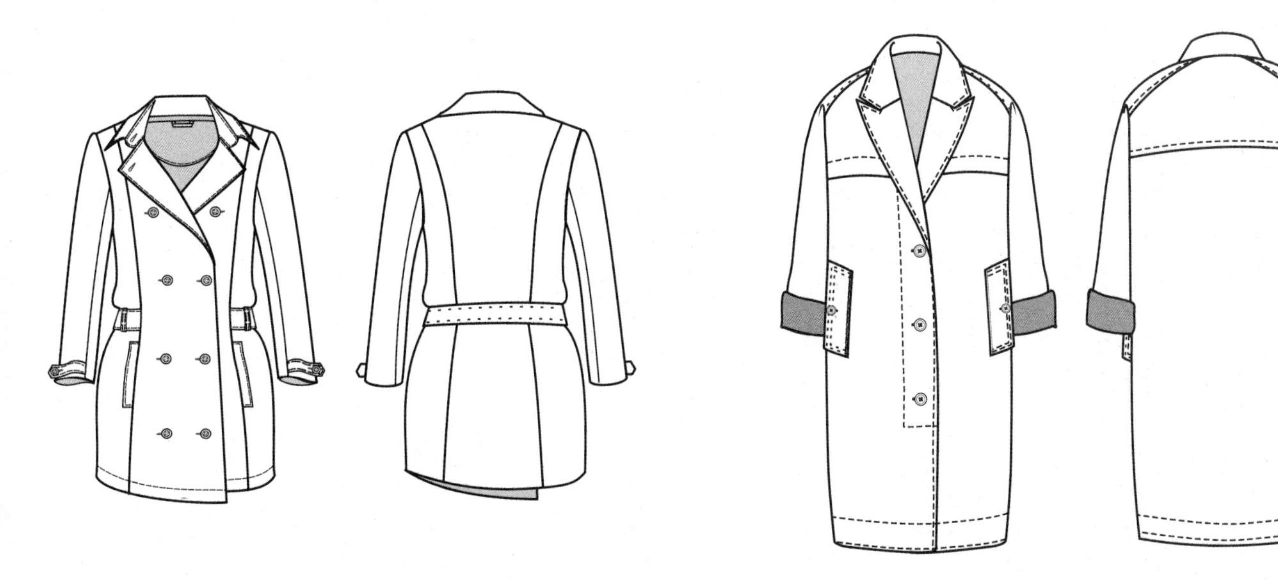

H型分割风衣

H型分割类大衣

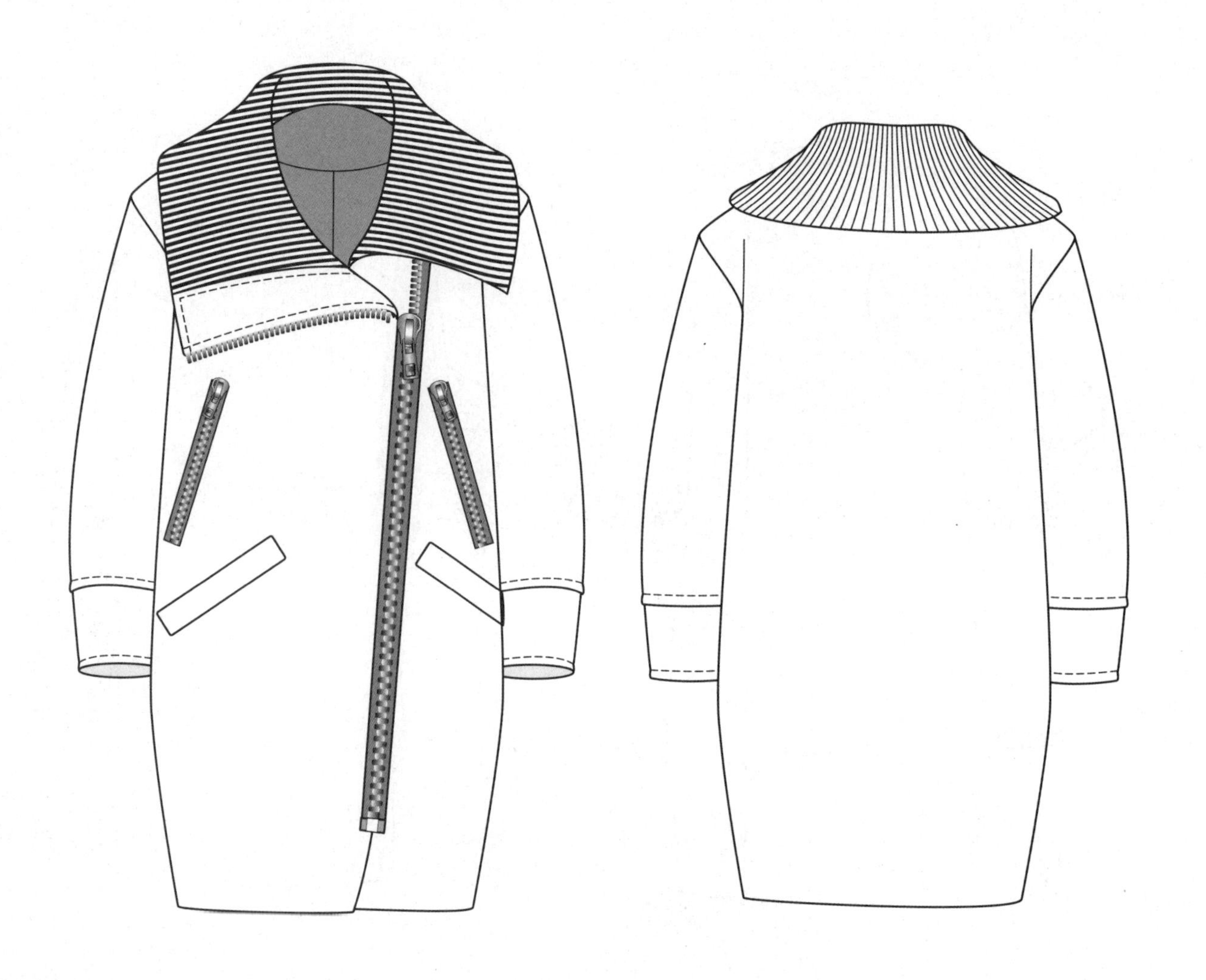

H型分割类大衣

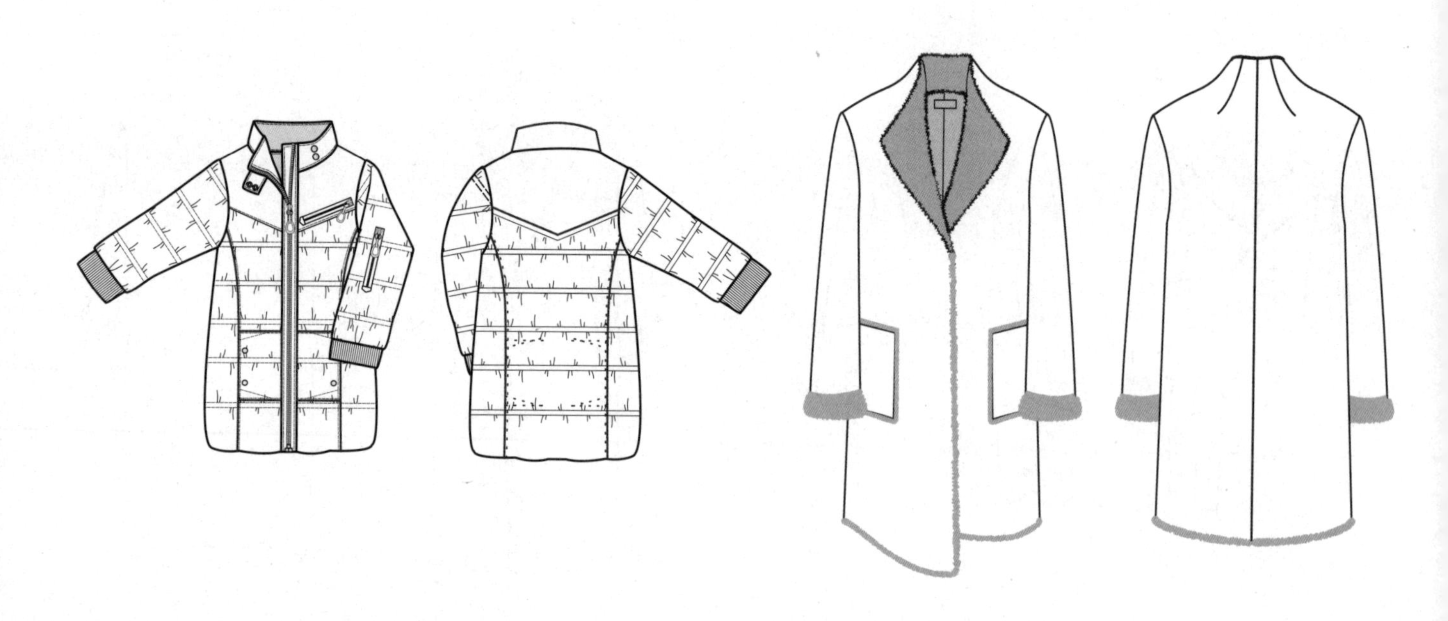

H型分割性羽绒服

H型复合面料大衣

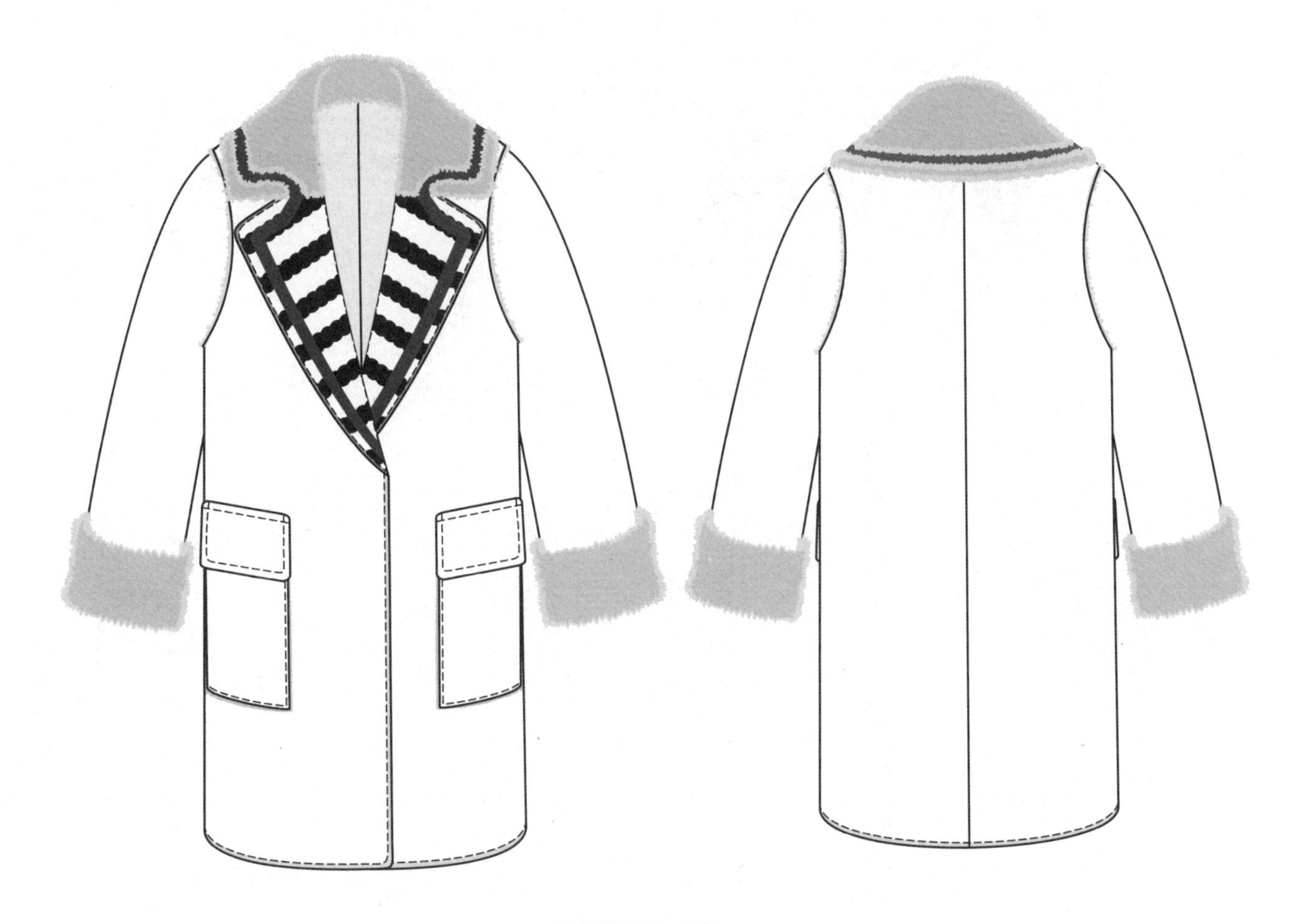

H型织带装饰大衣

H型横向分割毛料装饰大衣

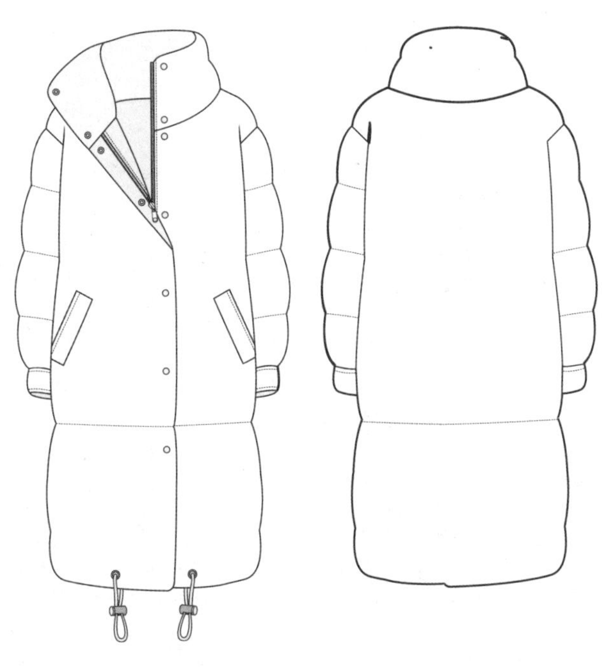

H型高领分割长款羽绒服

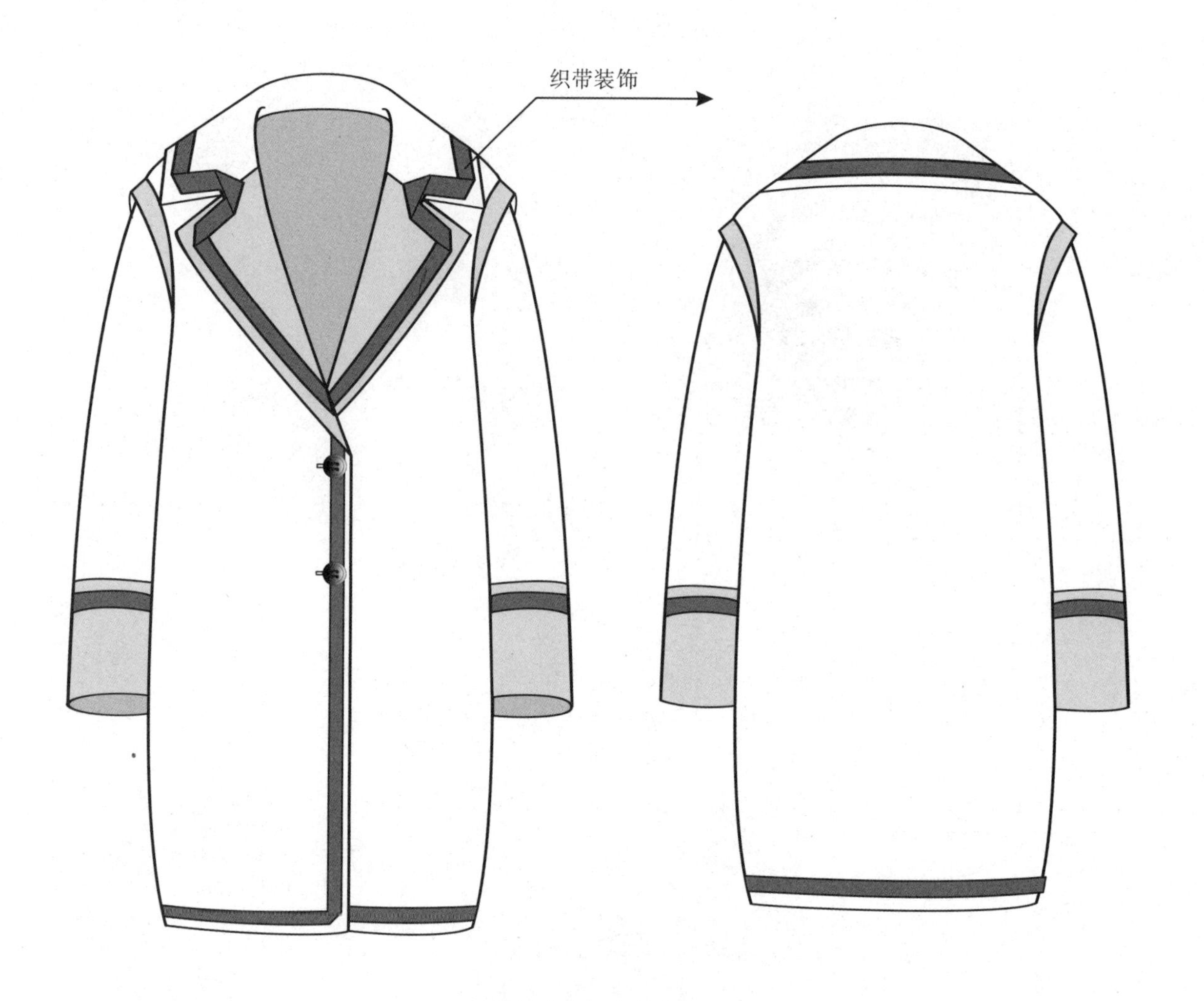

H型织带装饰撞色大衣

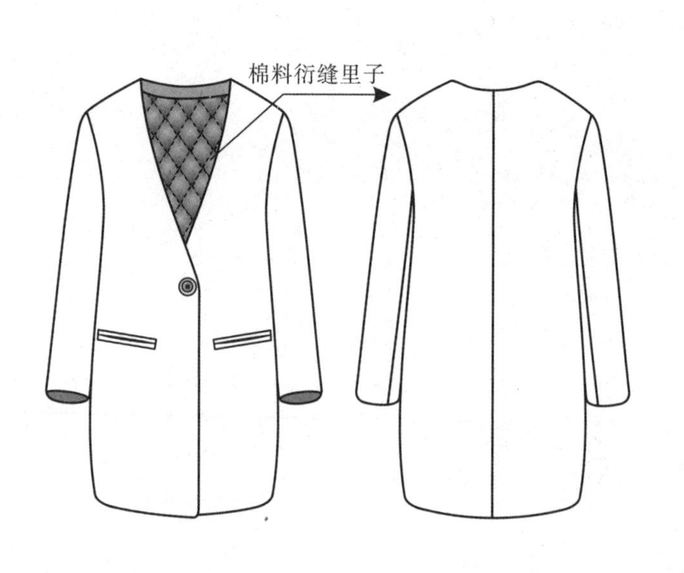

H型夹棉无领大衣

H型后中褶裥大衣

H型装饰绳扣大衣

H型肩章育克大衣

H型可脱卸帽后开衩大衣

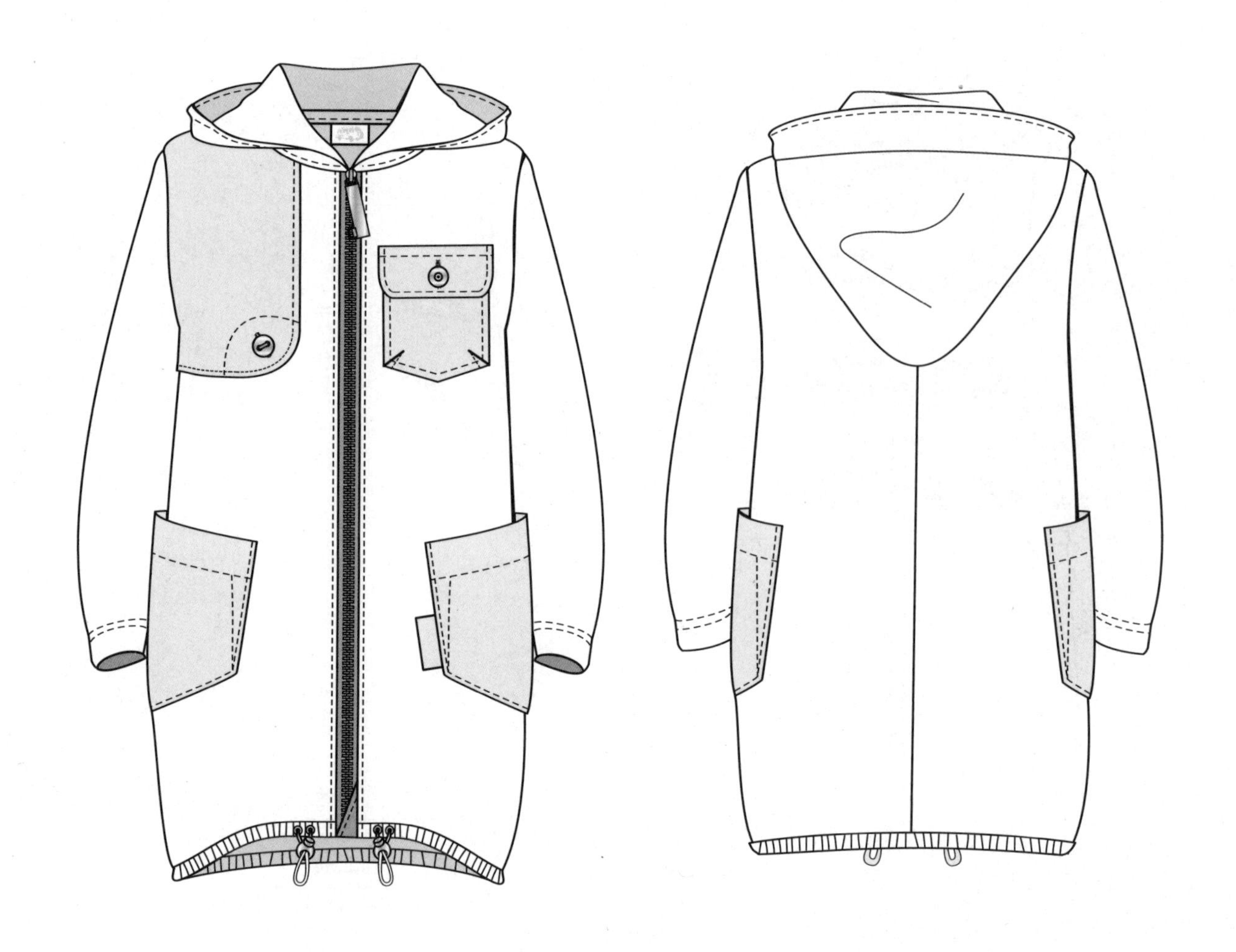

H型装饰贴袋大衣

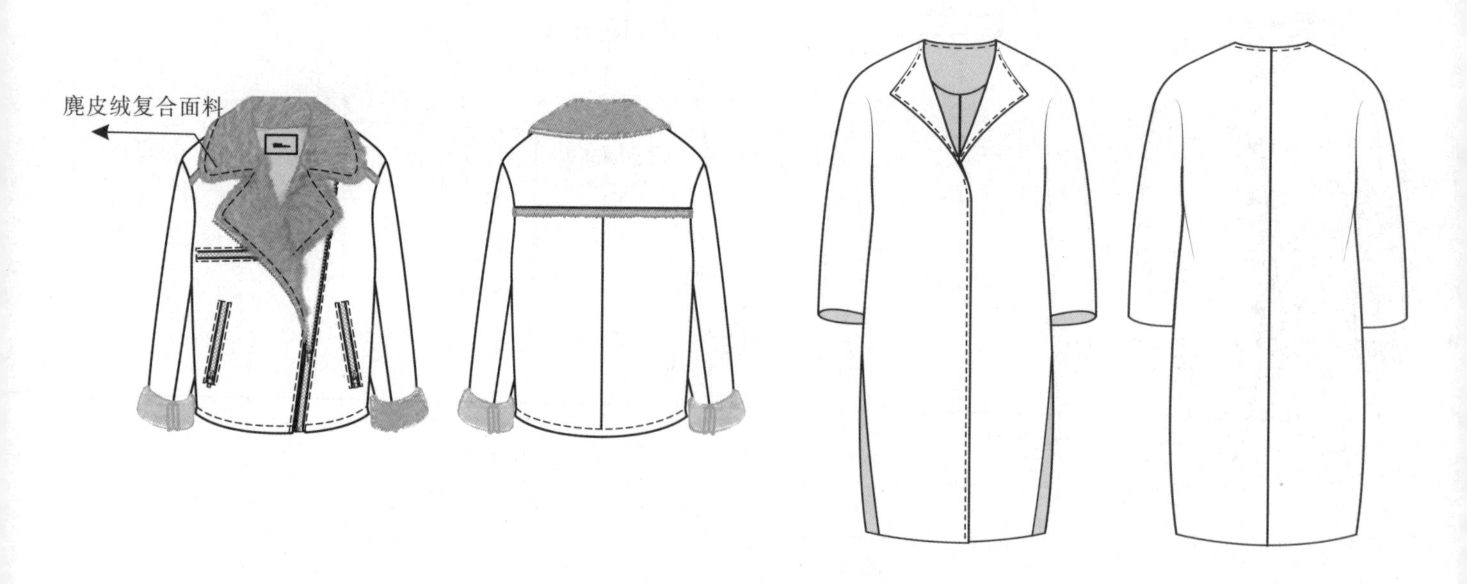

H型拉链装饰大衣

H型宽松版大衣

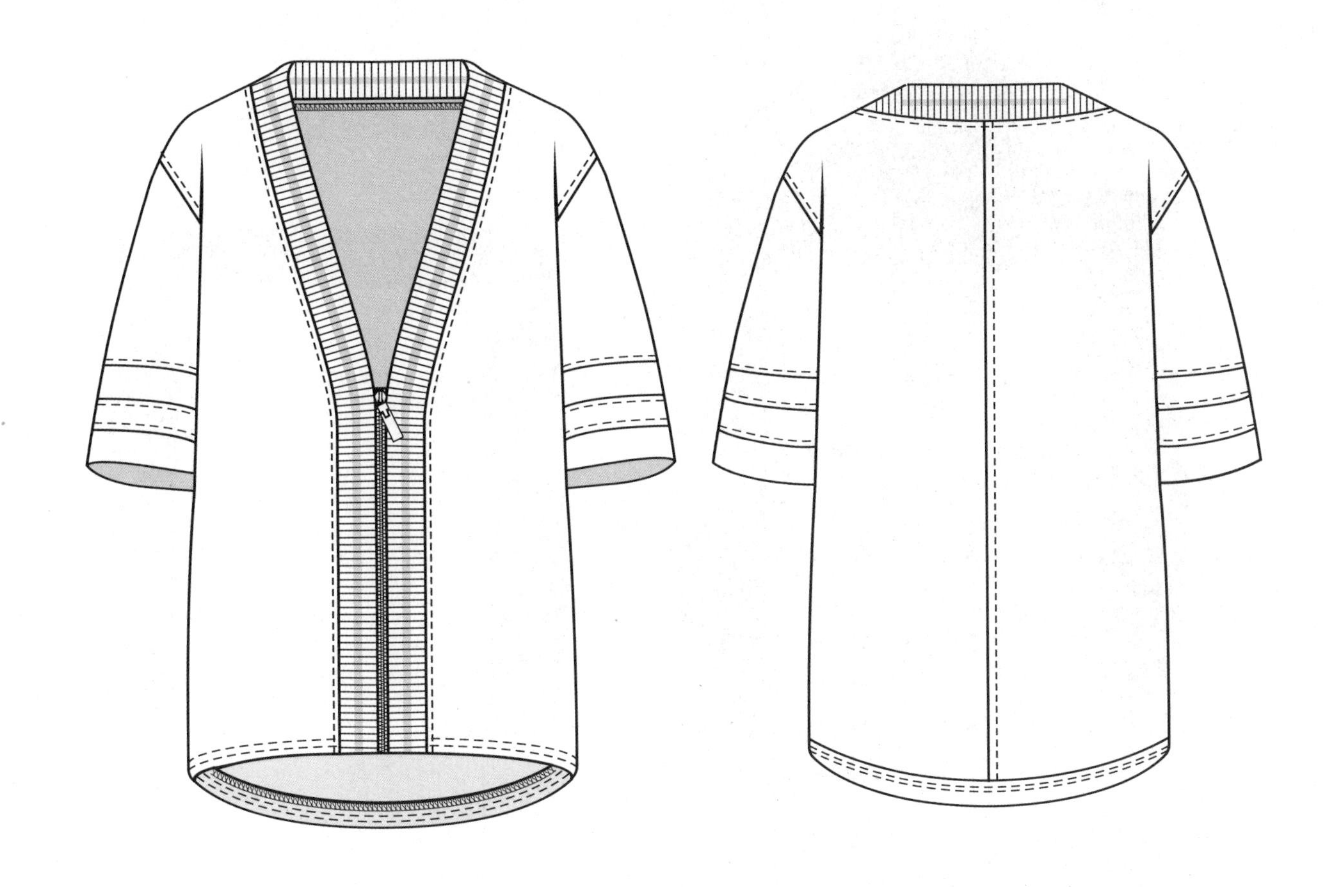

H型装饰外套

H型蕾丝花饰大衣

H型立领插肩袖大衣

H型撞色双排口大衣

H型立领大衣

H型立领大贴袋大衣

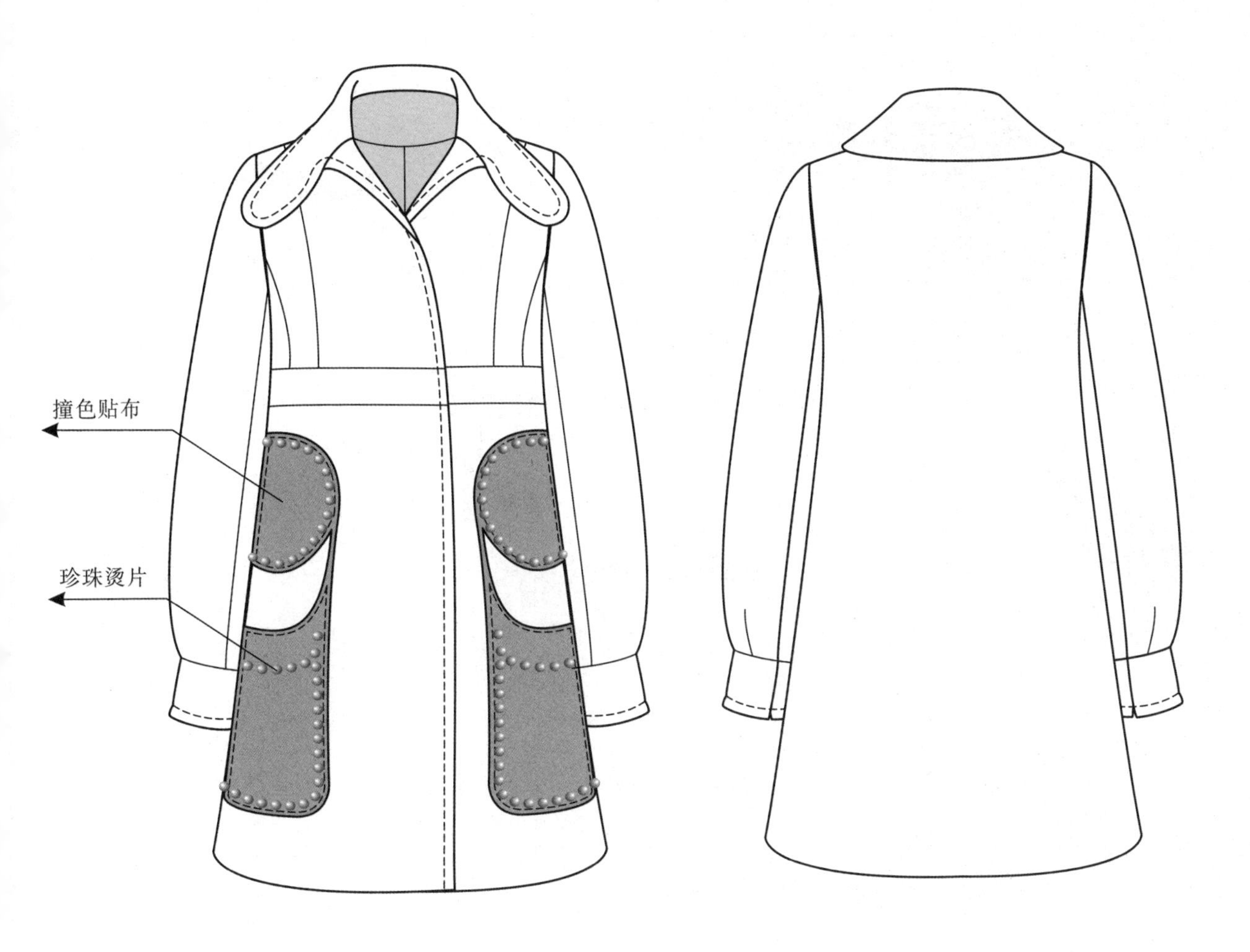

H型撞色贴布珍珠装饰大衣

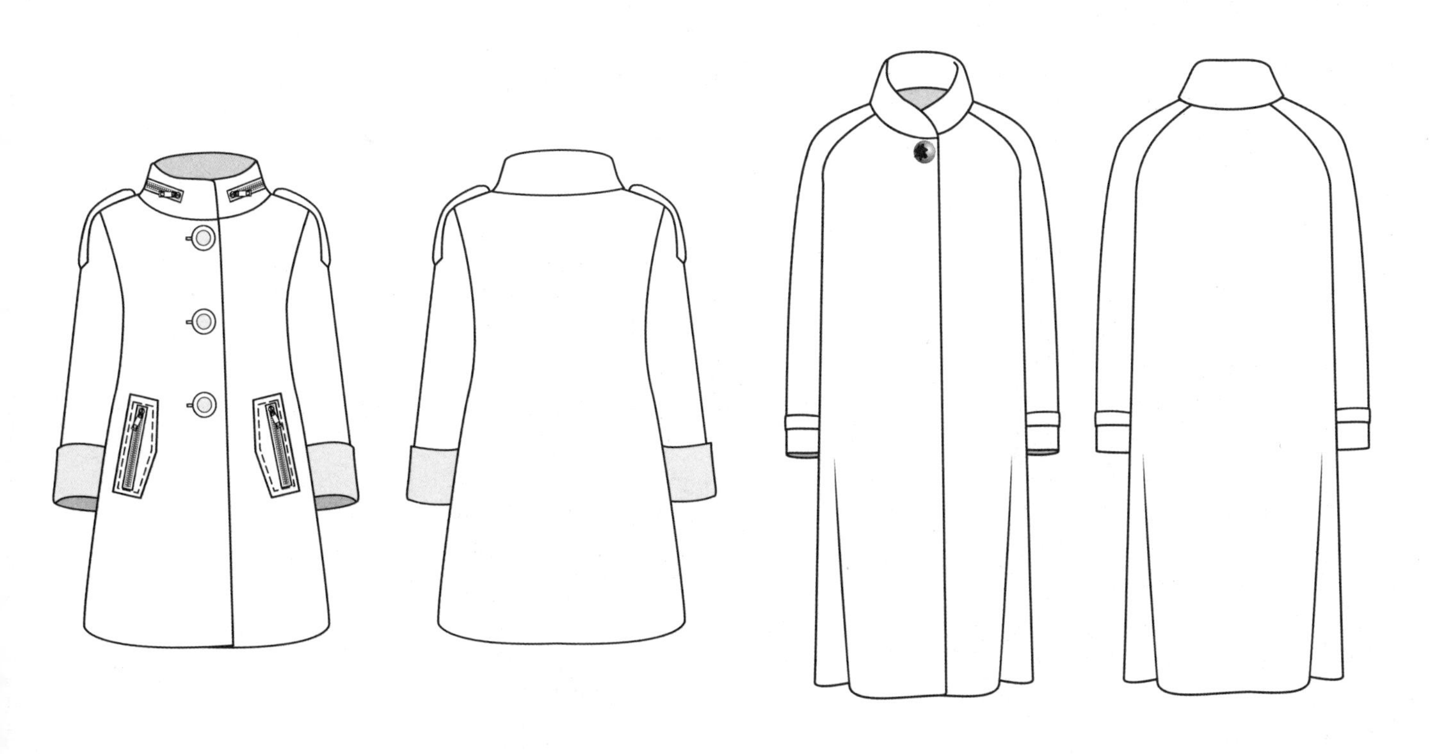

H型立领带肩襻大衣

H型立领大衣

H型领口装饰襻大衣

H型立领单颗扣装饰大衣

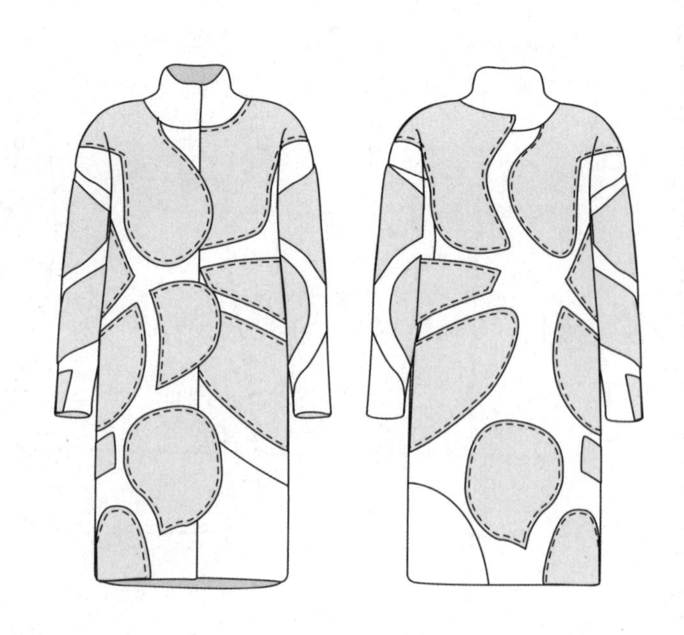

H型立领几何块面贴布大衣

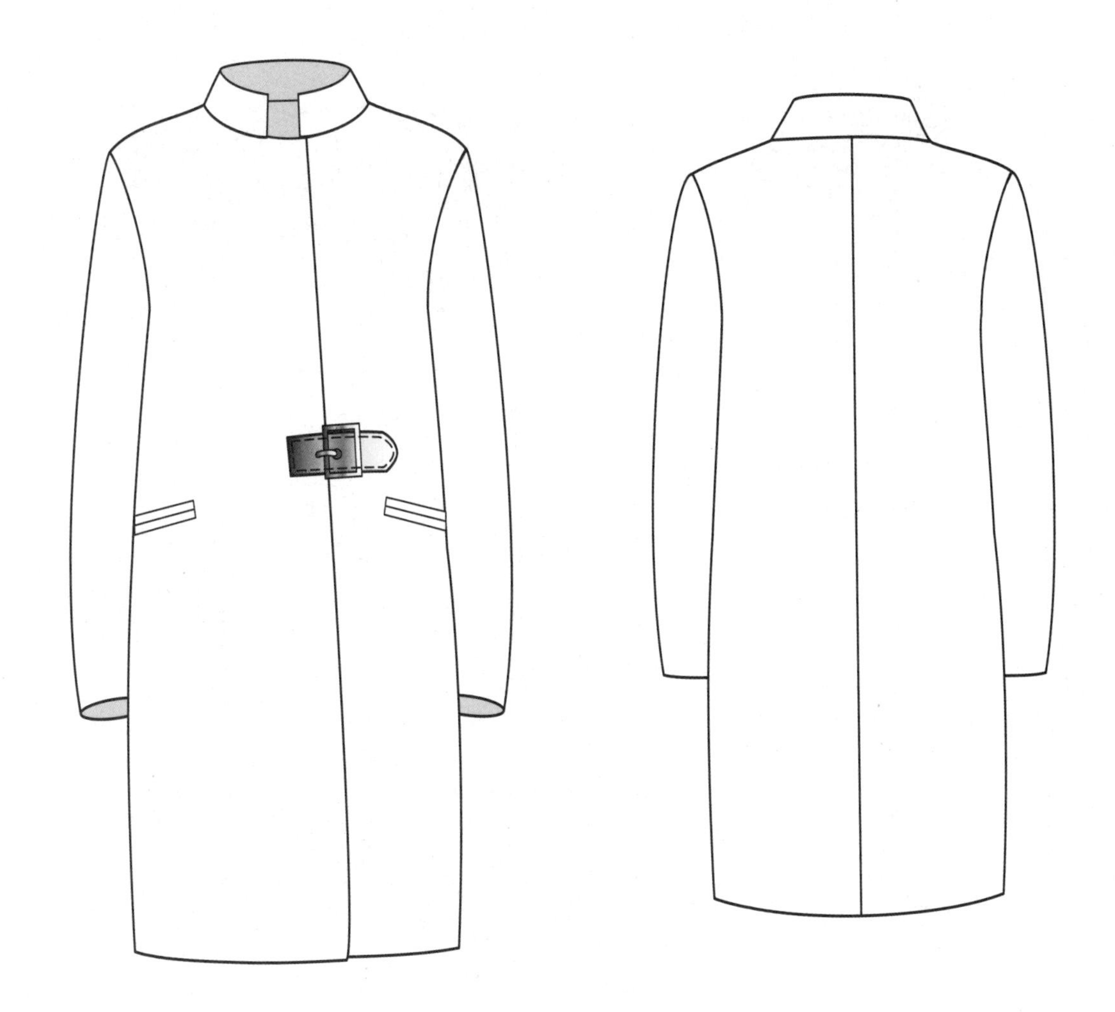

H型立领简洁大衣

H型立领扣襻装饰大衣

H型立领简洁大衣

H型立领拉链分割肩襻袖口翻边大衣

H型立领喇叭袖大衣

H型立领毛皮装饰大衣

H型立领拼色大衣

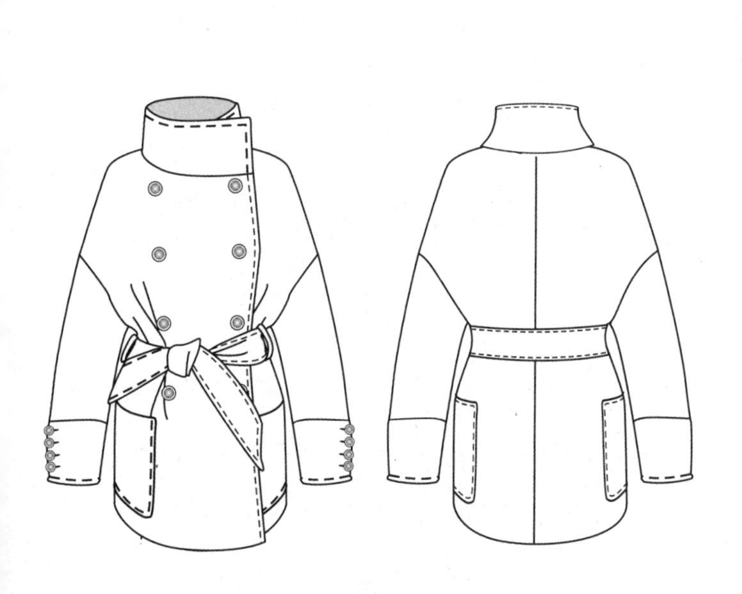

H型立领双排扣系带大衣

H型立领双排扣系腰带装饰大衣

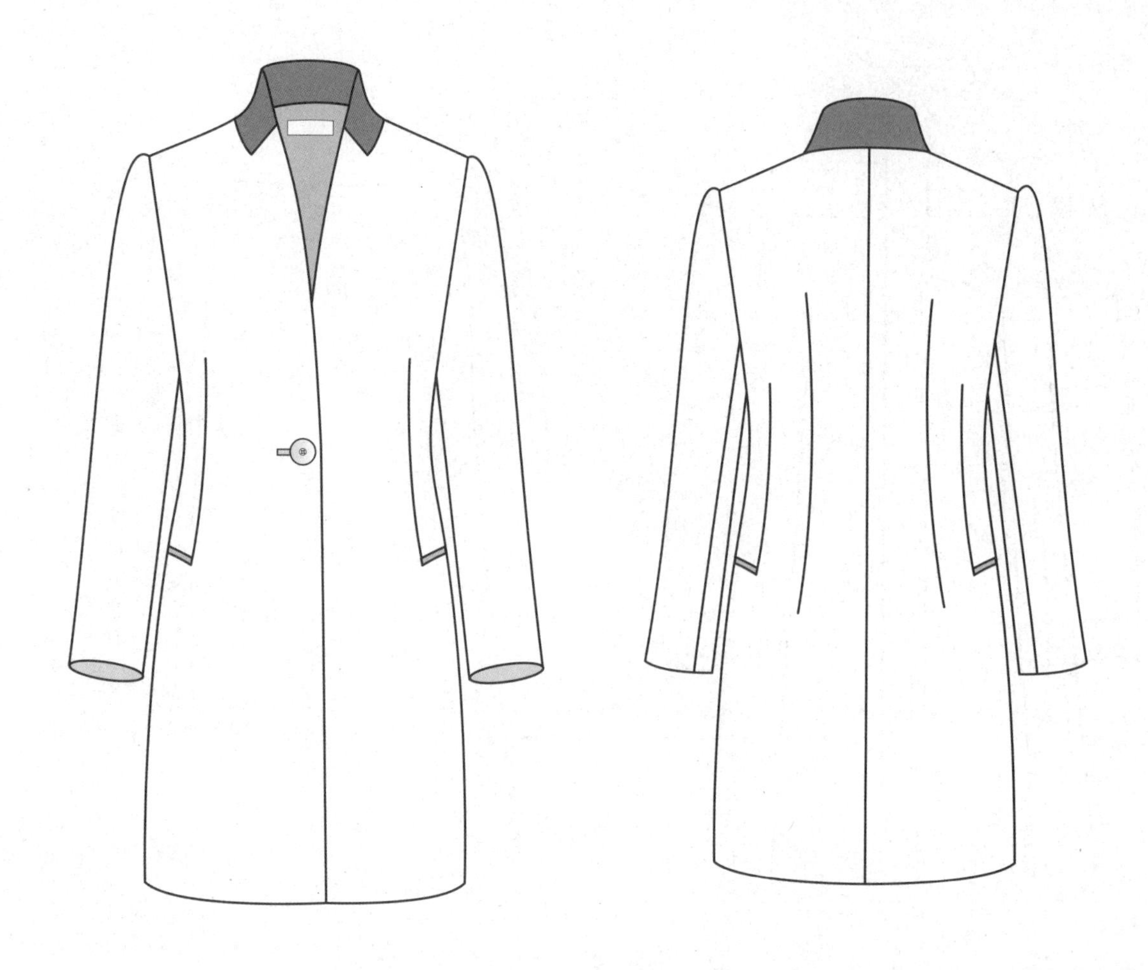

H型立领简洁大衣

H型立领门襟双向拉链挡风衣

H型立领喇叭袖大衣

H型立领系腰带大衣

H型立体花卉装饰大衣

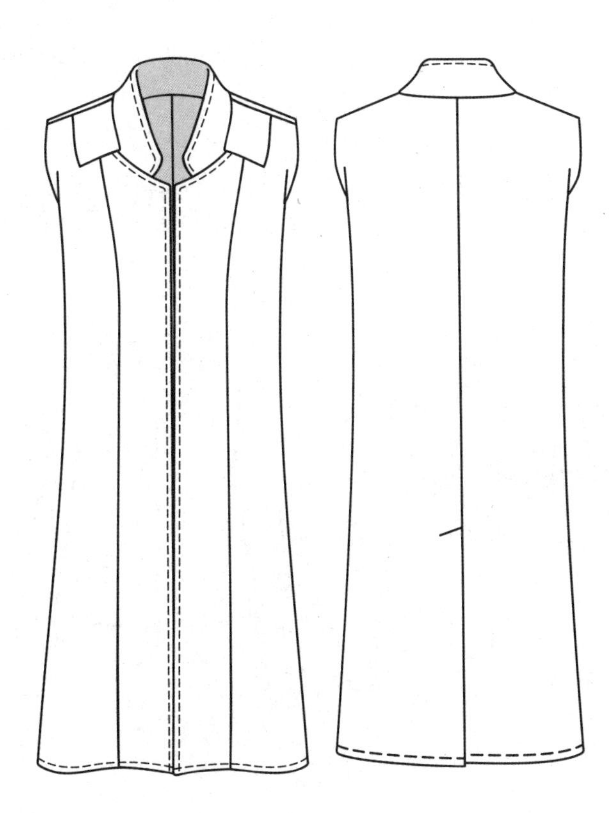

H型立领纵向分割无袖大衣

H型立体花饰风衣

H型立体贴袋装饰大衣

H型连帽侧插袋大衣

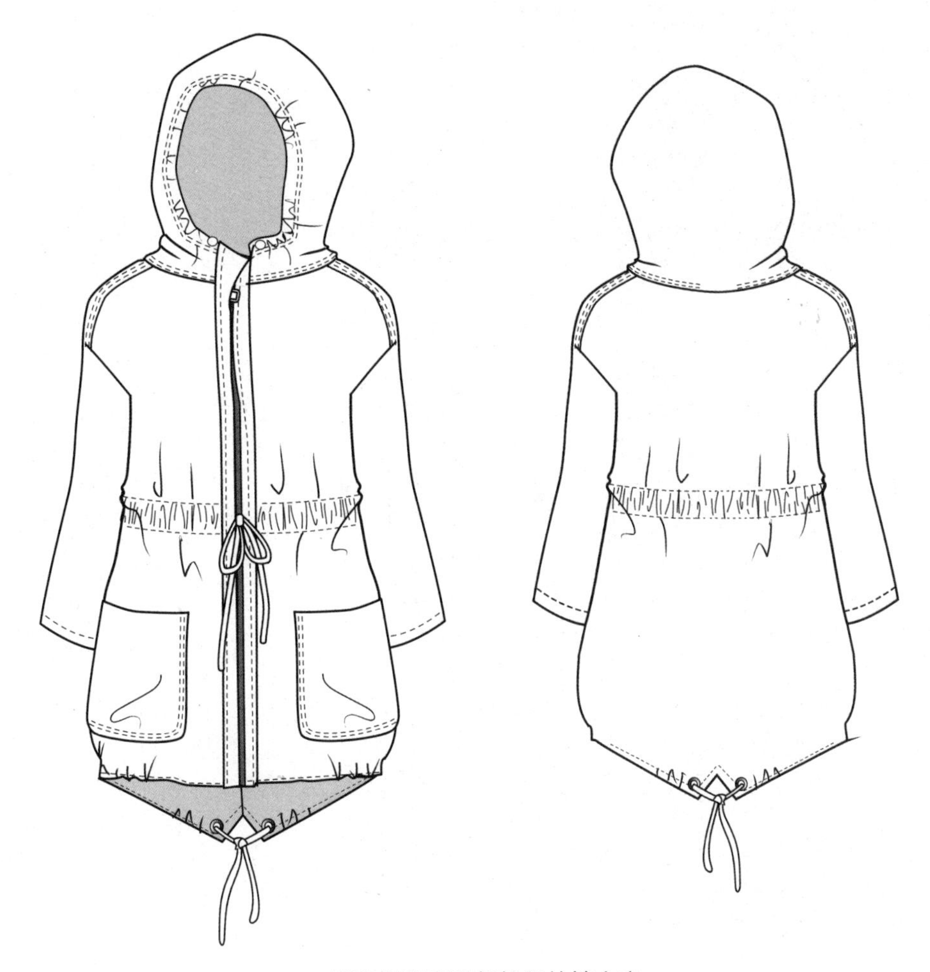

H型连帽落肩腰部松紧抽皱大衣

H型连帽门襟拉链包边装饰大衣

H型连帽系带大衣

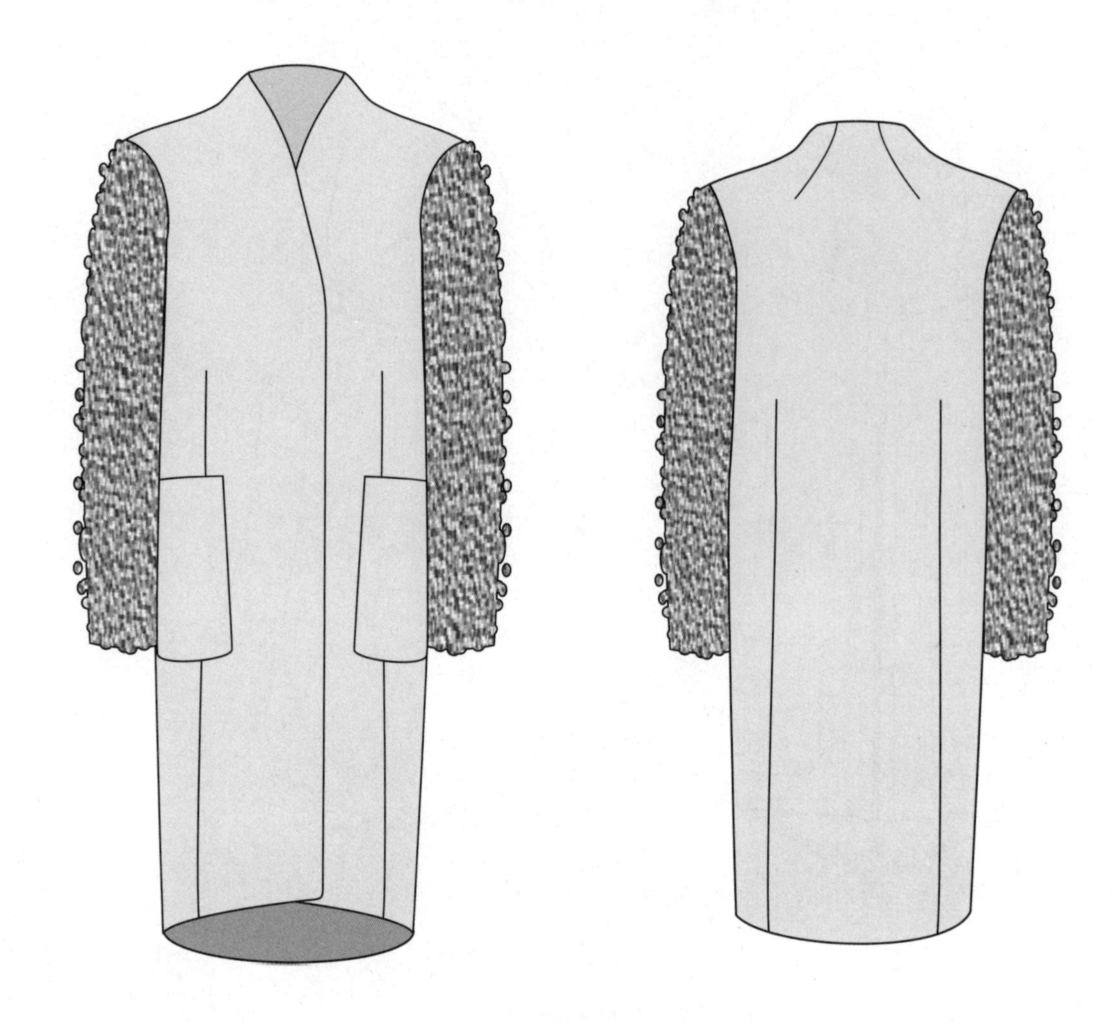

H型立体花装饰袖大衣

H型连帽侧缝拉链式落肩无袖大衣

H型立领斜门襟大衣

H型连帽系腰带大衣

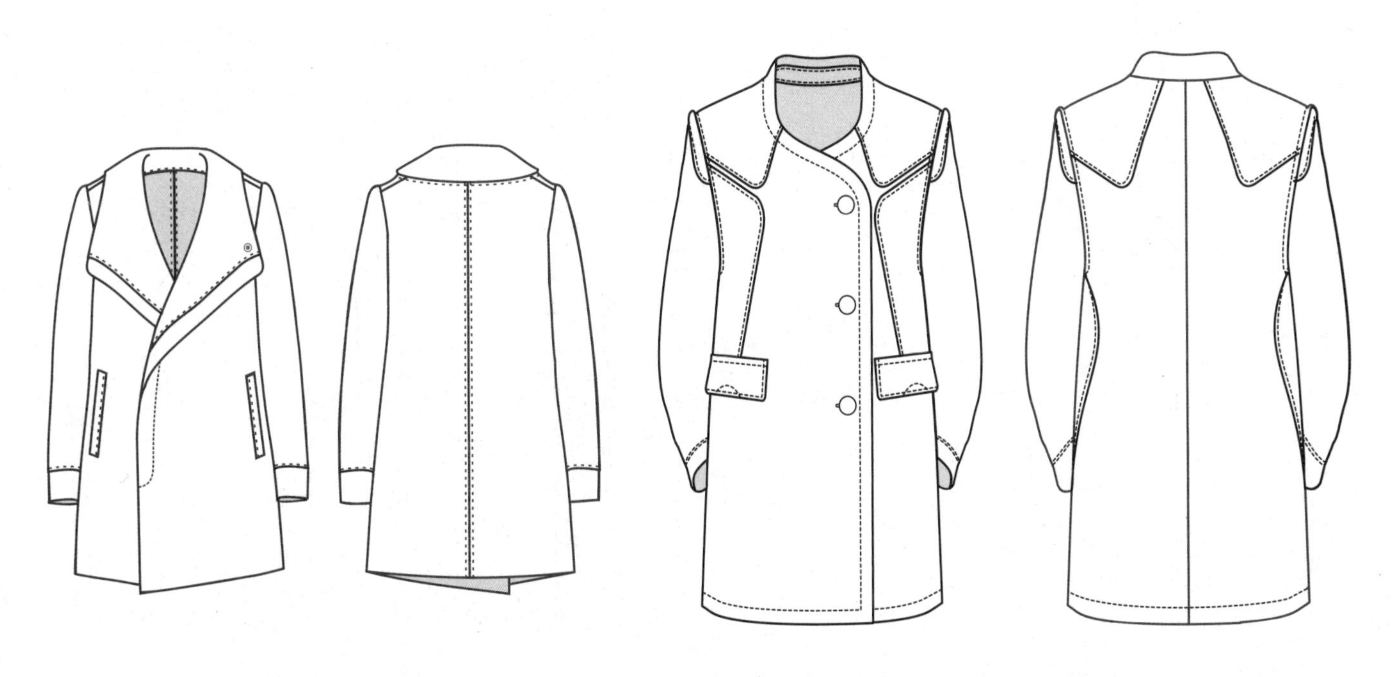

H型连衣领装饰大衣

H型连衣领夹两件分割大衣

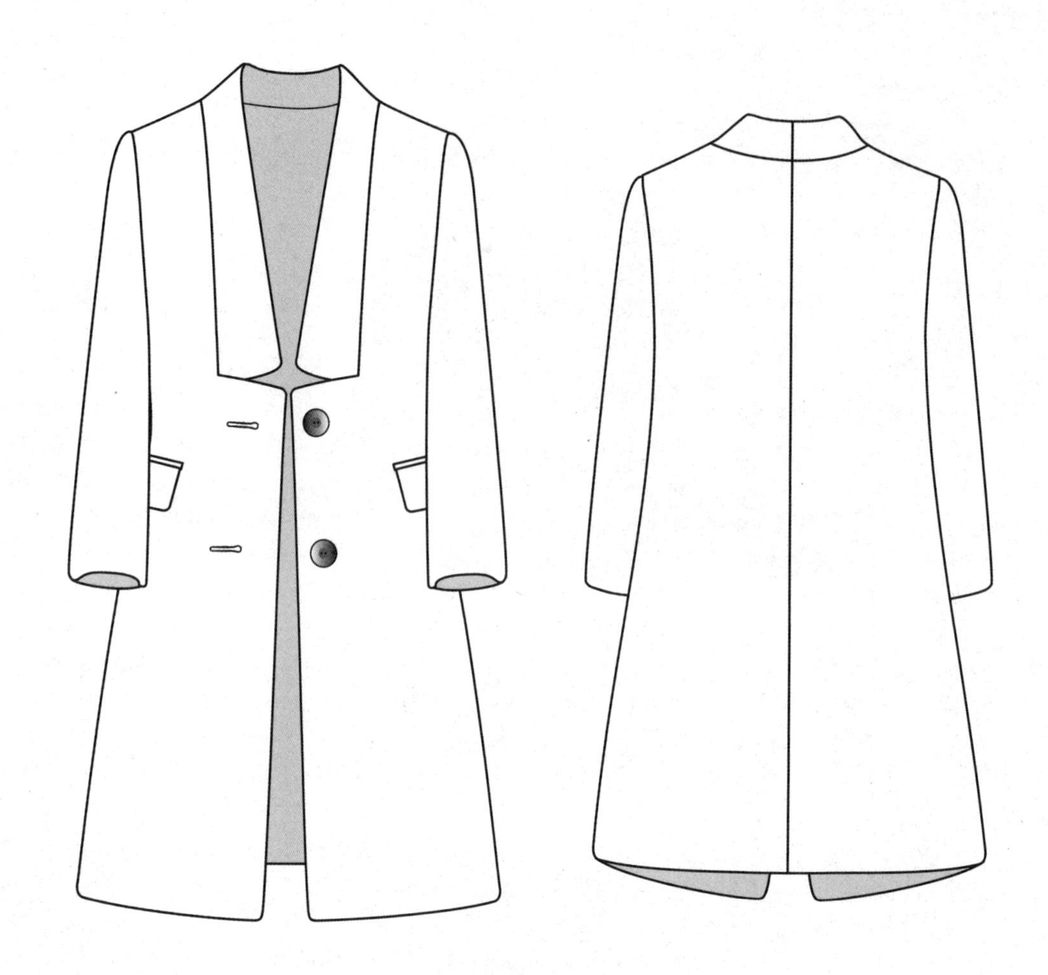

H型两粒扣大衣

H型领口波浪装饰大衣

H型两种夹毛呢落肩大衣

H型领省分割衣身抽带大衣

H型领口褶裥插肩袖大衣

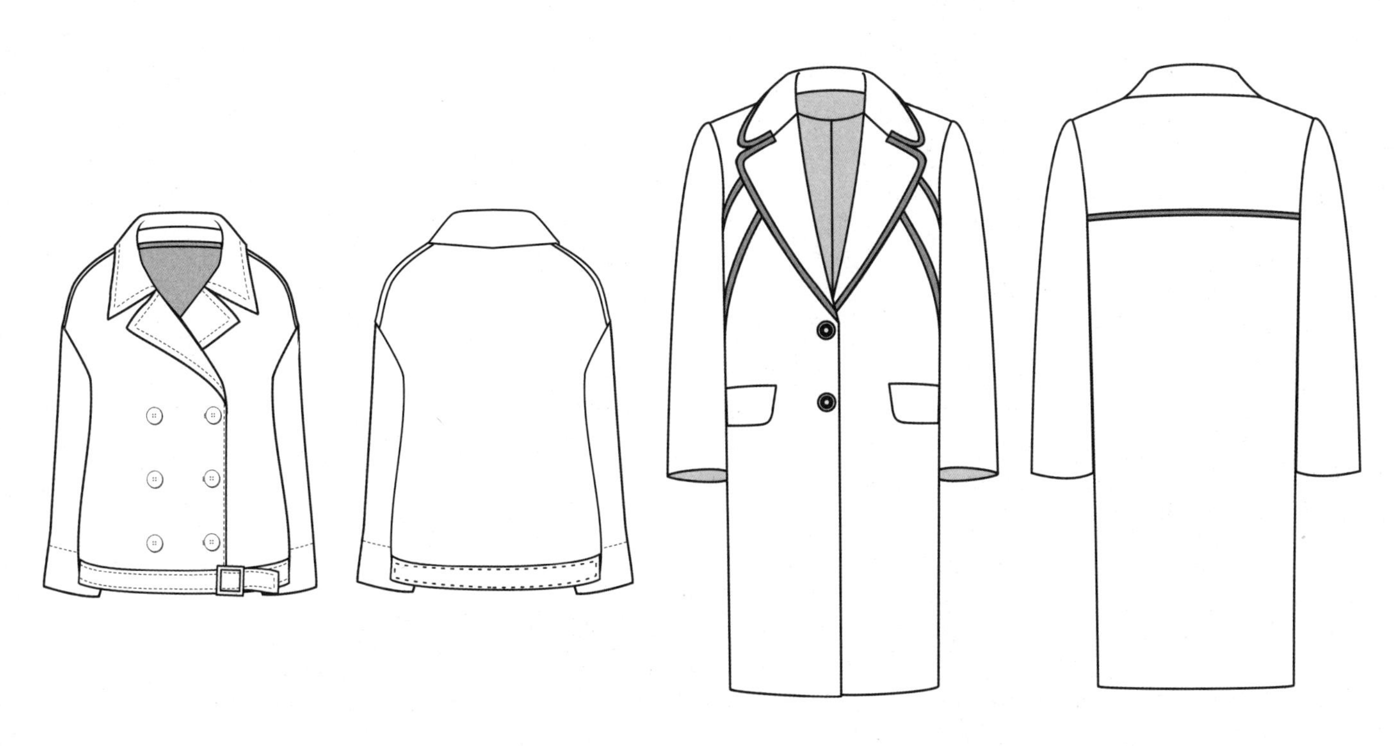

H型落肩翻驳领短款大衣

H型领子包边装饰大衣

H型落肩翻领装饰带大衣

H型落肩立领分割袖底罗口大衣

H型落肩贴袋装饰大衣

H型落肩无领抽带装饰大衣

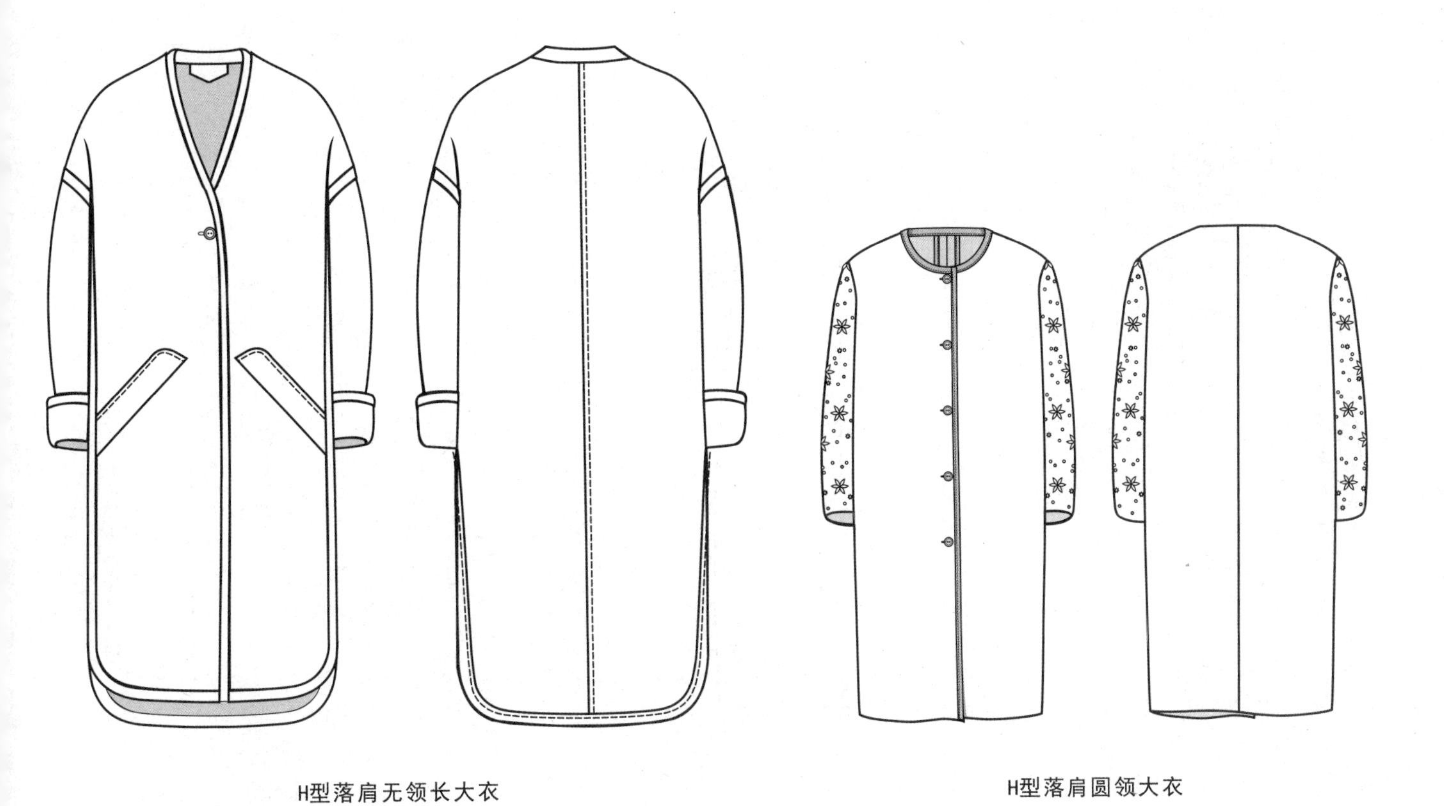

H型落肩无领长大衣

H型落肩圆领大衣

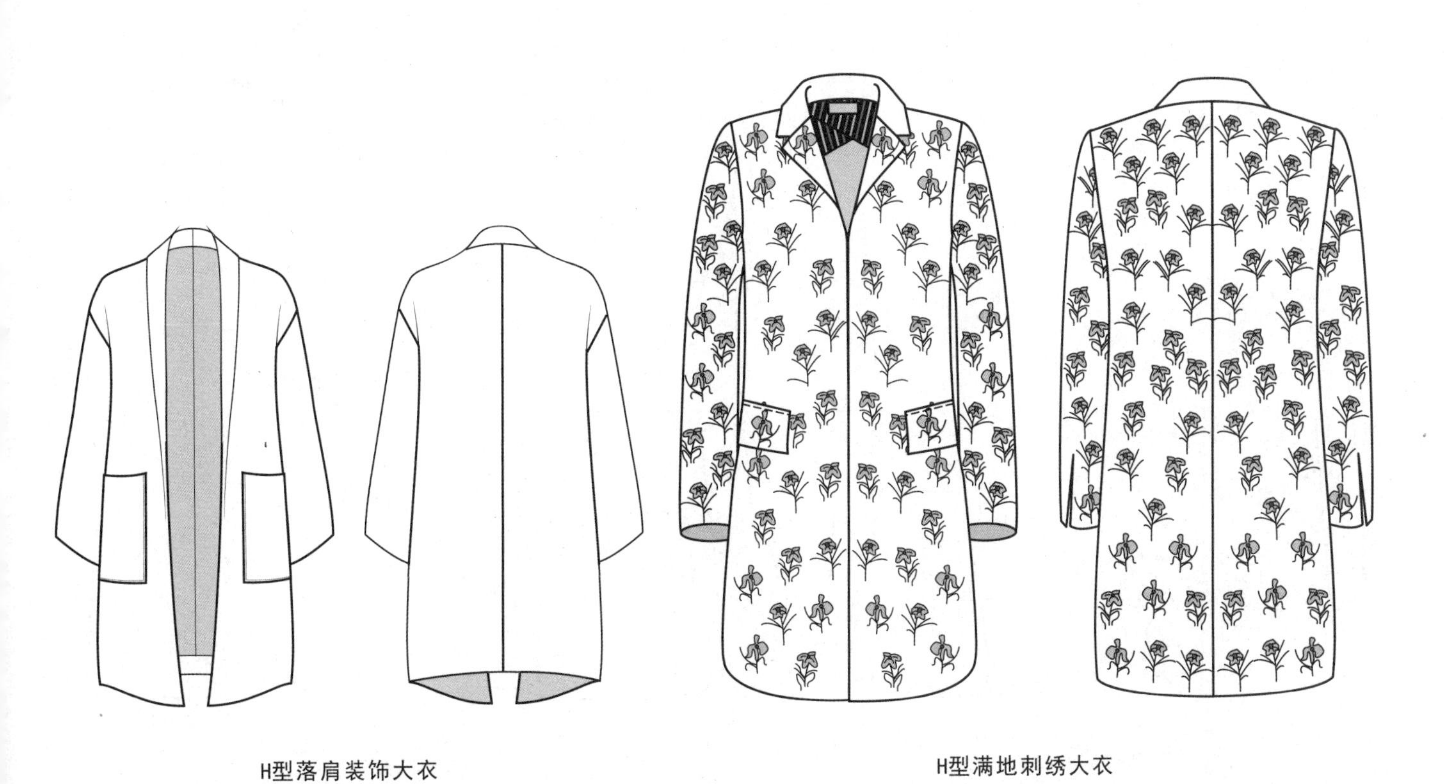

H型落肩装饰大衣

H型满地刺绣大衣

H型毛领花式钮扣装饰大衣

H型毛复合面料大衣

H型毛领L型分割双排扣大衣

H型毛领双排扣大衣

H型毛领纵向分割大衣

H型门襟花式钮扣装饰大衣

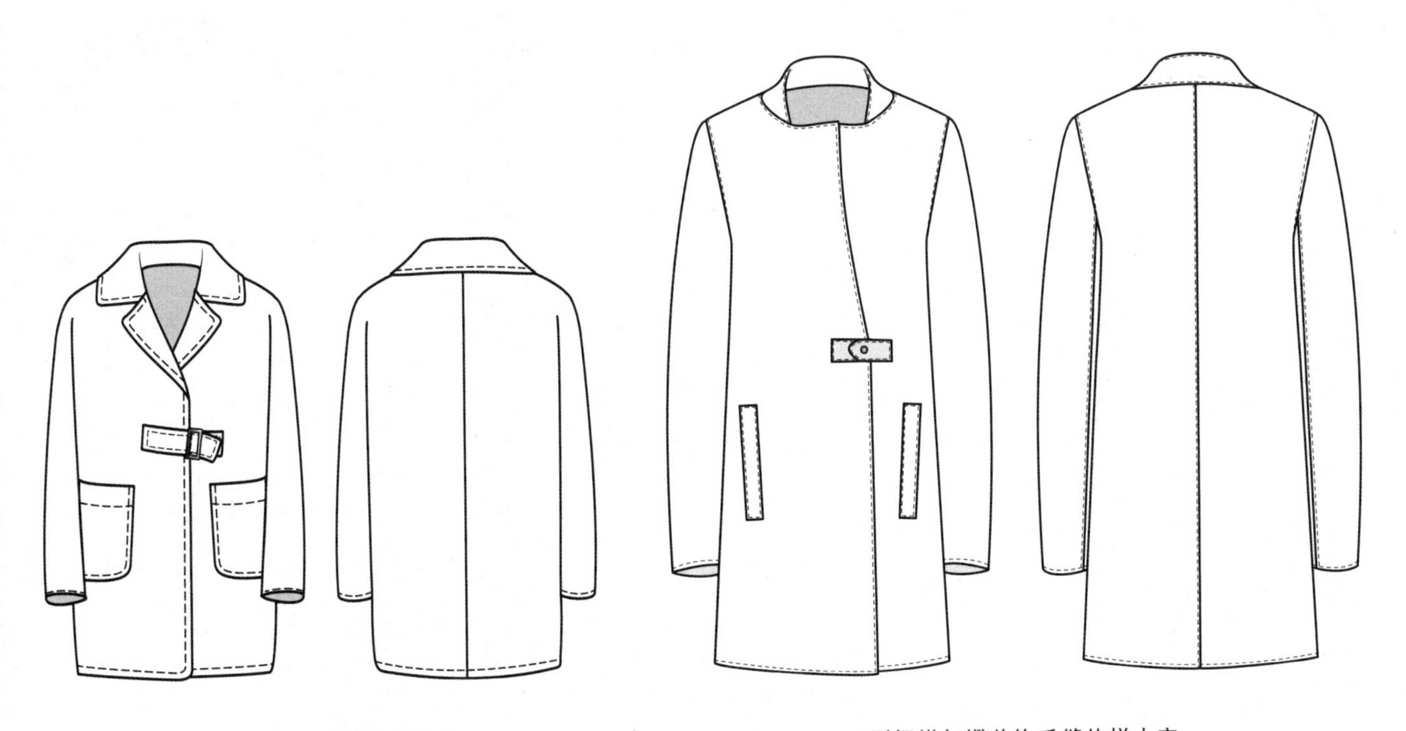

H型门襟扣襻装饰宽松大衣

H型门襟扣襻装饰毛缝外拼大衣

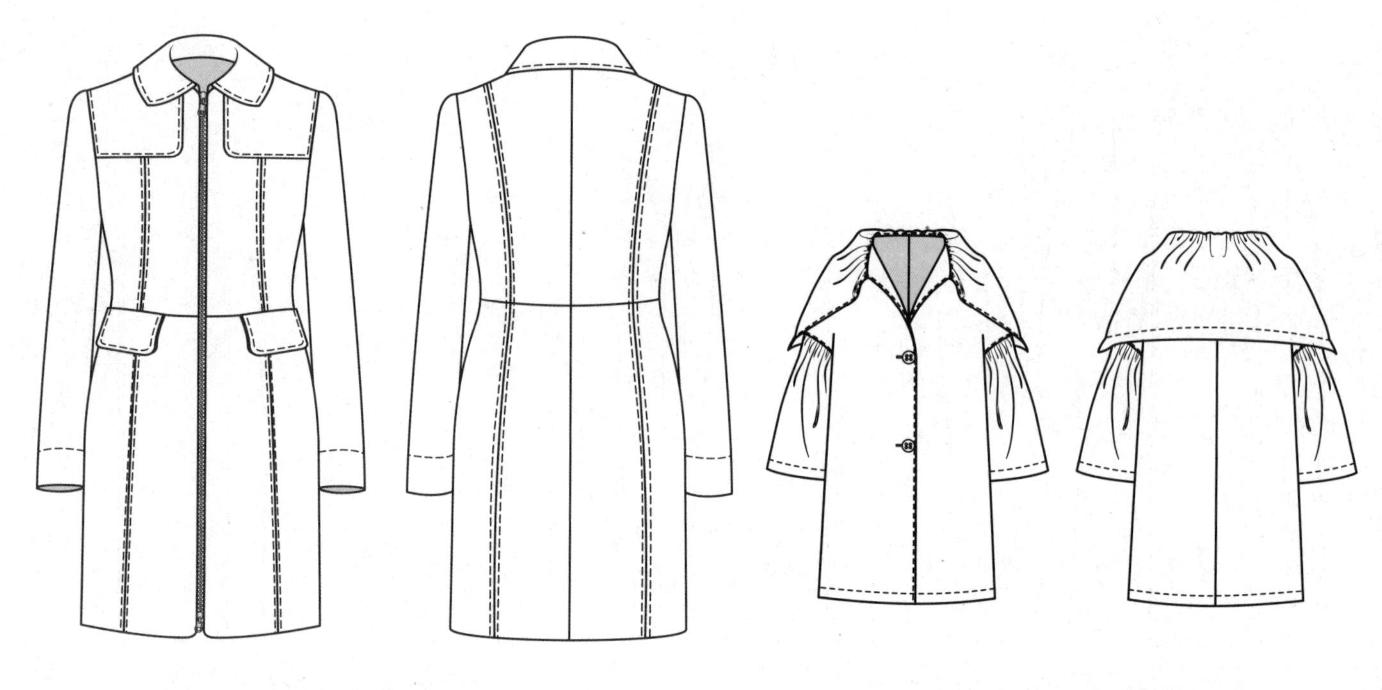

H型门襟拉链装饰大衣

H型披风夹两件喇叭袖大衣

H型趴领双排扣大衣

H型皮色装饰大衣

H型拼色长大衣

H型拼接双排扣落肩大衣

H型枪驳领分割挖袋收省分割大衣

H型枪驳领L型分割线长款大衣线

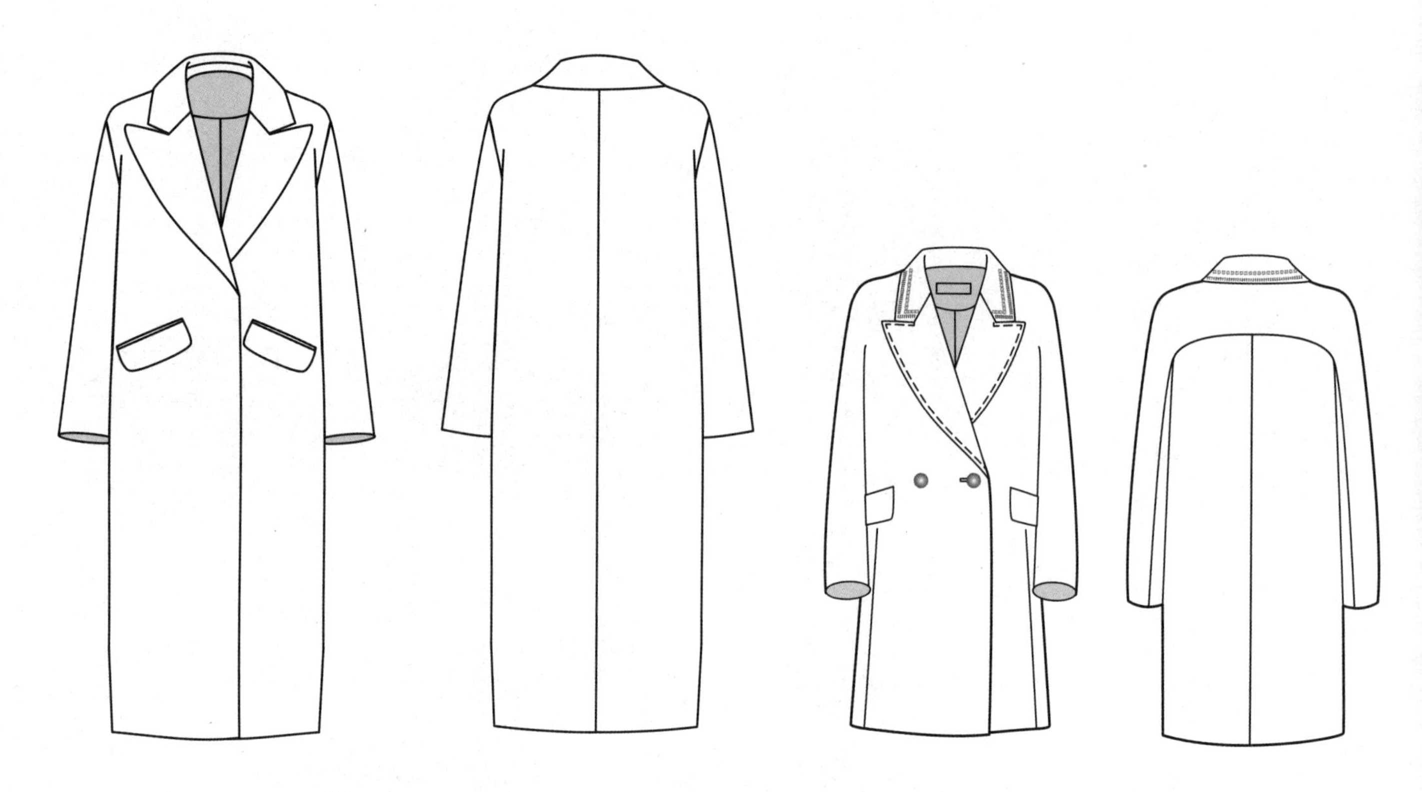

H型枪驳领长款大衣

H型枪驳领双排扣大衣

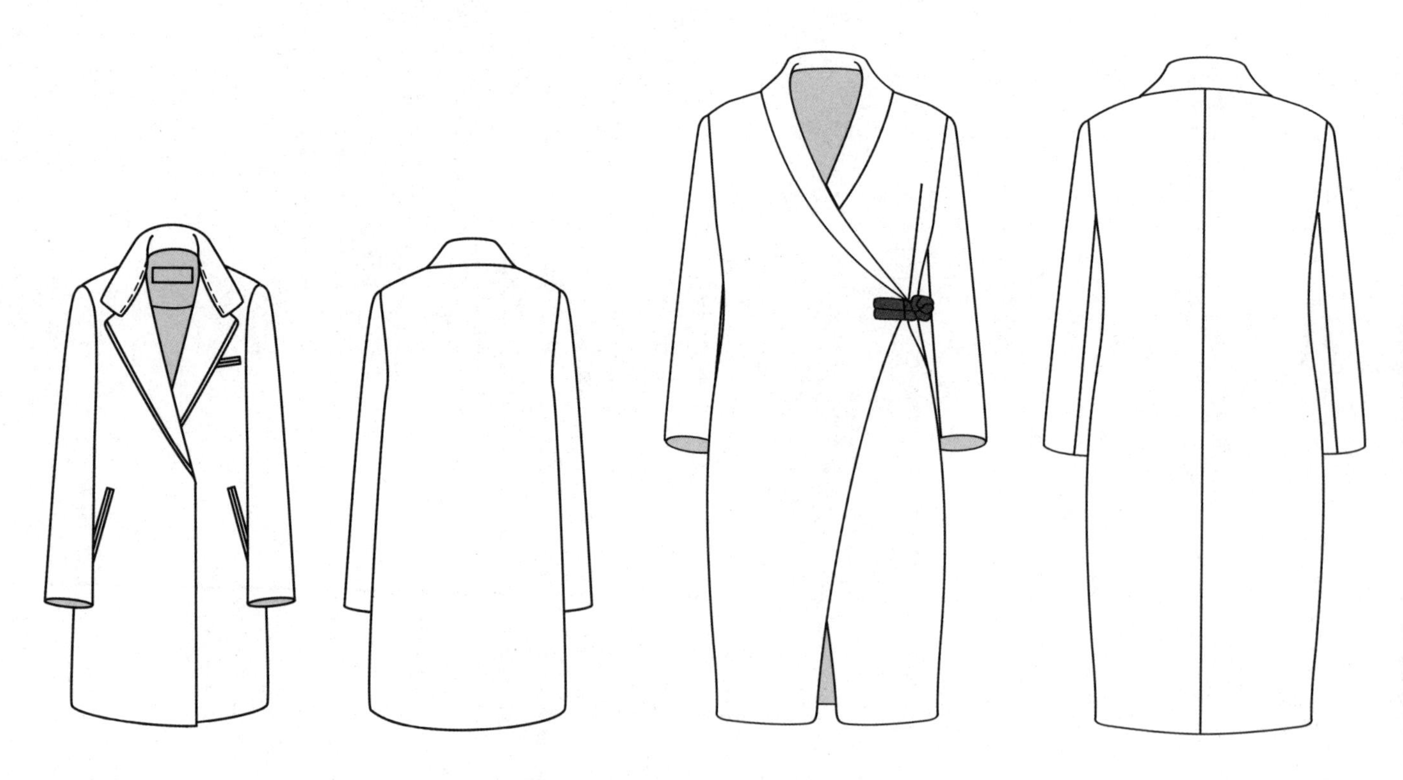

H型双层驳领斜插袋大衣

H型青果领斜襟单扣大衣

H型双排扣波浪下摆大衣

H型双面呢大翻领大衣

H型双排扣两片袖装饰大衣

H型双排扣大衣

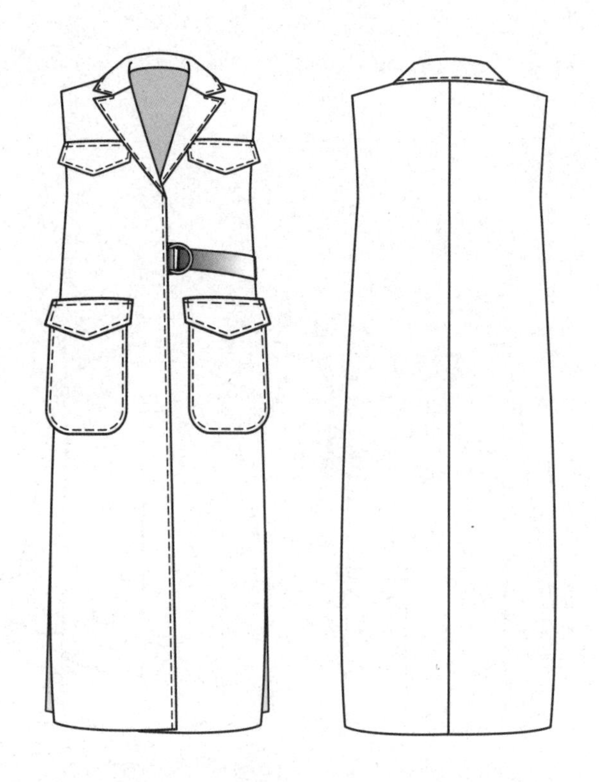

H型贴袋背心大衣

H型贴袋有袋盖大衣

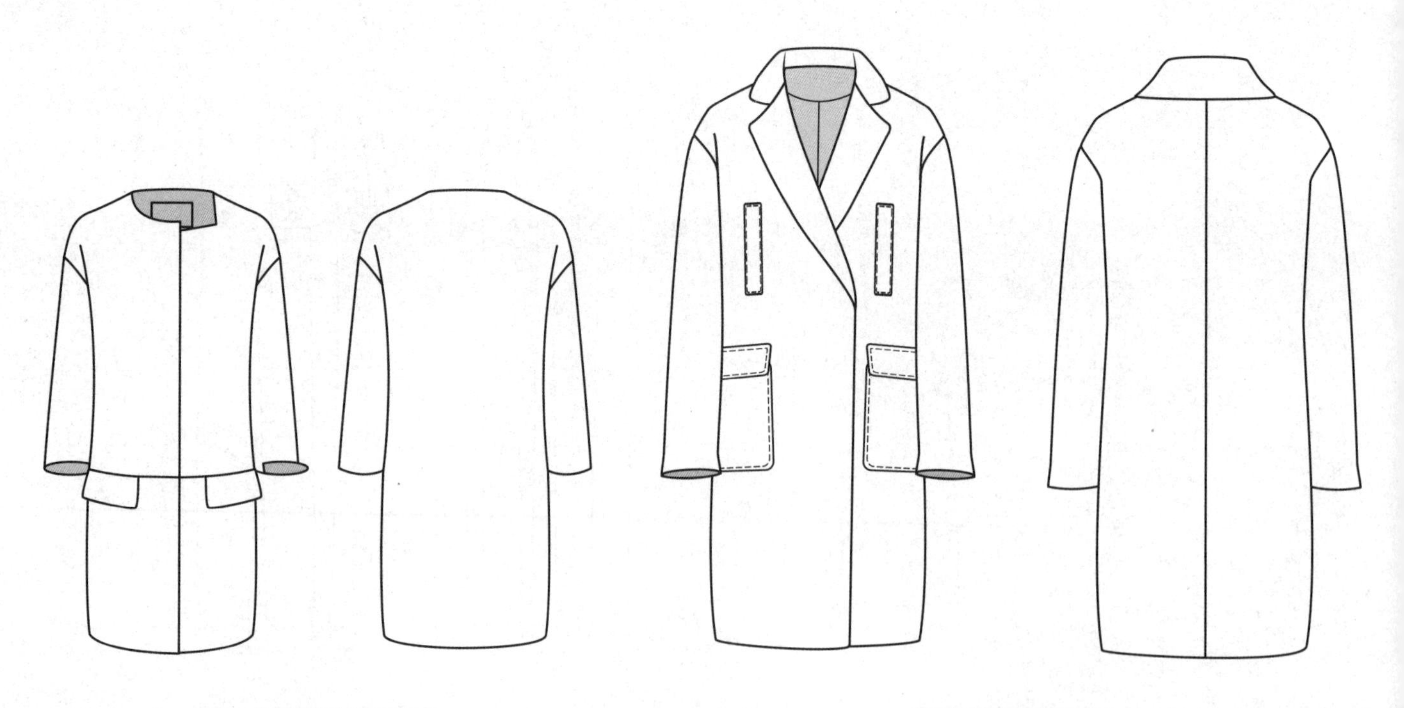

H型无领暗袋盖装饰大衣

H型贴袋装饰大衣

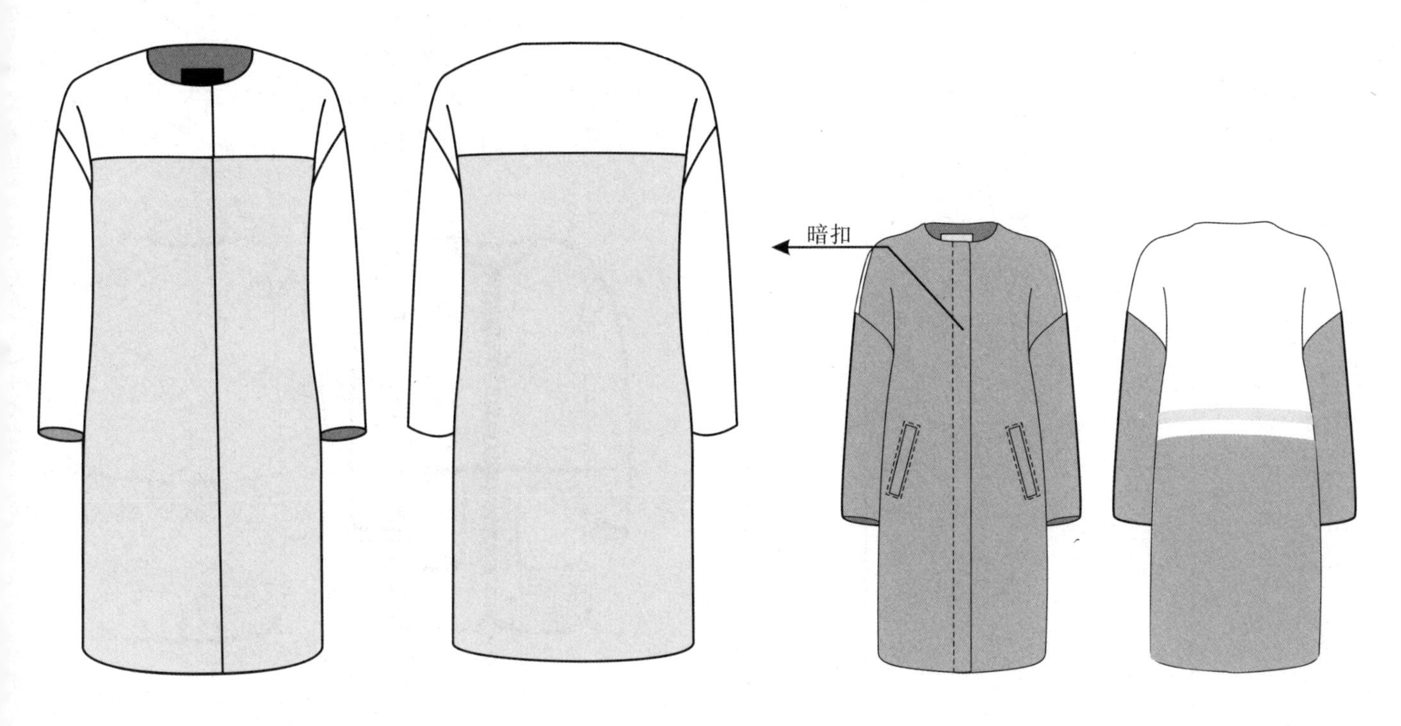

H型无领暗扣大衣

H型无领暗扣大衣

H型无领插肩袖大衣

H型无领暗扣装饰袋盖大衣

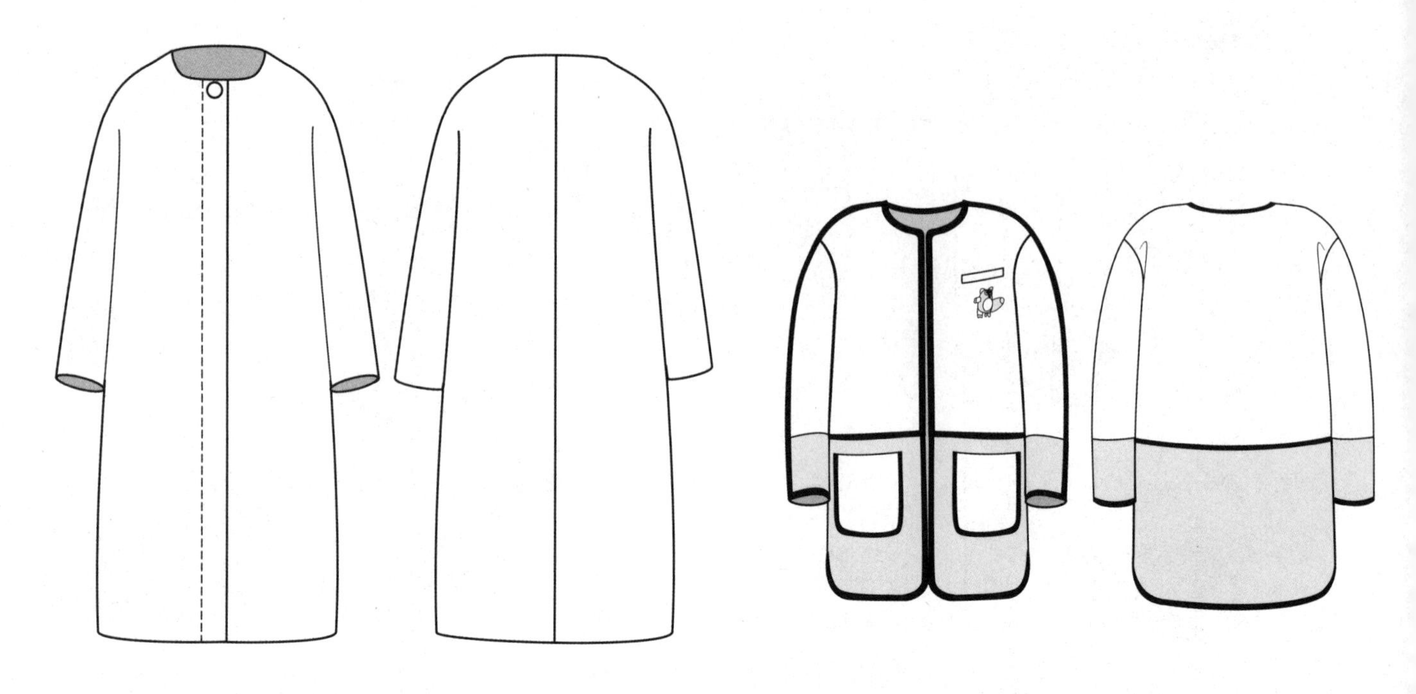

H型无领连身袖大衣　　H型无领拼色大衣

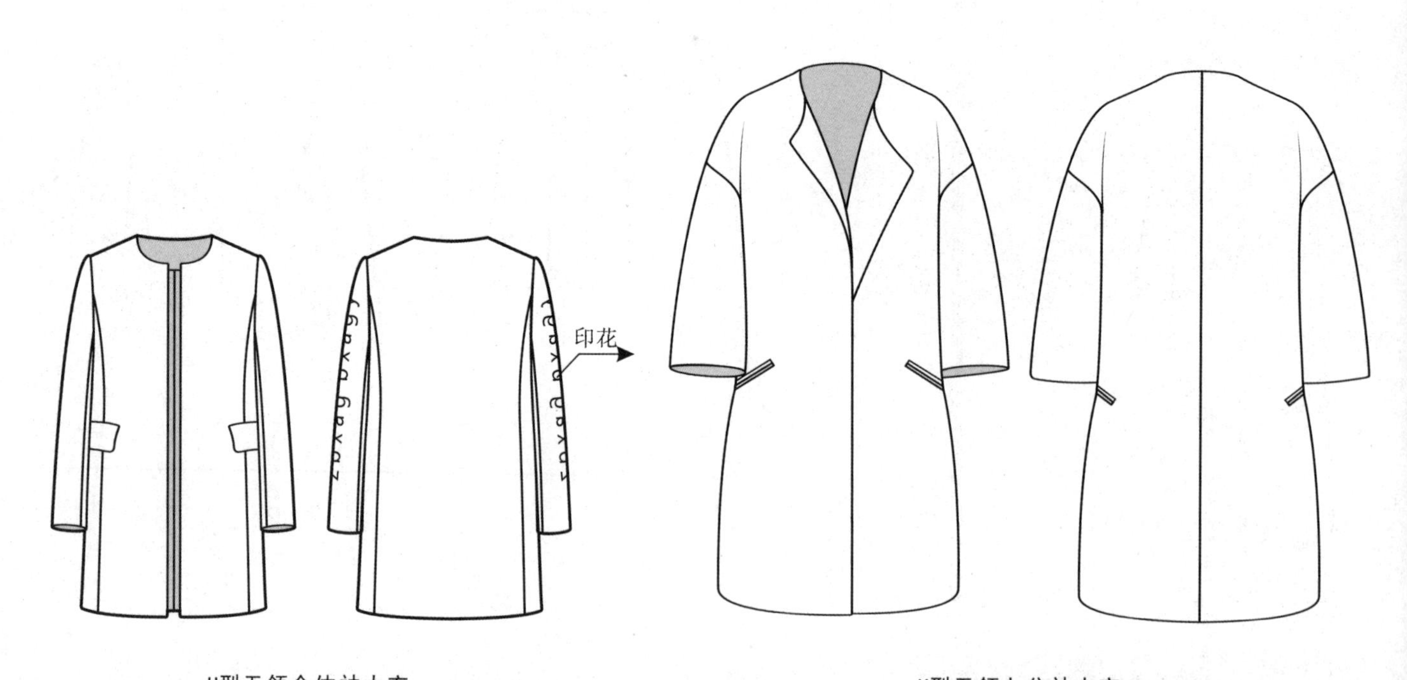

H型无领合体袖大衣　　H型无领七分袖大衣

H型无领前短后长花大衣

H型无领贴袋装饰大衣

H型无领贴袋中长大衣

H型无领三粒扣大衣

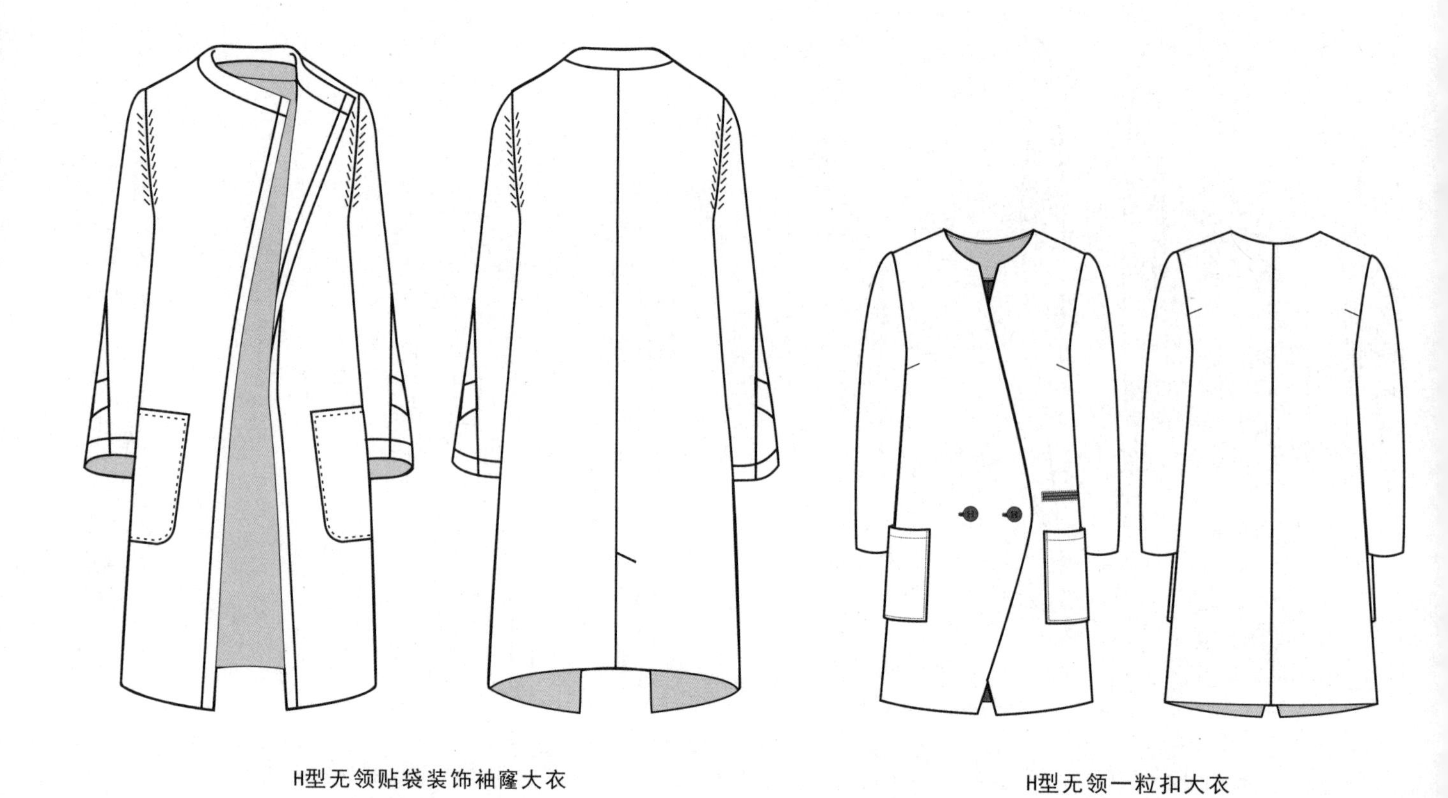

H型无领贴袋装饰袖窿大衣

H型无领一粒扣大衣

H型无领袖子拼色大衣

H型无领系腰带大衣

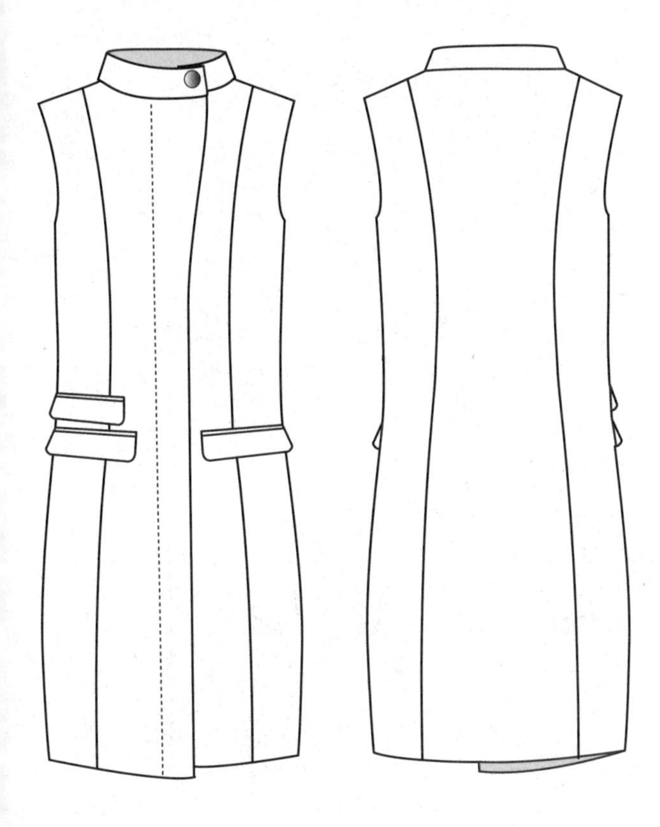

H型无袖立领分割装饰大衣

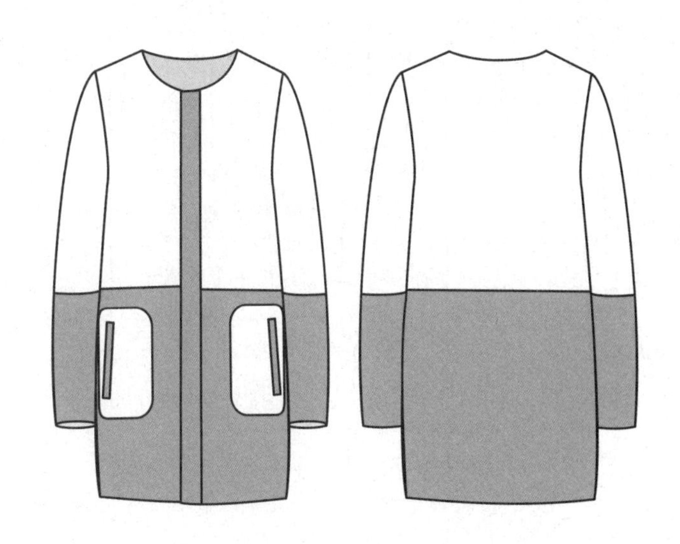

H型无领圆角贴袋拼色大衣

H型系带立领插袋大衣

H型无袖贴袋枪驳领双排扣大衣

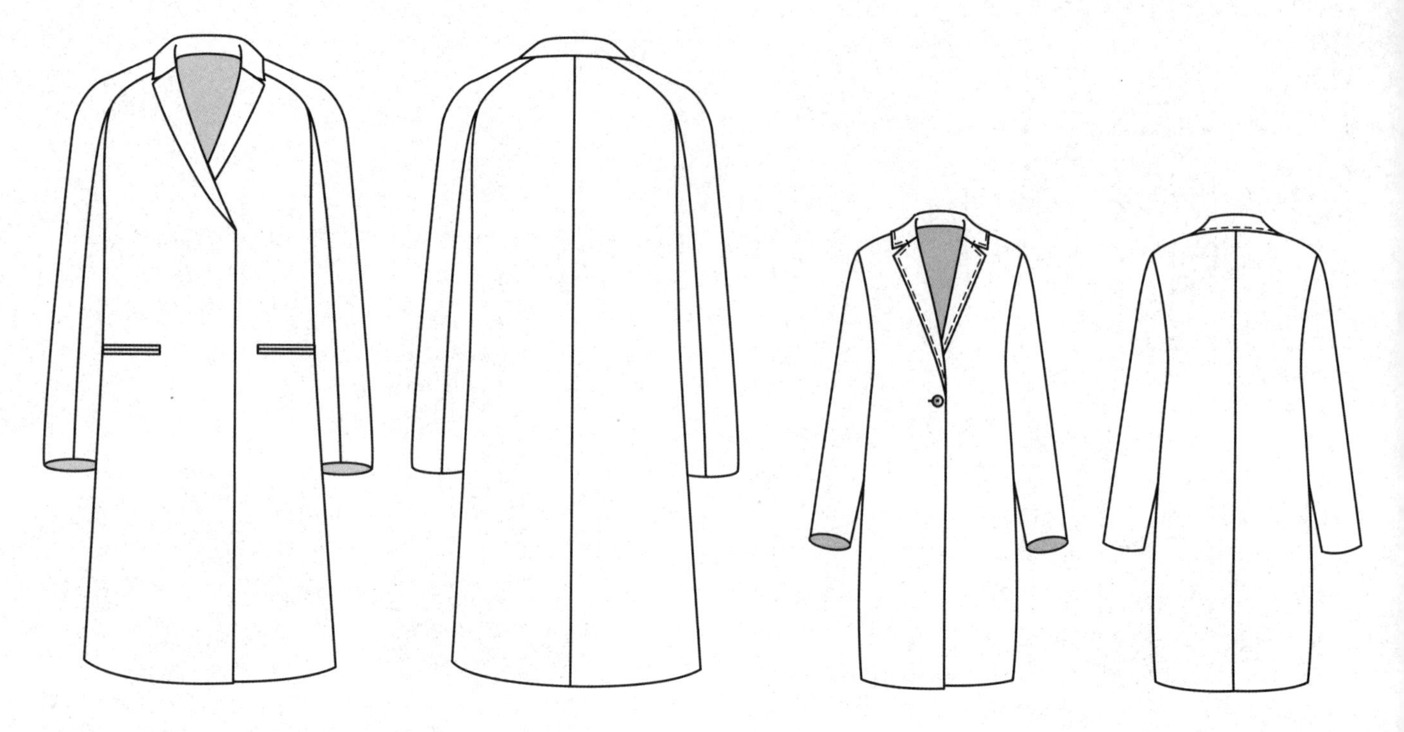

H型细长翻驳领暗扣大衣

H型细长翻驳领单扣大衣

H型象牙扣装饰大衣

H型V领装饰扣落肩大衣

H型小翻驳领暗扣大衣

H型小翻领七分袖双排扣短大衣

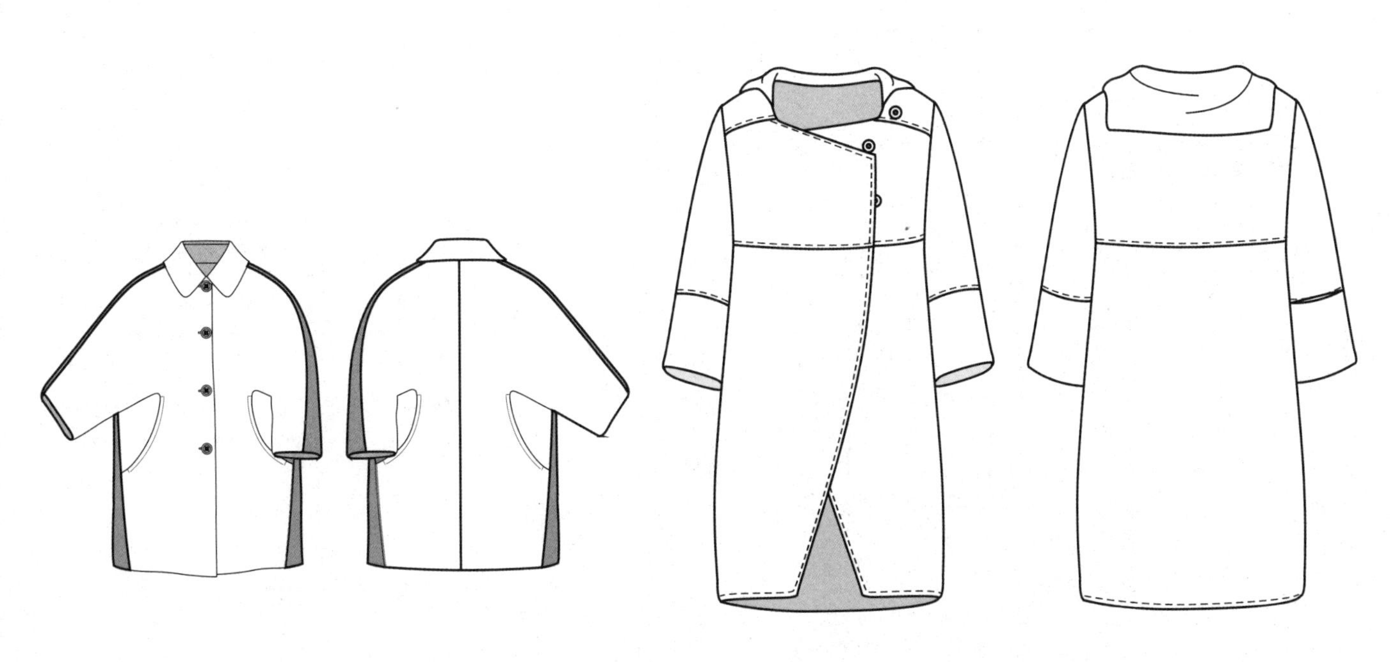

H型小翻领分割装饰大衣

H型斜门襟大衣

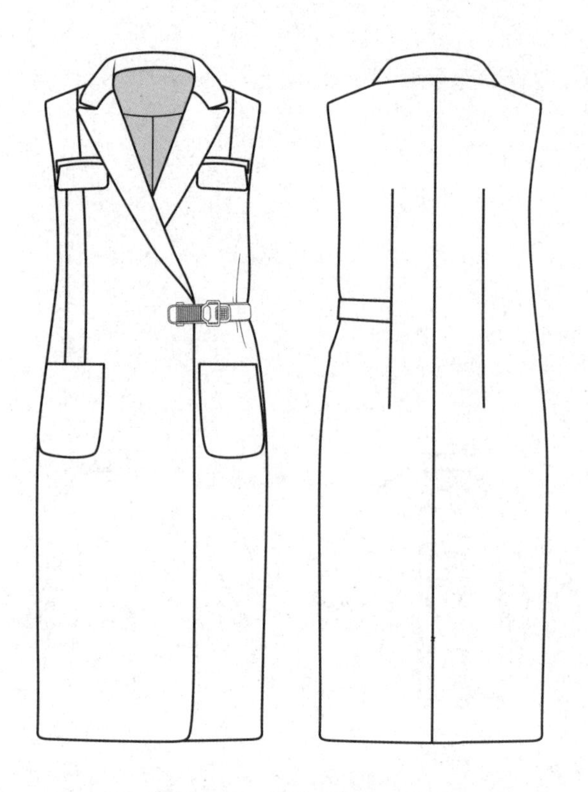

H型腰部皮带襻装饰无袖大衣

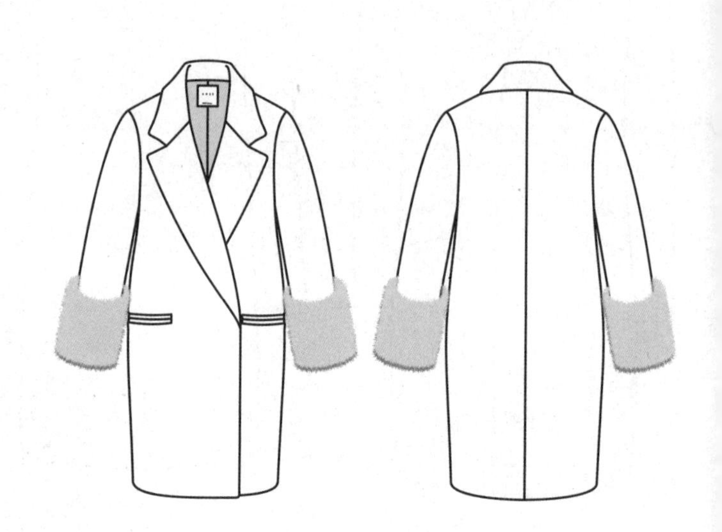

H型袖口毛料装饰大衣

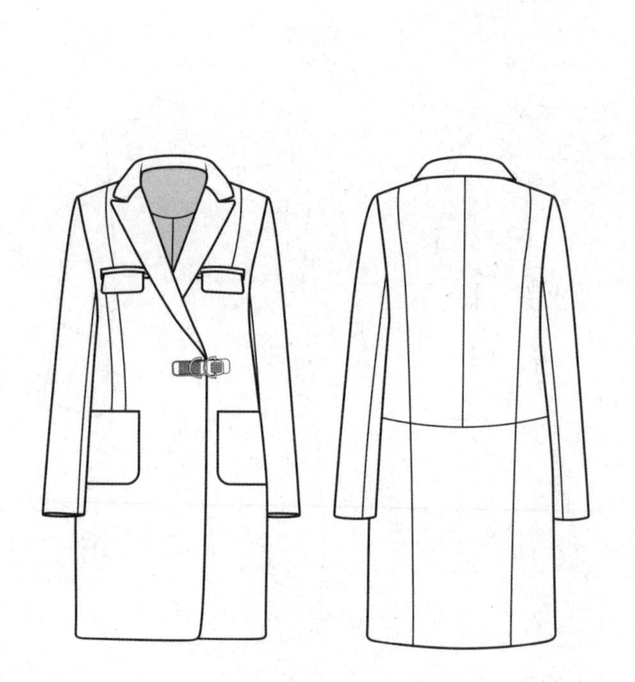

H型腰部装饰大衣

H型腰带大衣

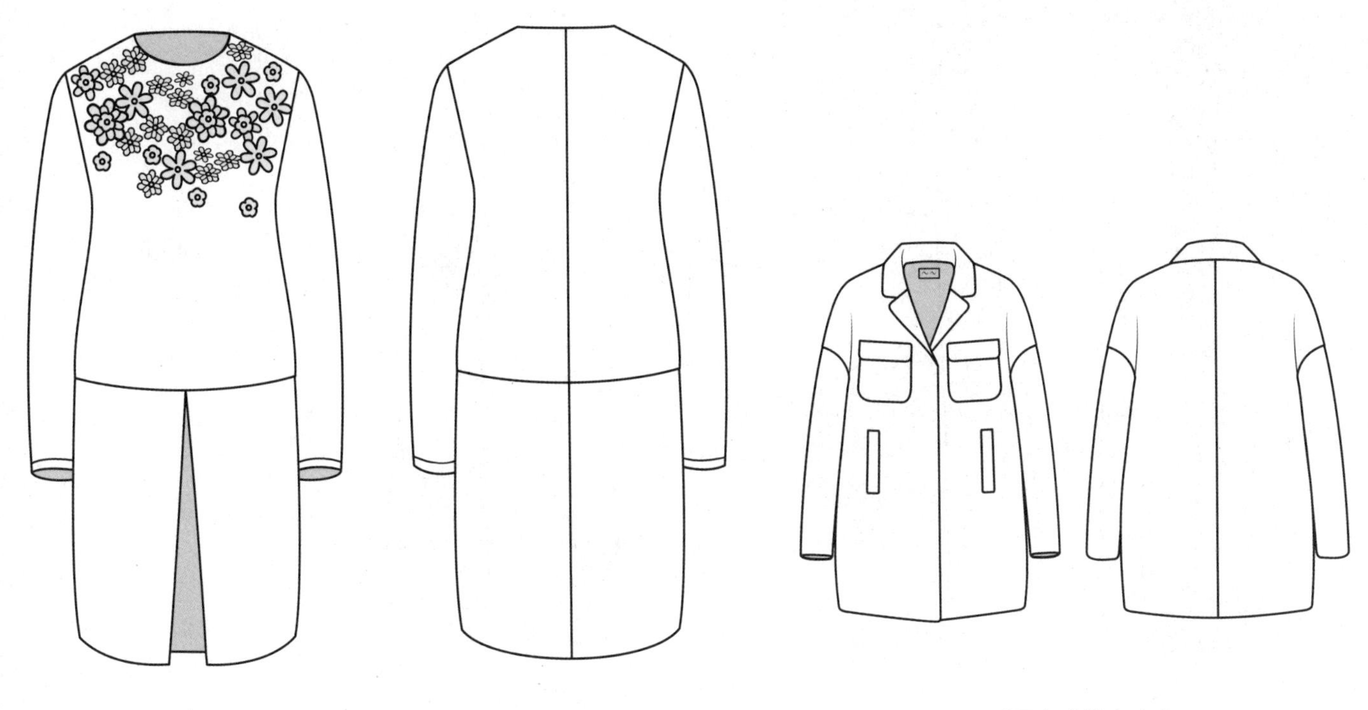

H型衣身立体花瓣装饰大衣

H型圆角贴袋女大衣

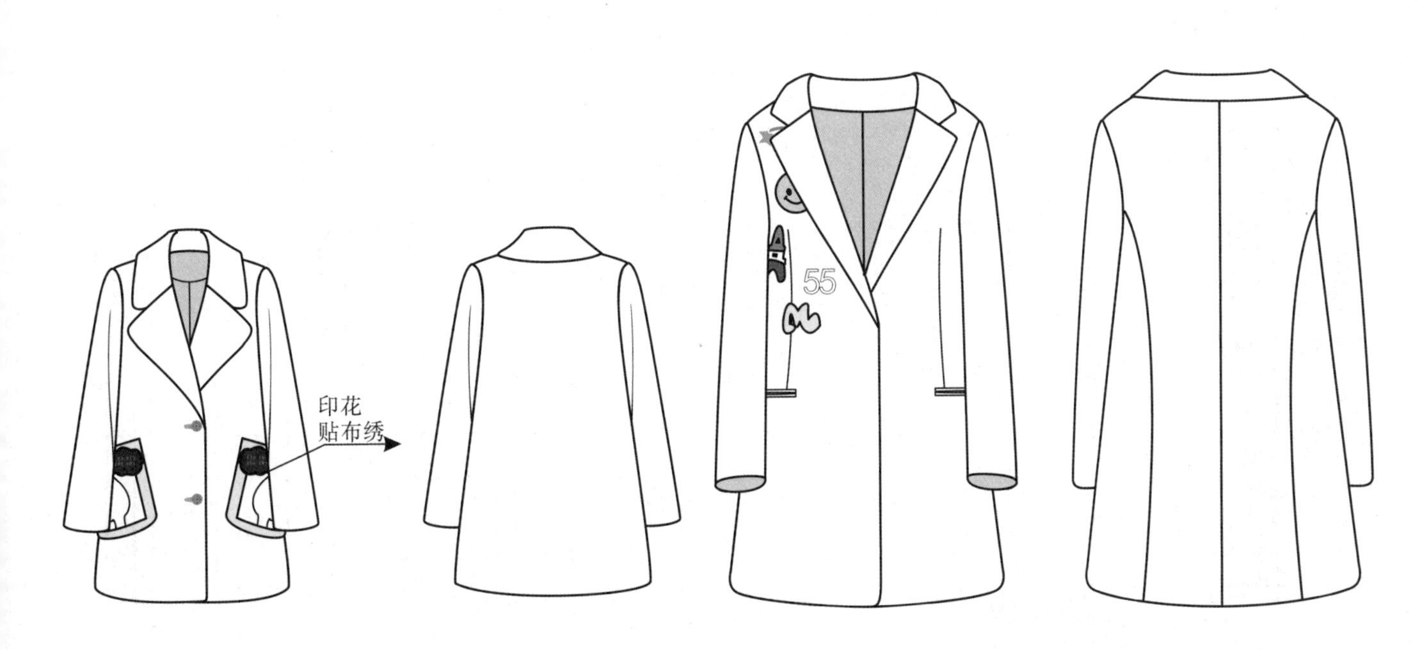

H型印花贴袋装饰大衣

H型衣身贴布绣大衣

H型长翻领长大衣

H型针织螺纹克夫短大衣

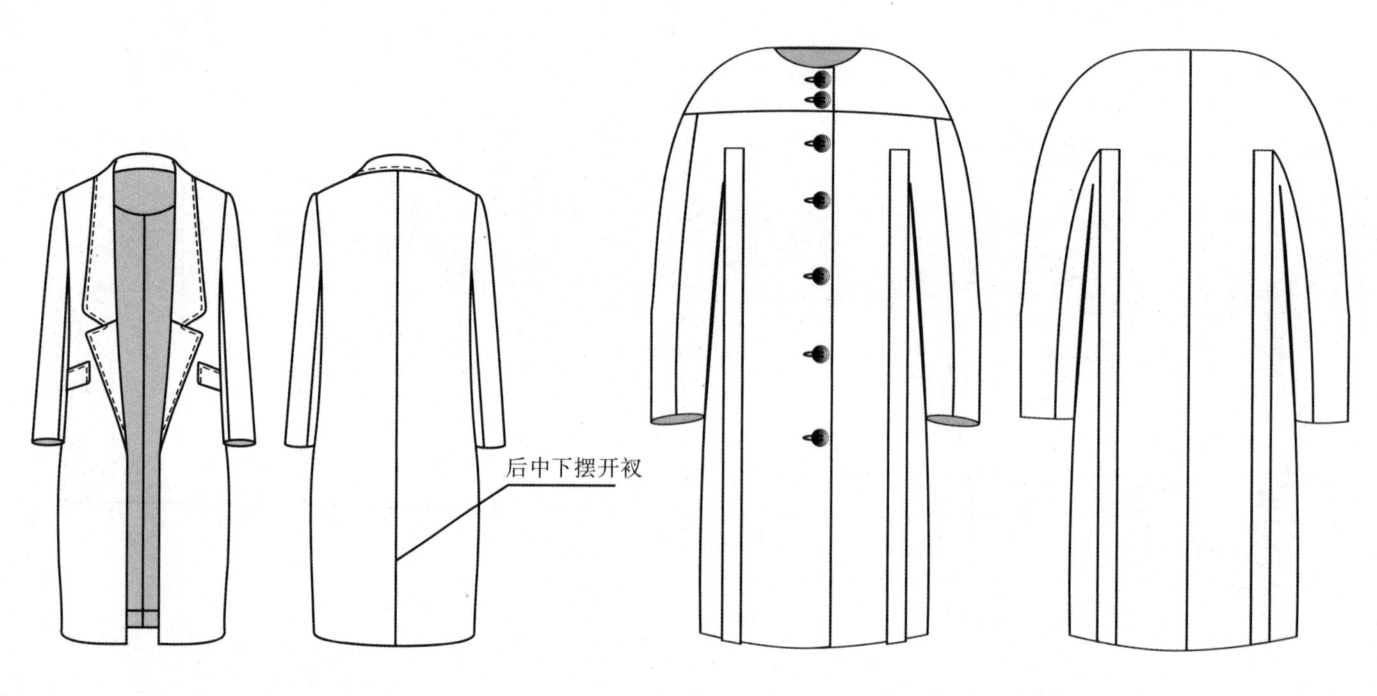

H型长翻驳领合体袖大衣

H型直线分割大衣

H型直线分割女大衣

H型珠子刺绣装饰大衣

H型直线分割大衣

H型中长大衣

H型装饰翻领夹克

H型装饰撞色领大衣

H型撞色K线装饰大衣

H型撞色领大衣

H型纵向分割宽包边装饰大衣

H型撞色毛饰大衣

H腰部系带立体口袋插肩袖中长大衣

H型纵向分割领子毛料装饰大衣

H型大翻领大衣

H型半育克装饰外套

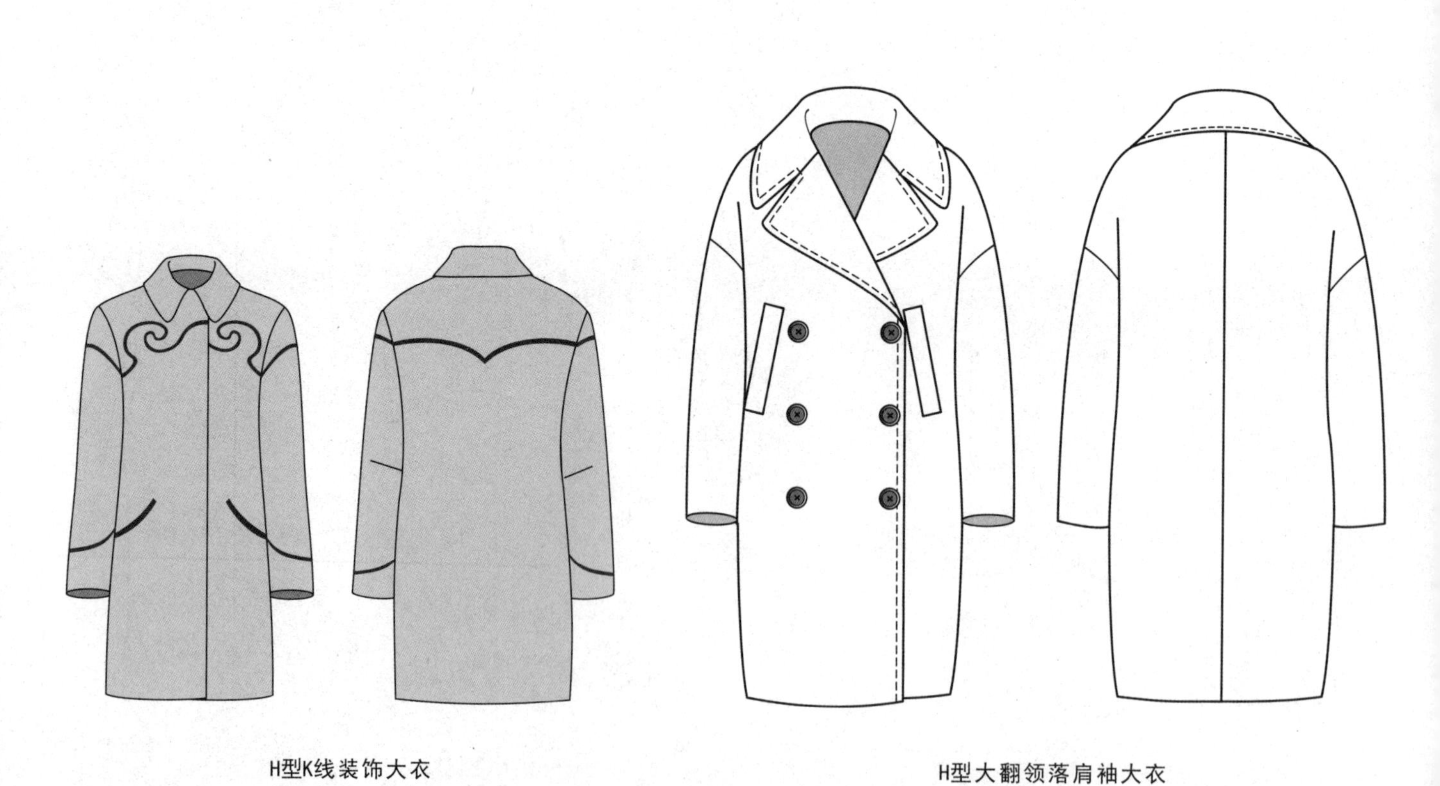

H型K线装饰大衣

H型大翻领落肩袖大衣

H型大翻领皮风衣

H型立领翻领拼接褶裥落肩插袋压线长款大衣

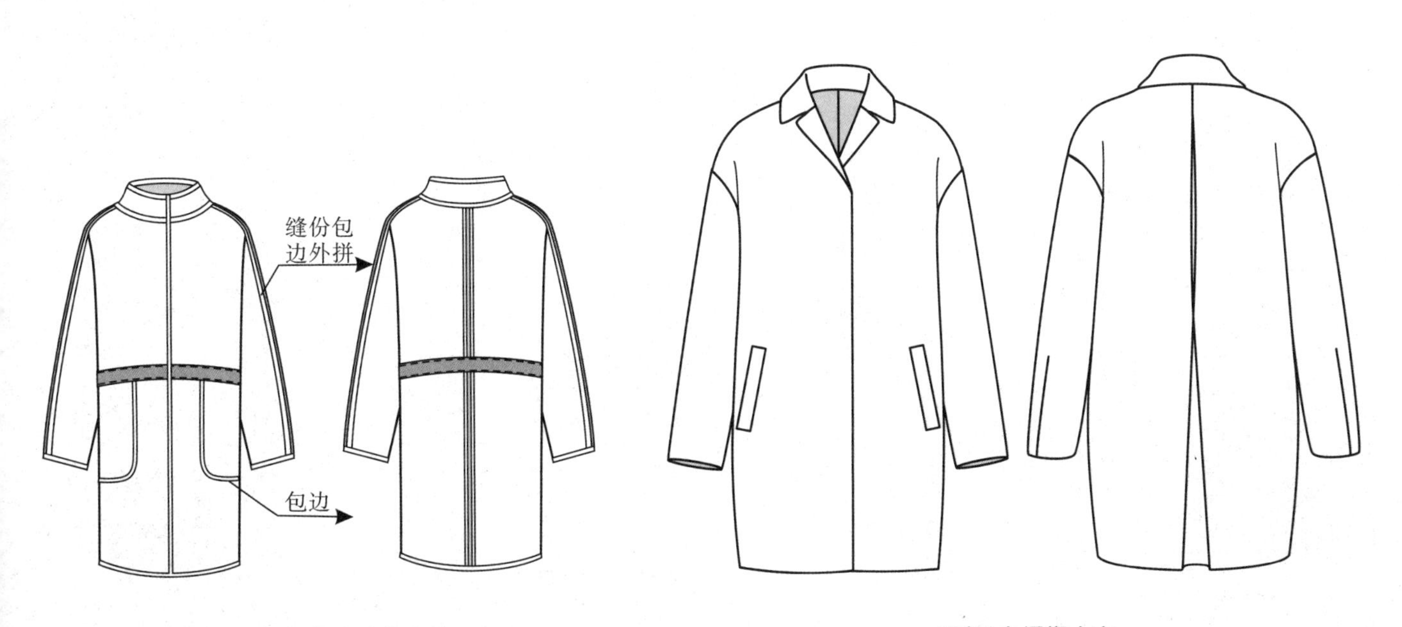

H型缝份包边外拼大衣

H型后中褶裥大衣

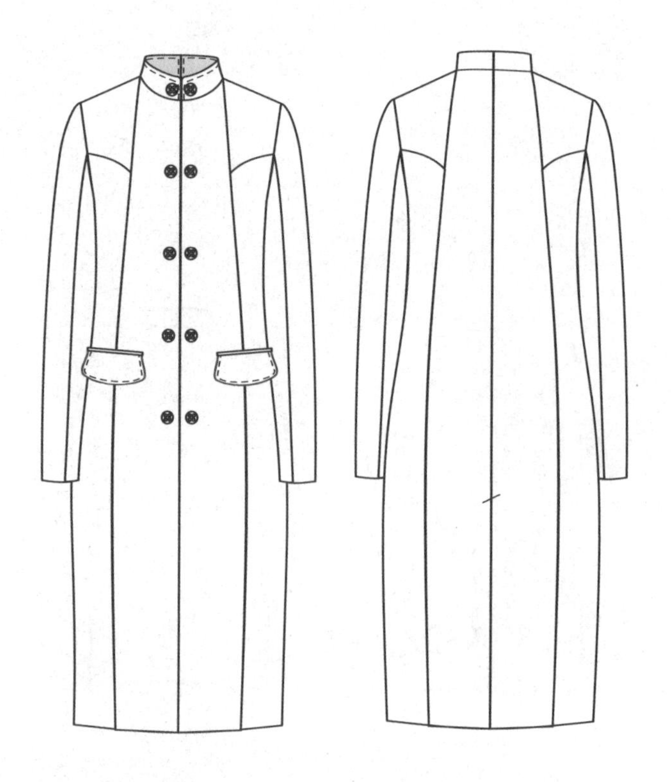

H型立领军装风格大衣

H型立领分割带帽大衣

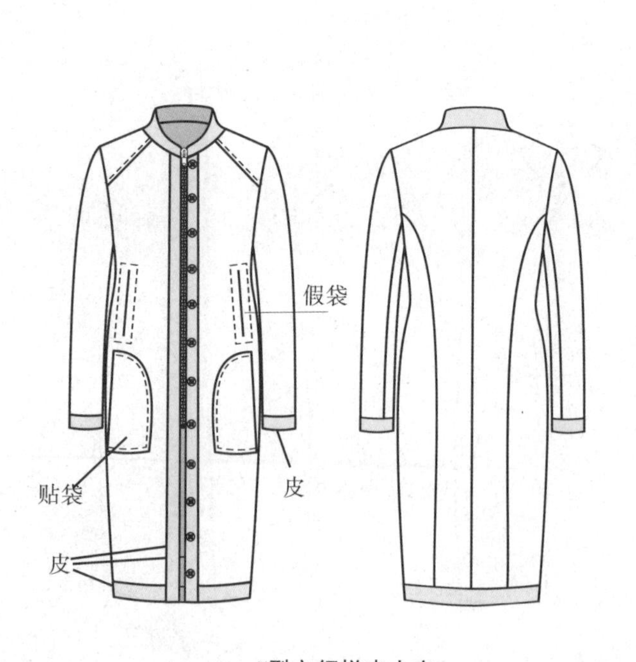

H型立领拼皮大衣

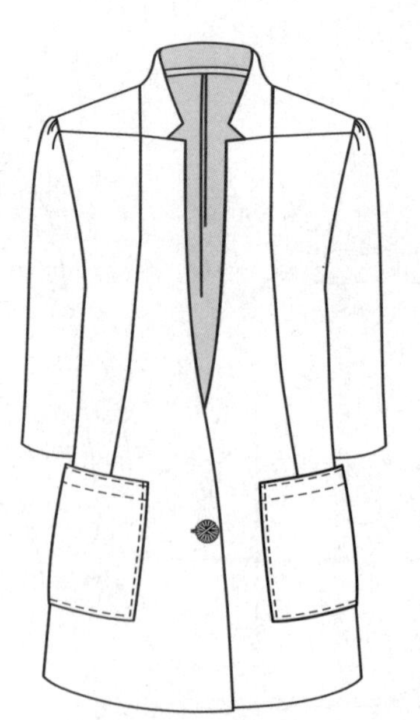

H型立领西装

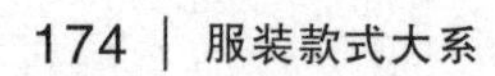

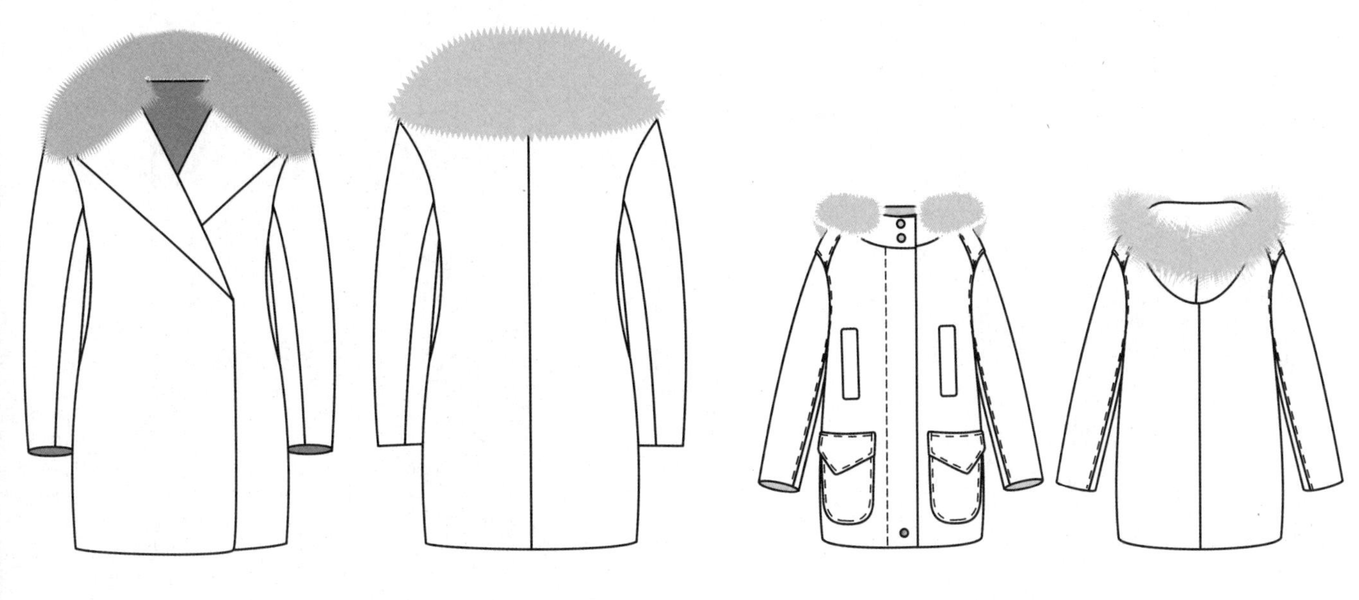

H型毛领暗扣大衣

H型毛领装帽子暗门襟大衣

H型门襟衣襻装饰大衣

H型门襟缺口设计大衣

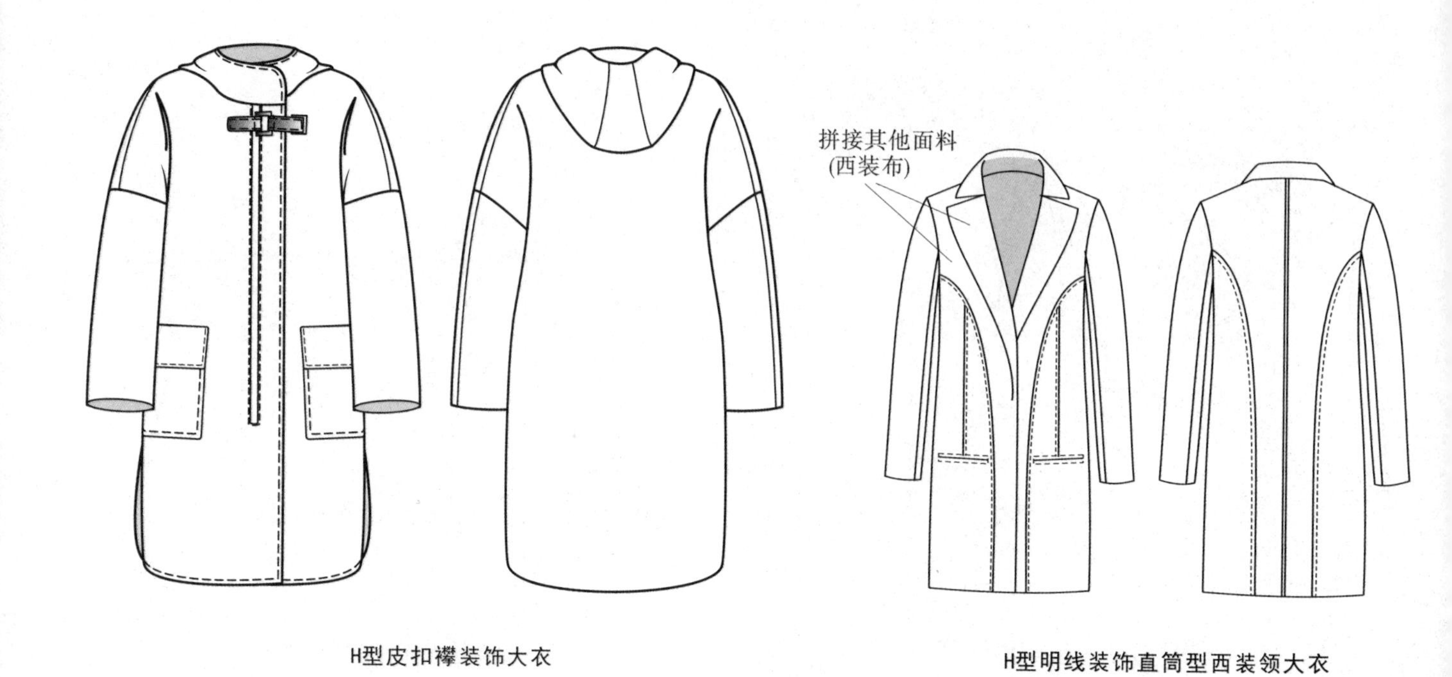

H型皮扣襻装饰大衣

H型明线装饰直筒型西装领大衣

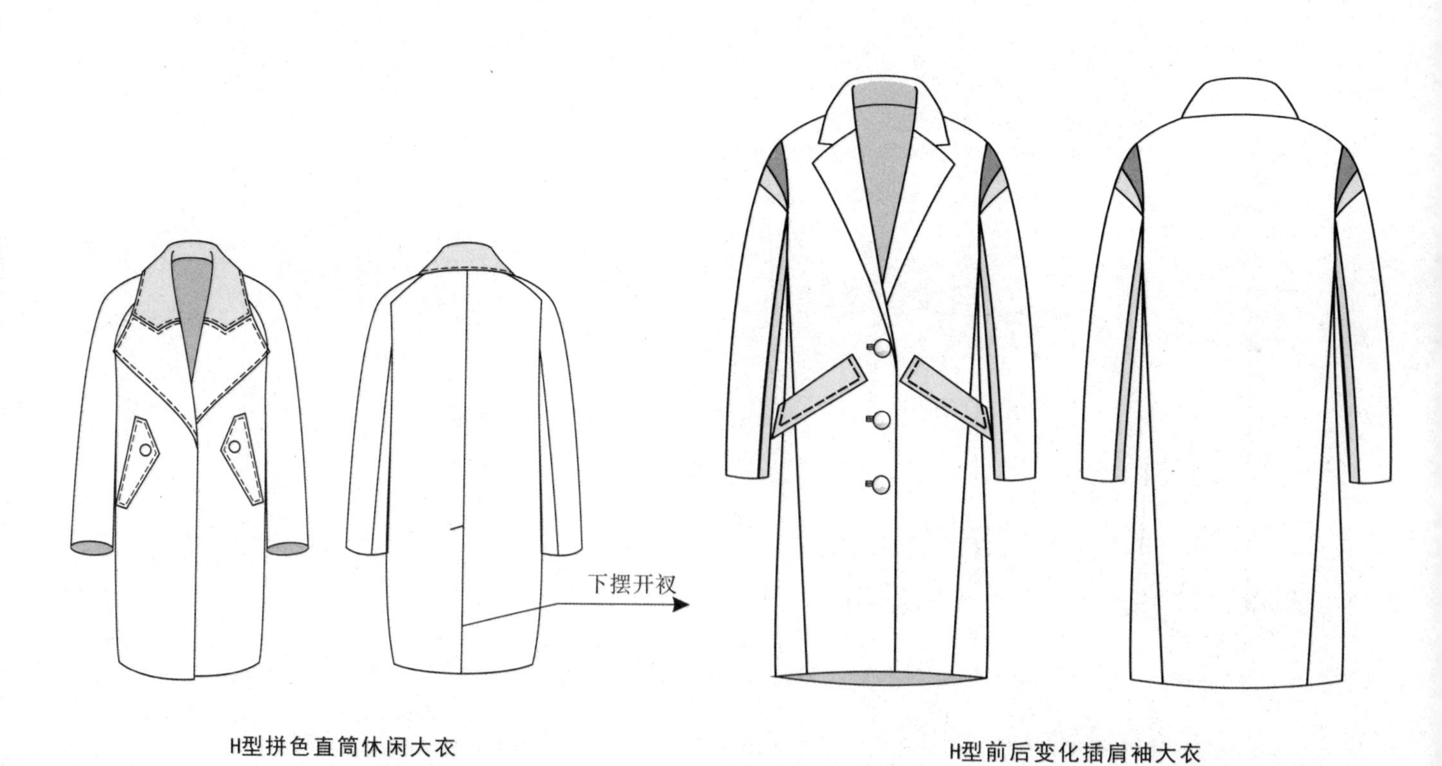

H型拼色直筒休闲大衣

H型前后变化插肩袖大衣

H型青果领无袖西装

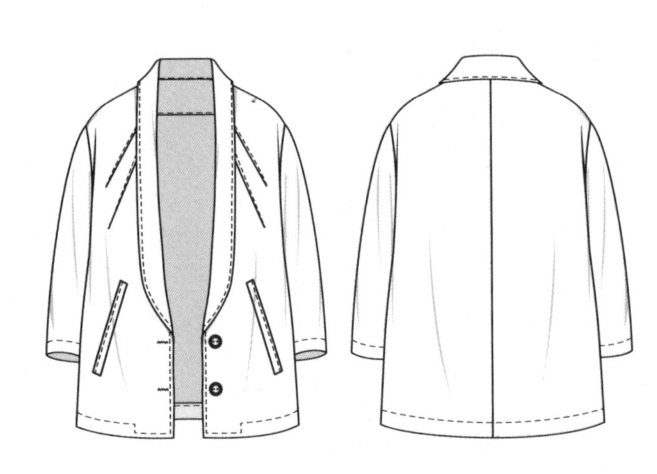

H型青果领大衣

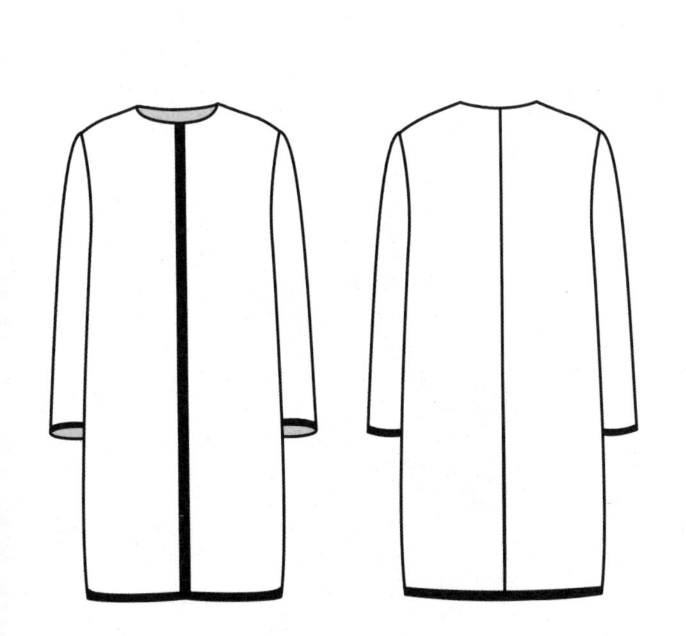

H型无领门襟拼色简洁大衣

H型无袖分割风衣

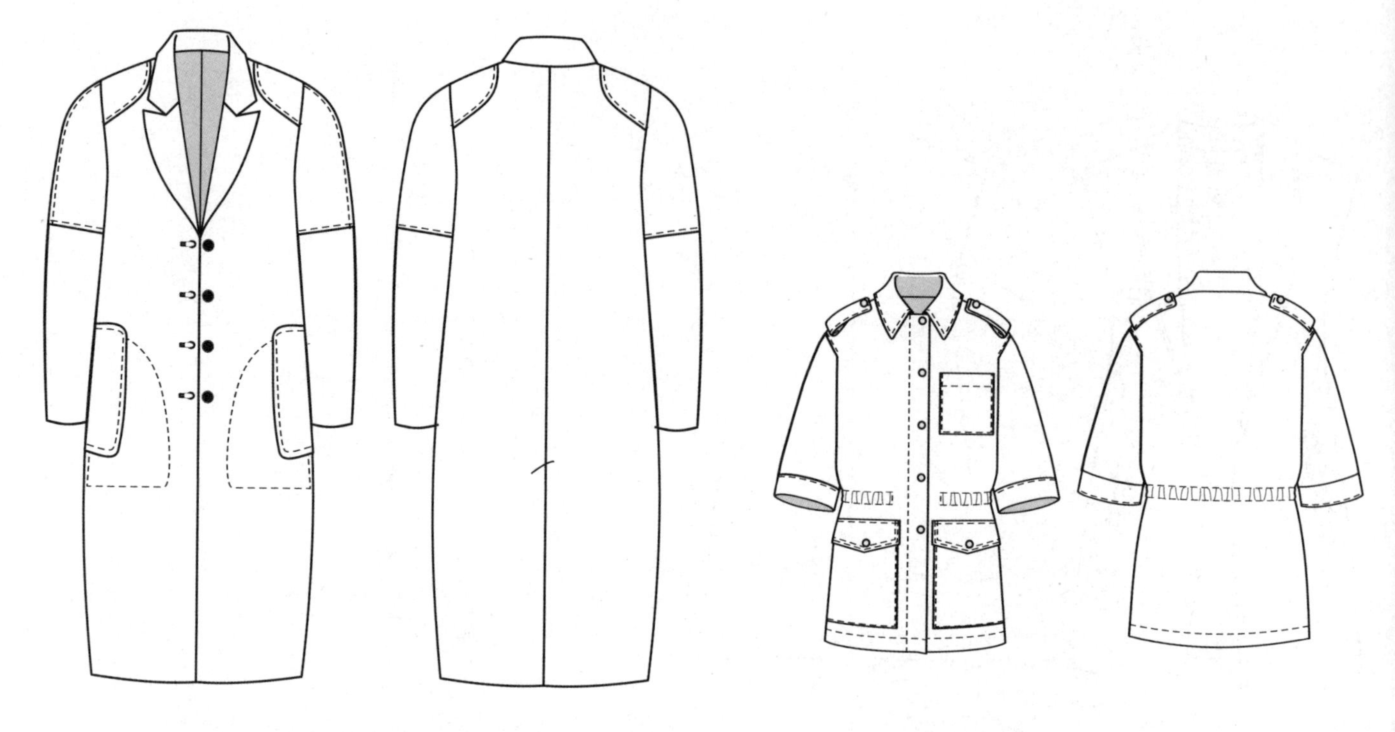

H型圆肩辑明线装饰大衣

H型长款七分袖夹克

H型针织领条纹里料装饰大衣

H型衣身分割拼色大衣

第四章

款式图设计
（O型）

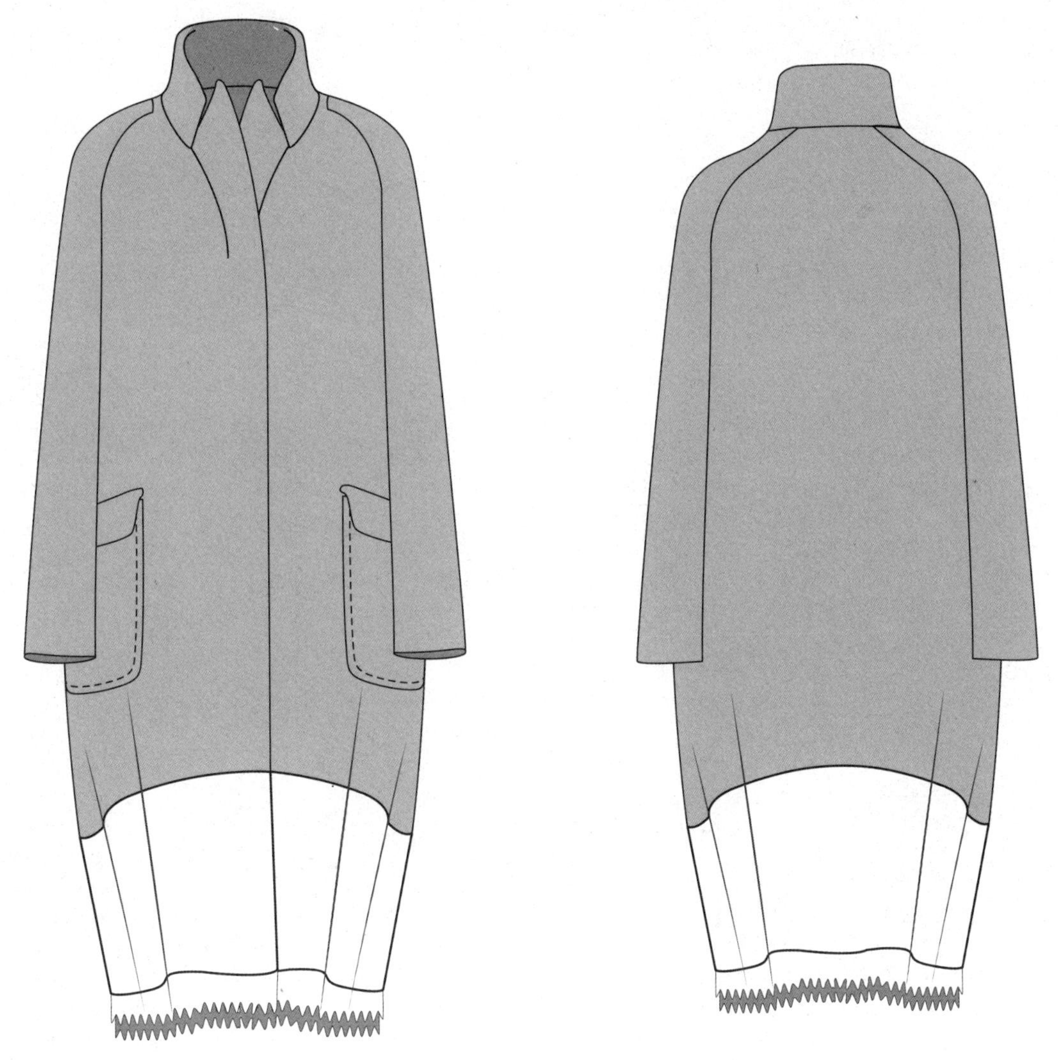

0型变化立领暗扣大衣

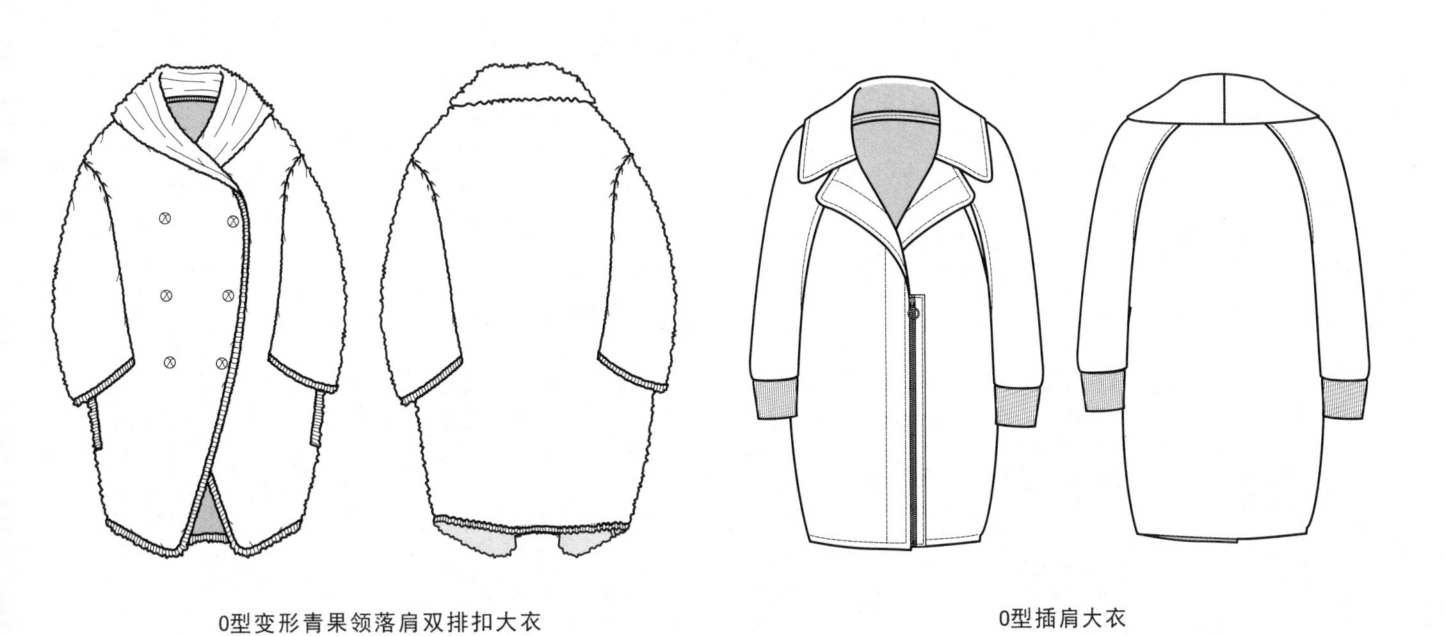

0型变形青果领落肩双排扣大衣

0型插肩大衣

0型变化青果领毛呢大衣

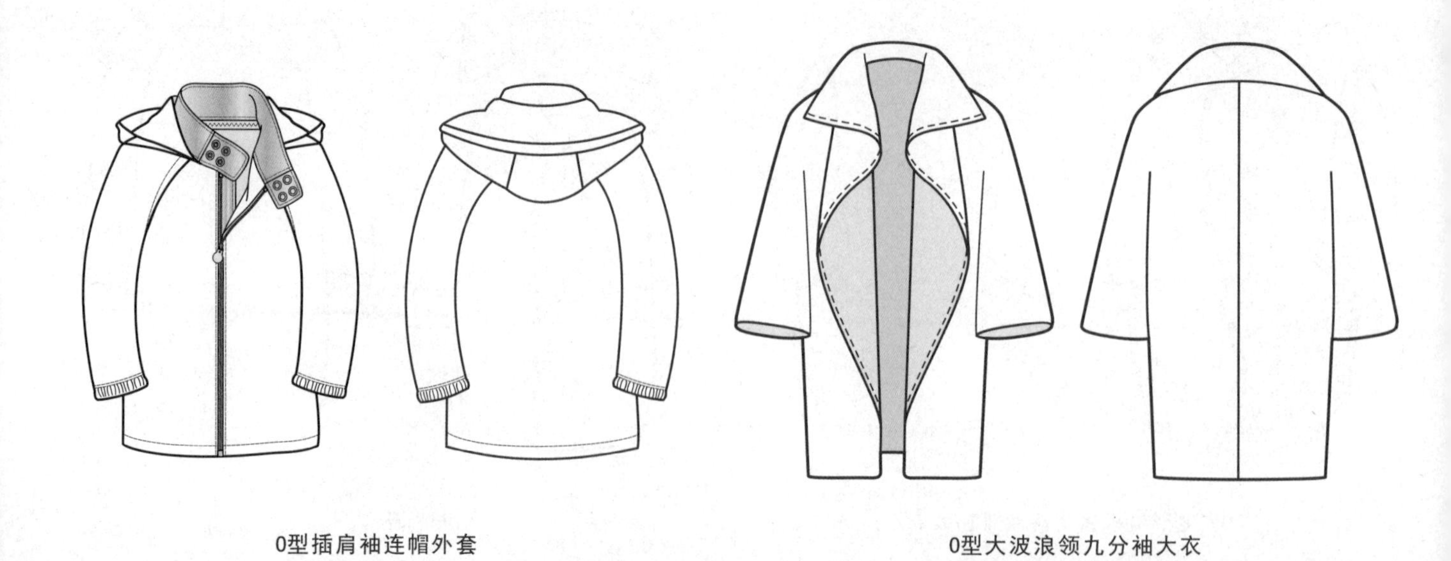

0型插肩袖连帽外套

0型大波浪领九分袖大衣

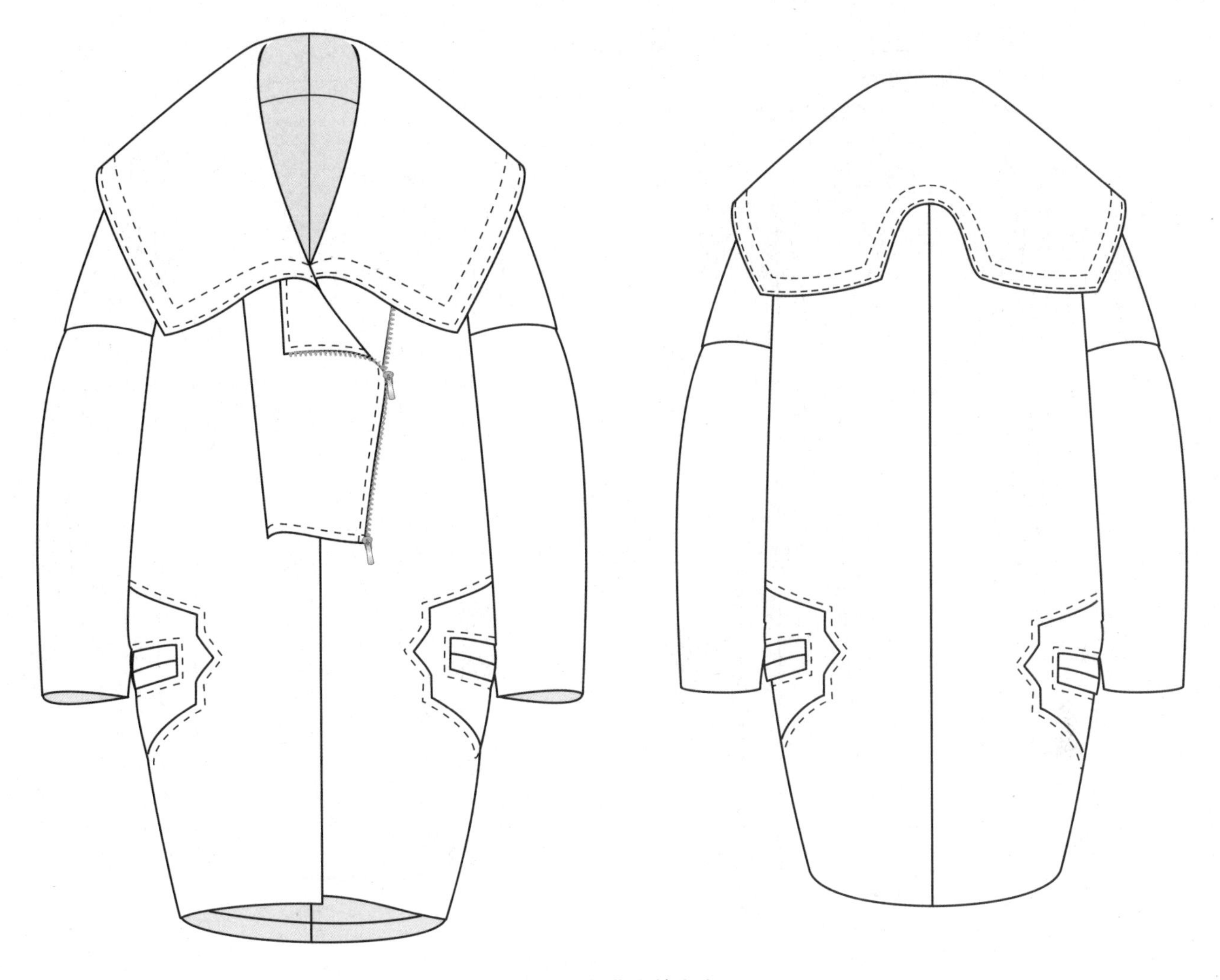

0型大翻领落肩袖大衣

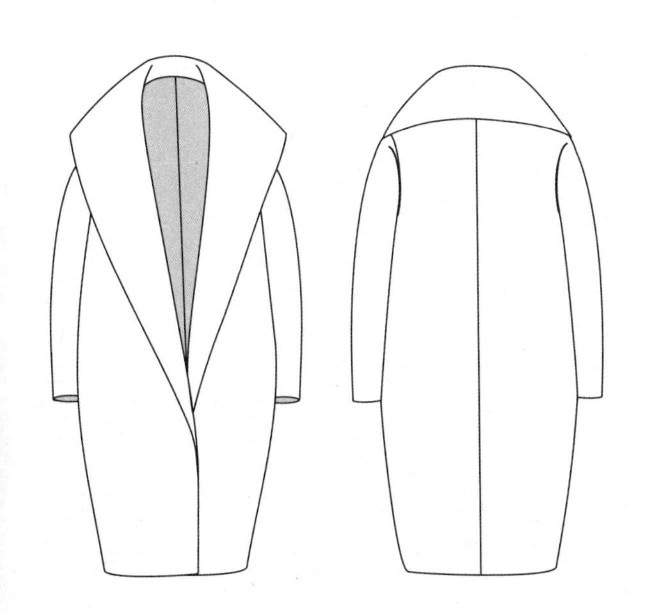

0型大翻领大衣

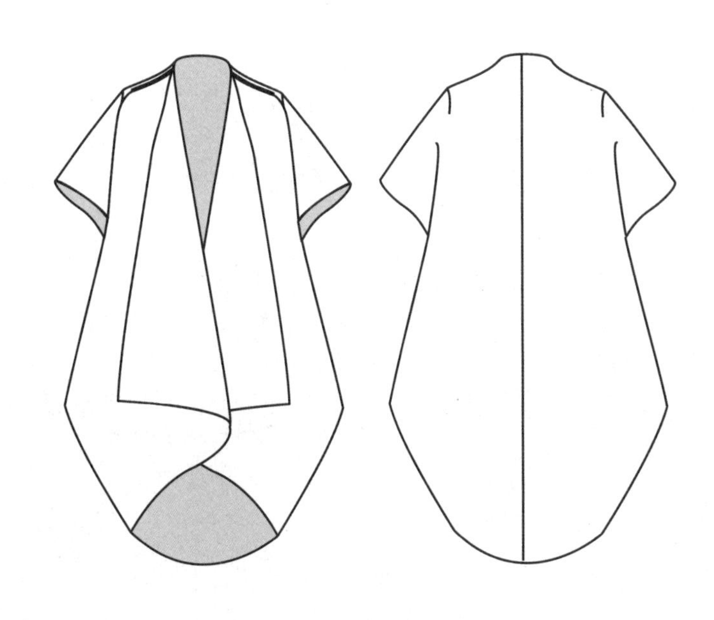

0型大翻领短袖大衣

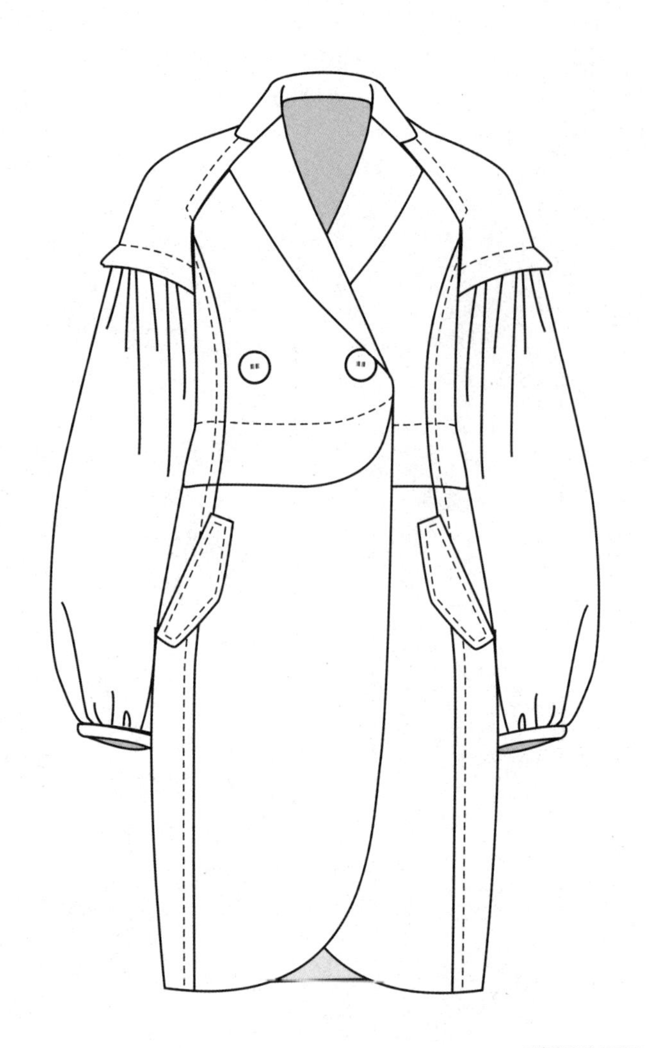
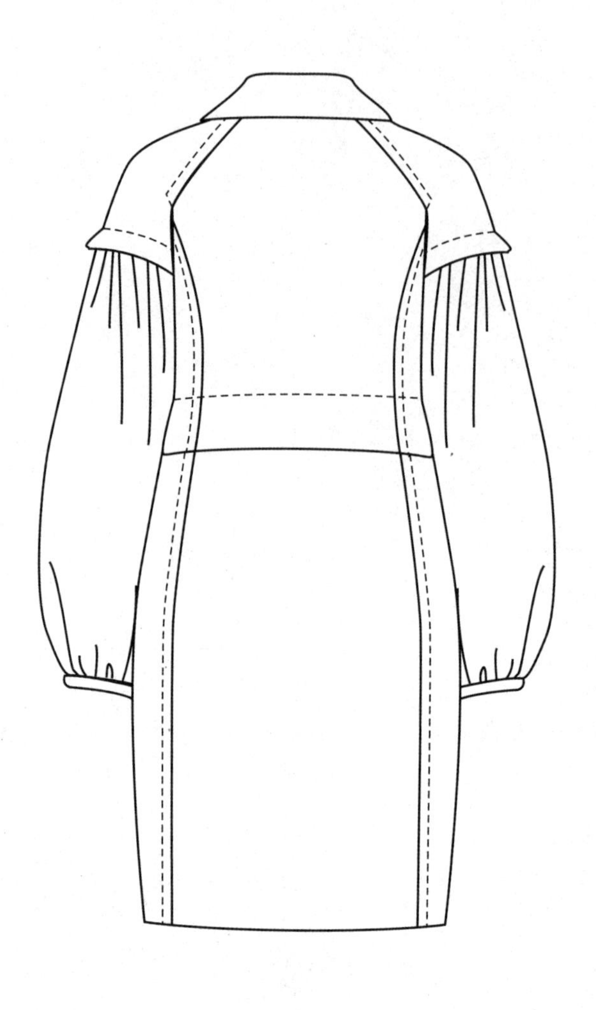

0型翻驳领插肩袖大衣

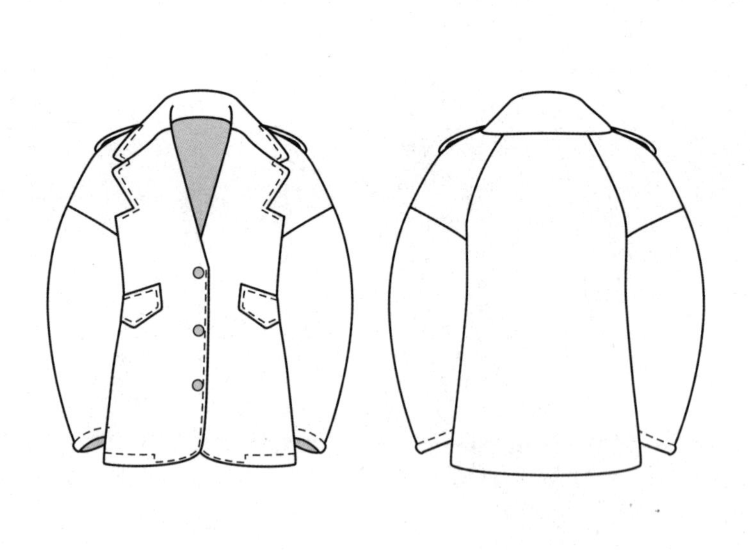

0型翻驳领单排扣大衣

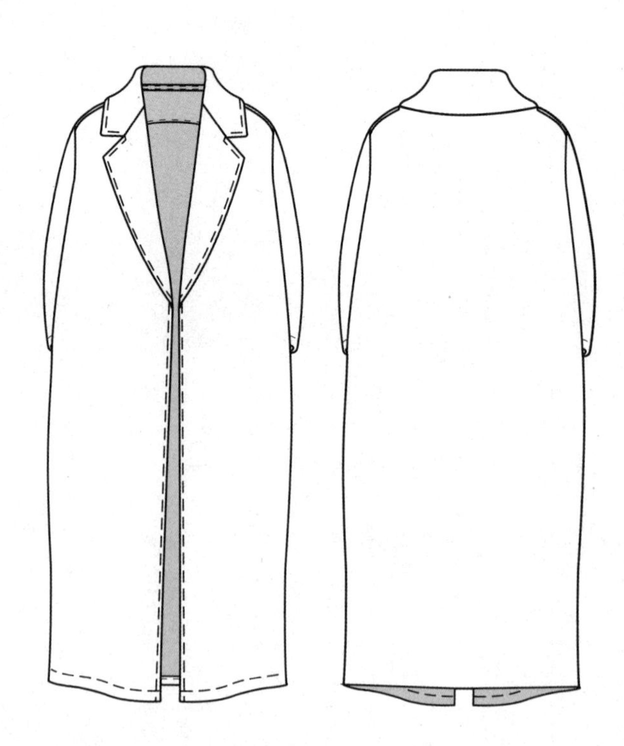

0型翻驳领大衣

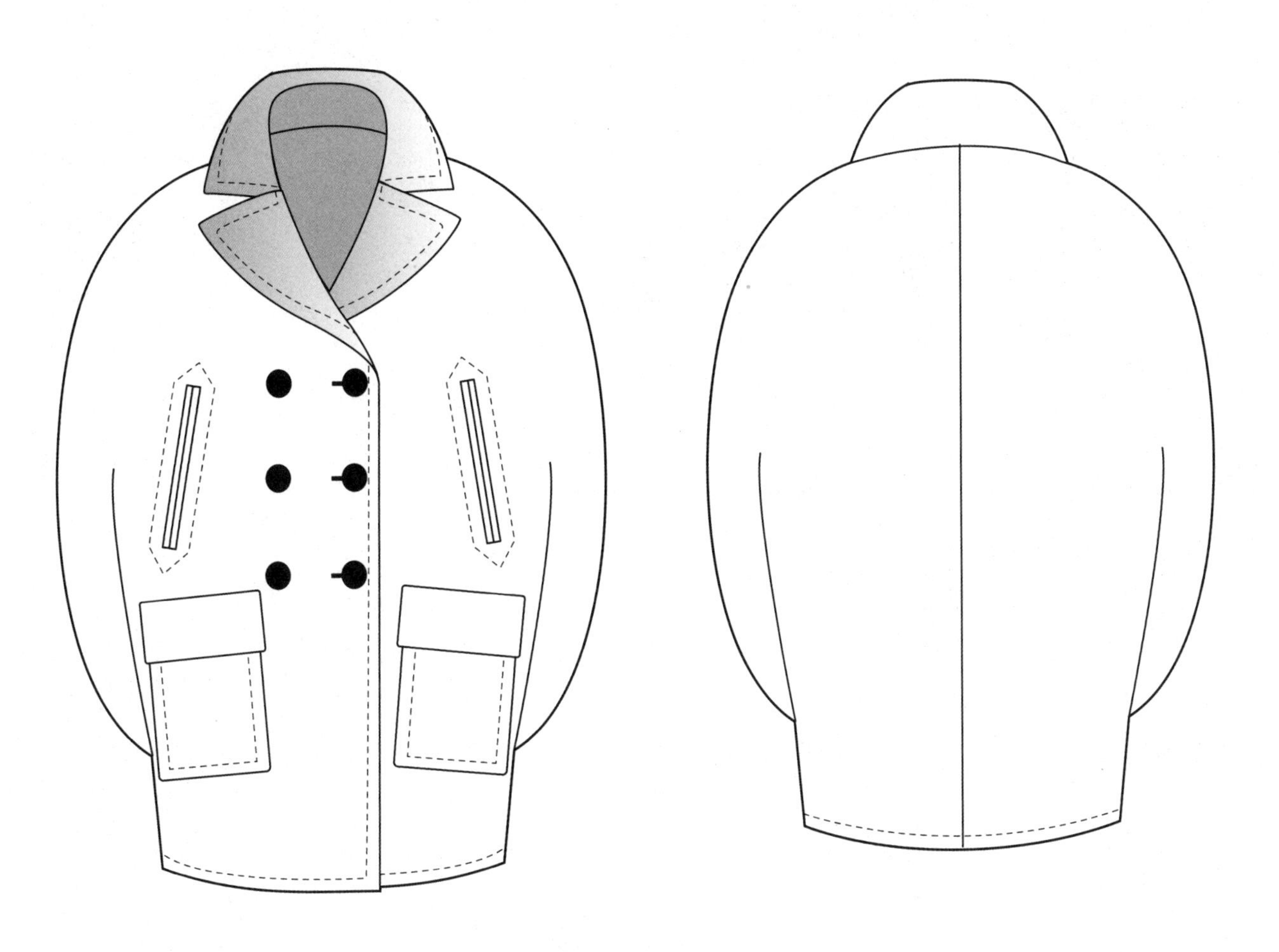

0型翻驳领双排扣大衣

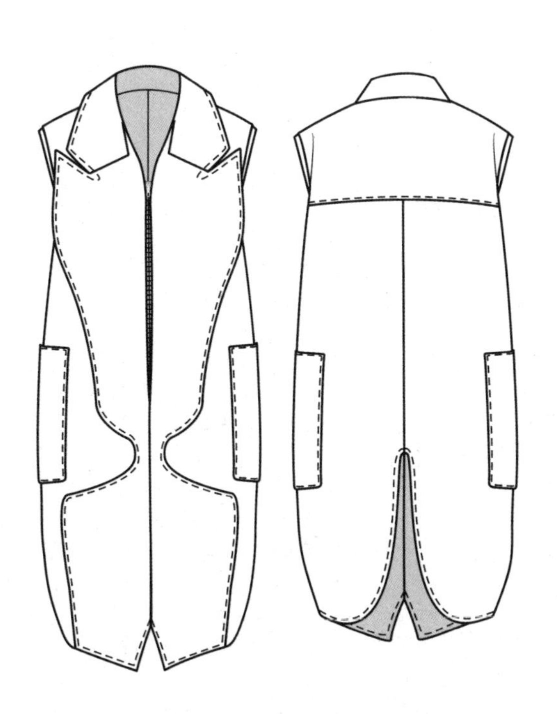

0型翻驳领个性门襟大衣

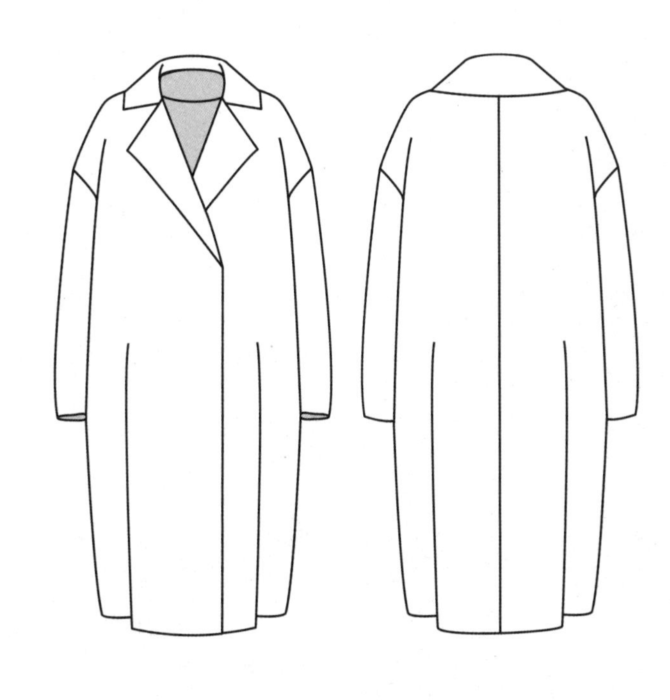

0型翻驳领双排扣大衣

0型翻驳领双排扣带肩襻大衣

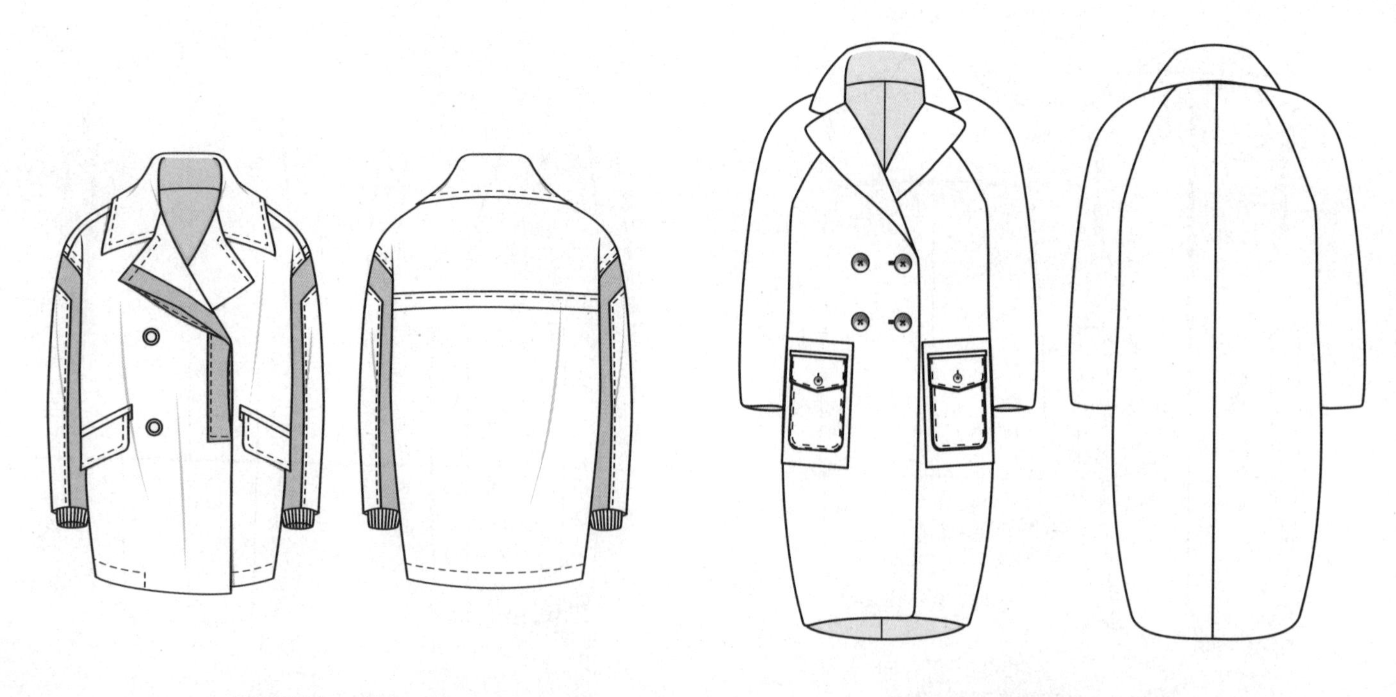

0型翻驳领双排扣大衣

0型翻驳领双排扣装饰口袋大衣

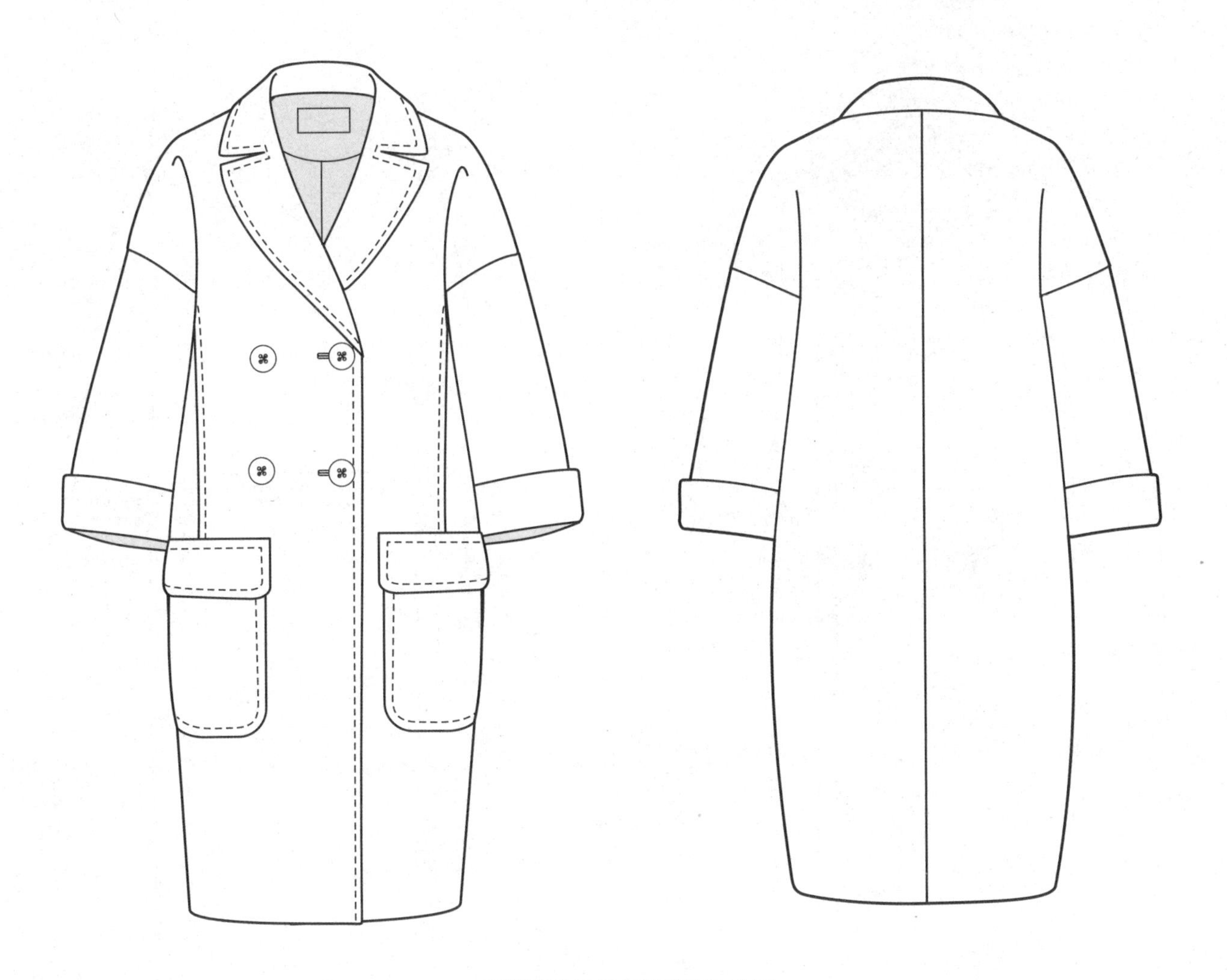

0型翻驳领双排扣明线装饰大衣

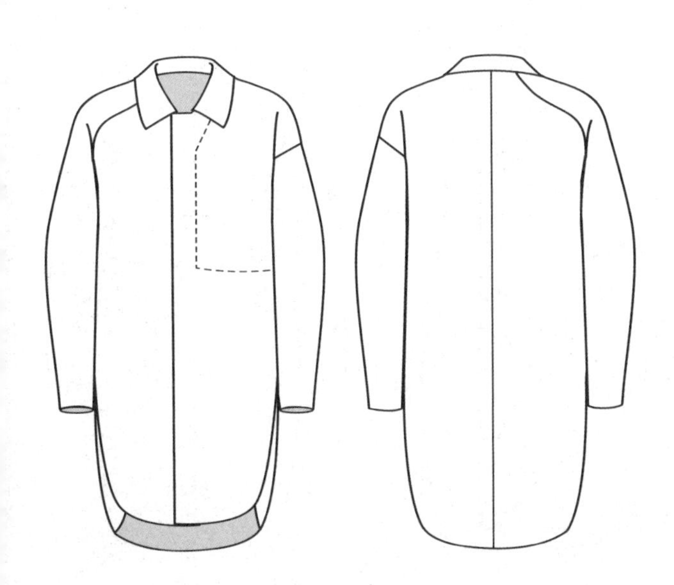

0型翻领不对称袖大衣

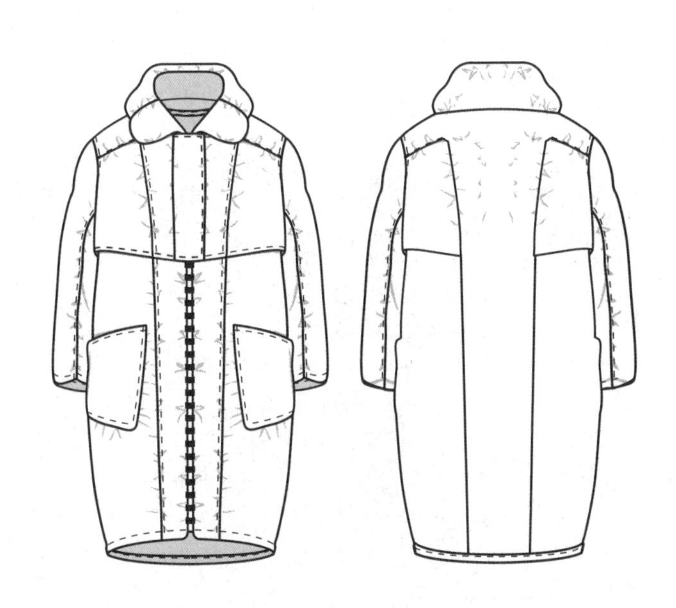

0型翻领分割拉链式大衣

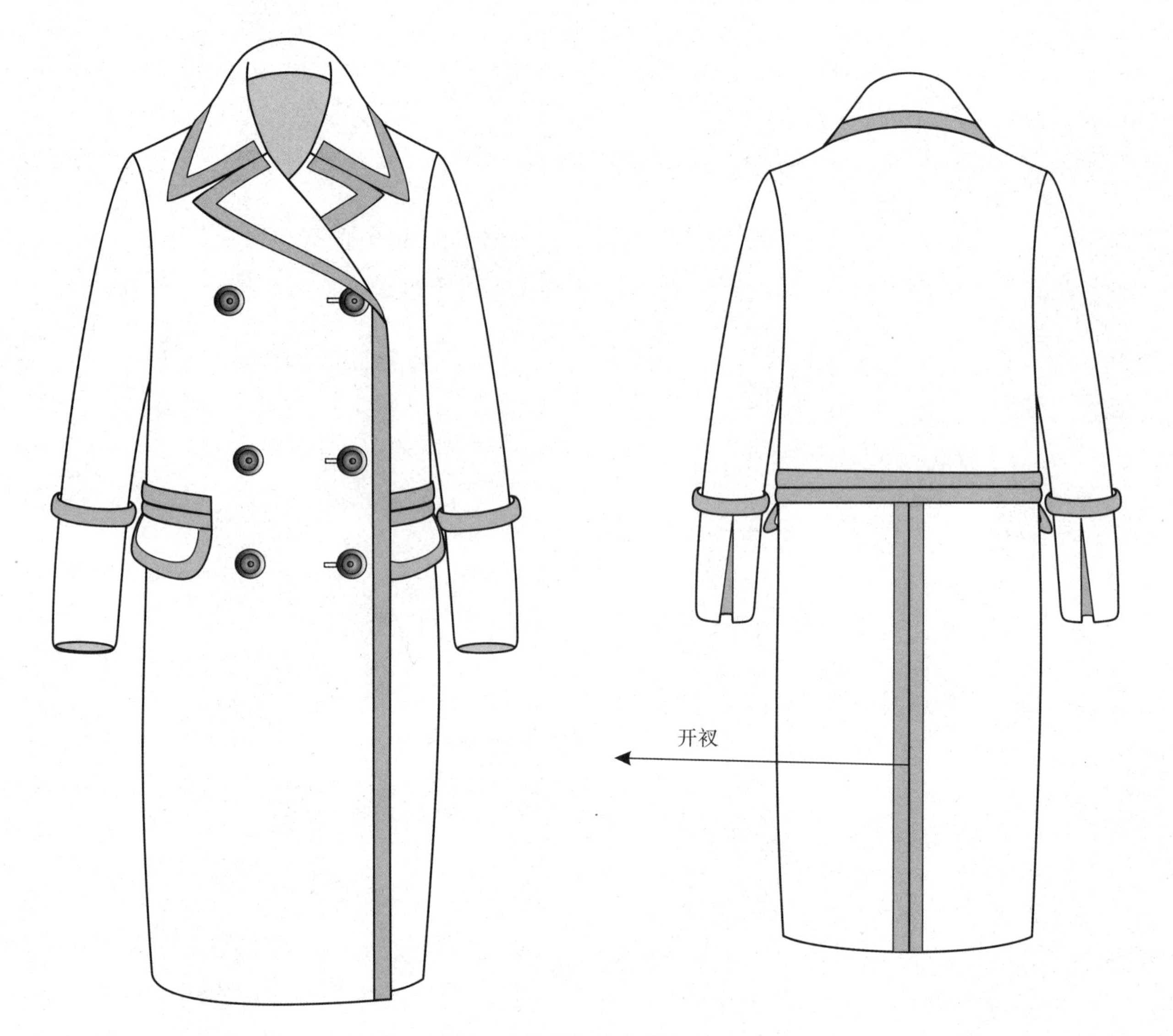

0型翻驳领双排扣镶边装饰大衣

0型翻领双排扣大衣　　　0型翻领双排扣大衣

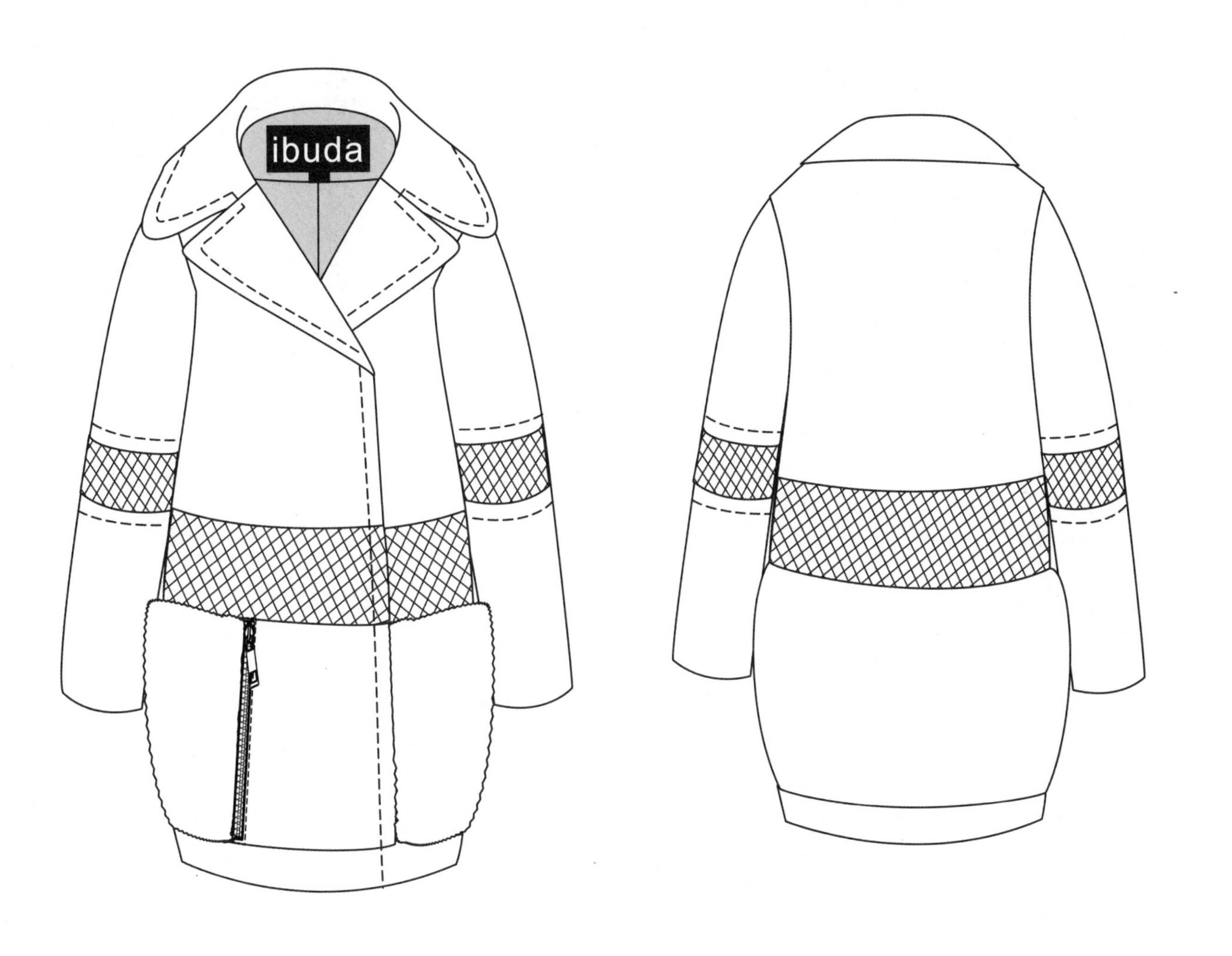

0型翻驳领斜襟大衣

0型翻领双排装饰钮扣大衣

0型翻领图案分割大衣

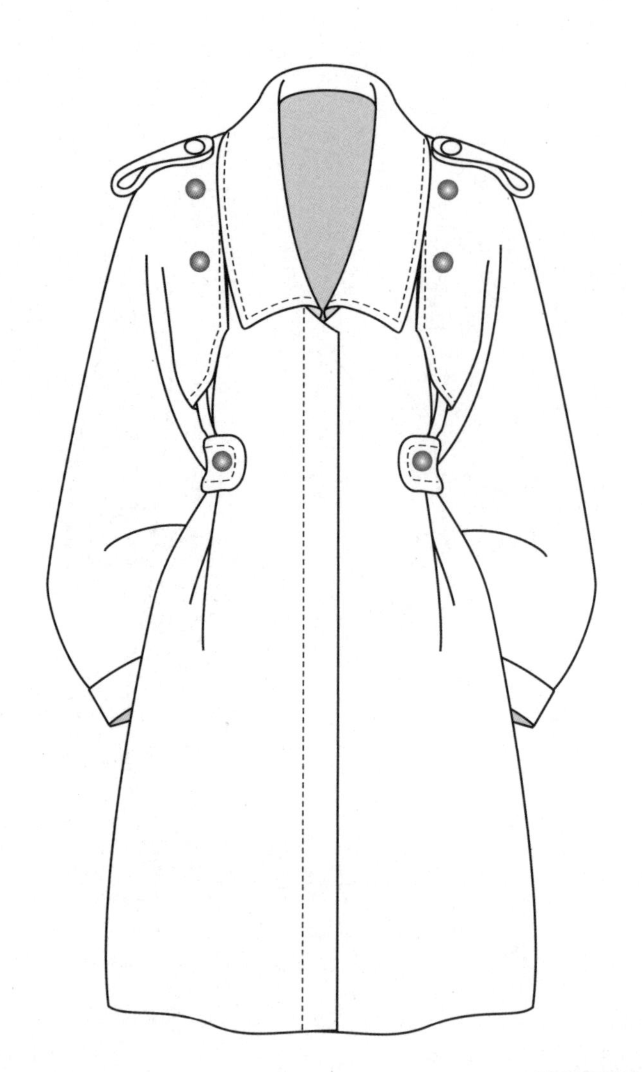

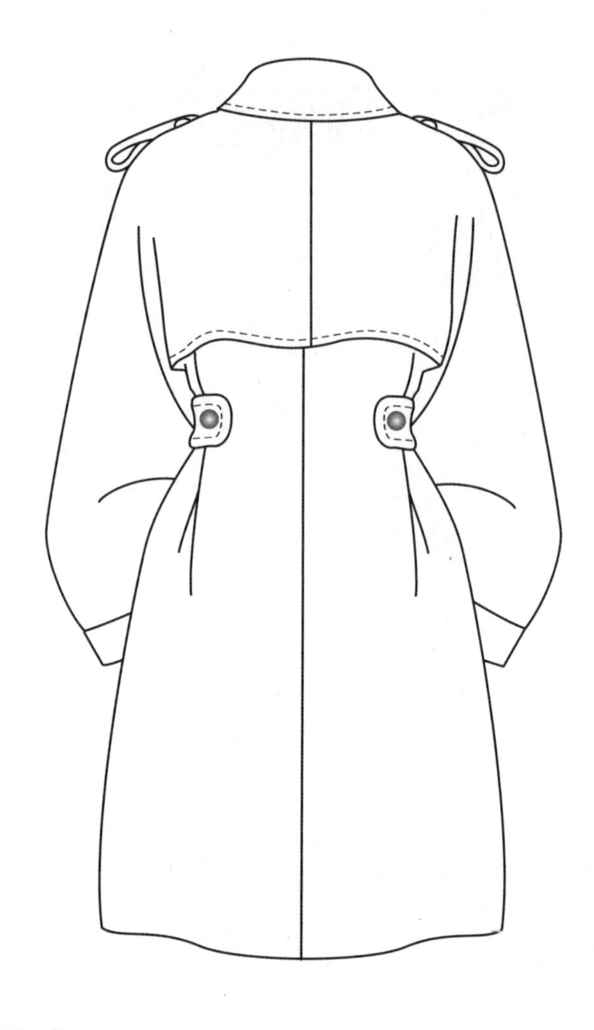

0型翻领带腰襻大衣

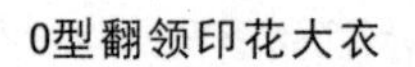

0型翻领印花大衣

0型放射状褶裥系带大衣

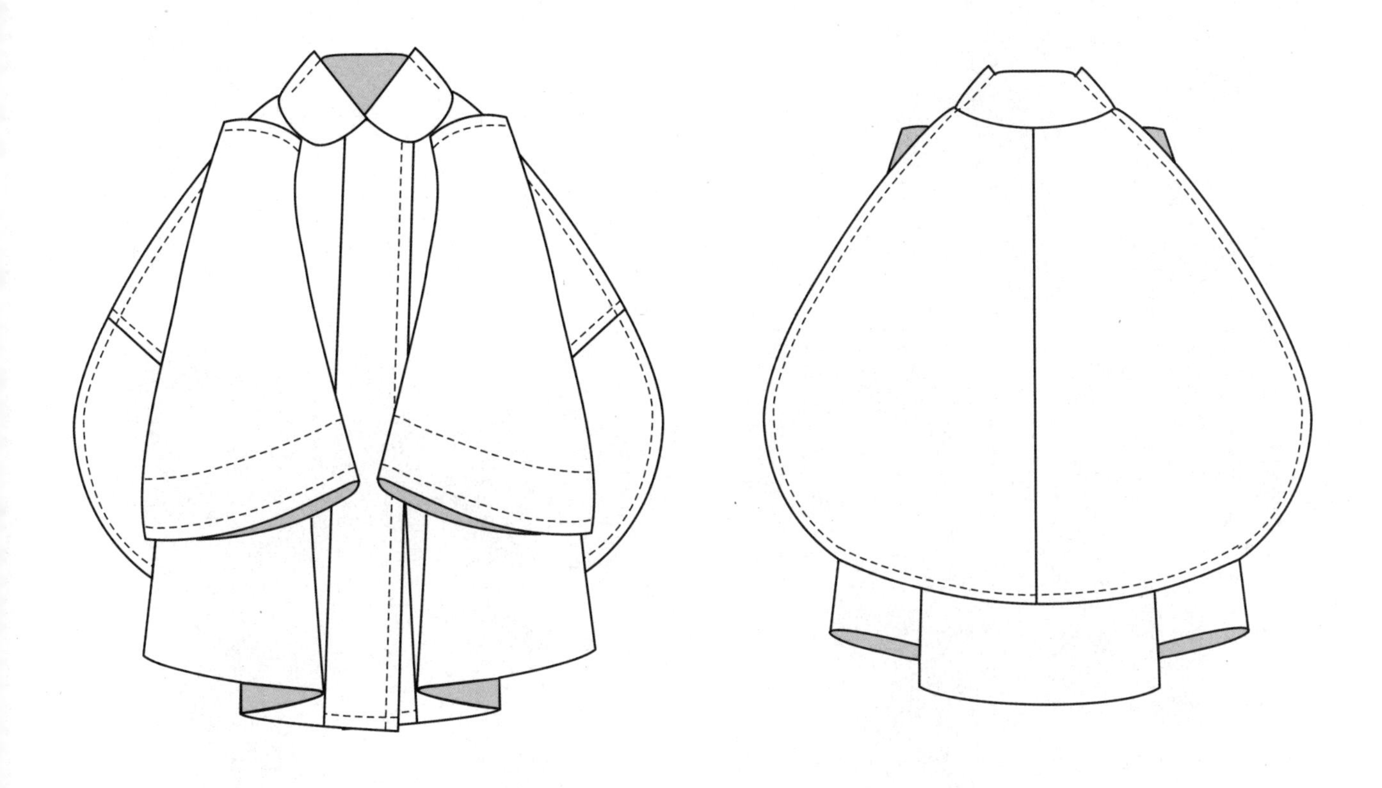

0型翻领带褶皱大衣

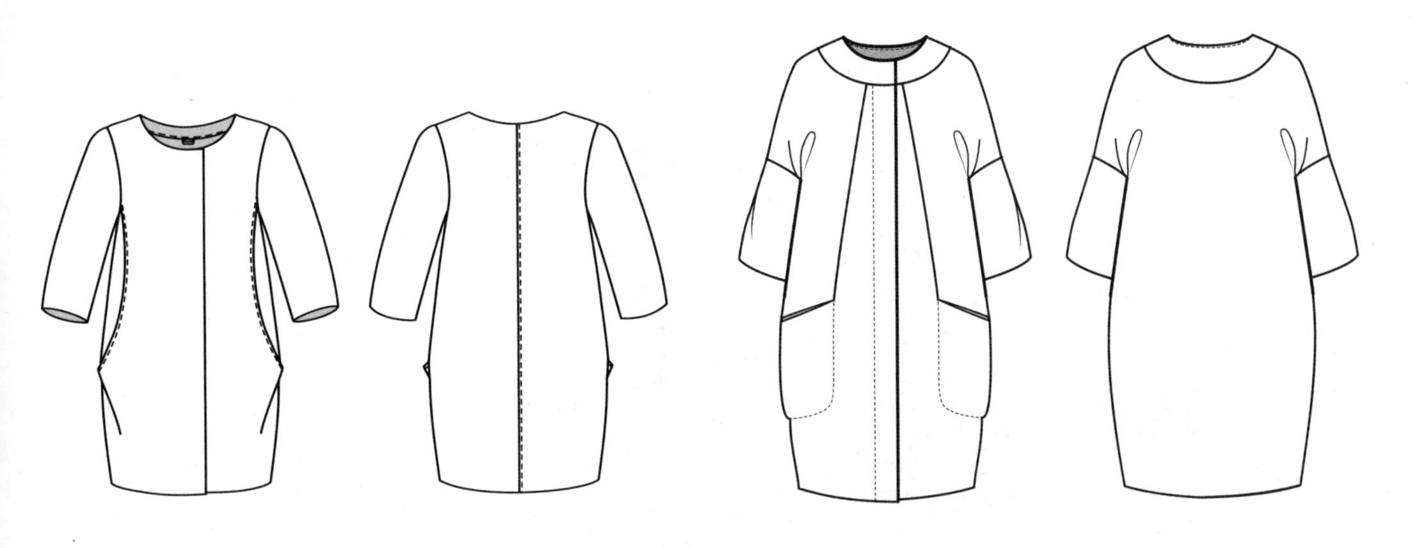

0型分割无领夹克

0型分割连袖无领大衣

0型翻领针织字母装饰大衣

0型高领带帽落肩大衣

0型立领灯笼袖大衣

0型拉链式垂荡领罗口大衣

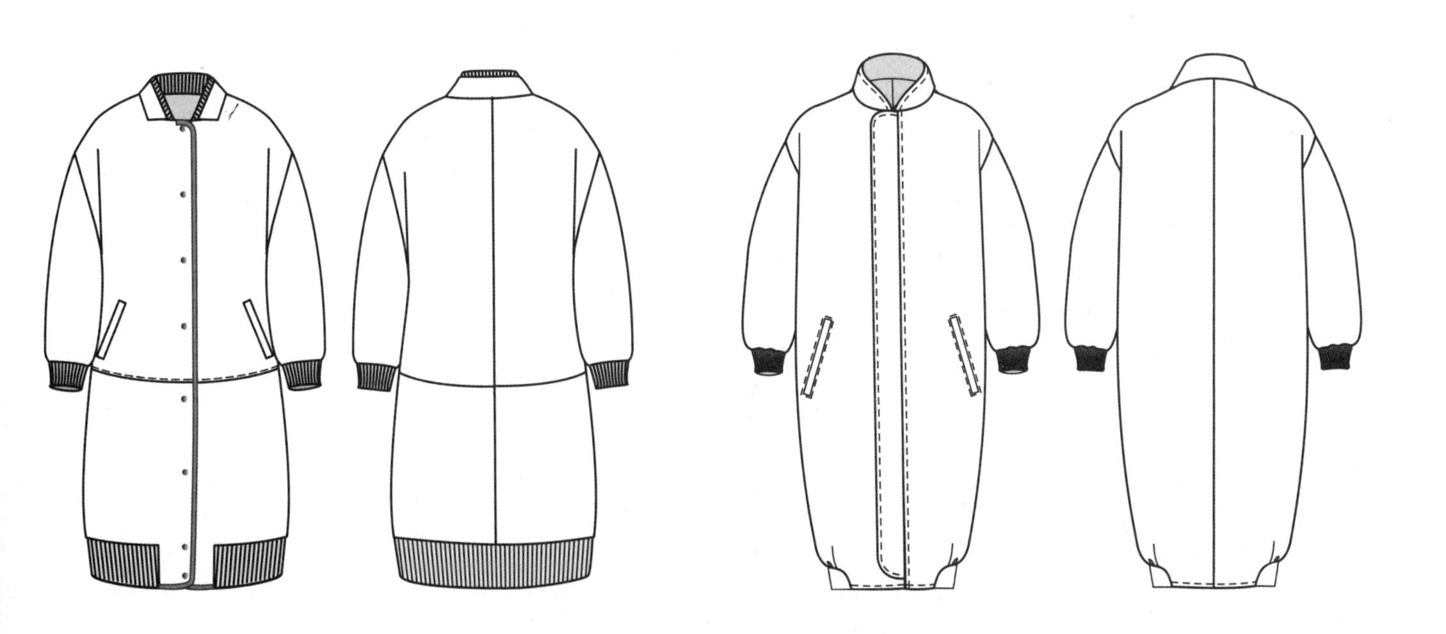

0型立领低腰大衣

0型立领罗纹袖克夫大衣

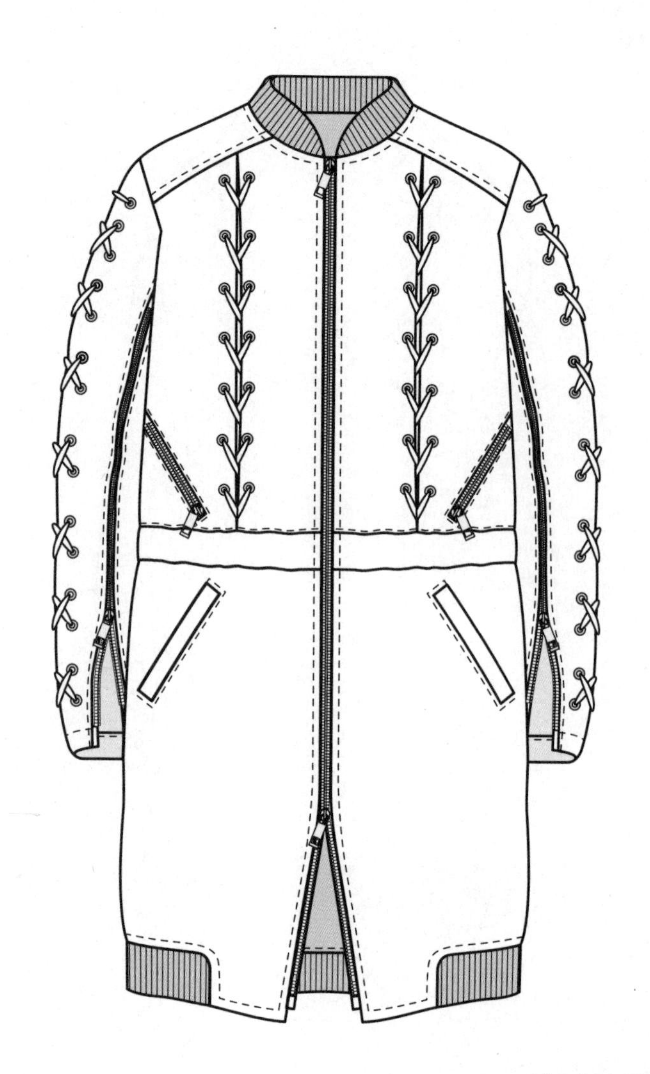

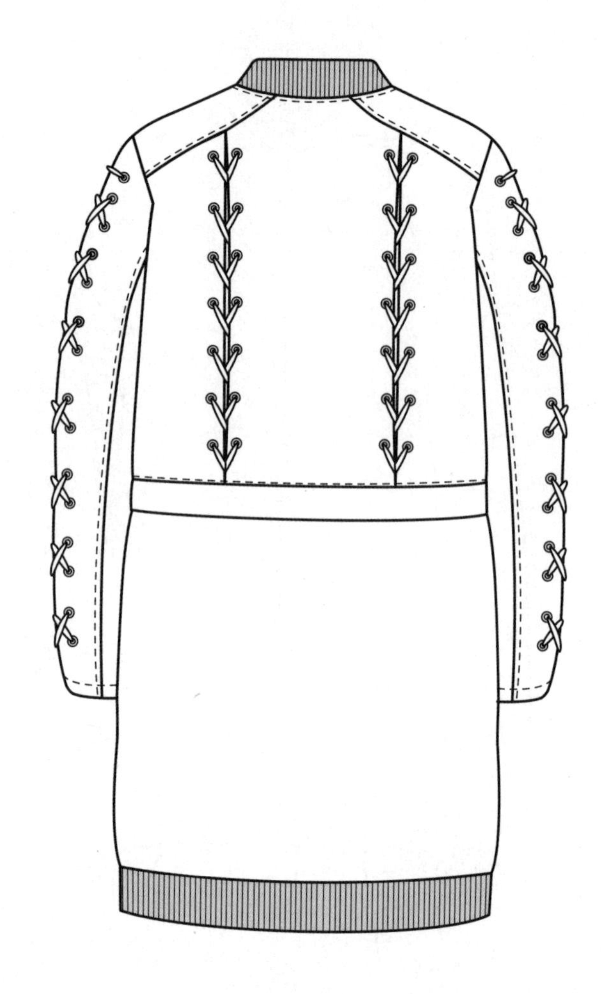

0型立领穿绳装饰大衣

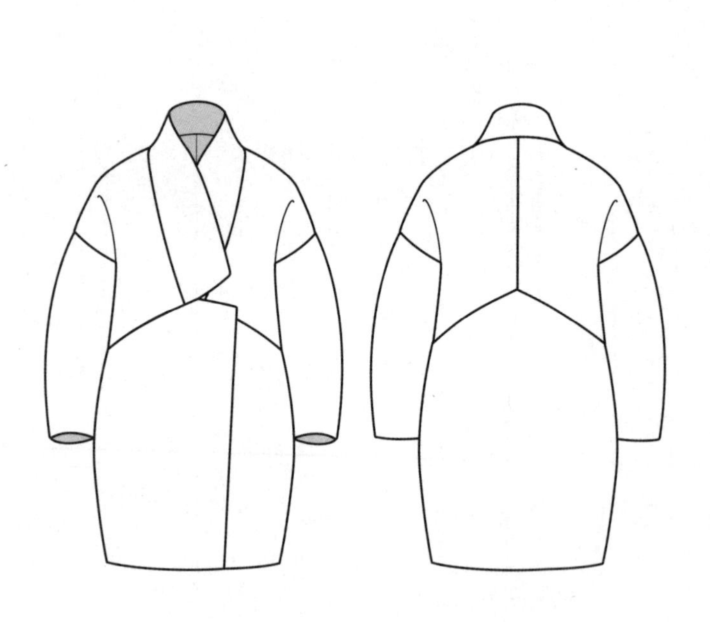

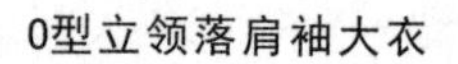

0型立领落肩袖大衣

0型立领落肩分割大衣

0型立领明线装饰大衣

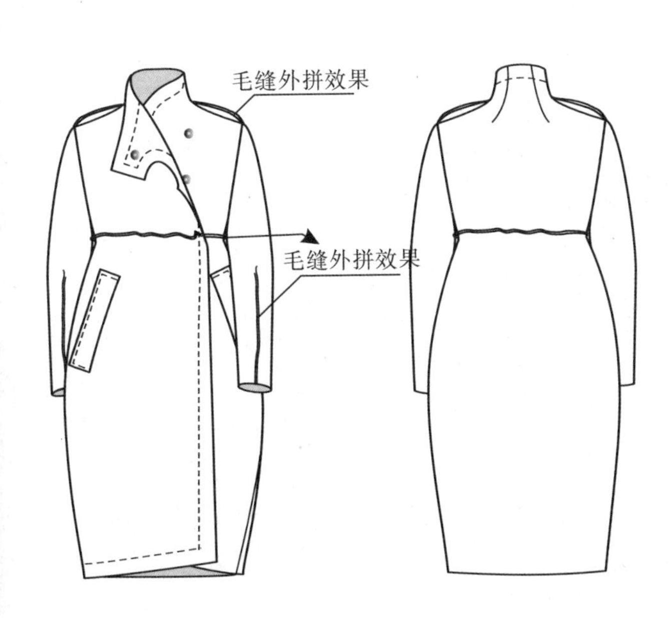

0型立领毛缝外拼大衣

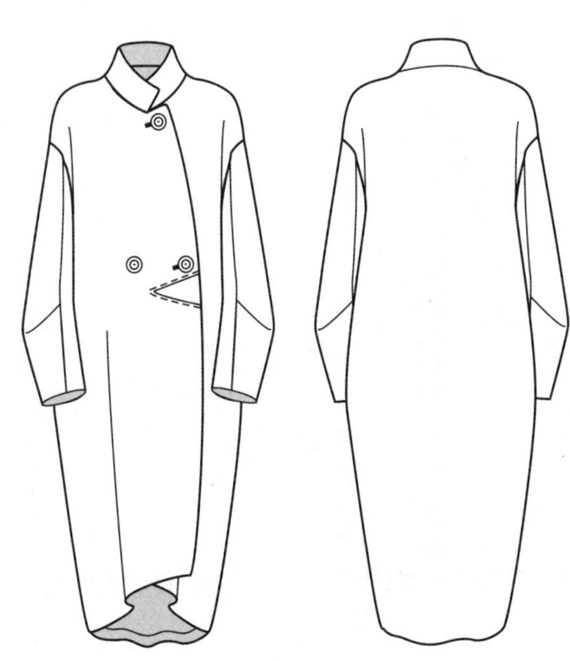

0型立领三粒扣大衣

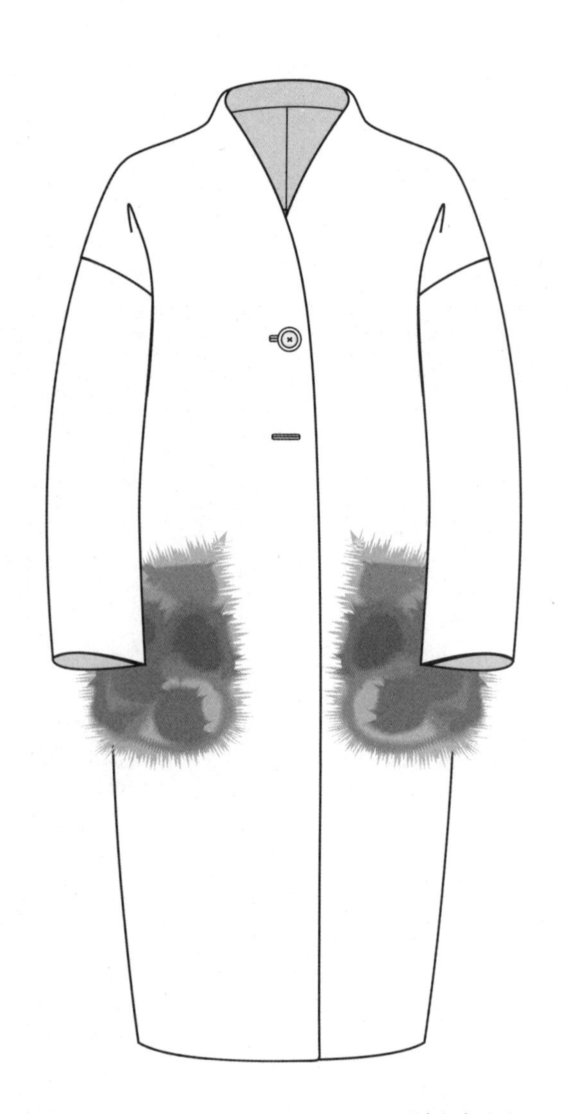
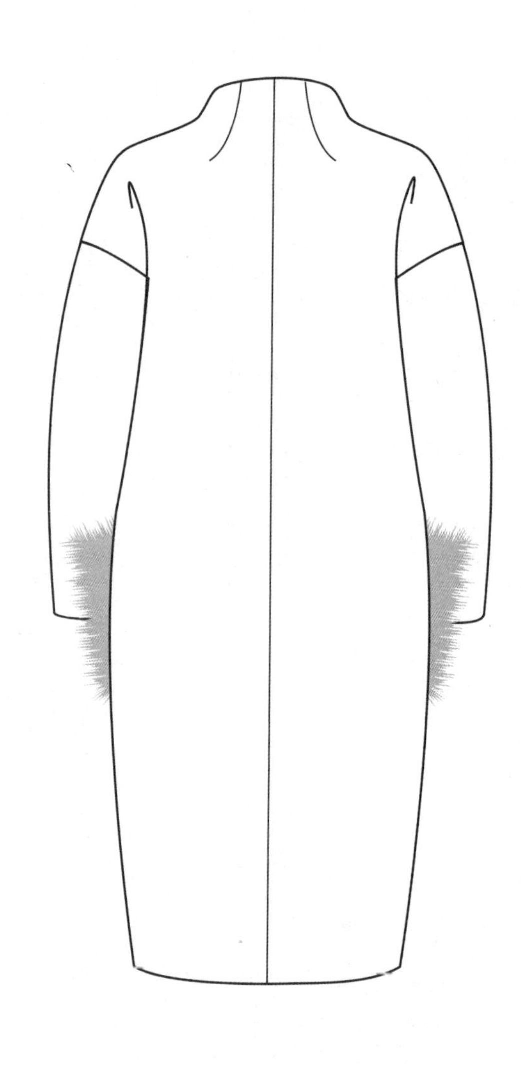

0型连身立领毛皮口袋装饰大衣

0型连帽毛大衣

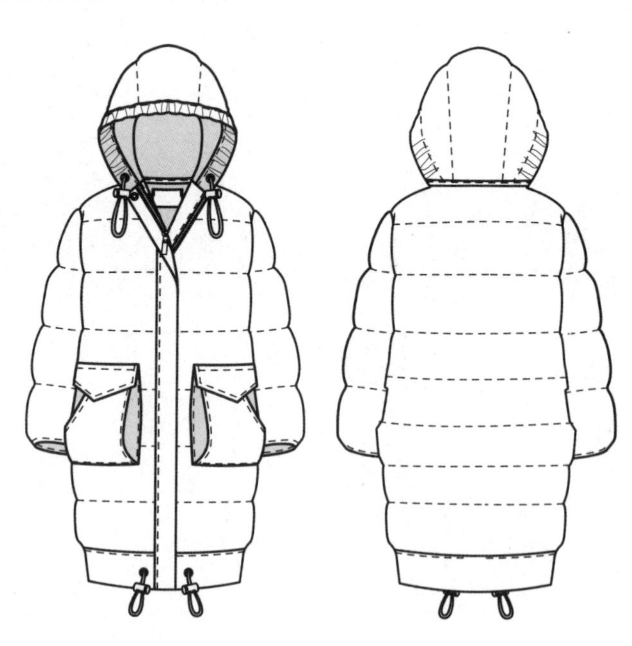

0型连帽抽带羽绒服

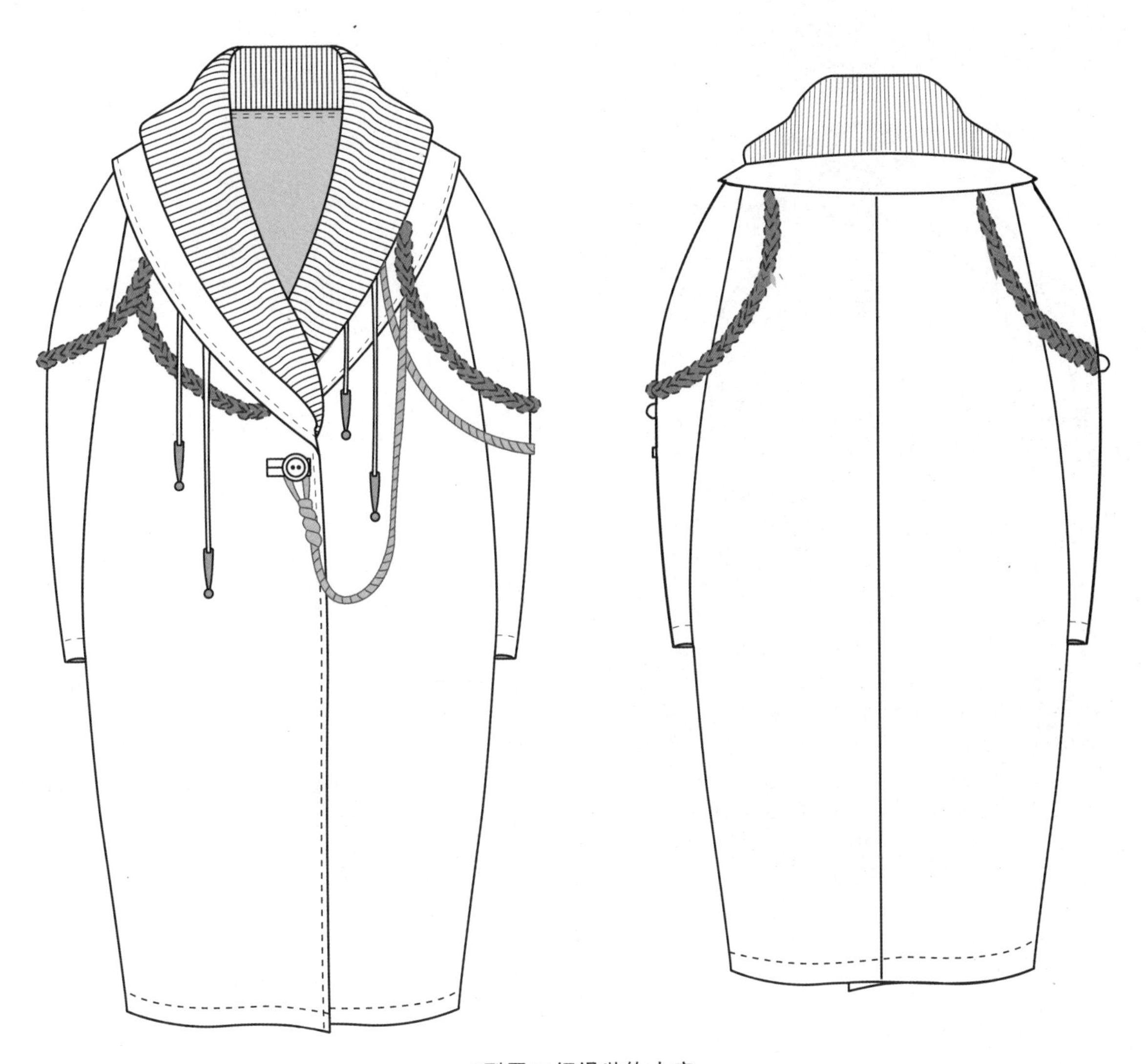

0型罗口领绳装饰大衣

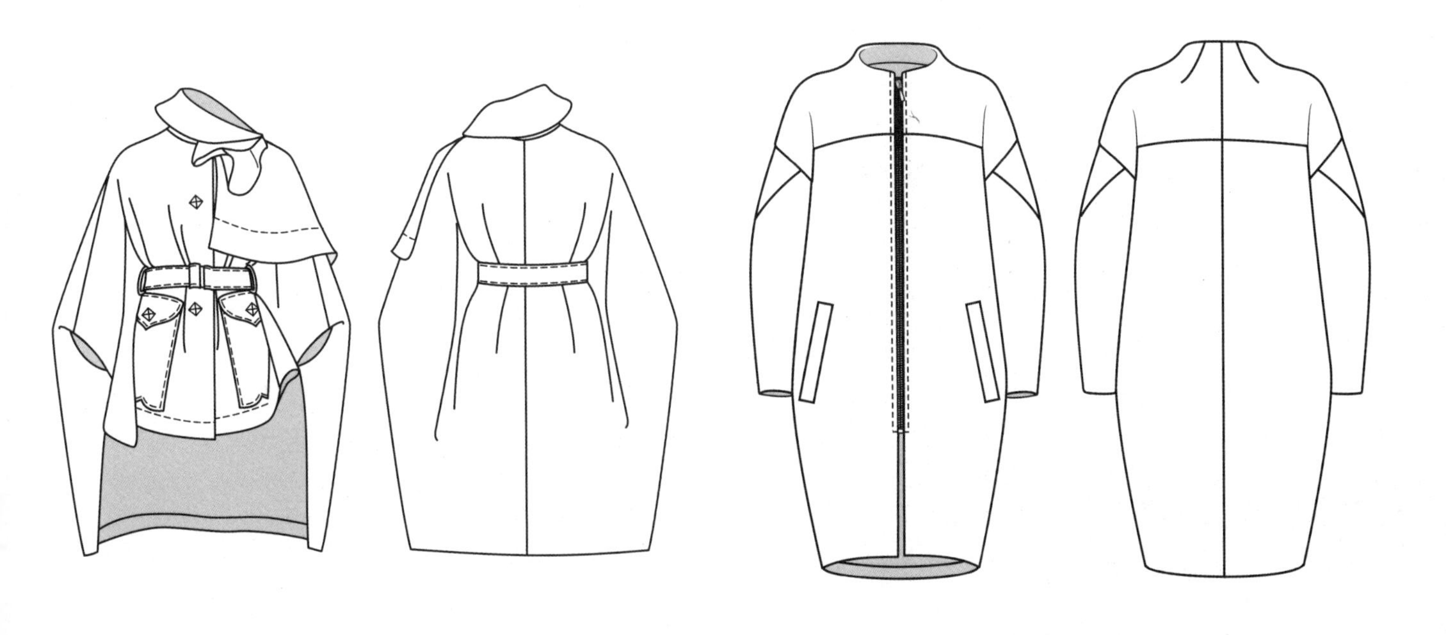

0型连帽系腰带大衣

0型连身立领大衣

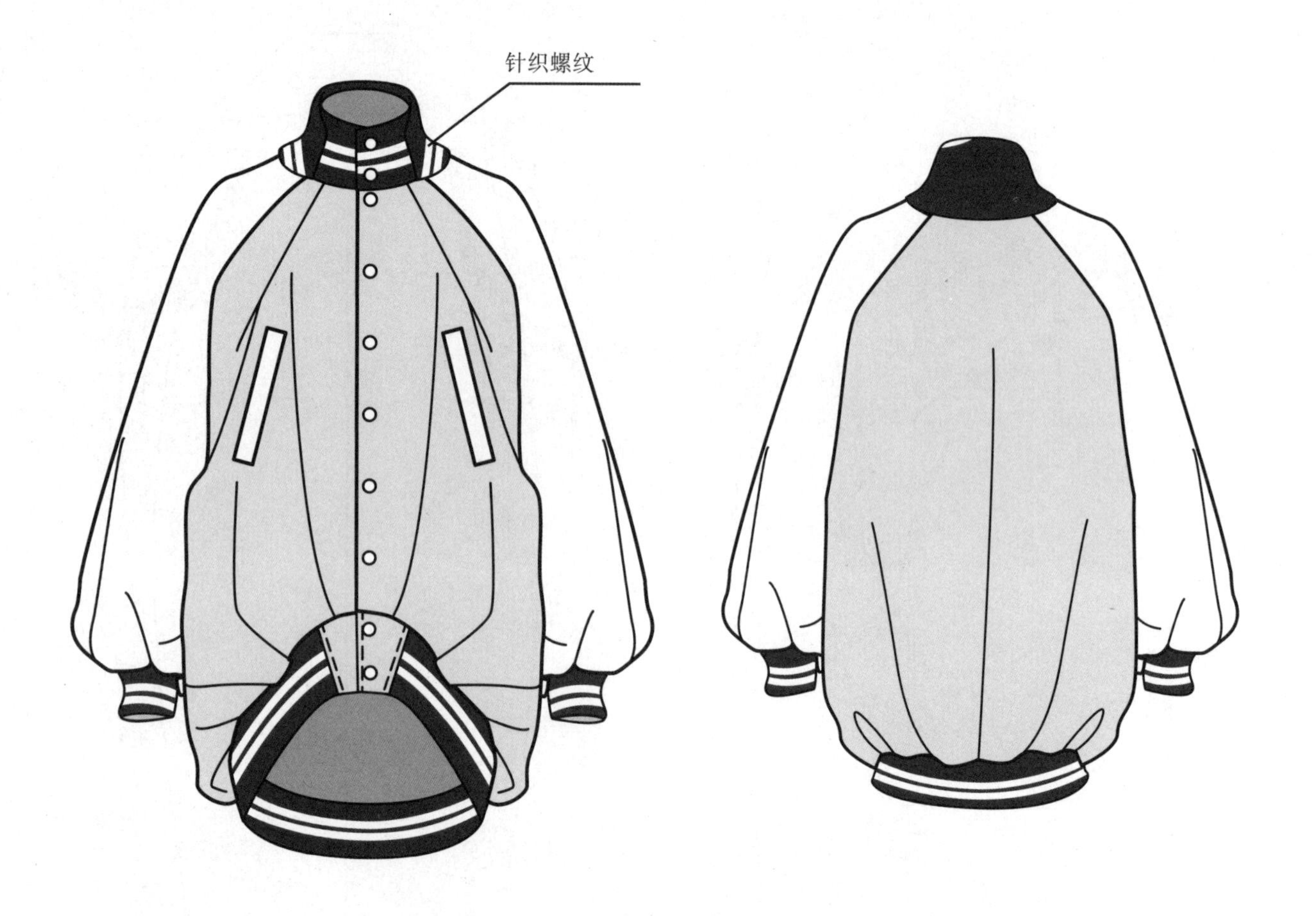

0型螺纹装饰充棉外套

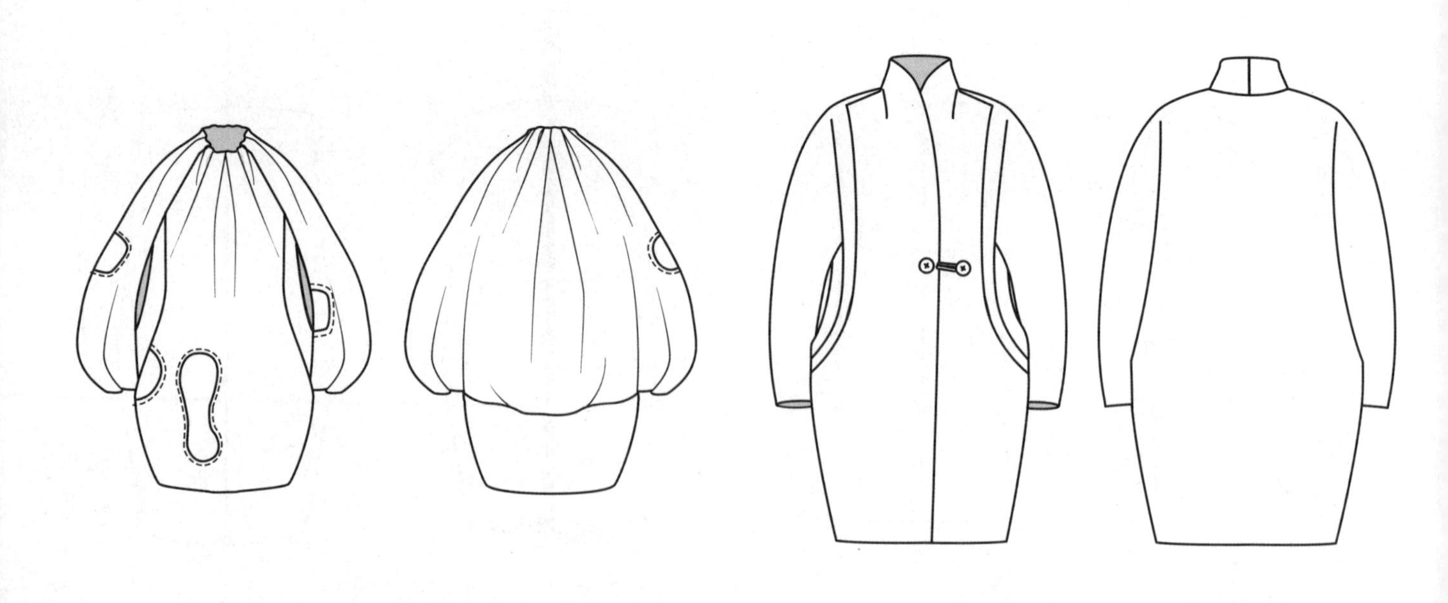

0型领口褶裥贴布绣大衣

0型连身领大衣

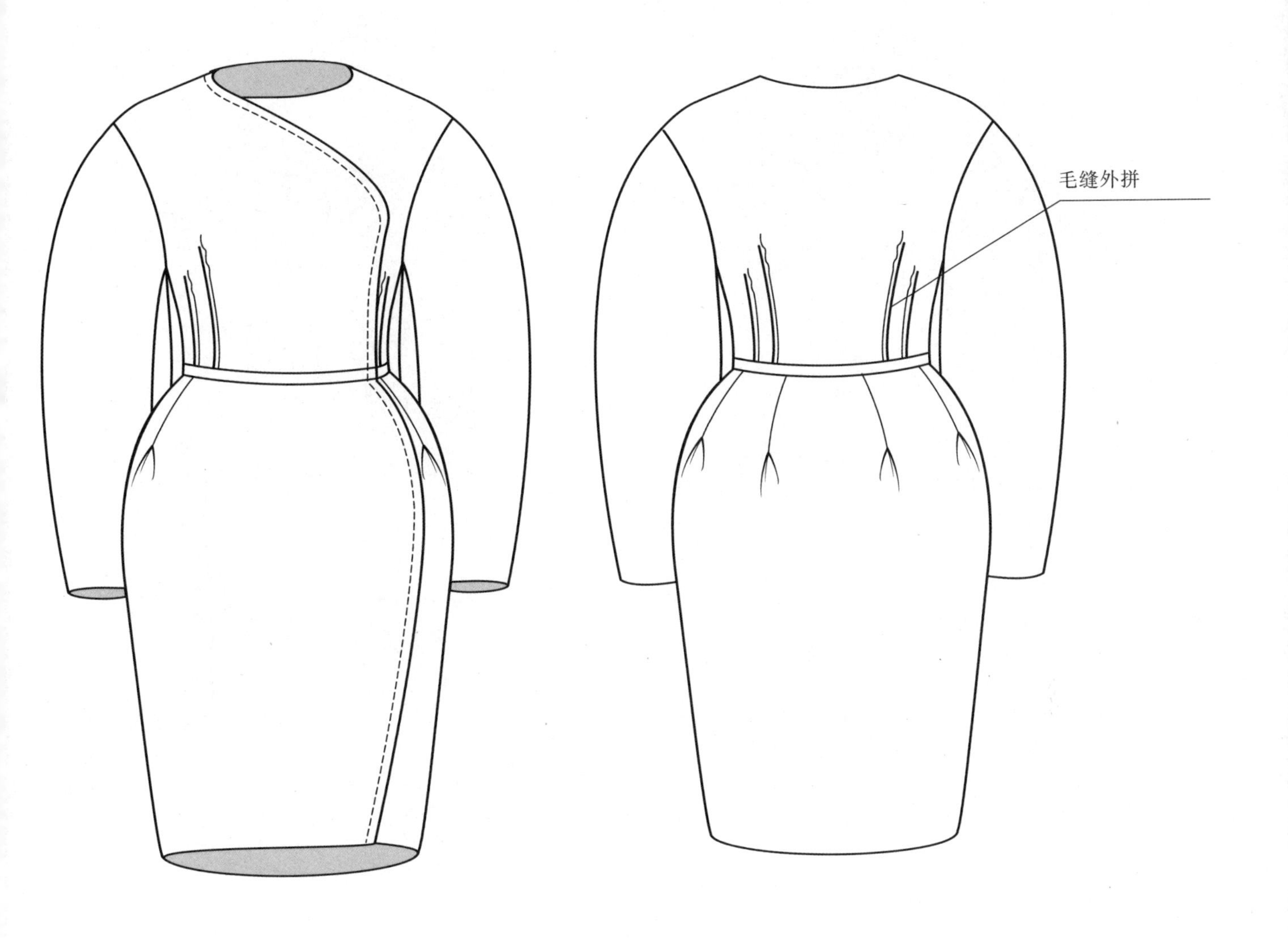

0型毛缝外拼大衣

0型领省连袖双排扣装饰大衣

0型罗口分割装饰大衣

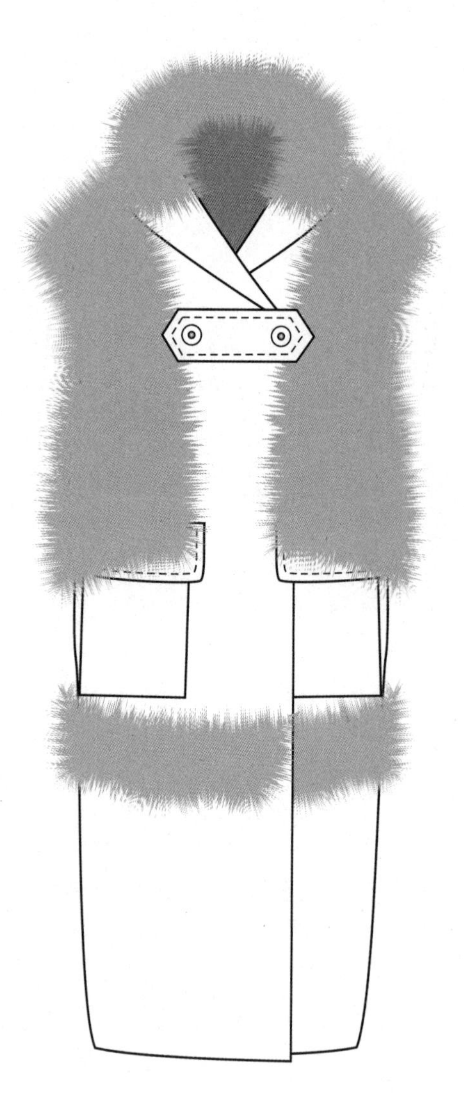

0型毛皮装饰大衣

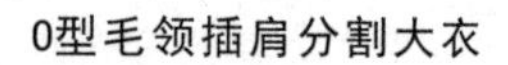

0型毛领插肩分割大衣

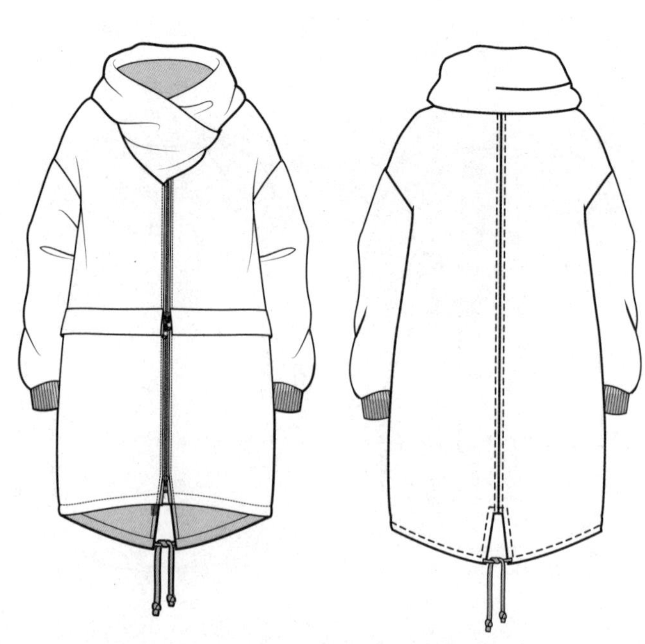

0型落肩分割拉链大衣

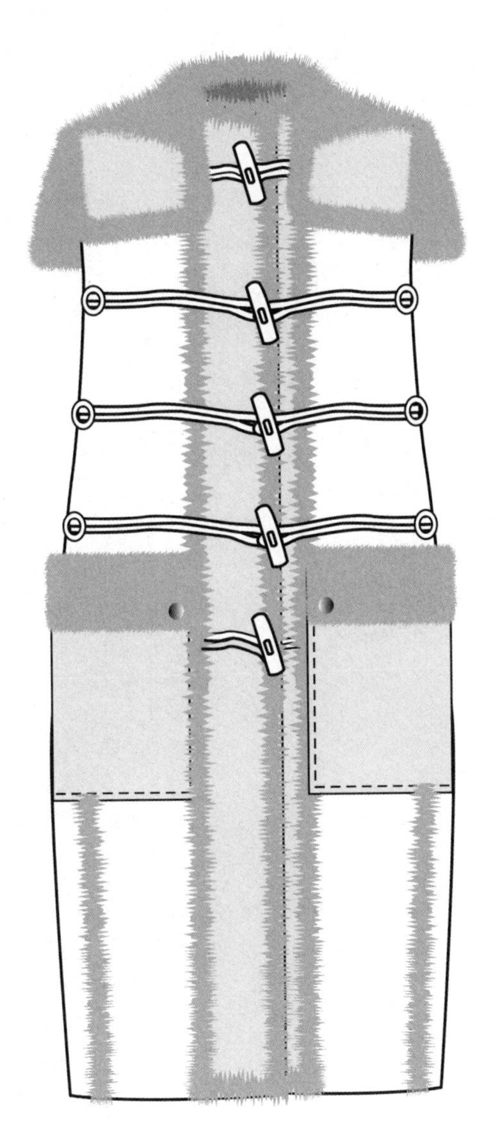

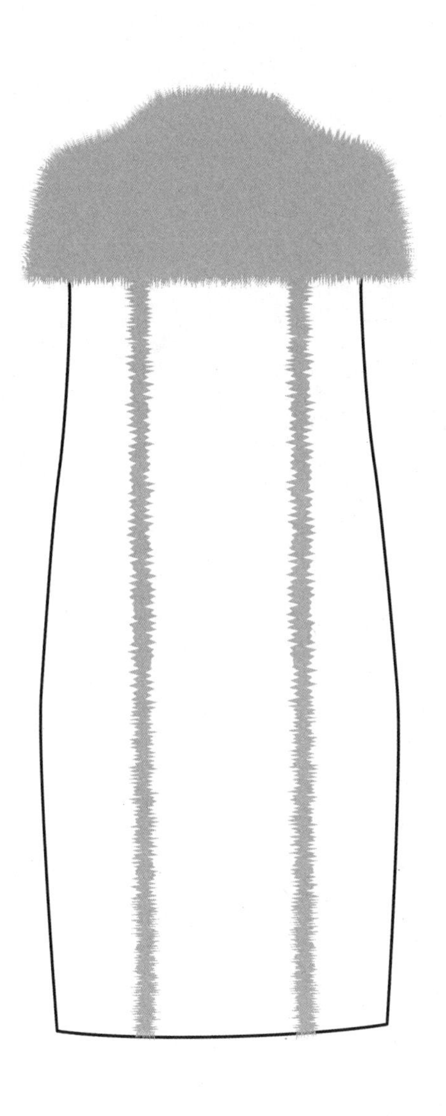

0型嵌毛装饰无袖大衣

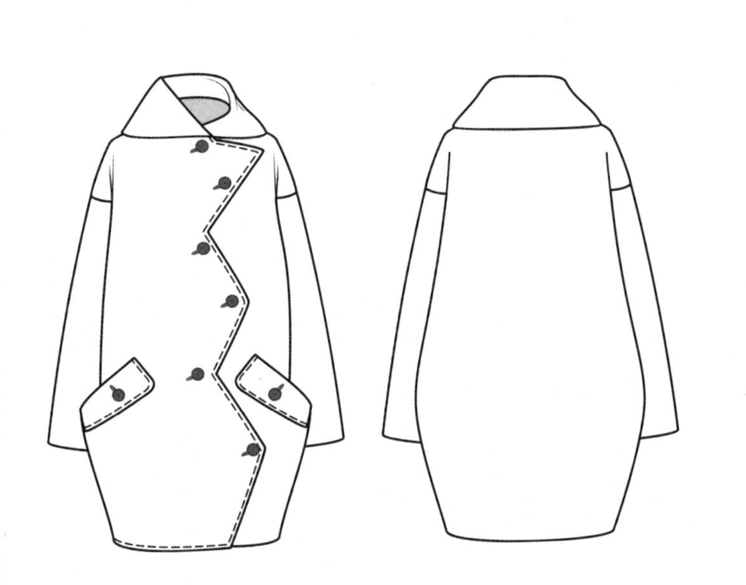

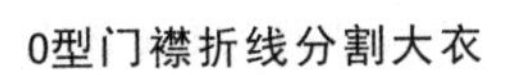

0型门襟折线分割大衣

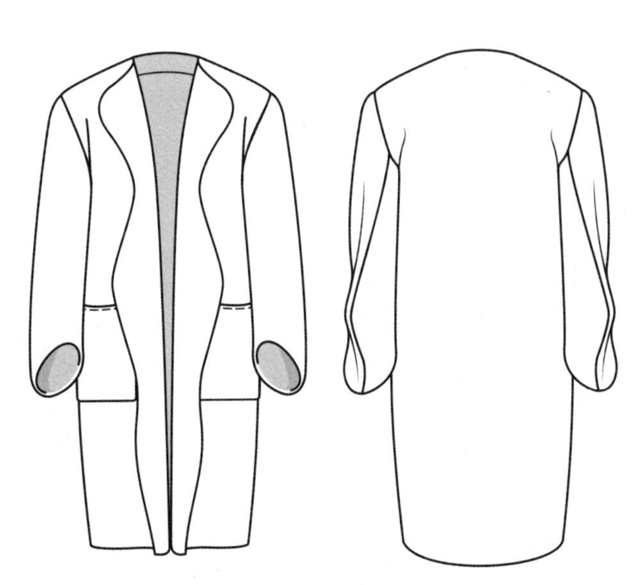

0型门禁曲线装饰大衣

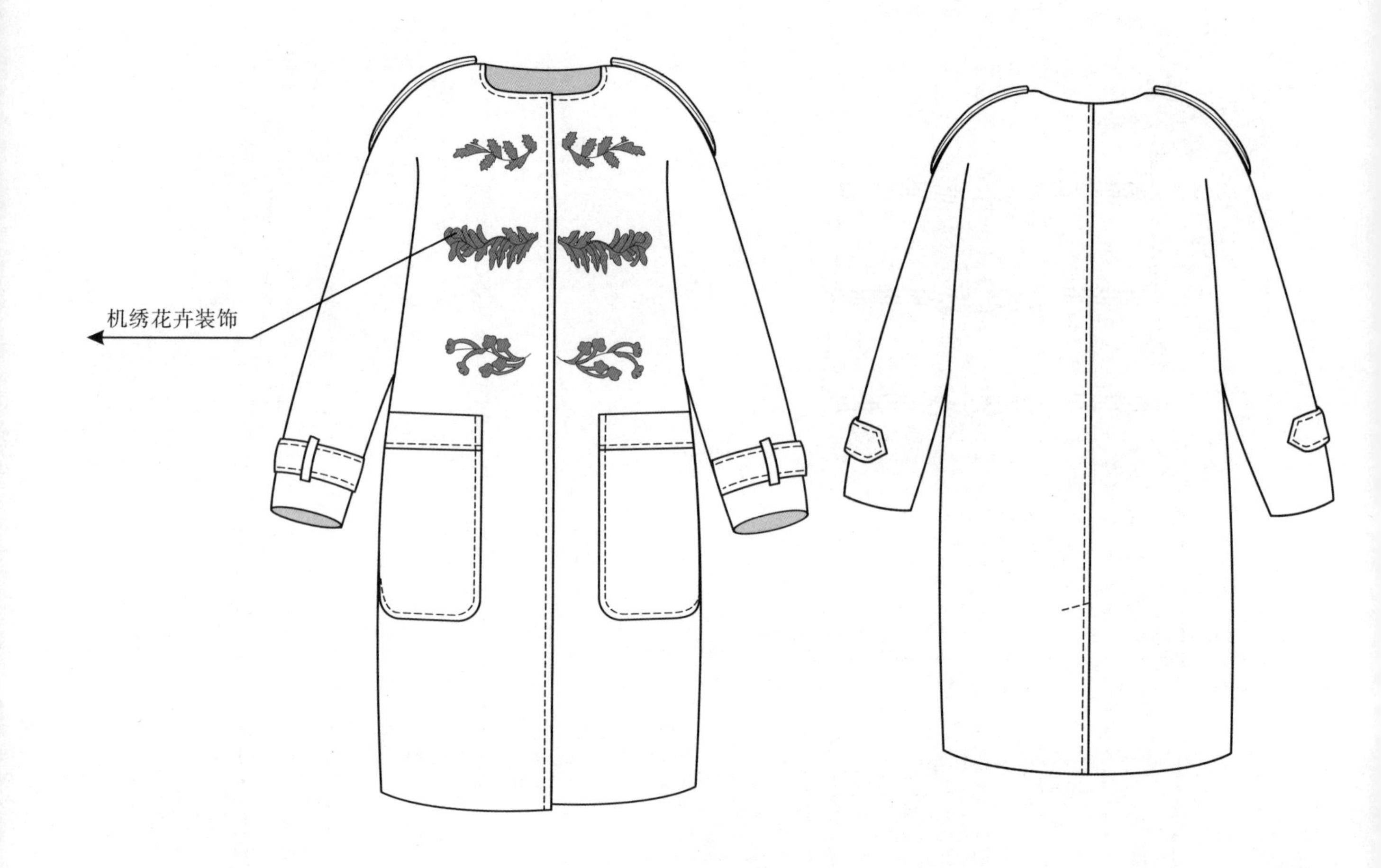

0型无领绣花装饰大衣

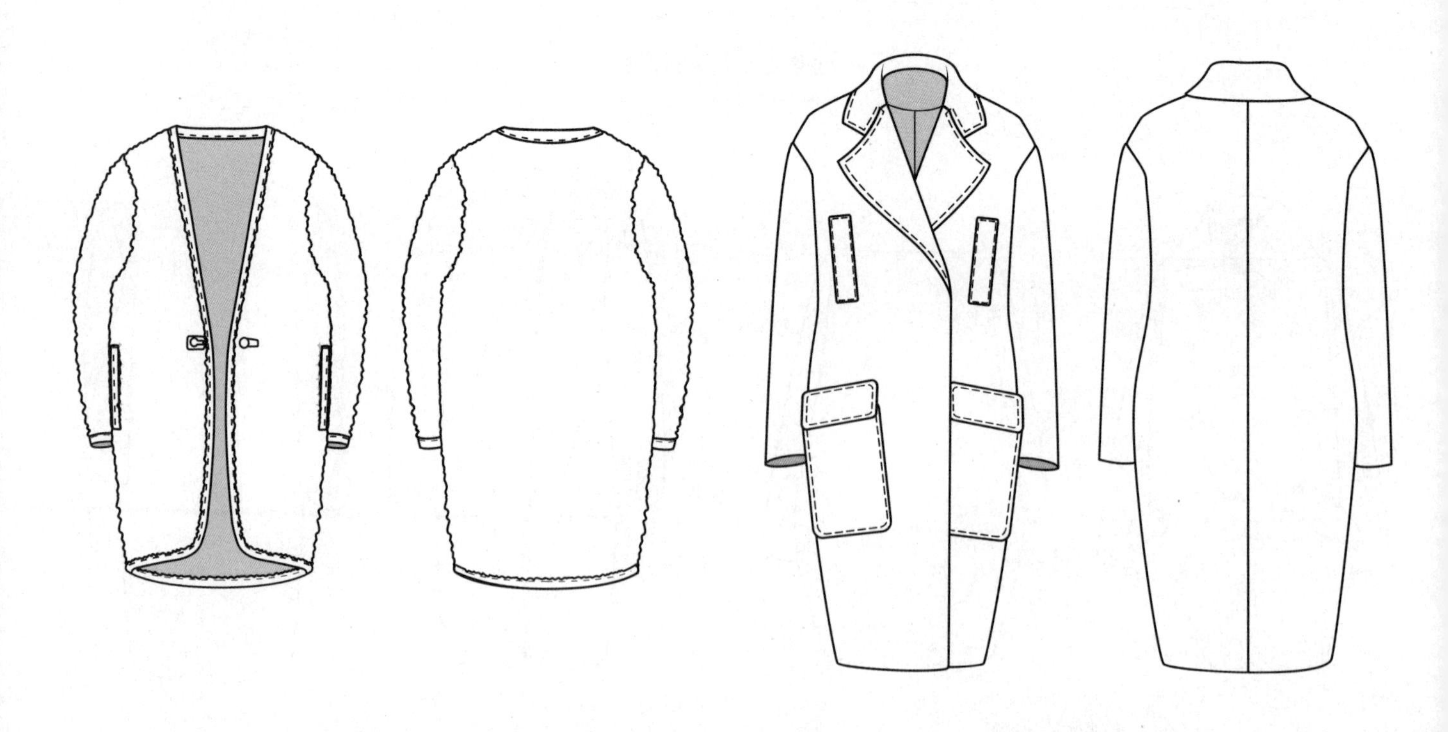

0型V型装饰扣大衣

0型贴袋装饰大衣

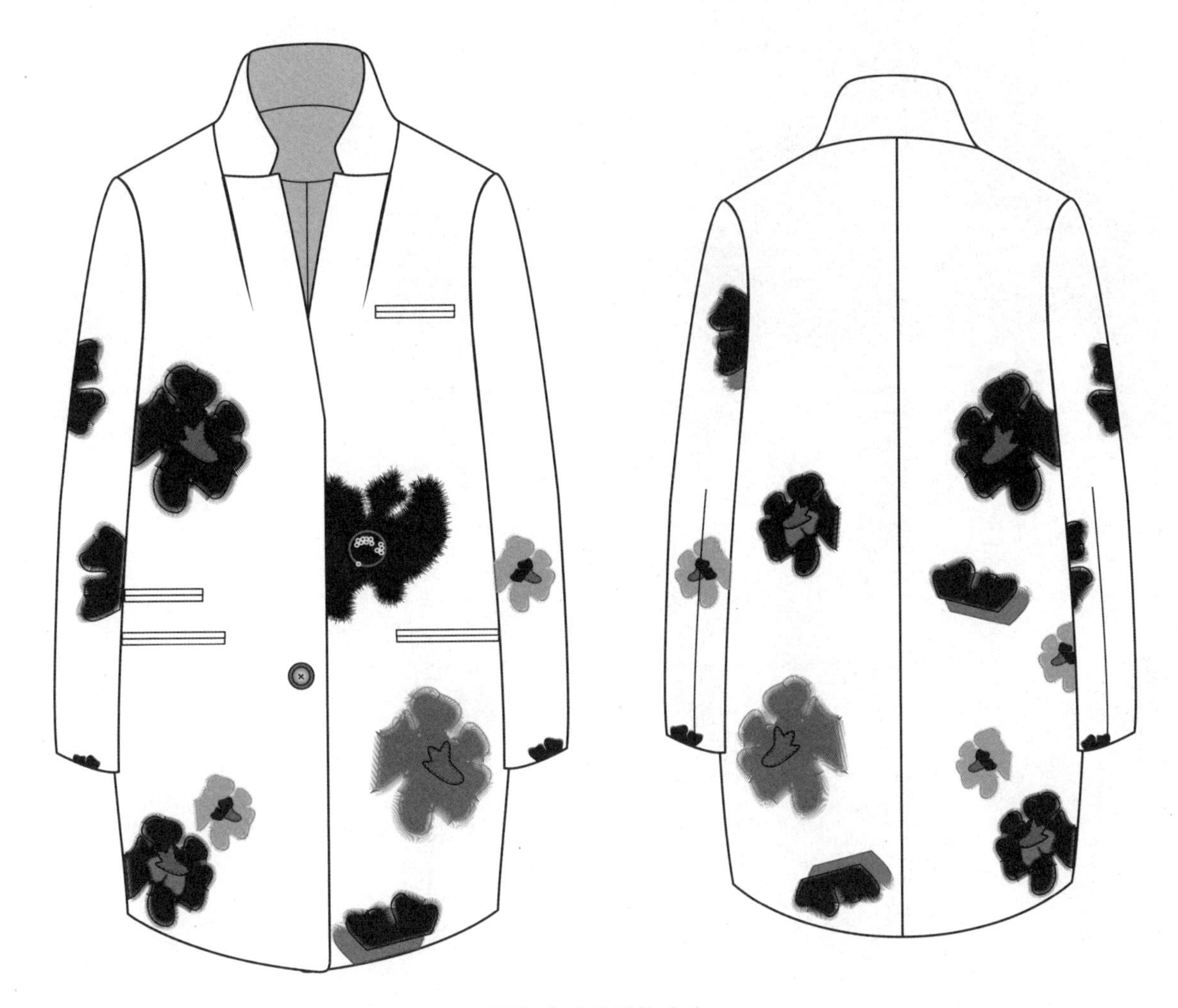

0型衣身毛片装饰大衣

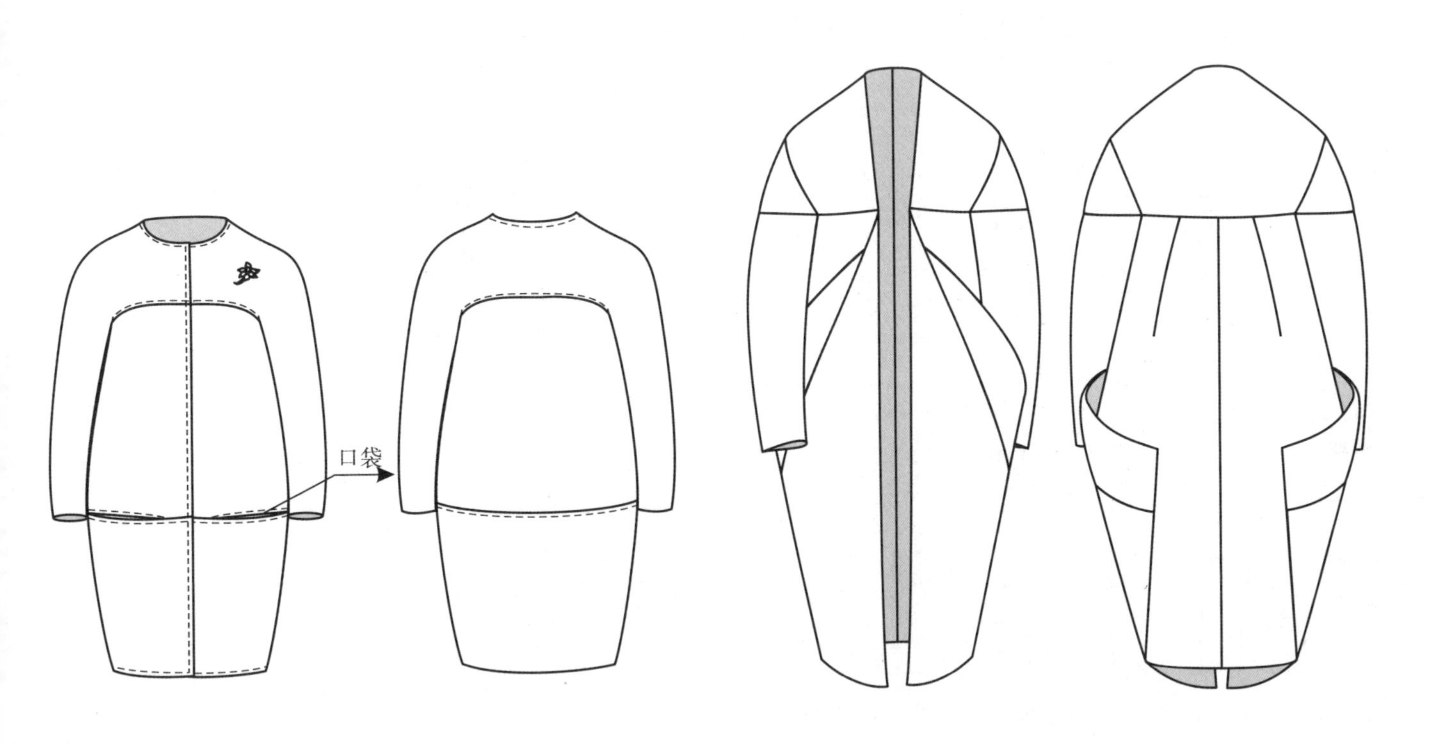

0型无领连身袖大衣

0型无领立体造型大衣

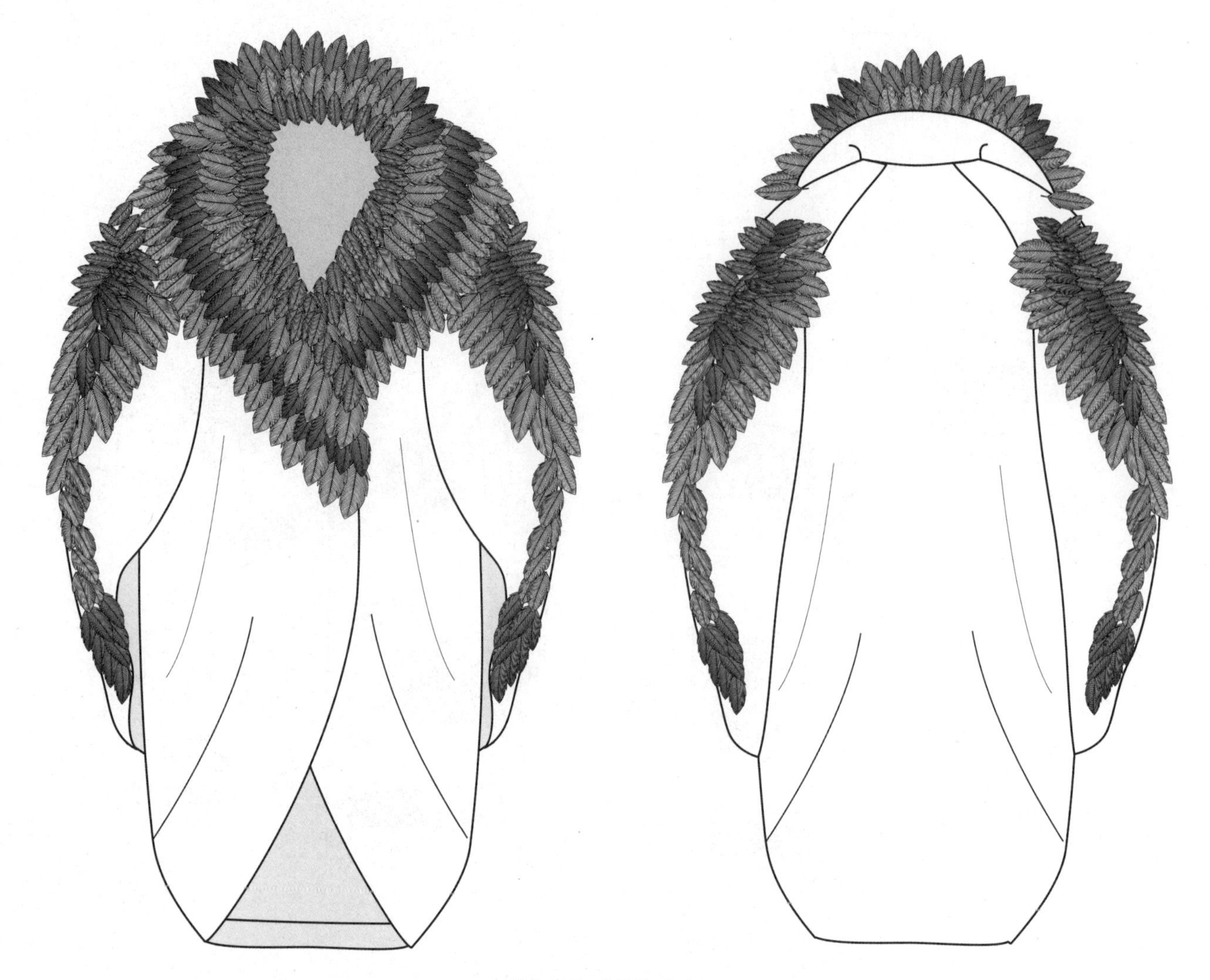

0型衣身羽毛装饰大衣

0型无领一粒扣大衣

0型无领斜襟大衣

0型育克分割立领大衣

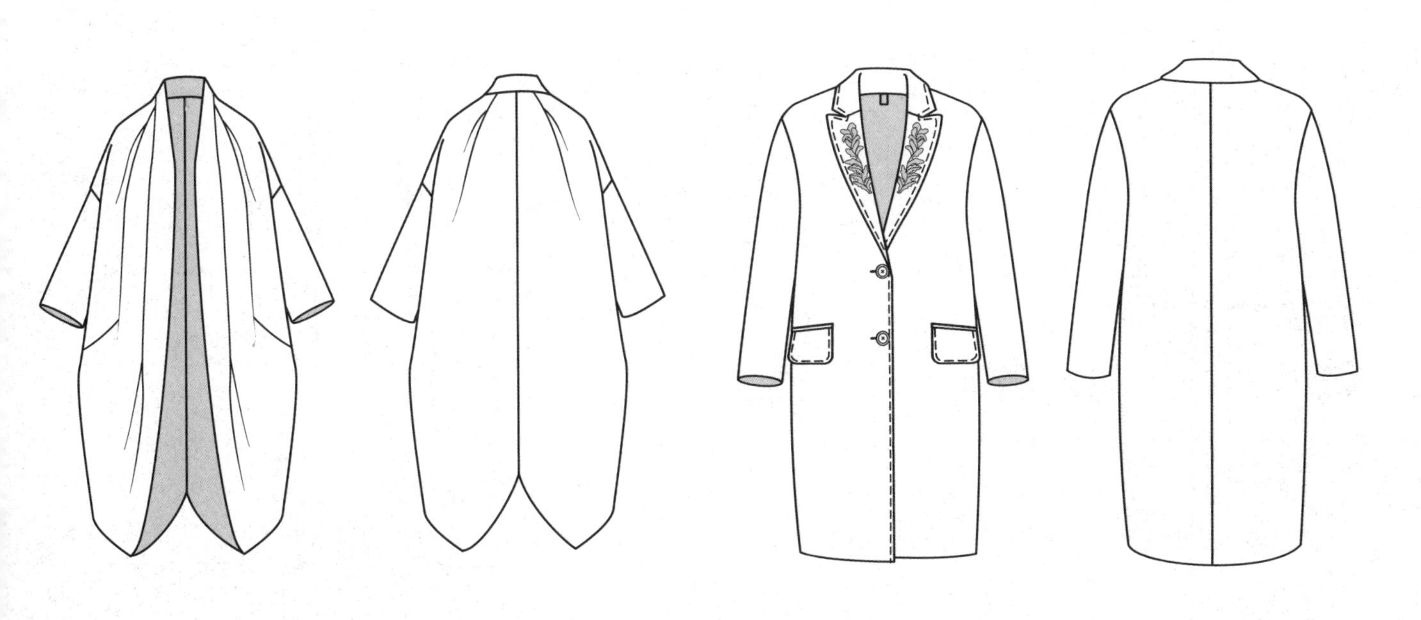

0型褶裥大衣

0型绣花翻驳领单排扣大衣

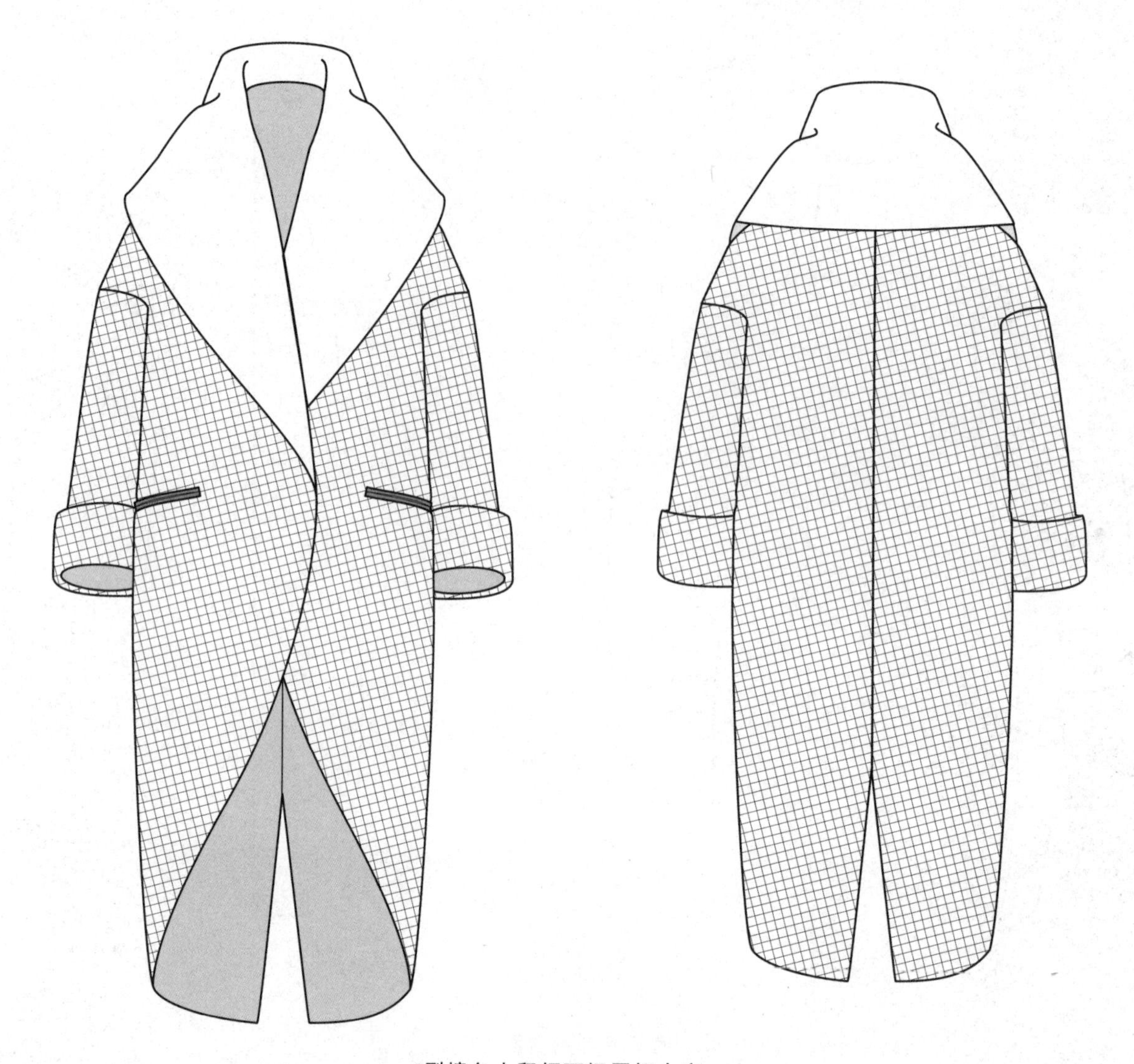

0型撞色大翻领下摆开衩大衣

0型带罗纹弧线分割大衣

0型翻折驳头大衣

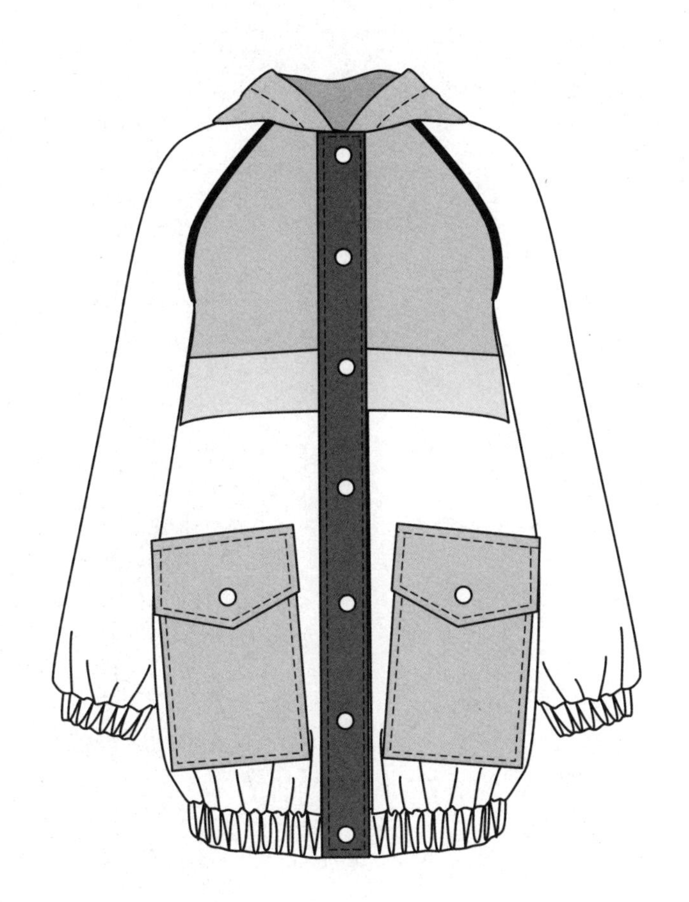

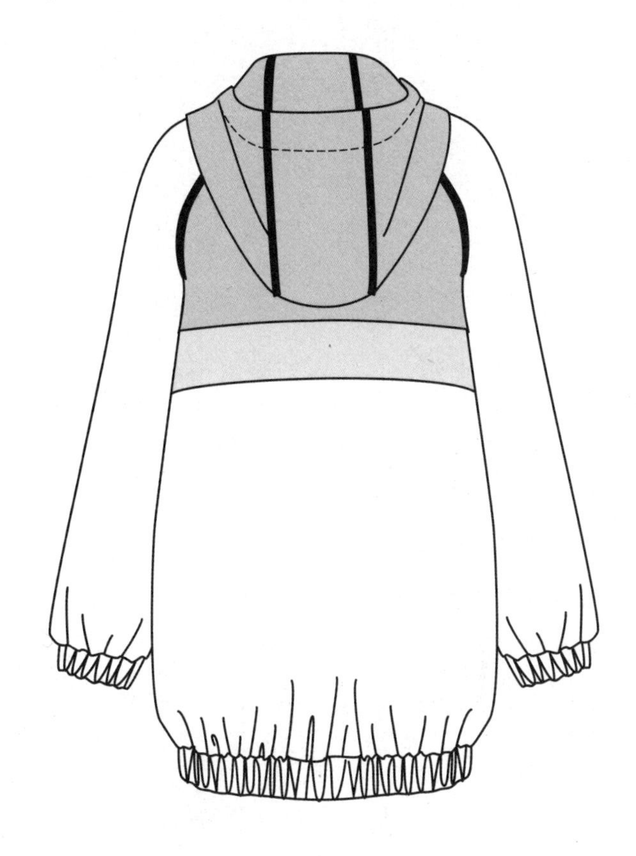

0型翻折驳头大衣

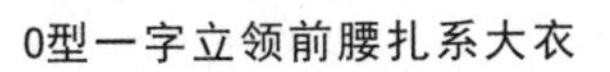

0型一字立领前腰扎系大衣

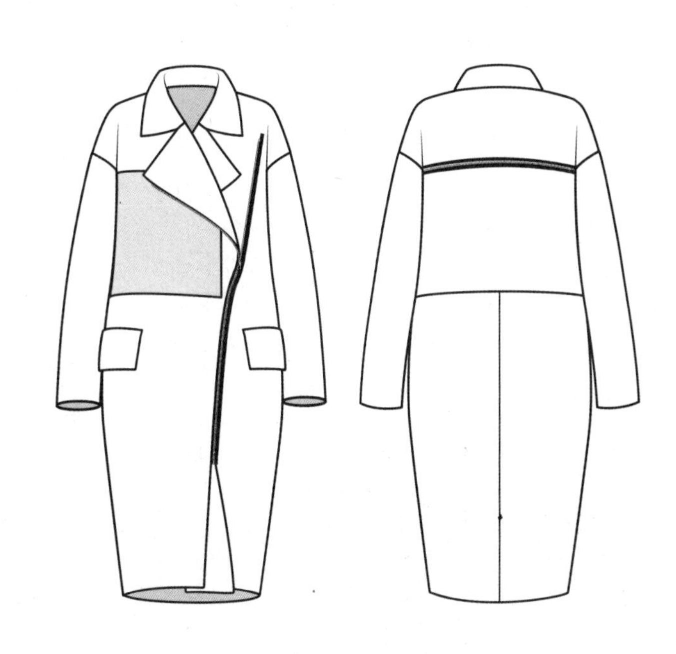

0型斜门襟装拉链大衣

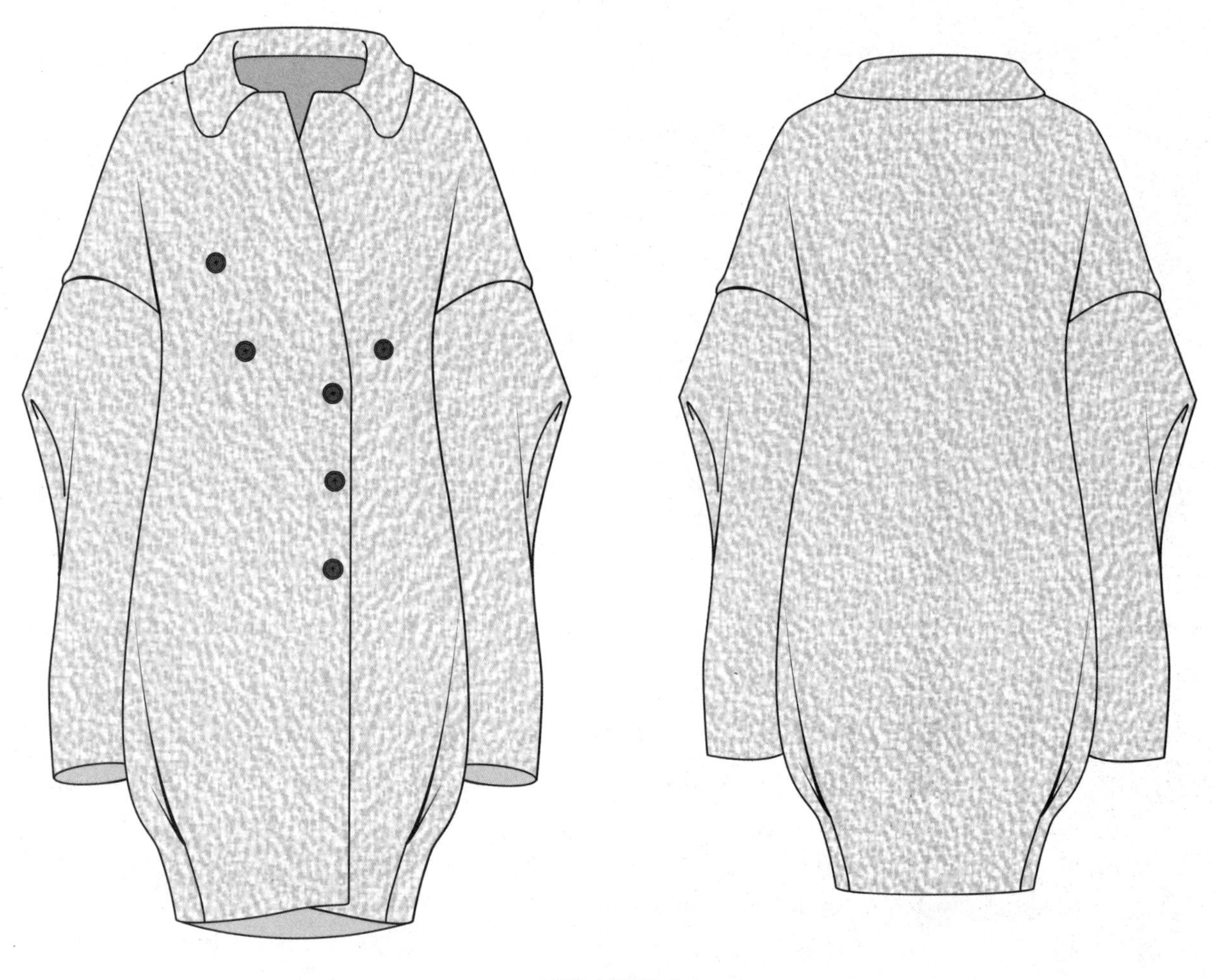

0型落肩褶裥大衣

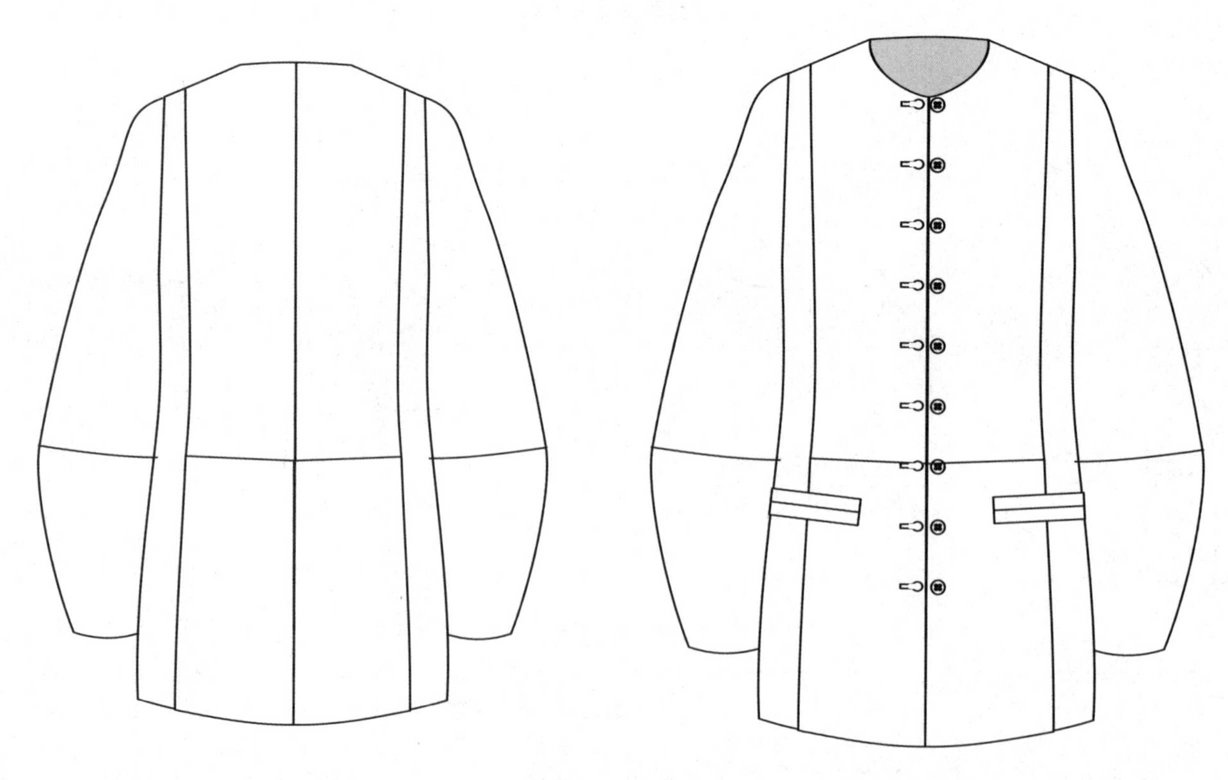

0型装饰扣无领低腰短大衣

第五章

款式图设计
（S型）

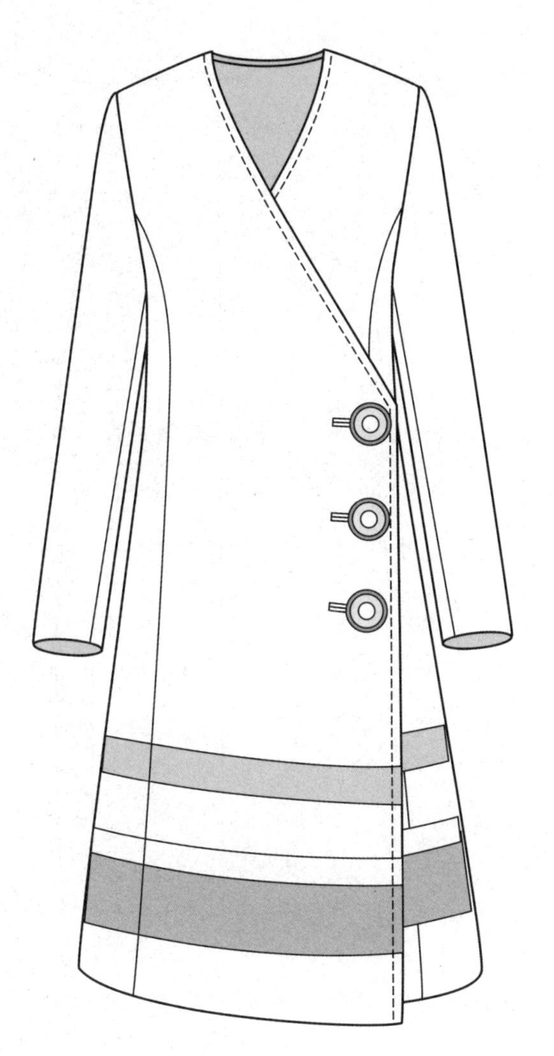
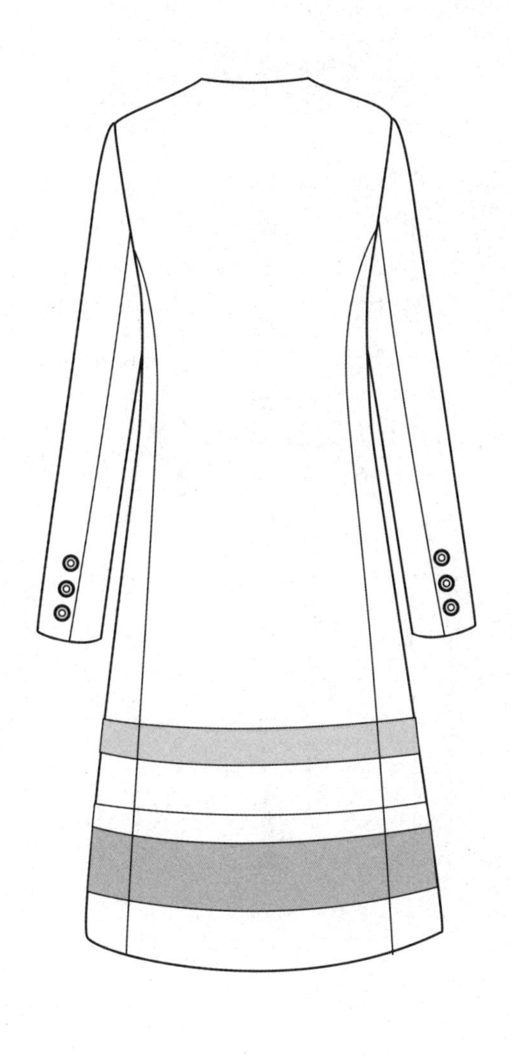

S型V领斜门襟拼色大衣

S型立体驳领胸前毛皮装饰中长大衣

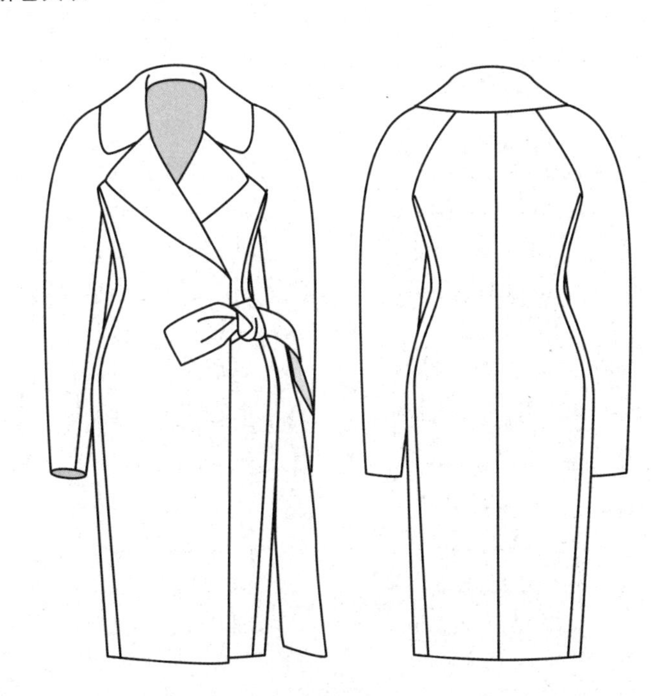

S型侧腰蝴蝶结装饰驳领插肩袖中长大衣

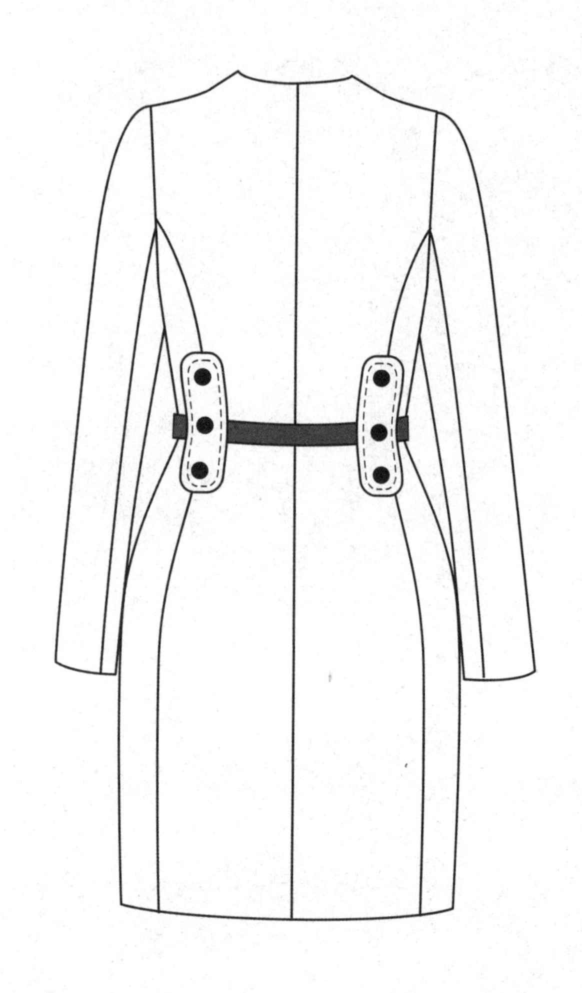

S型V领装饰腰襻大衣

S型层叠式大衣

S型V领分割装饰长款大衣

S型大翻领双排扣大衣

S型大翻领系腰带大衣

S型大翻驳领系腰带大衣

S型大翻毛领纵向分割大衣

S型翻驳领L型分割大衣

S型大翻领腰部褶裥装饰大衣

S型翻驳领刀背线分割大衣

S型翻驳领刀背线分割大衣

S型翻驳领插肩袖大衣

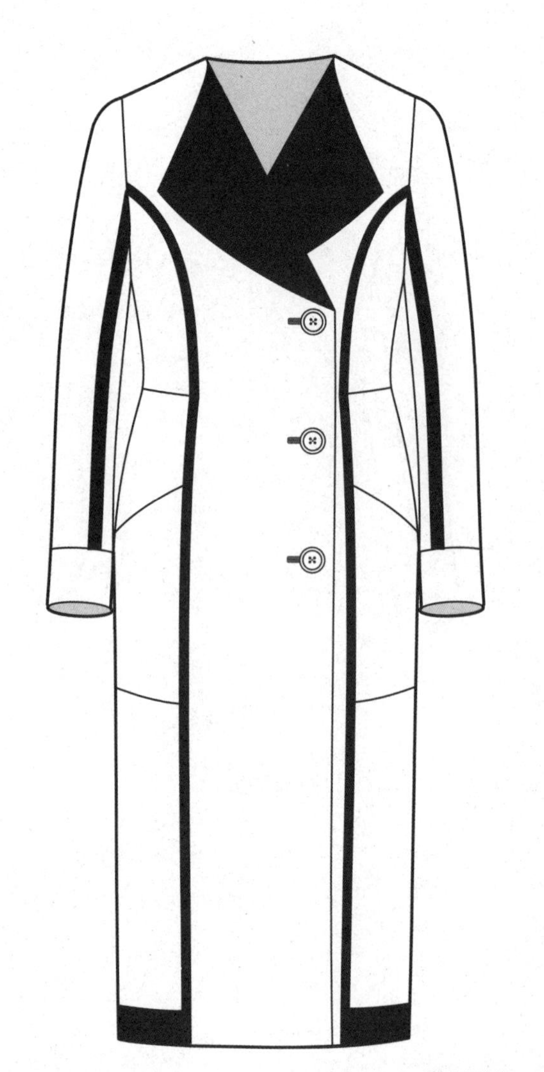
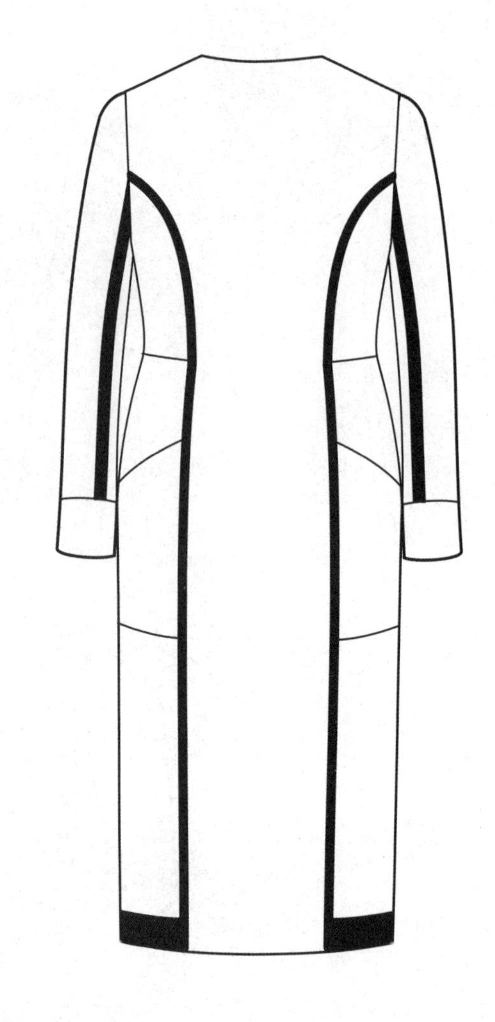

S型翻驳领刀背线分割拼色大衣

S型翻驳领刀背线分割大衣

S型翻驳领刀背线分割大衣

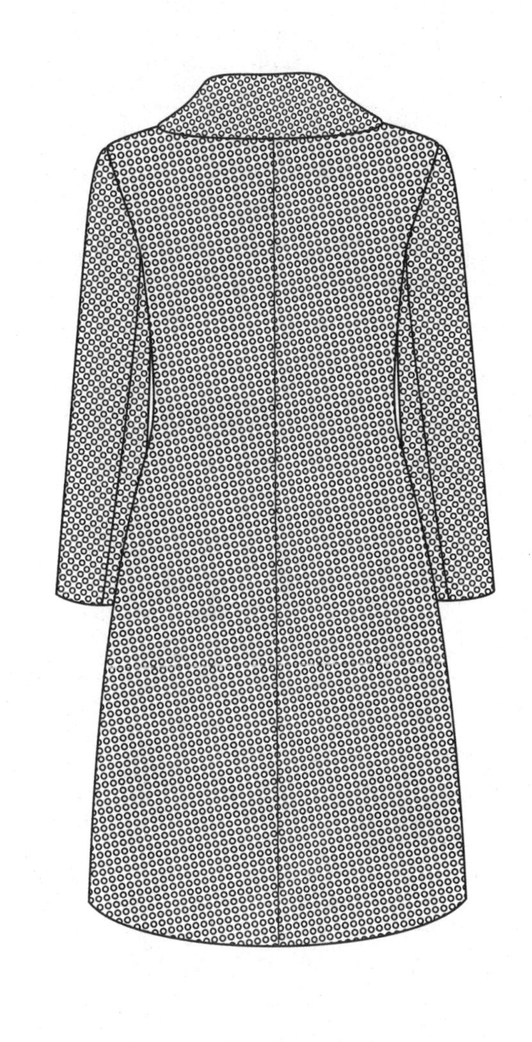

S型翻驳领花色大衣

S型翻驳领刀背线分割双排扣大衣

S型翻驳领弧线分割大衣

S型翻驳领连身袖系腰带大衣

S型翻驳领系腰带大衣

S型翻驳领系腰带大衣

S型翻驳领双排扣大衣

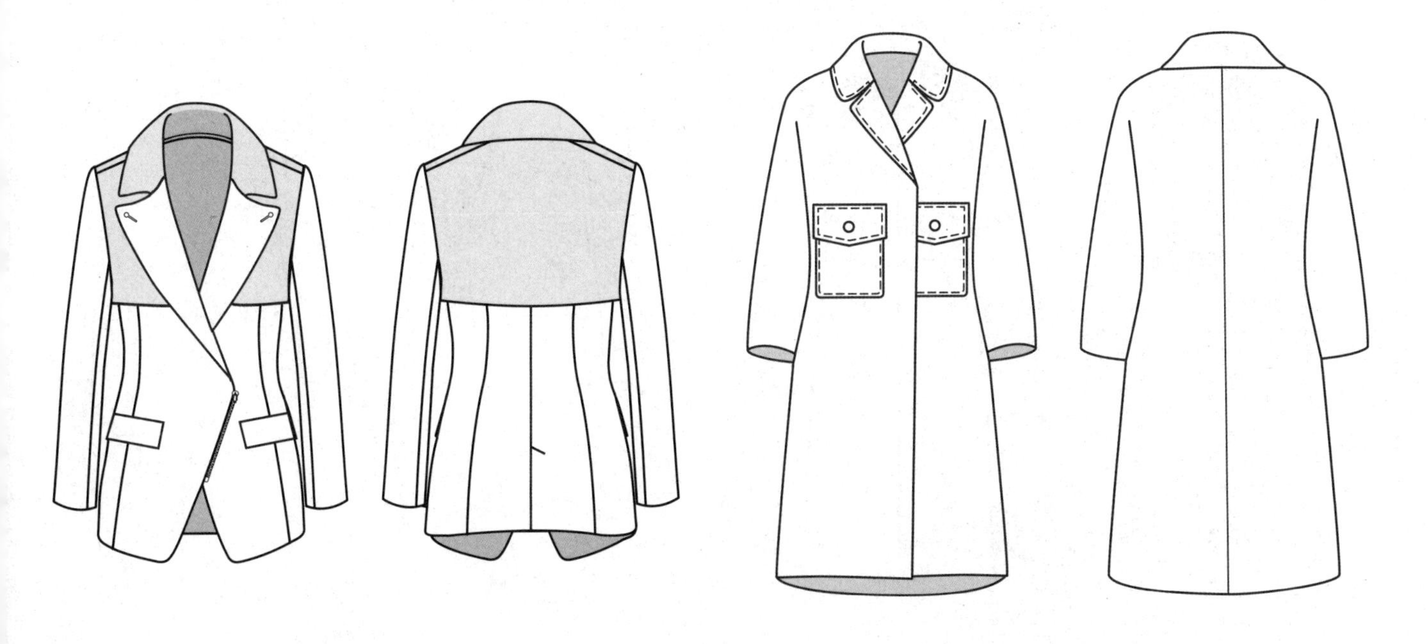

S型翻驳领育克装饰大衣

S型翻驳领装饰贴袋大衣

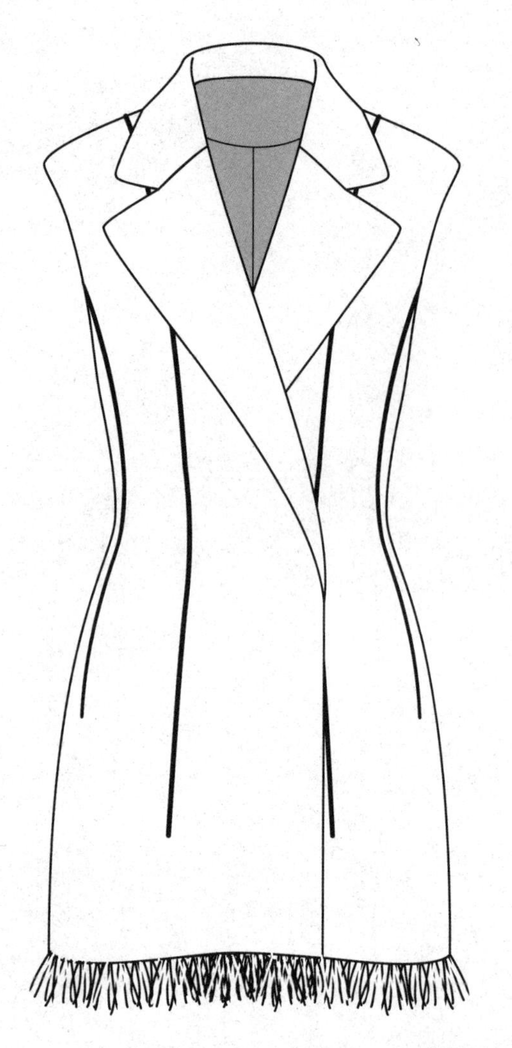

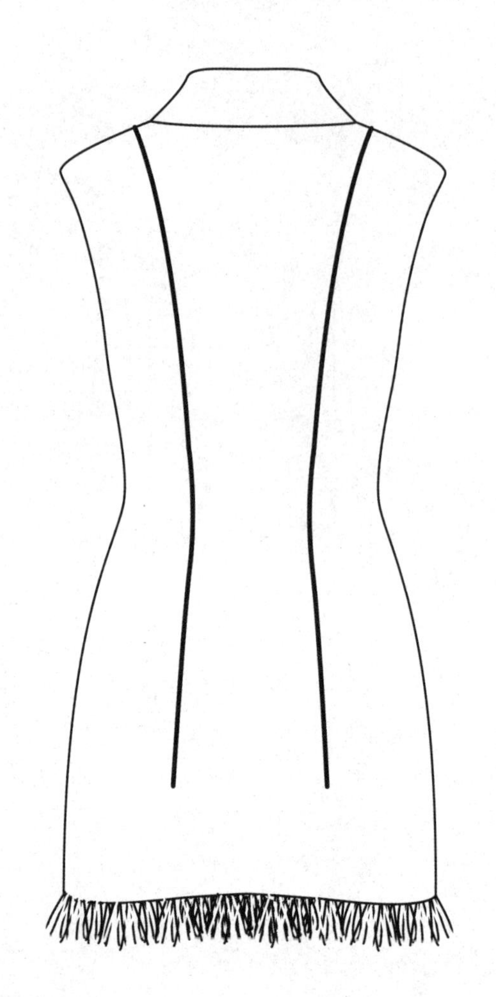

S型翻驳领无袖流苏装饰大衣

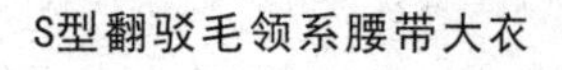

S型翻驳毛领系腰带大衣

S型翻领不对称设计大衣

S型翻驳领装饰袋大衣

S型翻领双排扣大衣

S型翻领公主线分割断腰大衣

S型翻驳领装饰袖大衣

S型翻领系带双排扣大衣

S型翻领装饰腰带大衣

S型翻领毛领装饰断腰明贴袋大衣

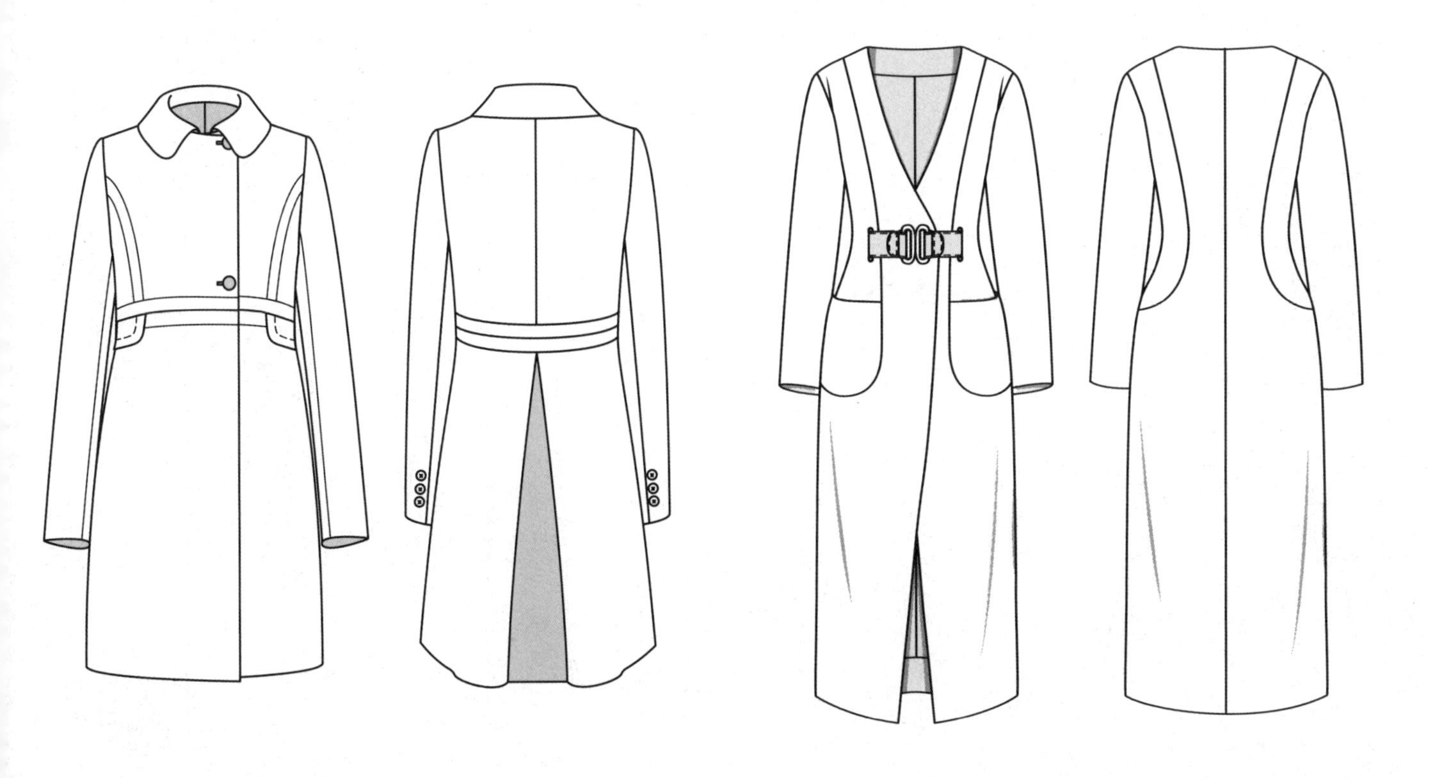

S型高腰大衣

S型分割无领大衣

S型翻领插肩袖大衣

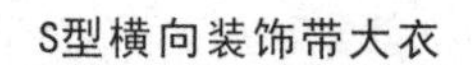

S型横向装饰带大衣

S型花瓣领明线装饰大衣

S型横分割撞色关门领大衣

S型立领横向分割大衣

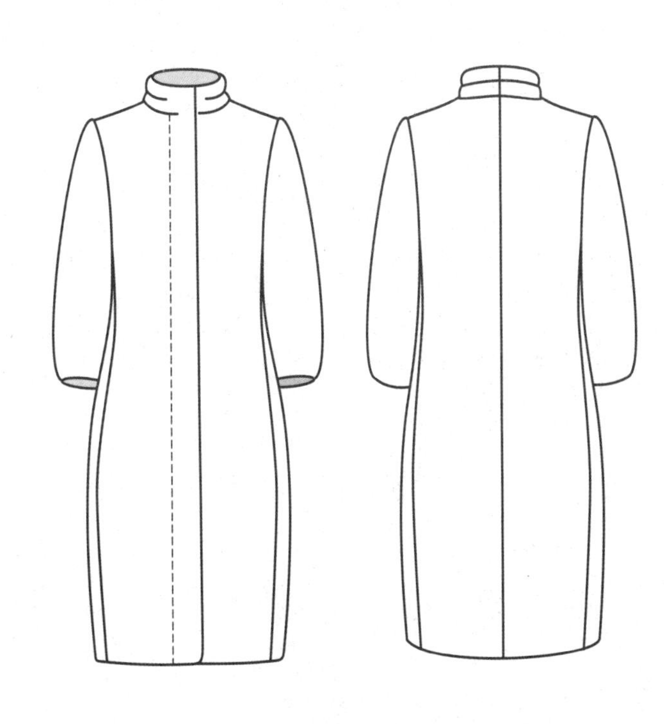

S型立领简洁长大衣

S型肩部分割束腰大衣

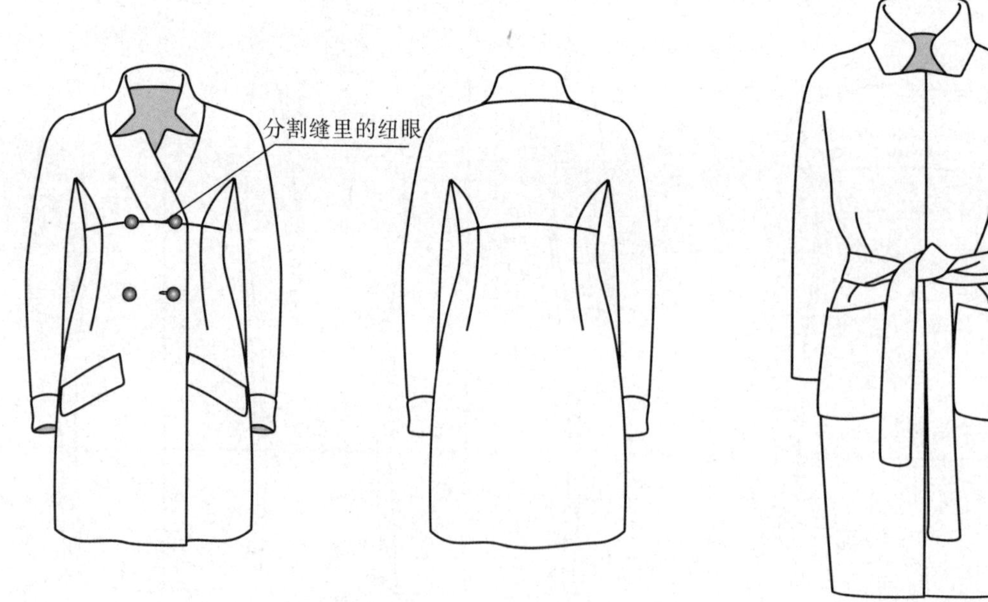

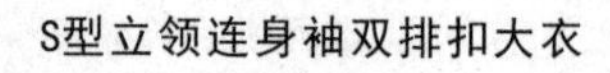

S型立领连身袖双排扣大衣

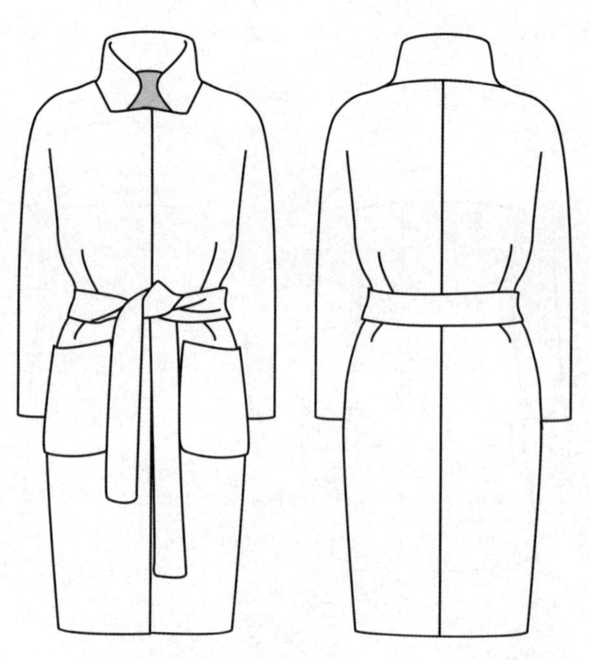

S型立领连身袖系腰带大衣

S型口袋装饰大衣

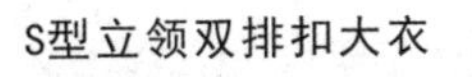

S型立领双排扣大衣

S型立领撞色系带大衣

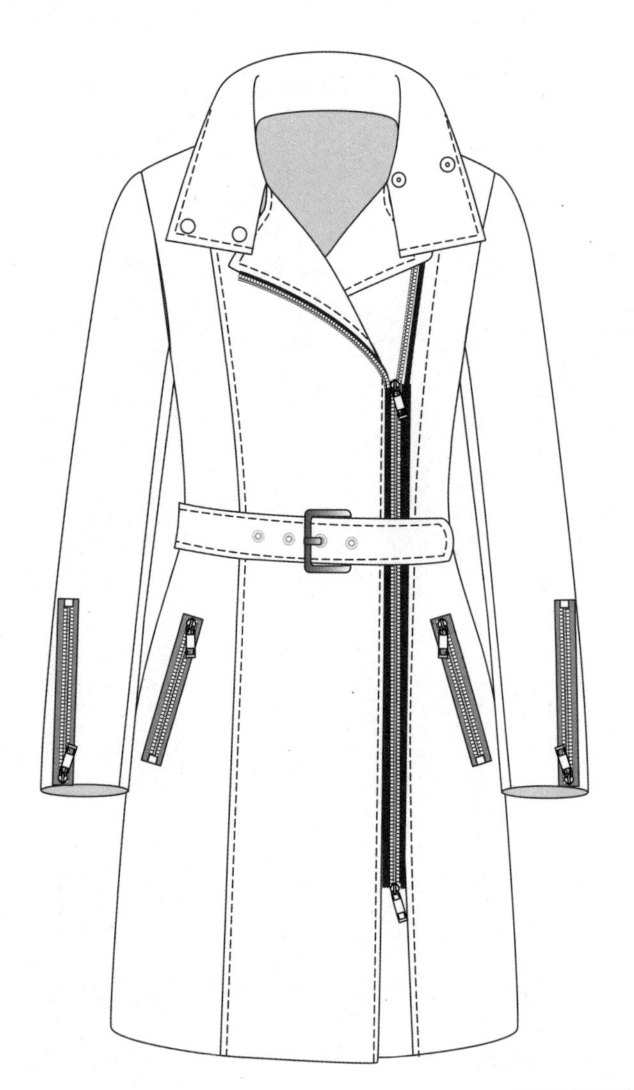

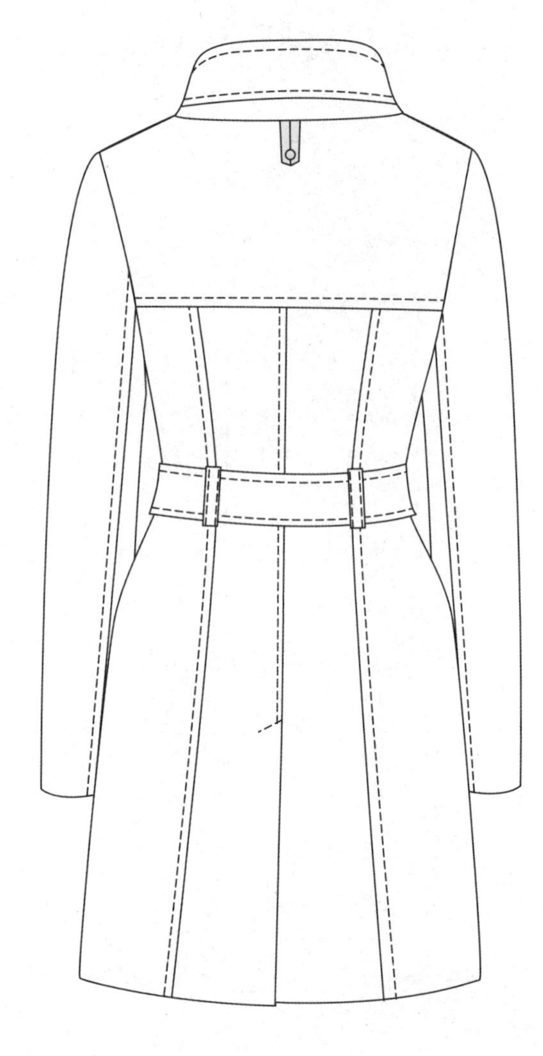

S型拉链装饰束腰风衣

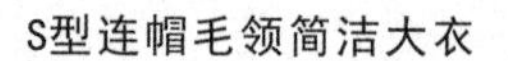

S型连帽毛领简洁大衣

S型连帽毛领系腰带大衣

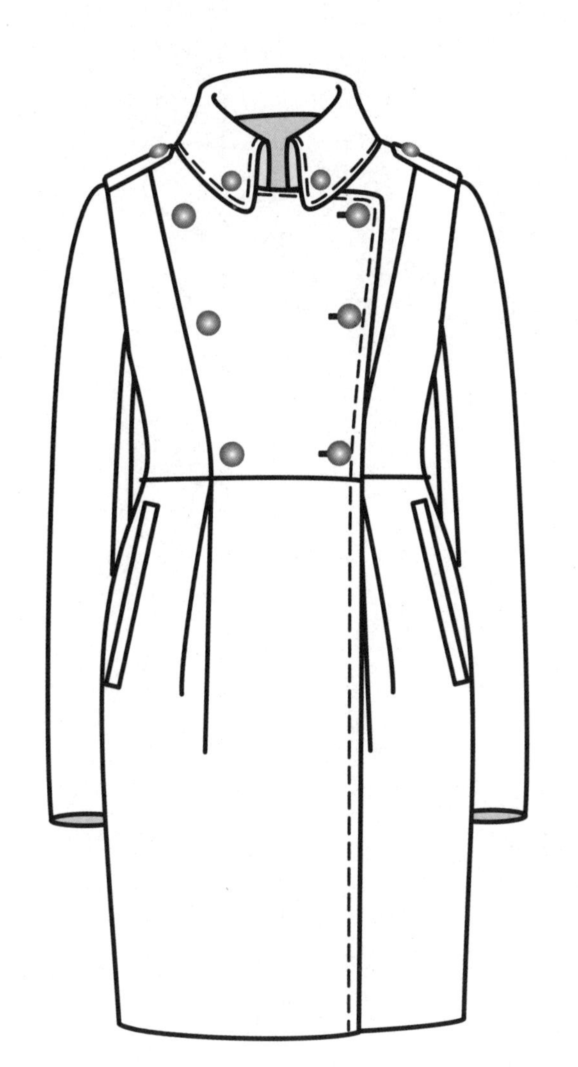
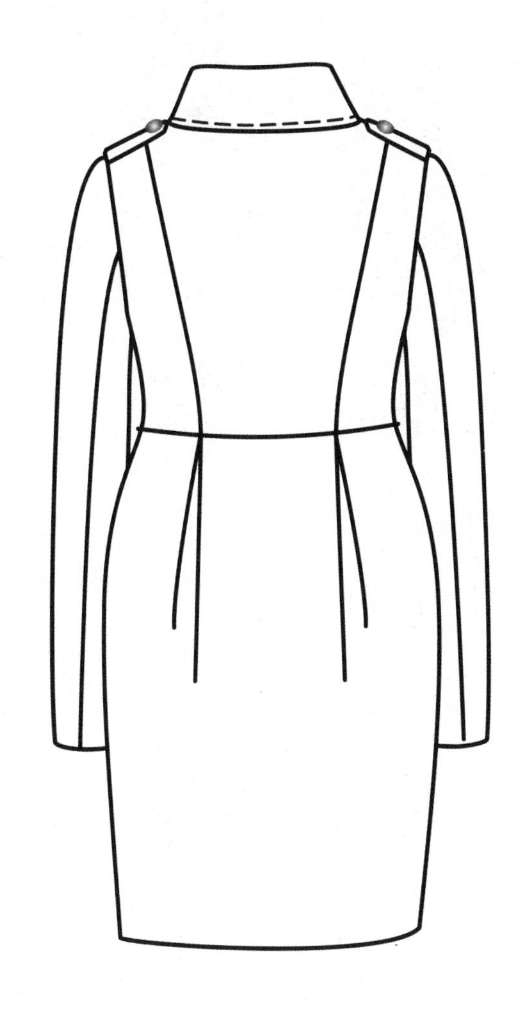

S型立翻领公主线分割大衣

S型连身立领腰部装饰襻大衣

S型领圈领大衣

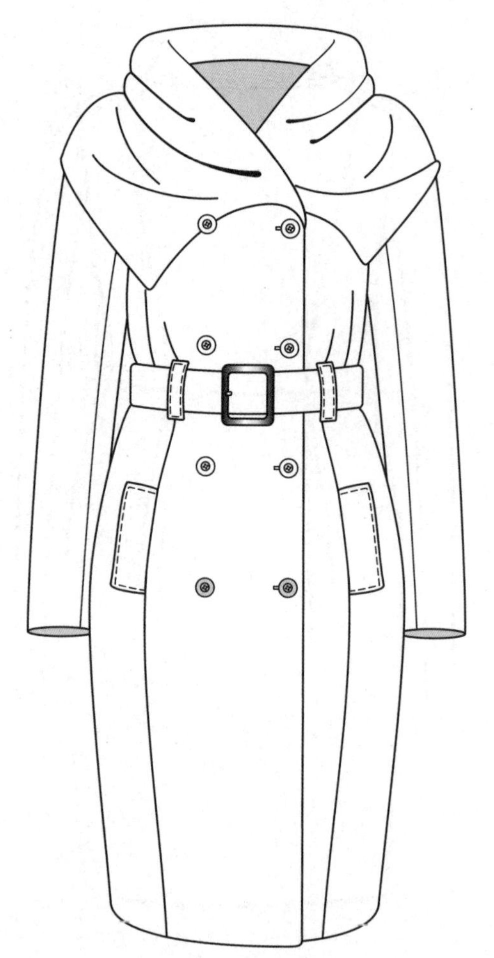

S型立翻领束腰大衣

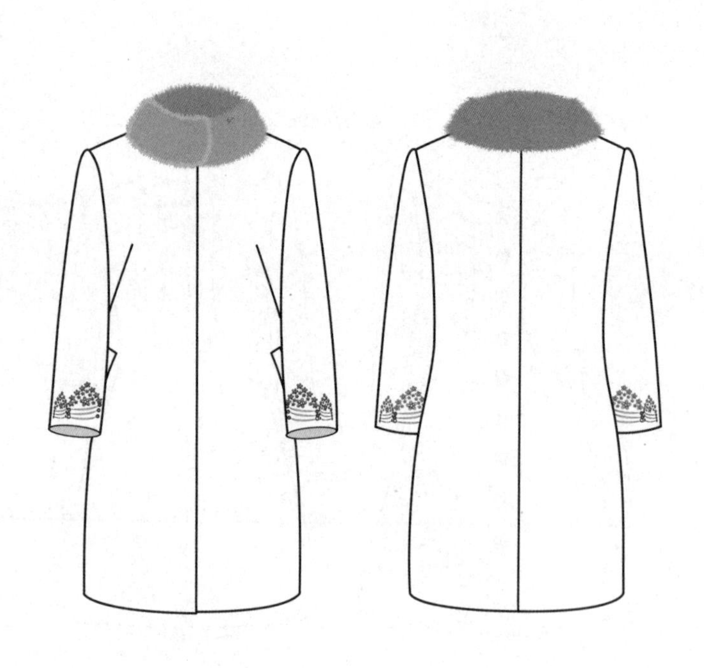

S型毛立领袖口装饰大衣

S型落肩装饰大衣

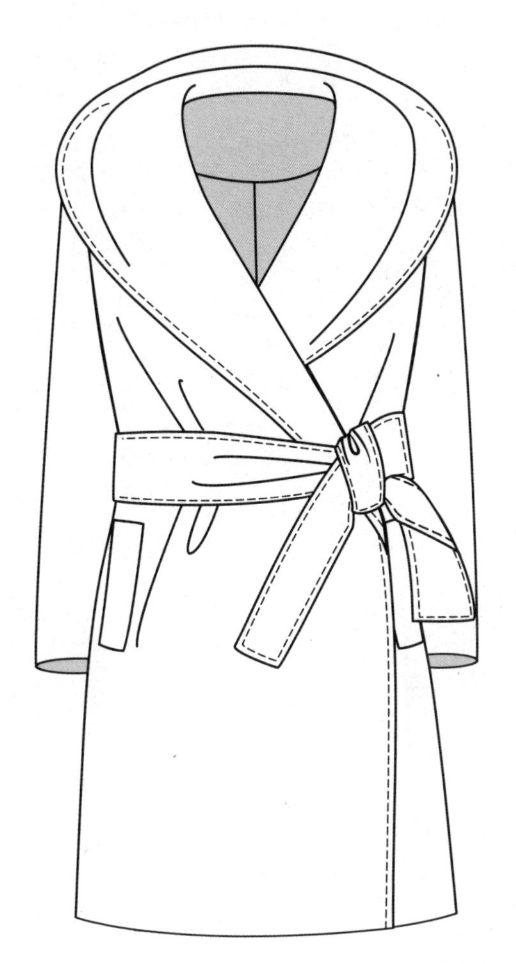
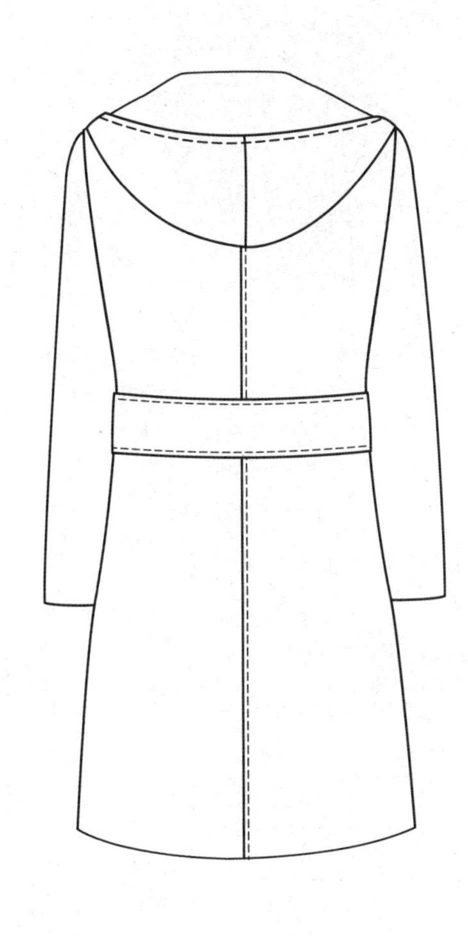

S型连帽大翻领系腰带大衣

S型毛领装饰翻袖口大衣

S型毛料连帽贴袋双排扣大衣

S型连帽系腰带大衣

S型皮带束腰装饰大衣

S型皮料贴袋腰部系带大衣

S型领口和门襟波浪装饰大衣

S型全毛料大衣

S型皮料装饰大衣

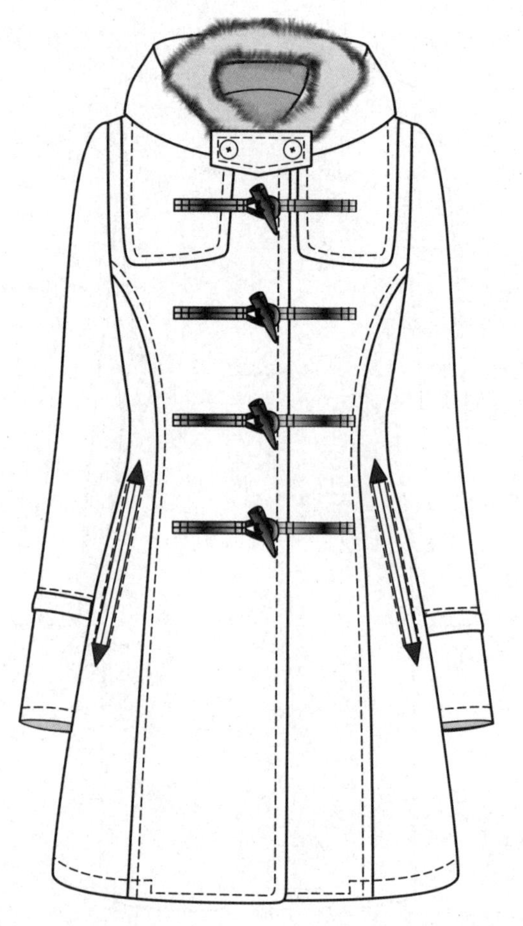

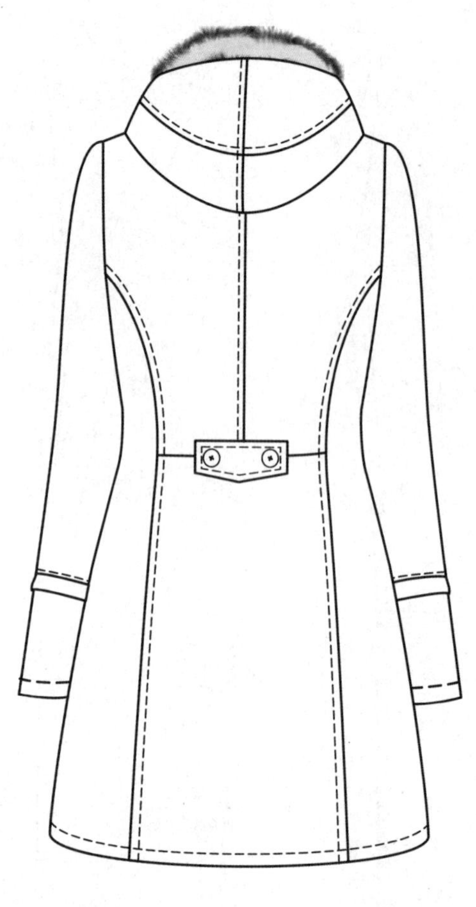

S型牛角扣装饰大衣

S型无领简洁大衣

S型束腰斜门襟大衣

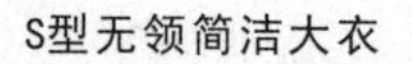

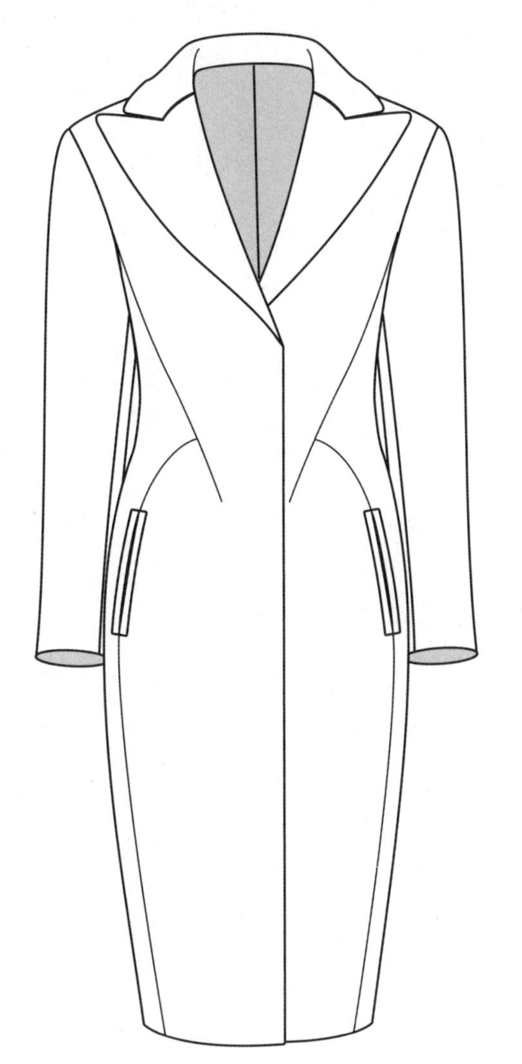

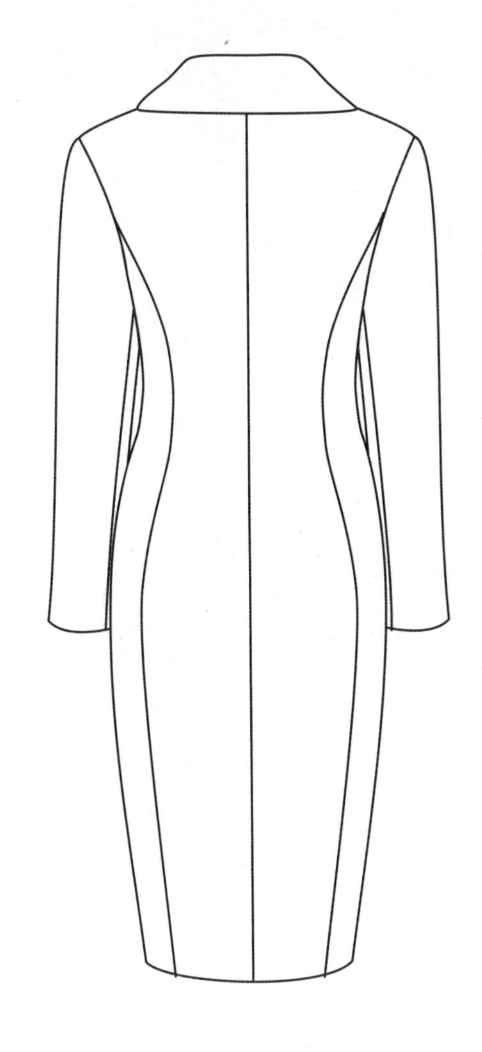

S型曲线分割大衣

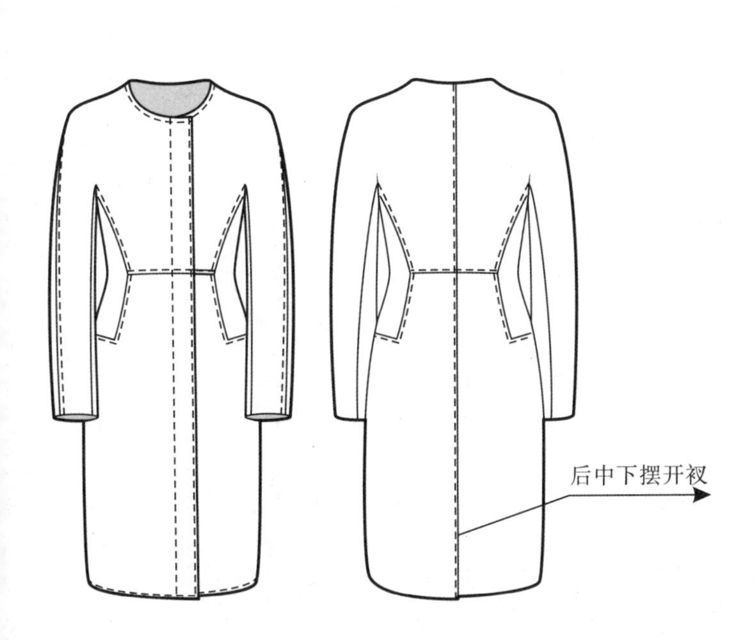

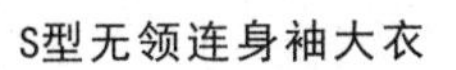

S型无领连身袖大衣

S型系带收腰插肩袖大衣

S型无领刀背线分割大衣

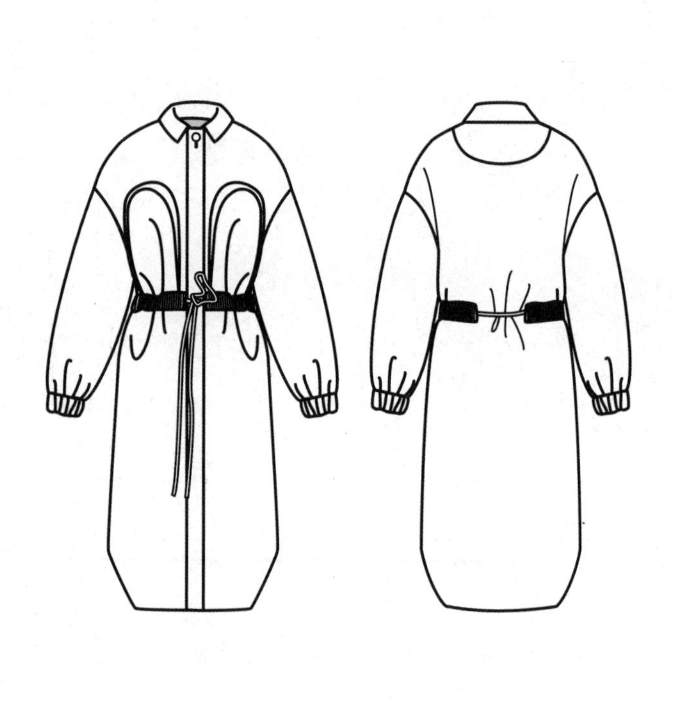

S型小翻领收袖口大衣

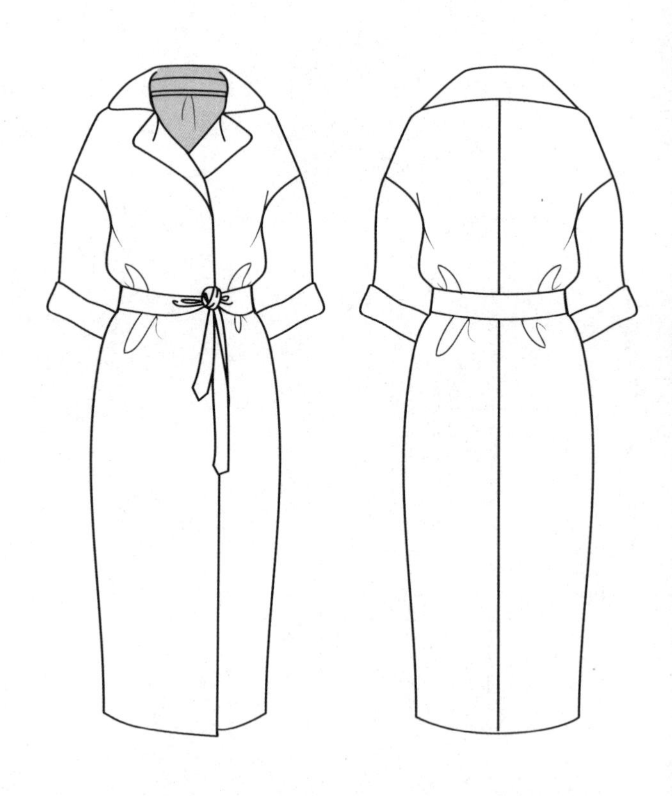

S型细带装饰大衣

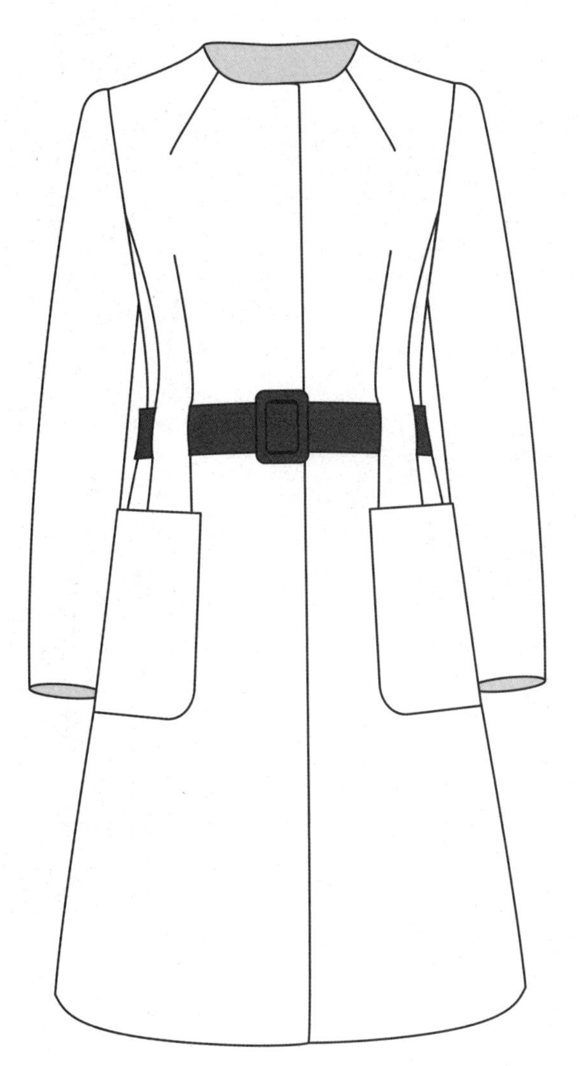

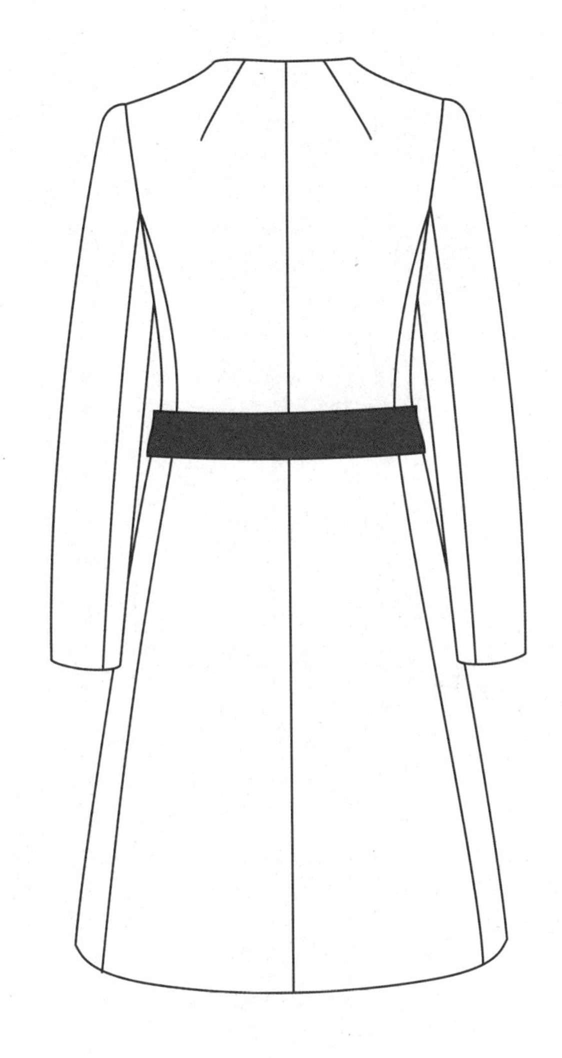

S型无领双排扣大衣

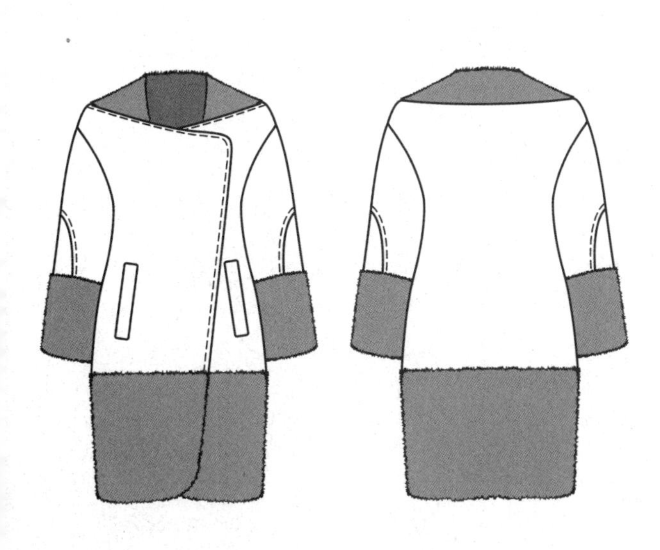

S型斜襟毛料装饰大衣

S型腰部褶裥系装饰腰带大衣

S型系带青果领连袖两片大衣

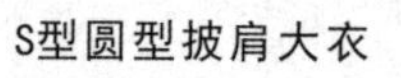

S型圆型披肩大衣

S型折线分割大衣

S型绣花毛料装饰大衣

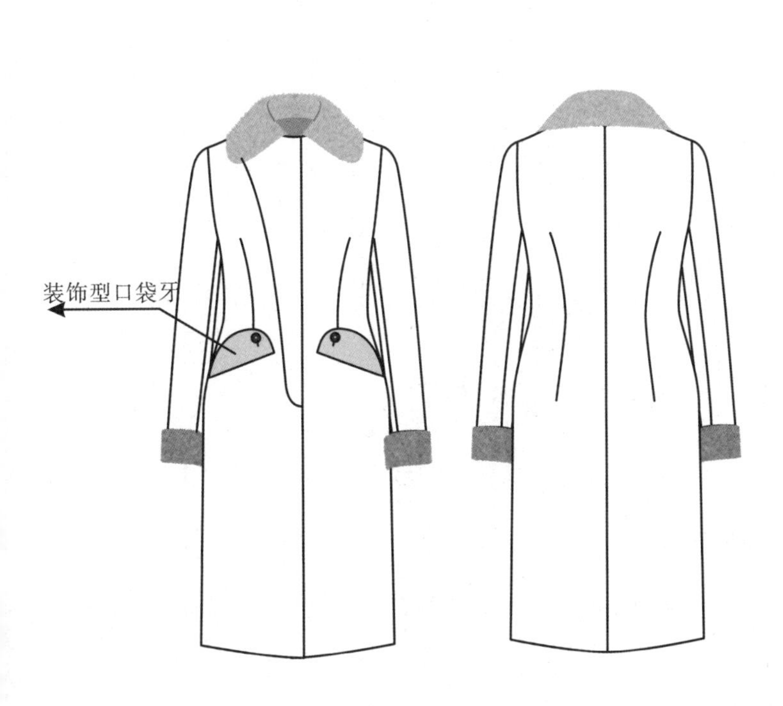

S型撞色装饰毛领长款大衣

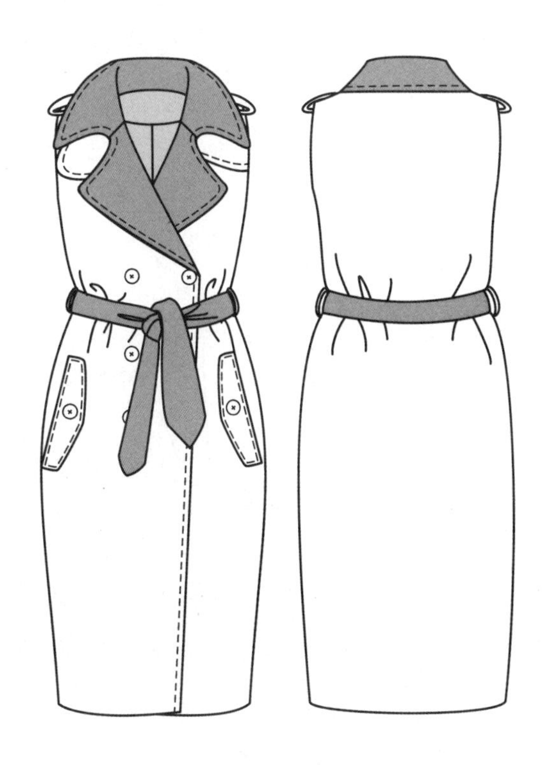

S型撞色翻驳领系腰带大衣

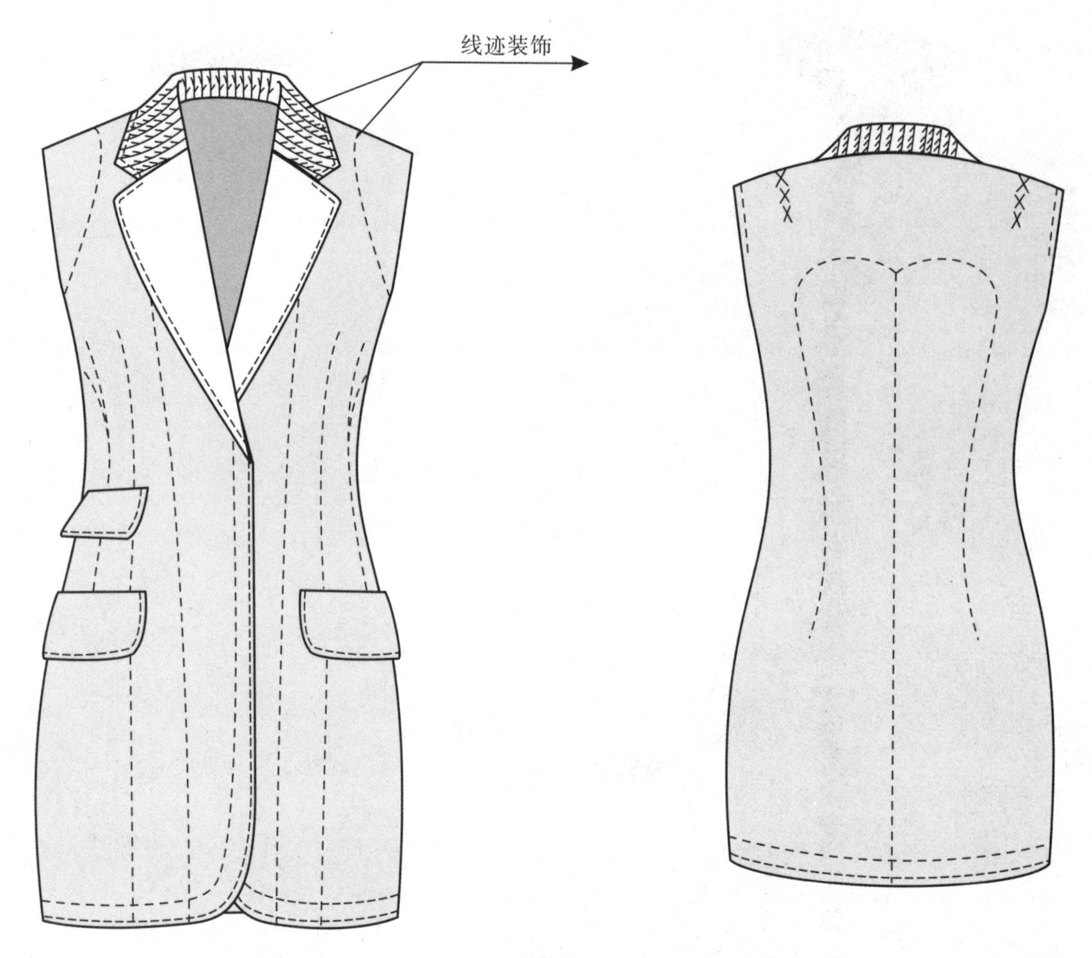

S型撞色翻驳领线迹装饰背心

S型腰部幼细带金属扣皮带胸口贴袋装饰中长大衣

S型腰部系带立驳两用领中长大衣

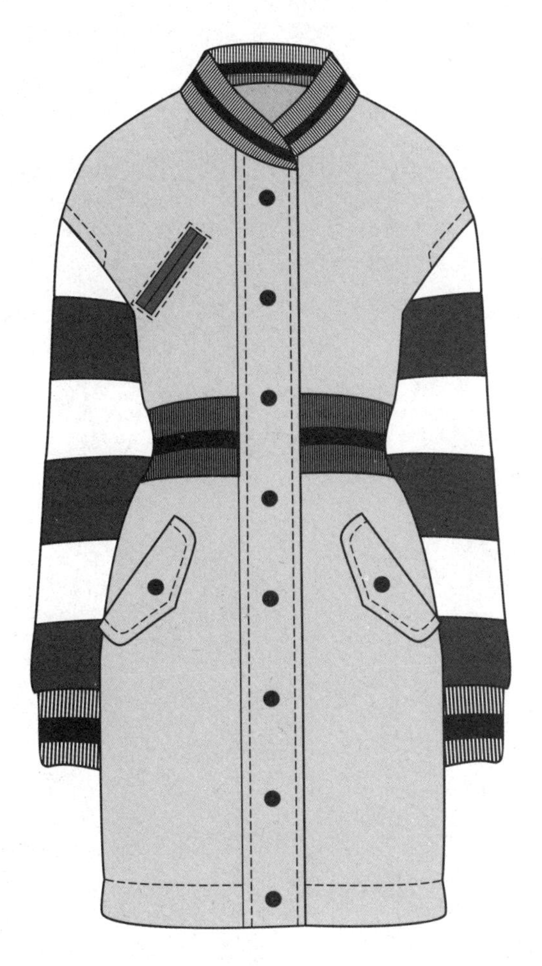

S型撞色螺纹束腰大衣

S型腰部幼细带金属扣皮带长大衣

S型腰部装饰扣枪驳领中长大衣

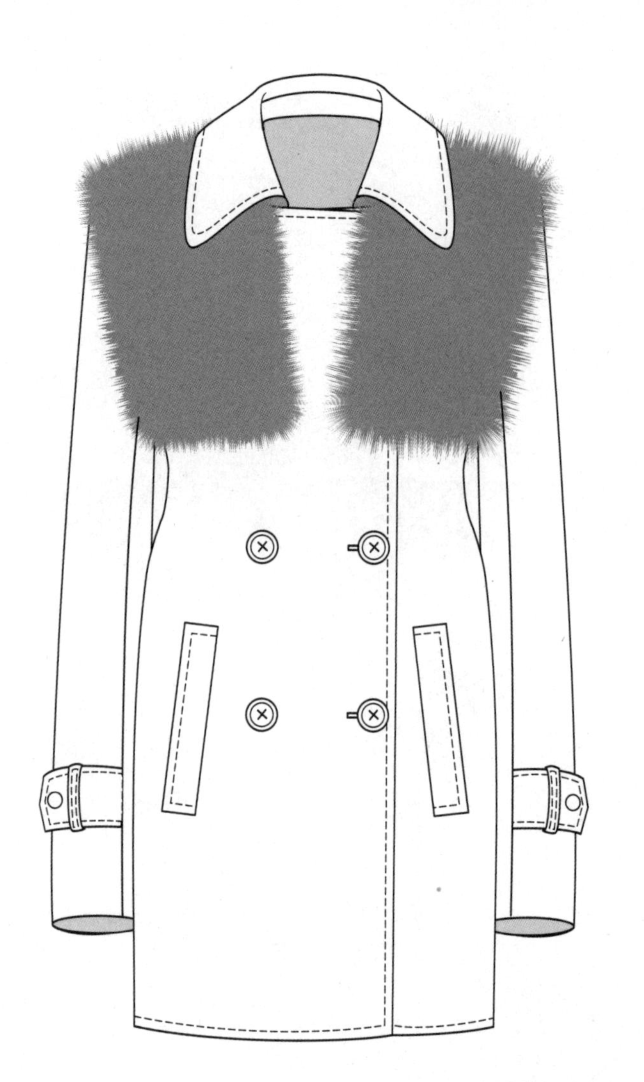

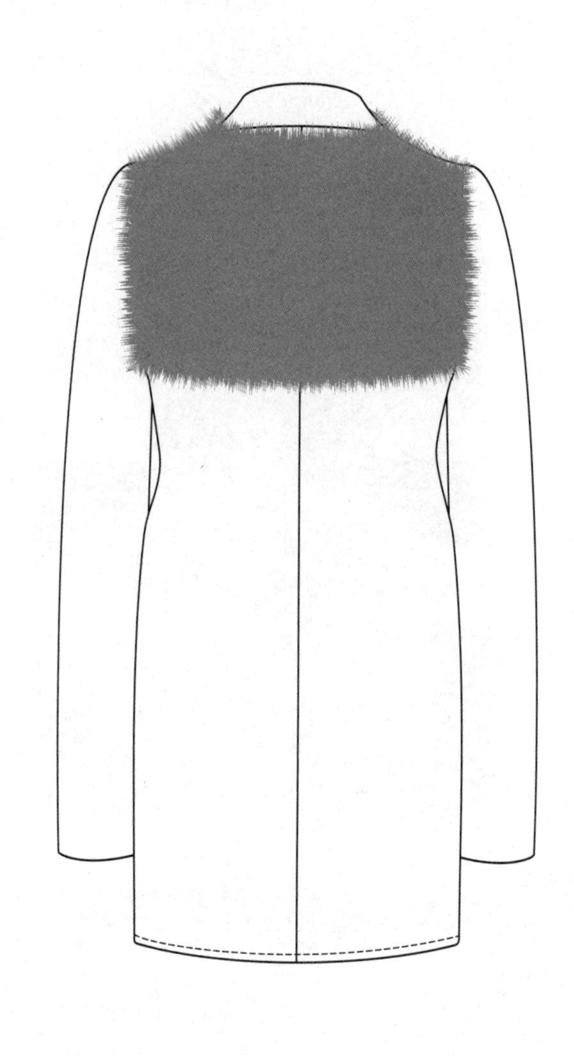

S型翻领胸襟后背毛料装饰大衣

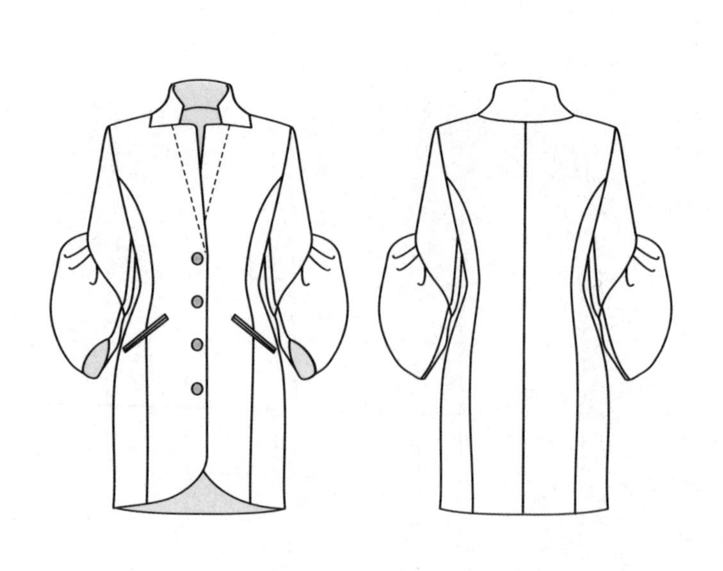

S型变化灯笼袖合体刀背线分割大衣

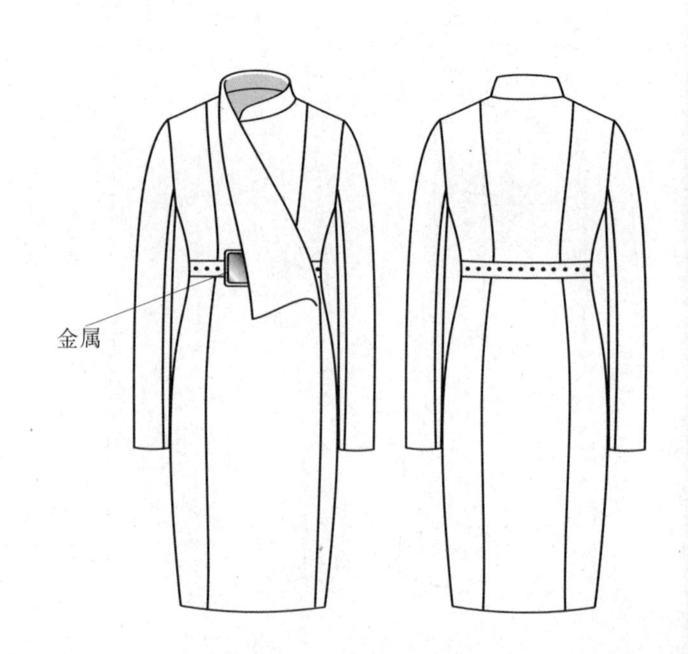

S型不对称领公主线分割合体大衣

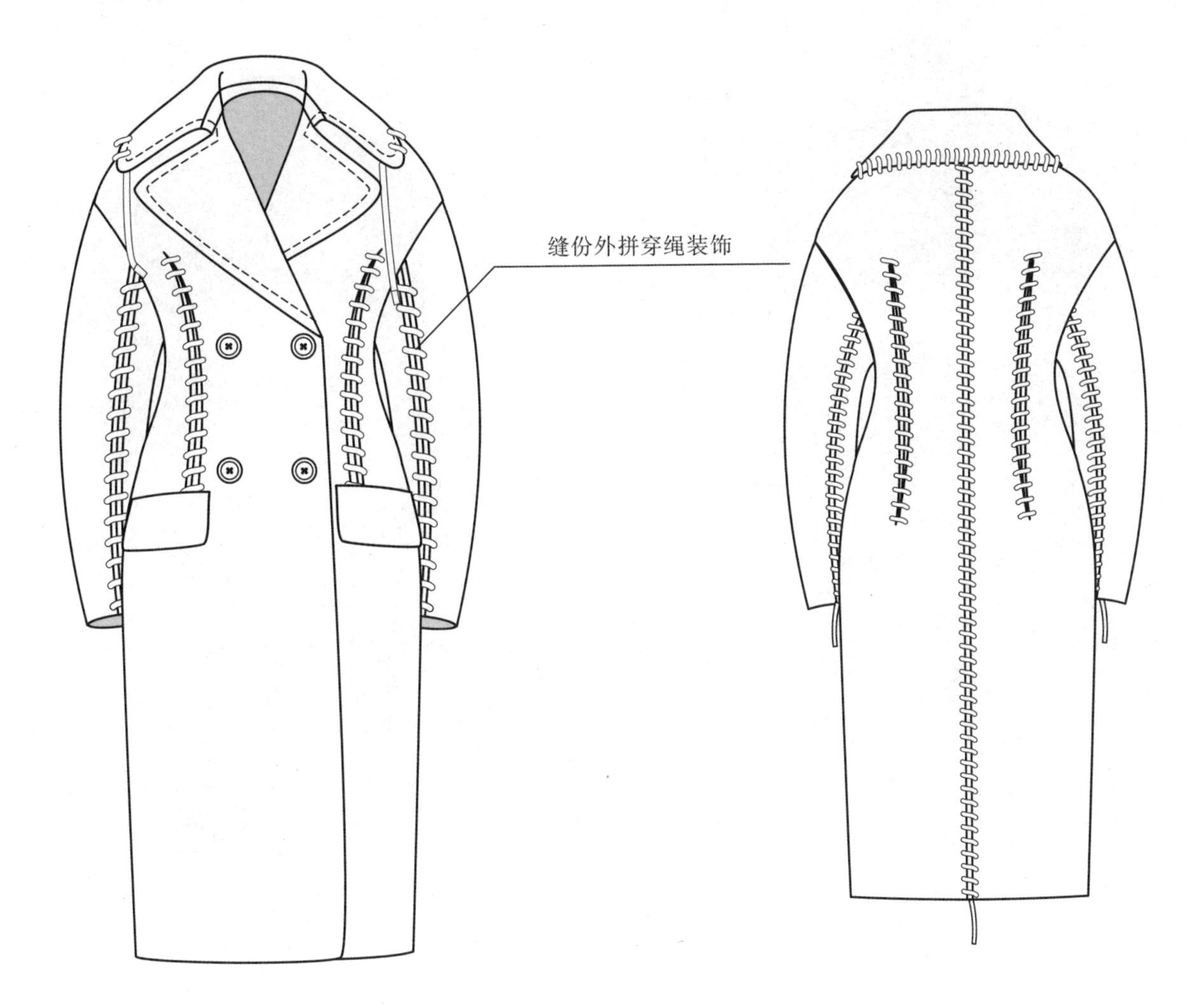

S型缝份外拼穿绳装饰大衣

S型高腰分割大衣

S型大驳领系腰带大衣

S型肩部镂空大衣

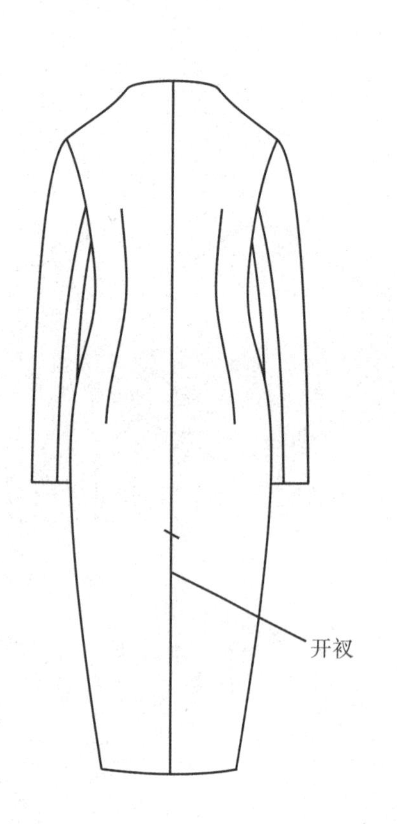

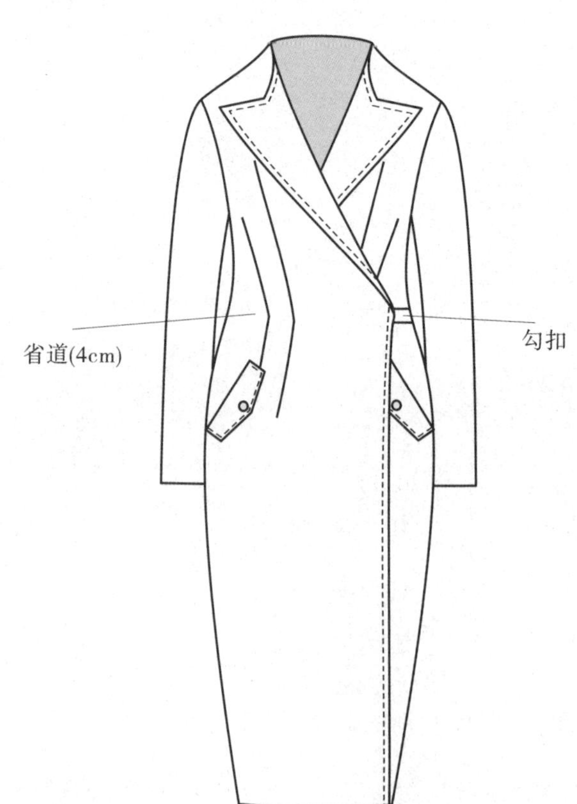

S型合体变化西装领大衣

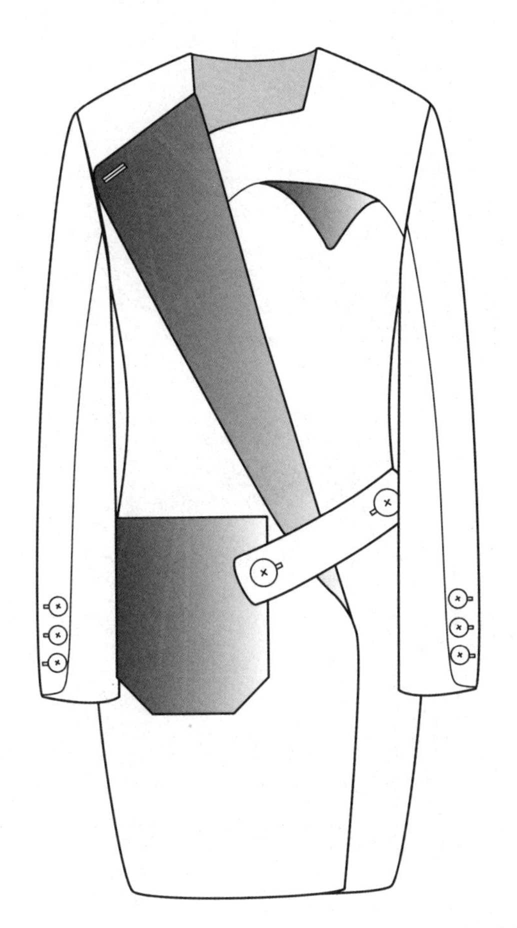
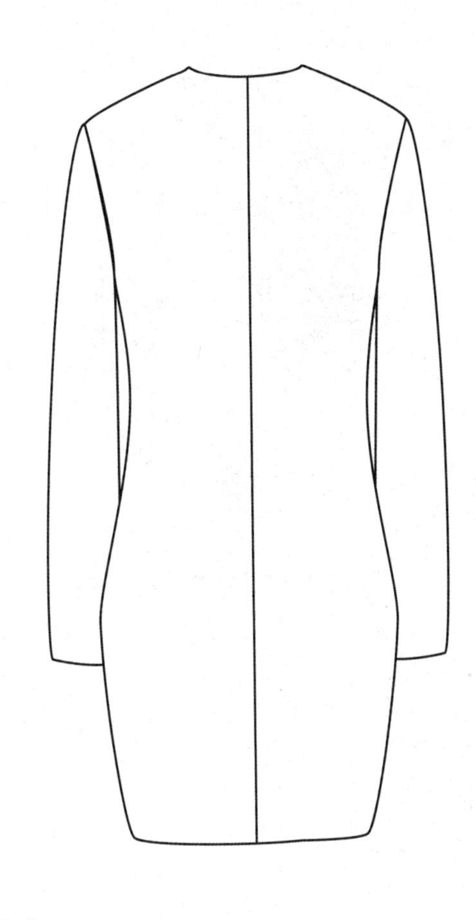

S型皮料不对称装饰大衣

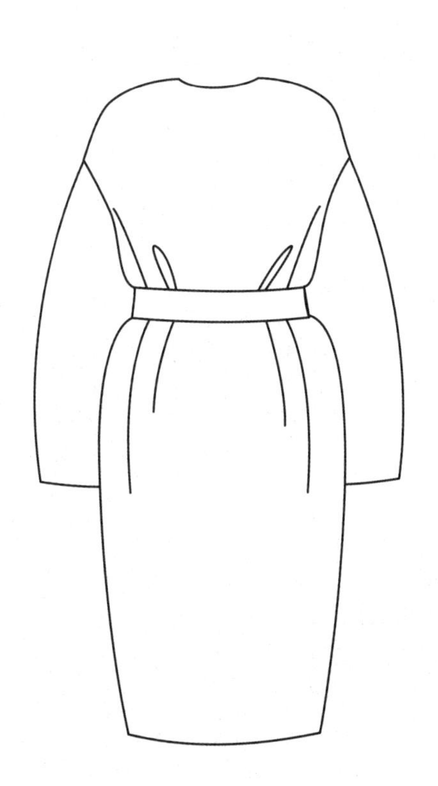

S型束腰阔袖大衣

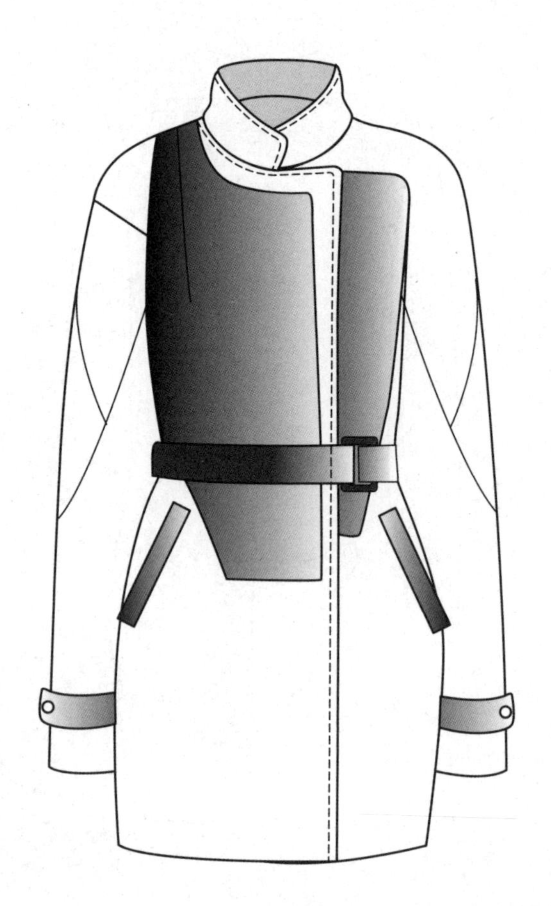
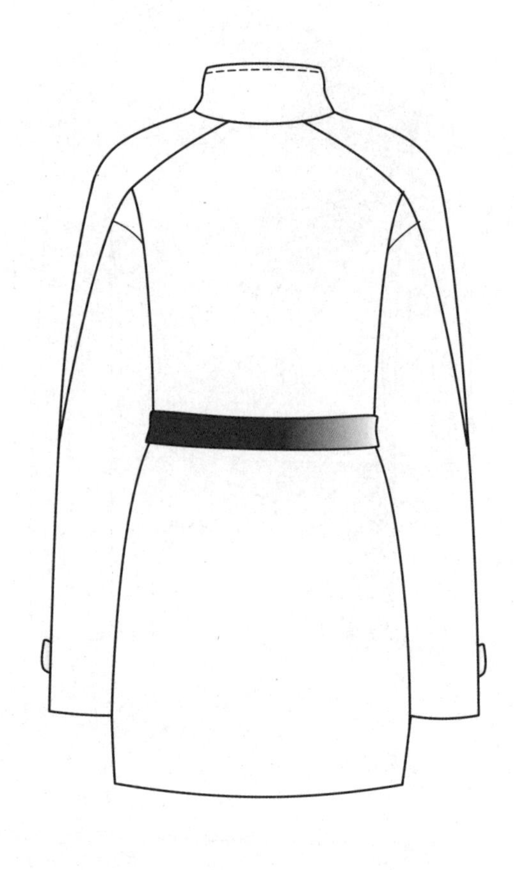

S型皮料装饰大衣

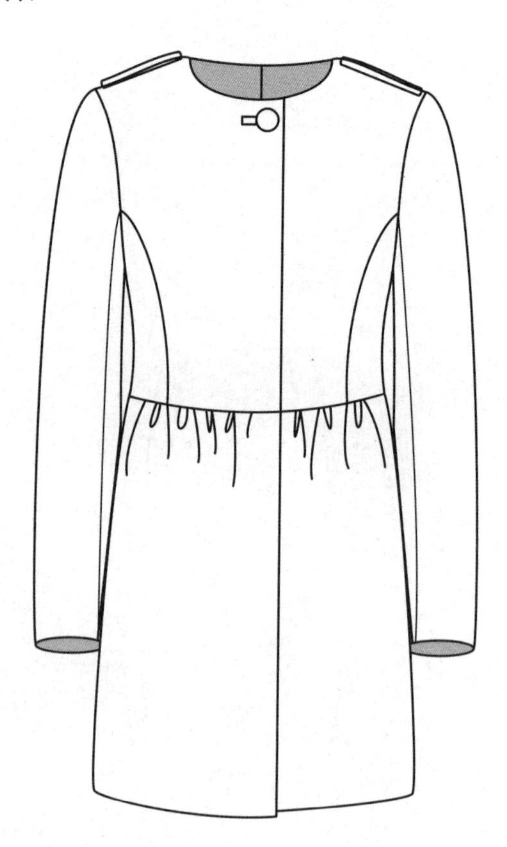

S型腰部碎褶无领大衣

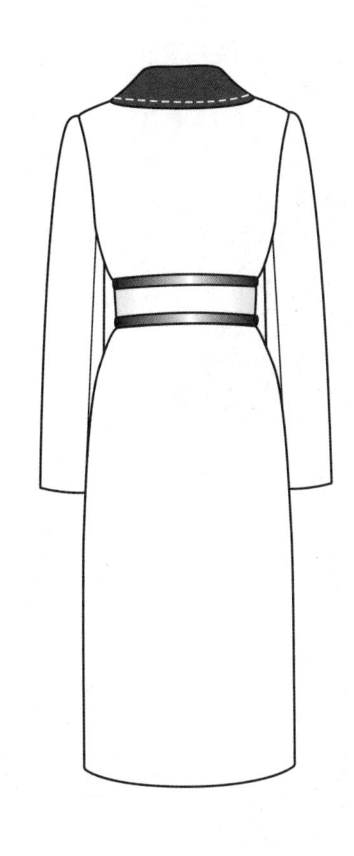

S型长款束腰撞色领大衣

S型细带西装领长款大衣

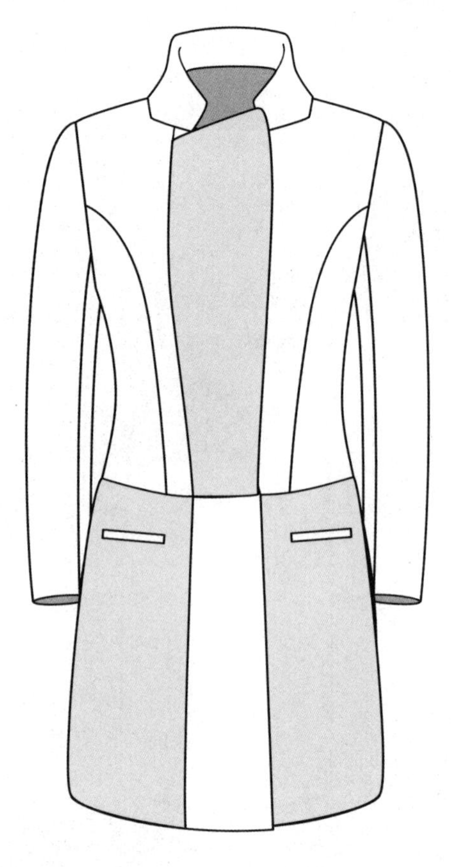
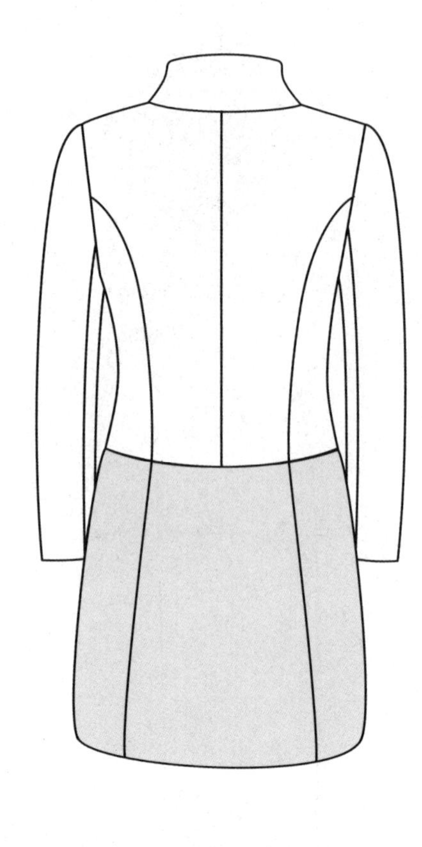

S型立领拼色中长大衣

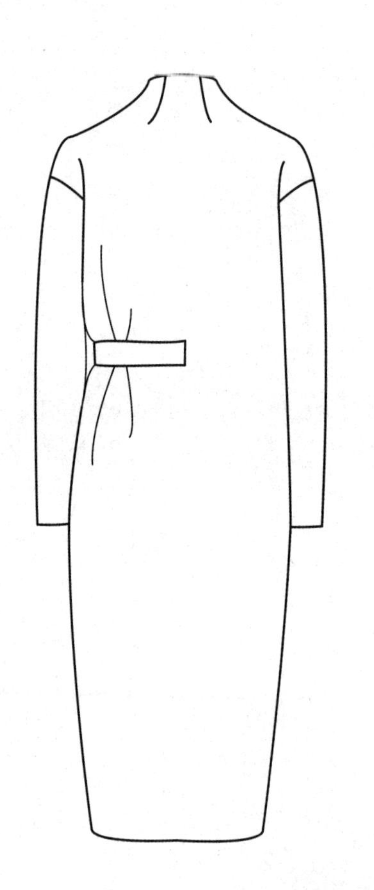
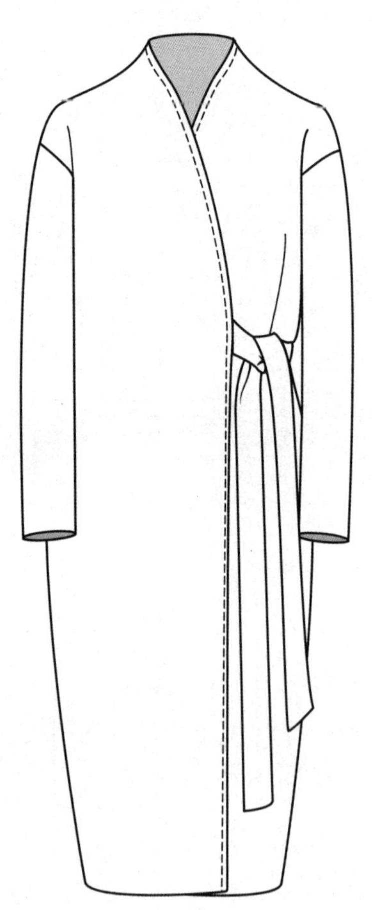

S型连身领束腰大衣

第六章

款式图设计
（X型）

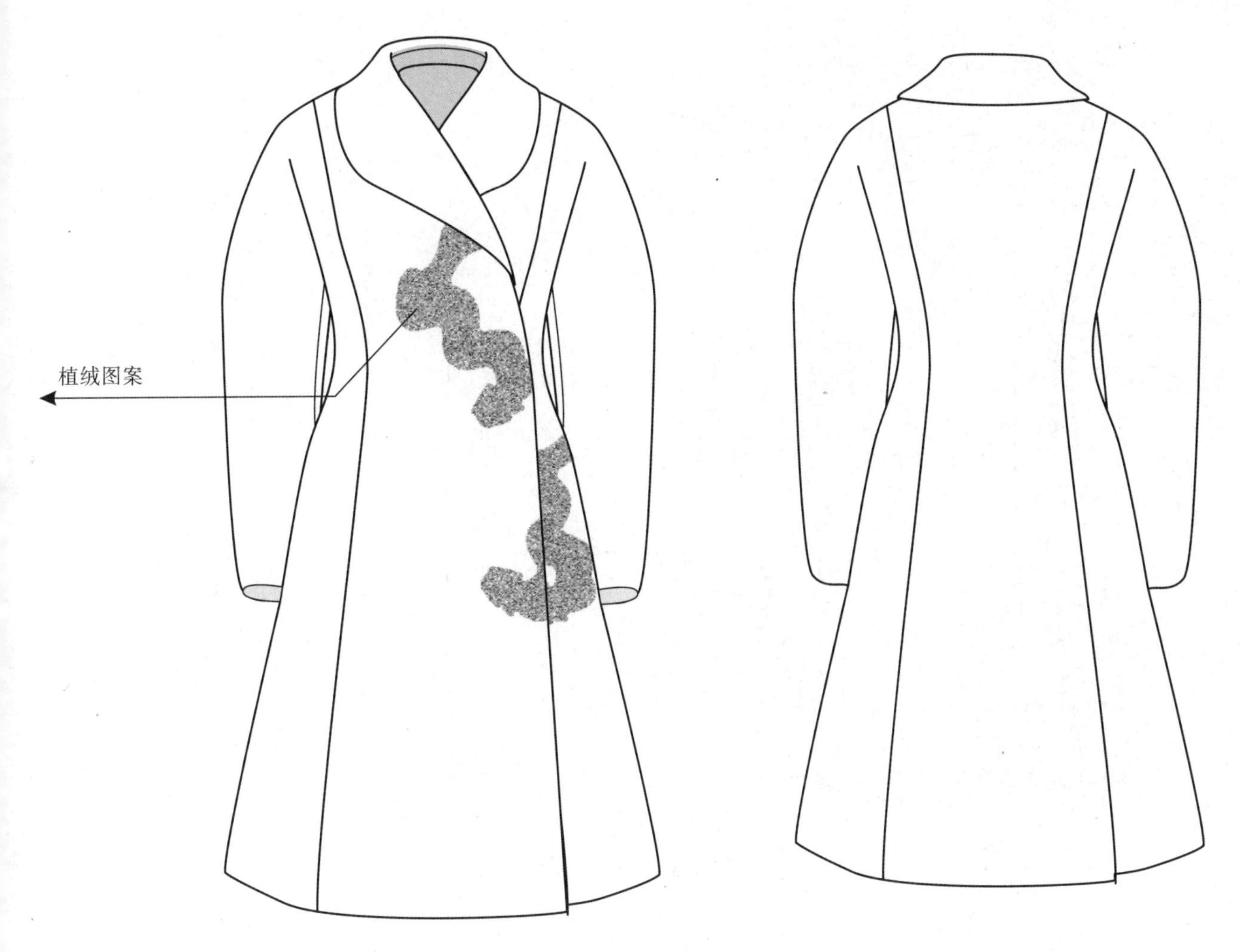

X型大翻领植绒图案装饰大衣

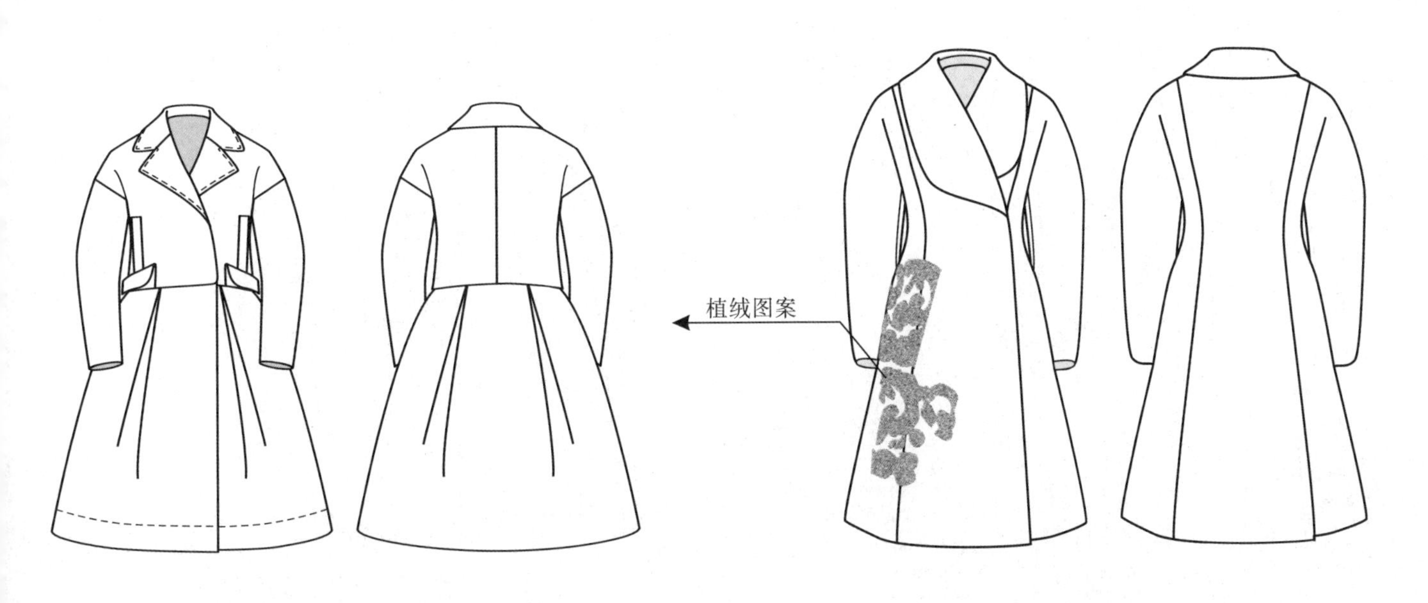

X型落肩翻驳领中长大衣

X型大翻领植绒花卉装饰大衣

X型V领袖子有口袋装饰大衣

X型V领单颗扣大衣

X型双排扣长大衣

X型波浪裙摆腰部系带装饰大衣

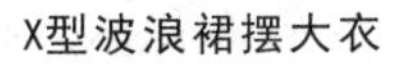

X型波浪裙摆大衣

X型V领系腰带大衣

X型驳领装饰分割大衣

X型插肩短袖系腰带小圆翻领大衣

X型插肩袖半肩育克袖

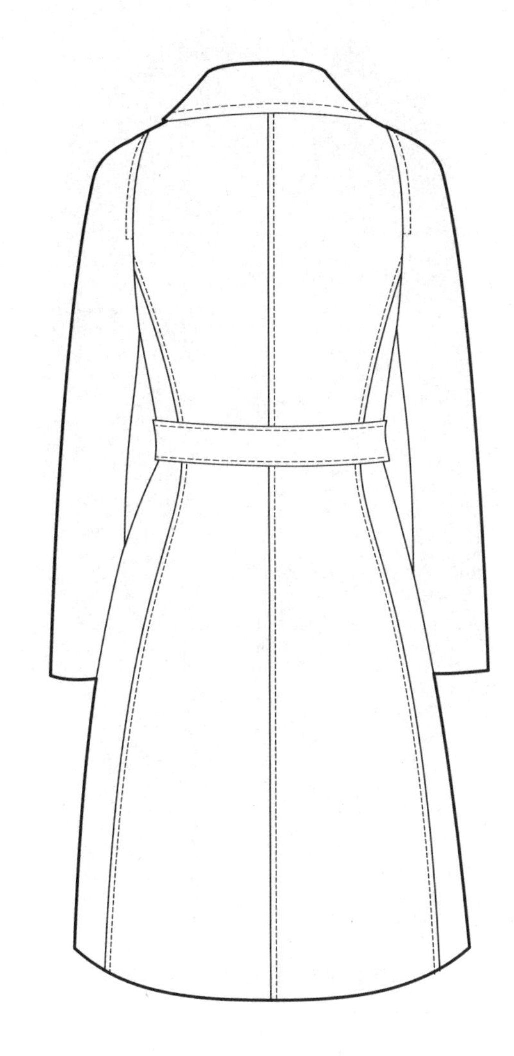

X型不对称设计大衣

X型插肩袖大衣

X型垂领连帽罗口系带大衣

X型插肩袖系腰带撞色风衣

X型大翻驳领大摆大衣

X型大翻驳领大口袋大衣

X型大驳领束腰设计女大衣

X型大翻驳领大衣

X型大翻驳领带腰襻大衣

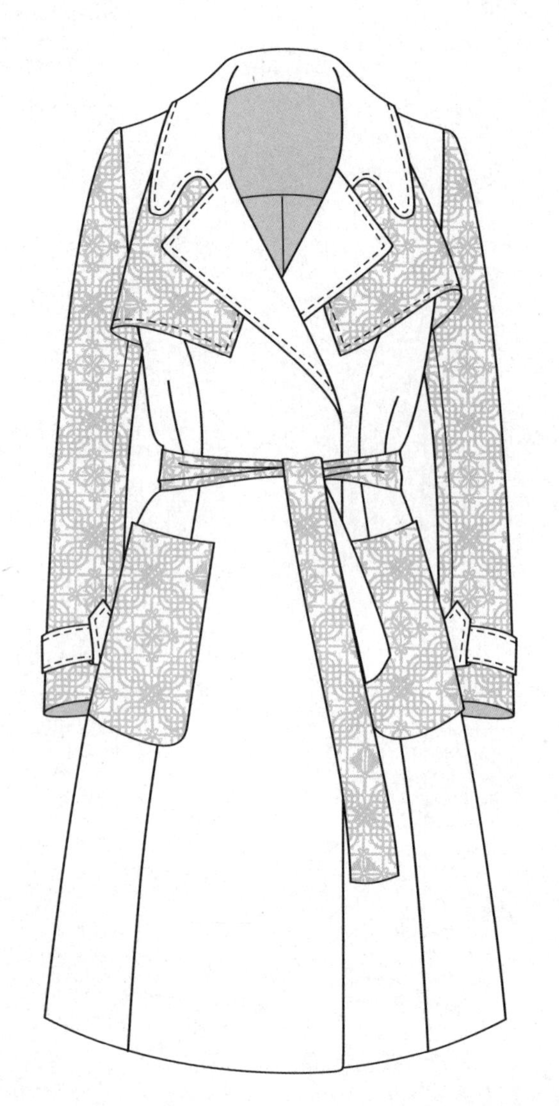

X型大翻驳领拼花系腰带大衣

X型大翻驳领双排扣大口袋大衣

X型大翻驳领单排扣大衣

X型大翻驳领拼色系腰带大衣

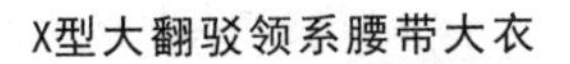

X型大翻驳领系腰带大衣

X型大翻驳领双排扣大衣

X型大翻驳领系腰带大衣

X型大翻驳领系腰带长大衣

X型大翻驳领系腰带大衣

X型大翻驳领镶边装饰大衣

X型大翻领单排扣纵向分割大衣

X型大翻领横向分割大衣

X型大翻驳领衣摆长流苏装饰大衣

X型大翻领双排扣大衣

X型大翻领系腰带大衣

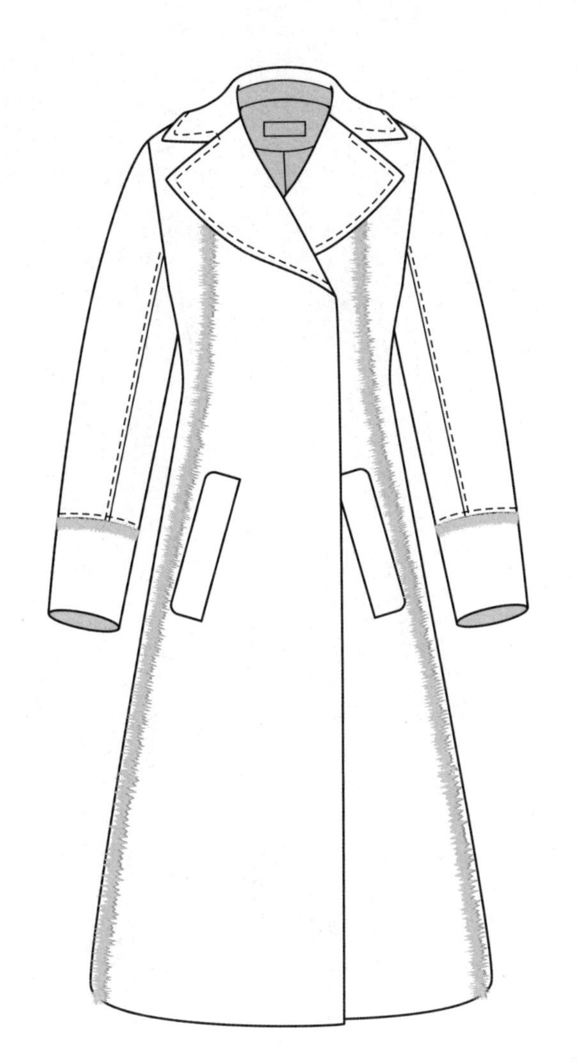
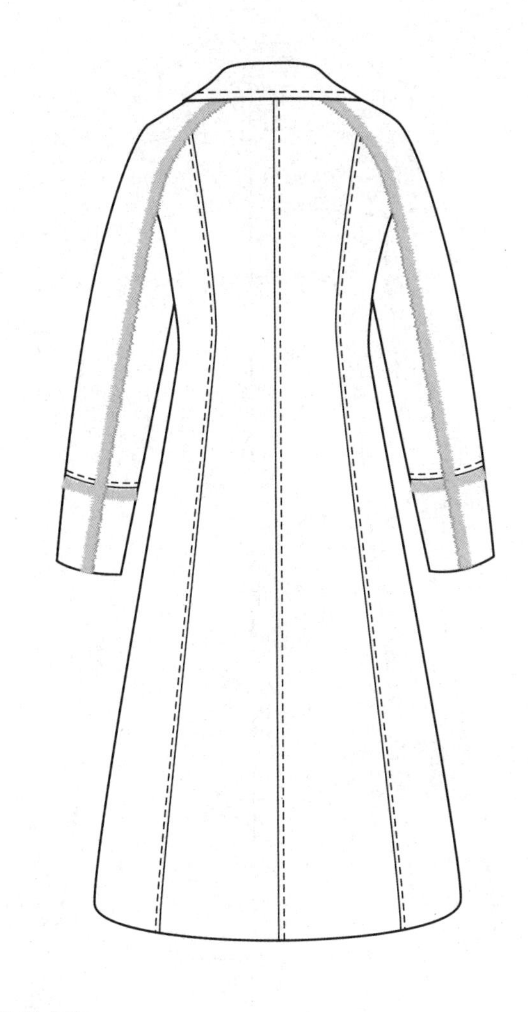

X型大翻驳领纵向分割大衣

X型大翻毛领装饰扣大衣

X型带披肩简洁大衣

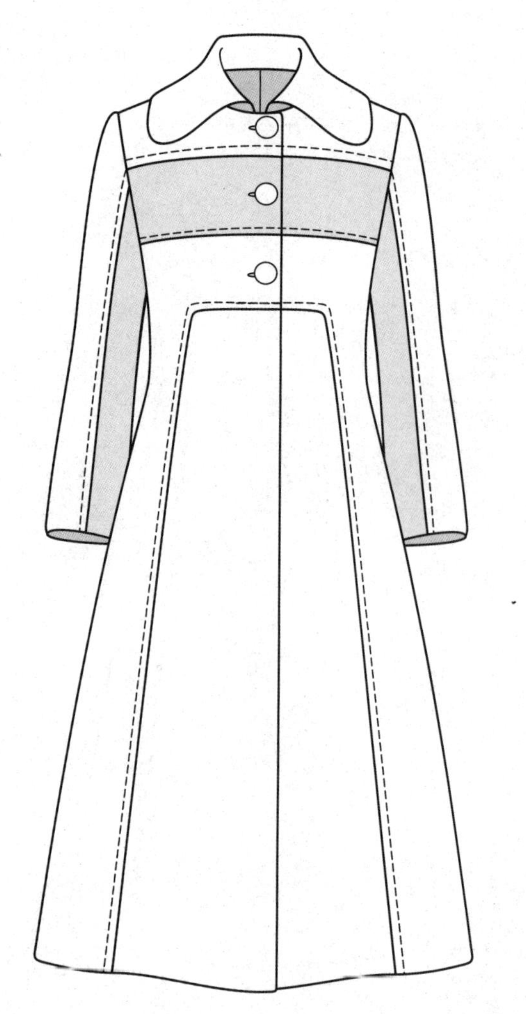
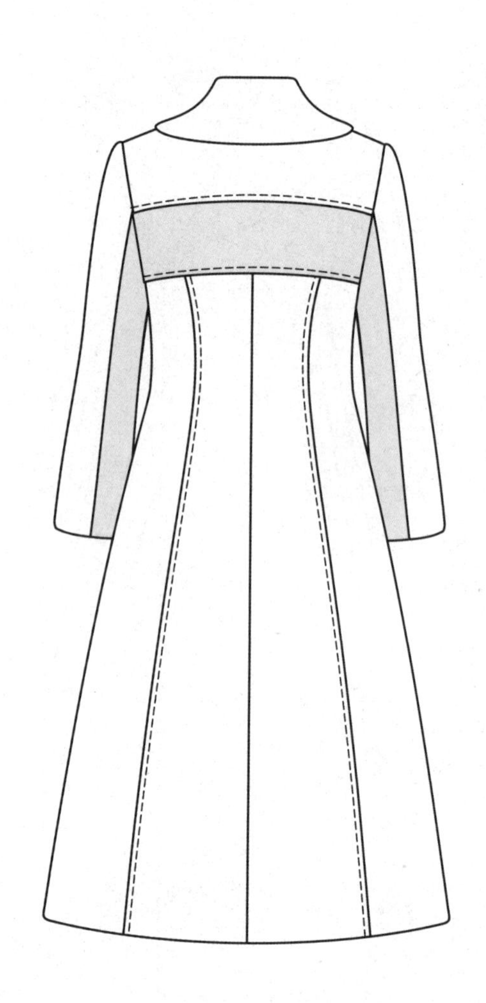

X型带披肩简洁大衣

X型单排扣镶边大衣

X型翻驳领波浪底摆式大衣

X型大翻领系腰带大衣

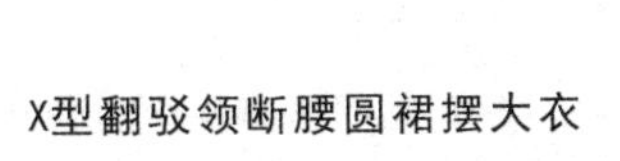

X型翻驳领断腰圆裙摆大衣

X型翻驳领刀背分割鱼尾摆大衣

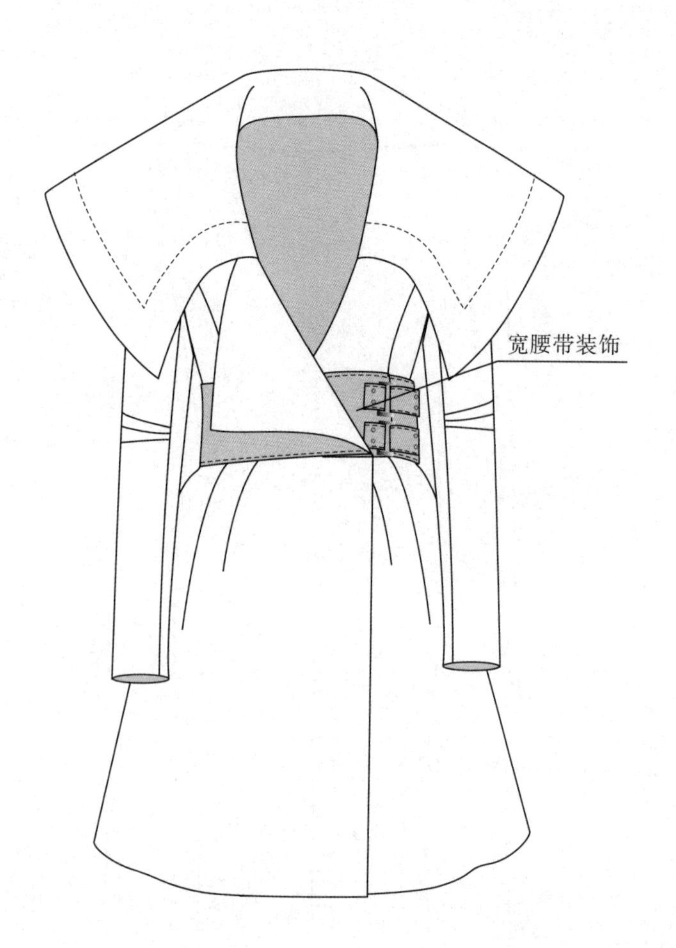

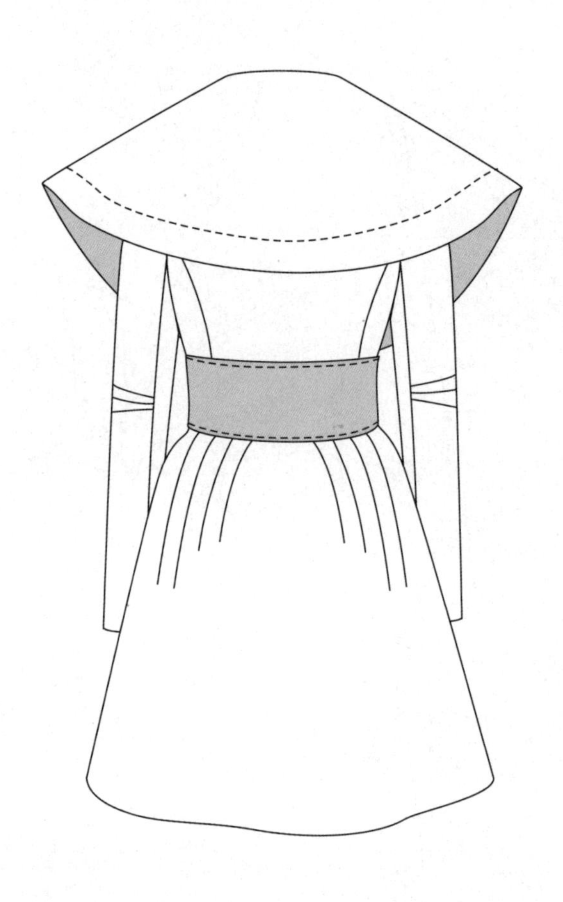

X型大翻领腰带装饰大衣

X型翻驳领个性分割大衣

X型翻驳领绗缝装饰腰带风衣

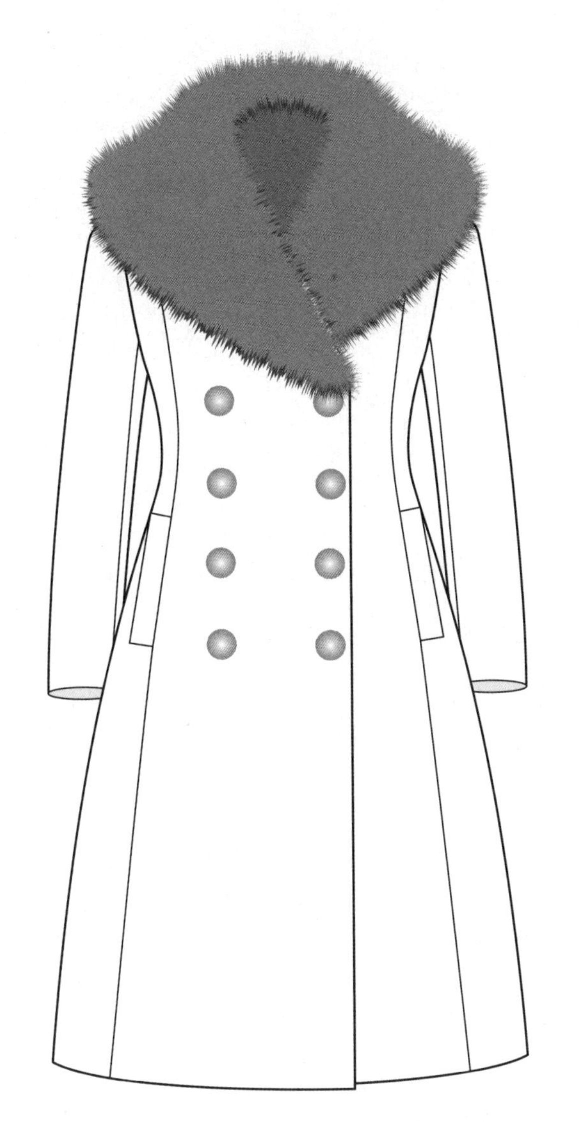

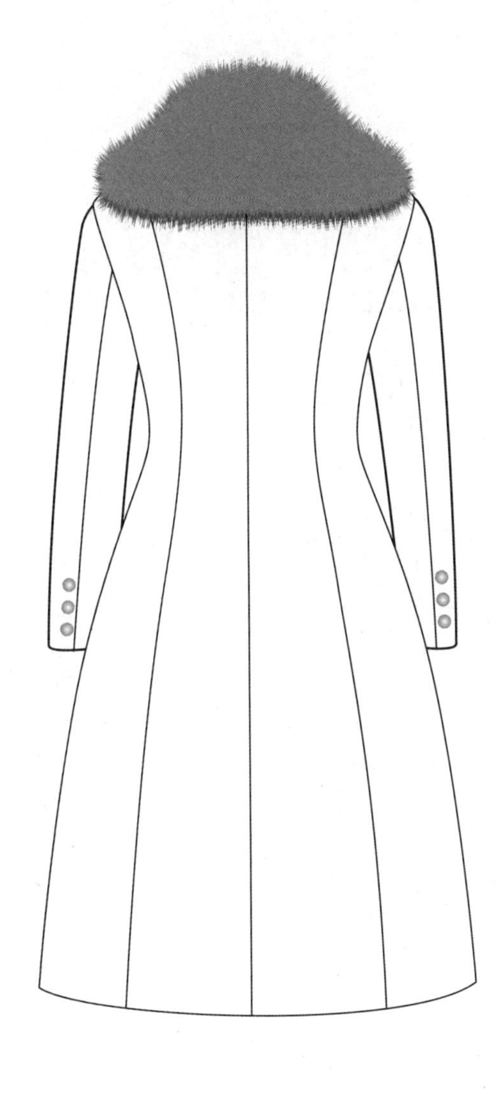

X型大翻毛领双排扣大衣

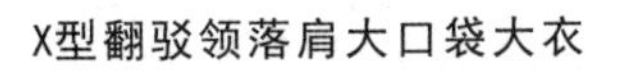

X型翻驳领落肩大口袋大衣

X型翻驳领流苏装饰大衣

X型大翻毛领装饰扣大衣

X型翻驳领双排扣大摆大衣

X型翻驳领束腰大衣

X型大裙摆大衣

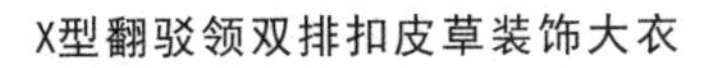

X型翻驳领双排扣皮草装饰大衣

X型翻驳领无袖大衣

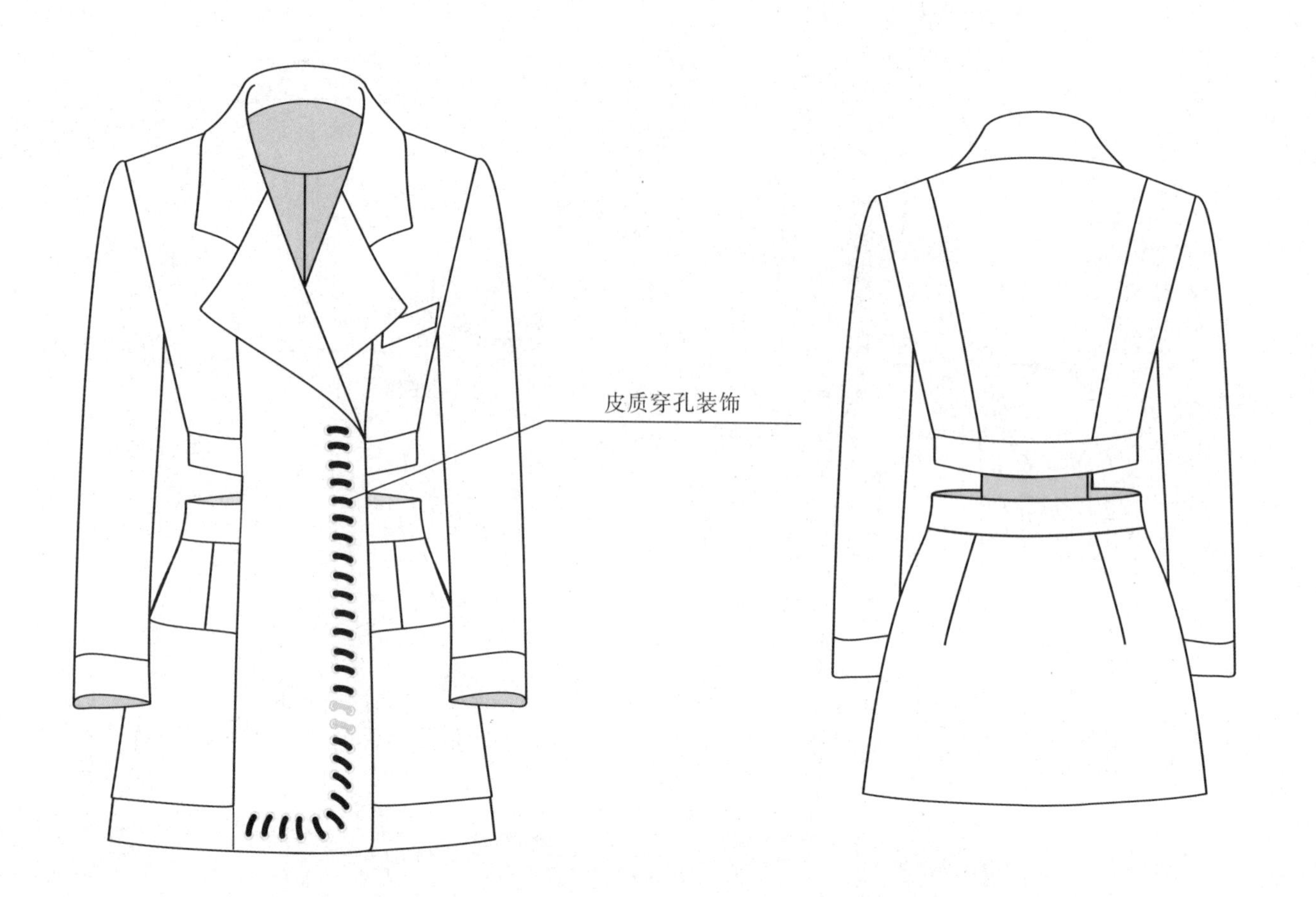

X型断腰两件式大衣

X型翻驳领系带可反袖分割大衣

X型翻驳领系腰带装饰大衣

X型翻驳领系腰带大袖口长大衣

X型翻驳领装饰大衣

X型翻驳领纵向多分割大衣

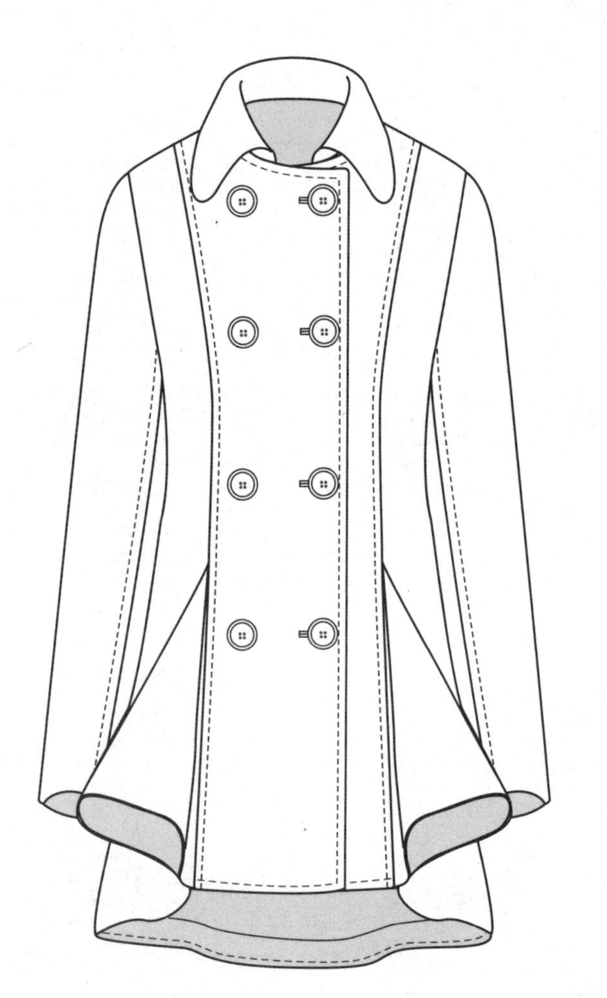
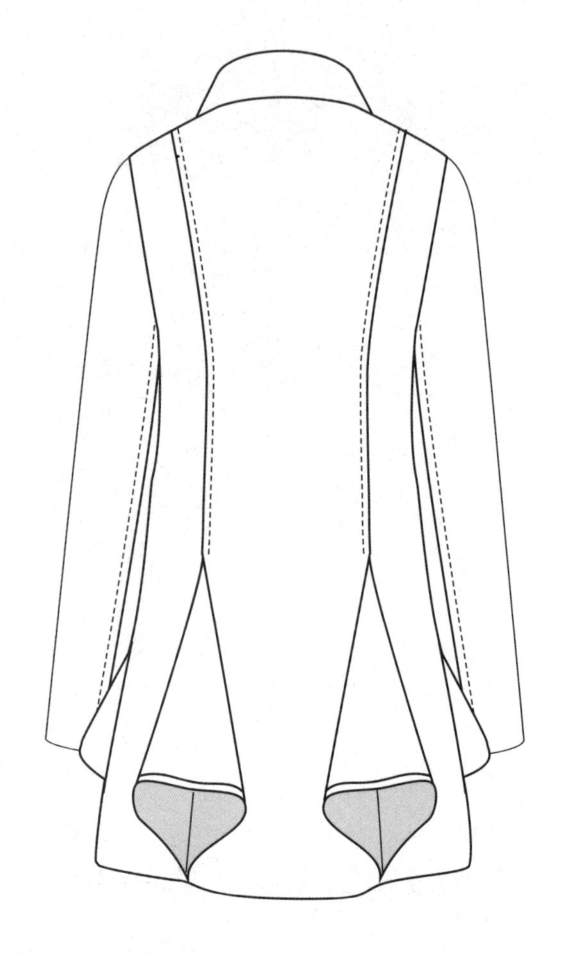

X型翻领双排扣大衣

X型翻领灯笼波浪大衣

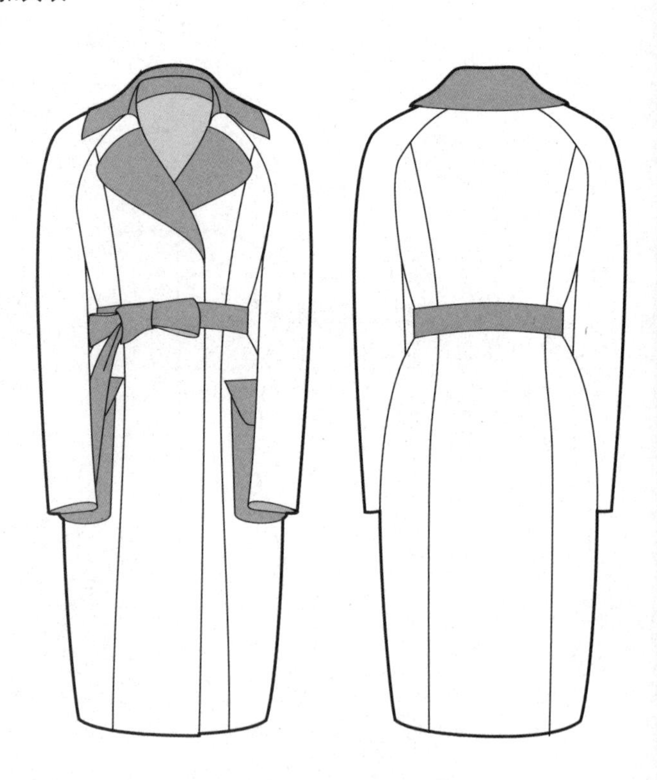

X型翻领插肩袖系腰带拼色大衣

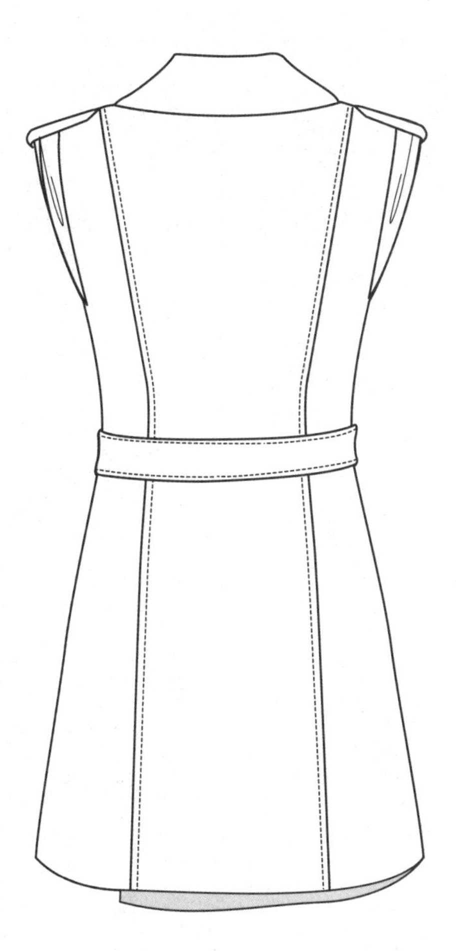

X型翻领系带肩襻双排扣盖袖大衣

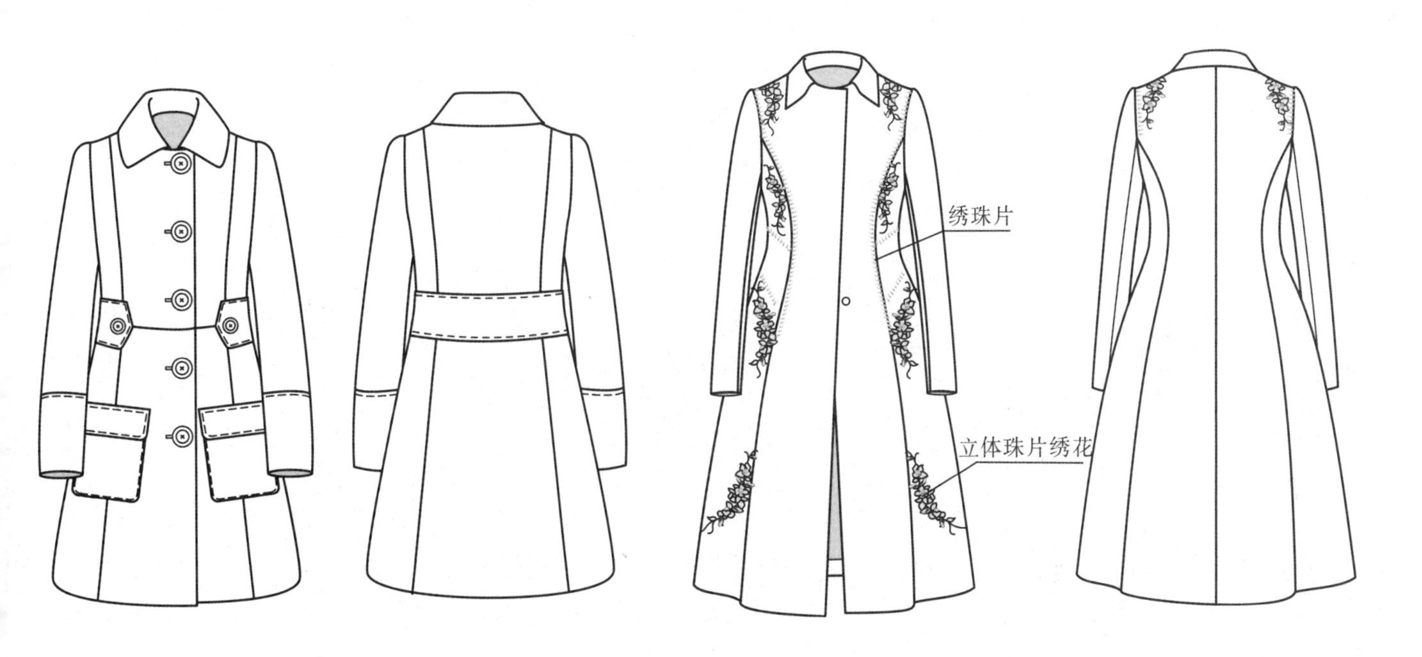

X型翻领大贴袋带腰襻大衣

X型翻领立体珠片装饰大衣

X型翻领系腰带短袖大衣

X型翻领双排扣腰部褶裥大衣

X型翻领双排扣中长大衣

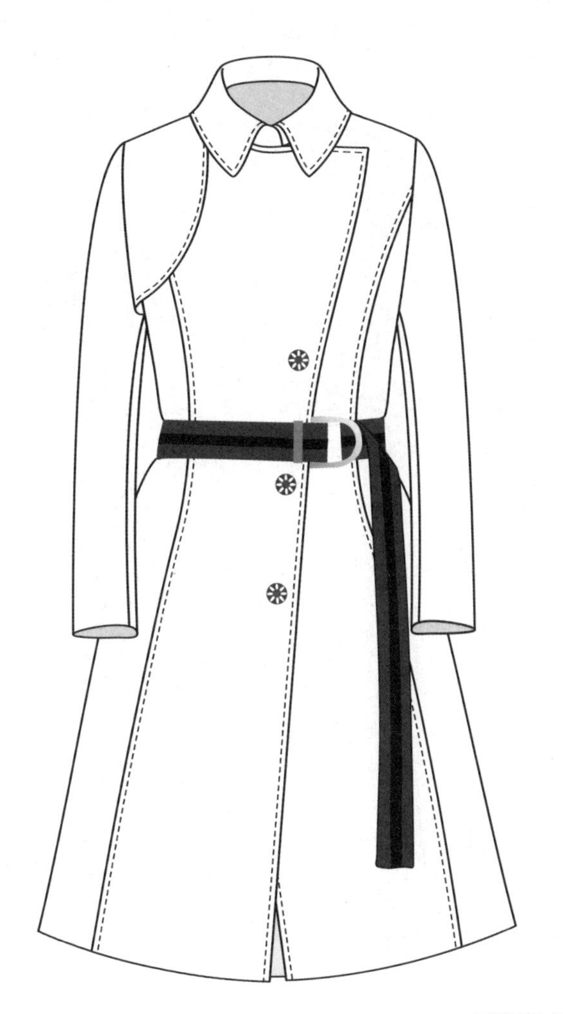
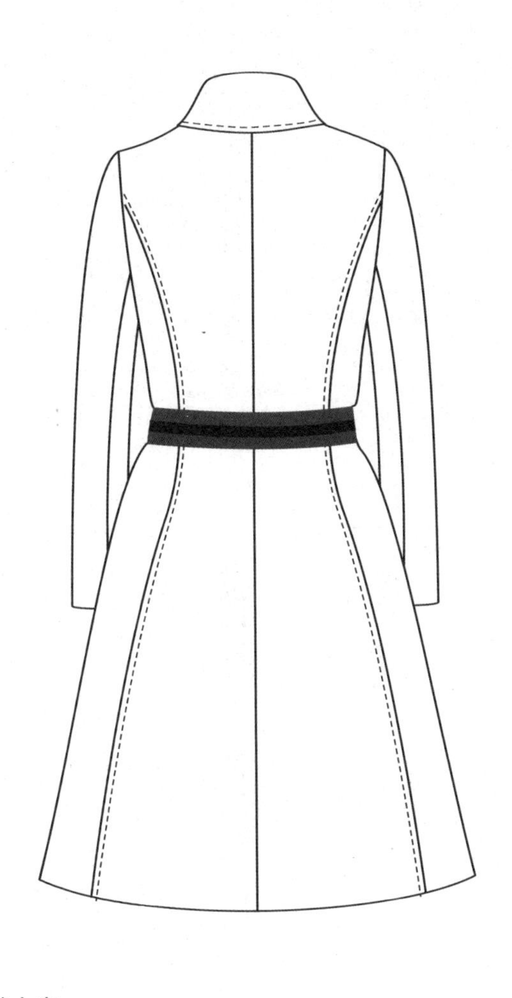

X型翻领斜襟系腰带大衣

X型翻领装饰扣系腰带大衣

X型翻领纵向分割假两件大衣

X型翻领袖子上装饰口袋大衣

X型分割女外套

X型分割大衣

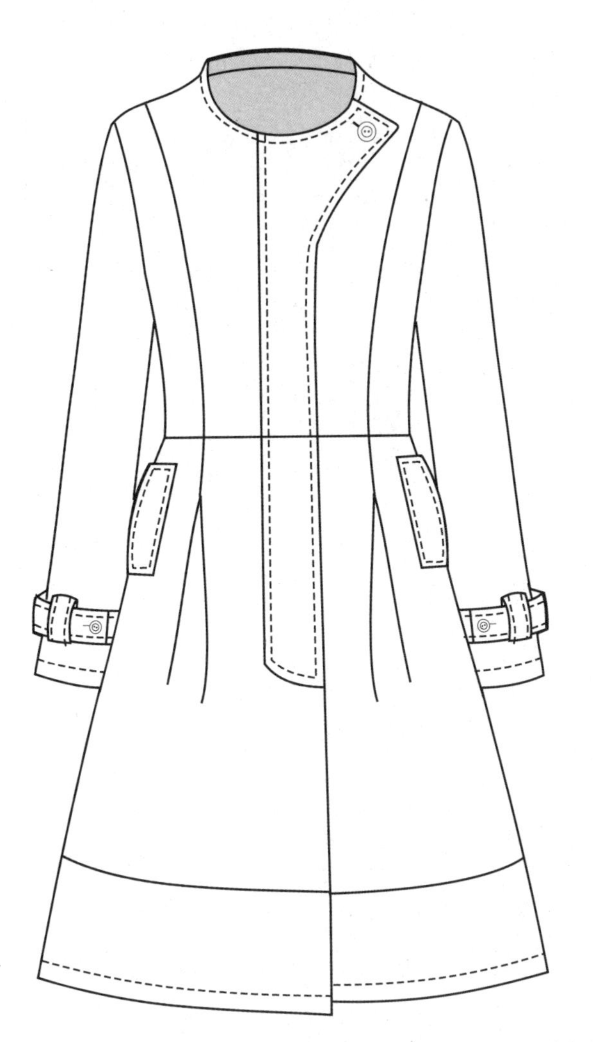

X型分割无领长大衣

X型分割装饰风衣

X型分割系带装饰大衣

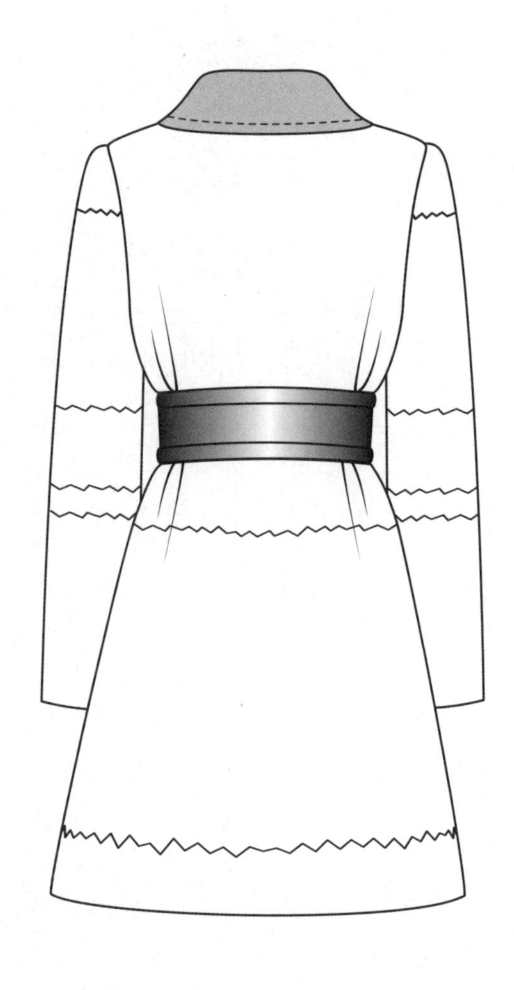

X型宽腰封装饰大衣

X型里领系腰带连短袖装饰大衣

X型立翻驳领纵向分割大衣

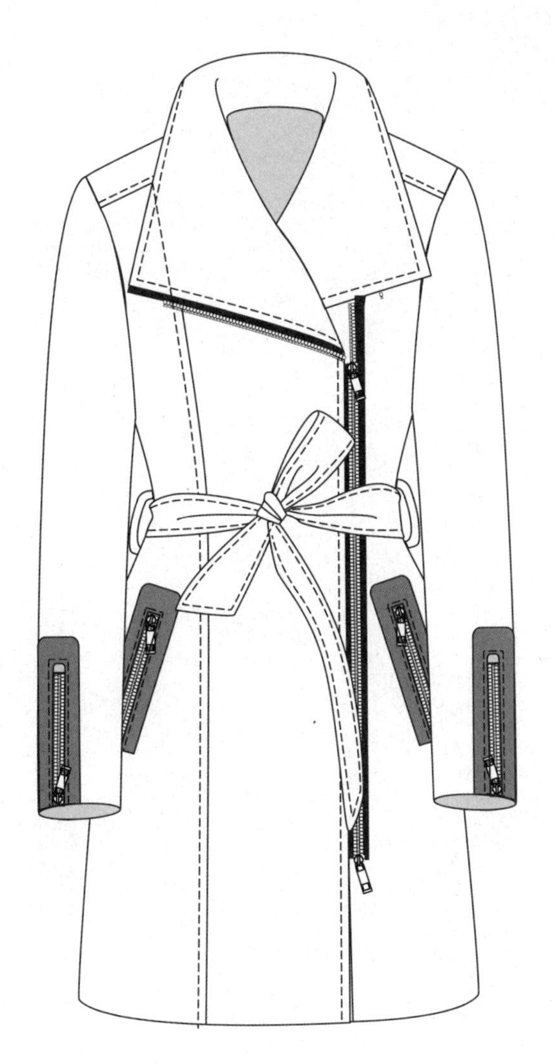

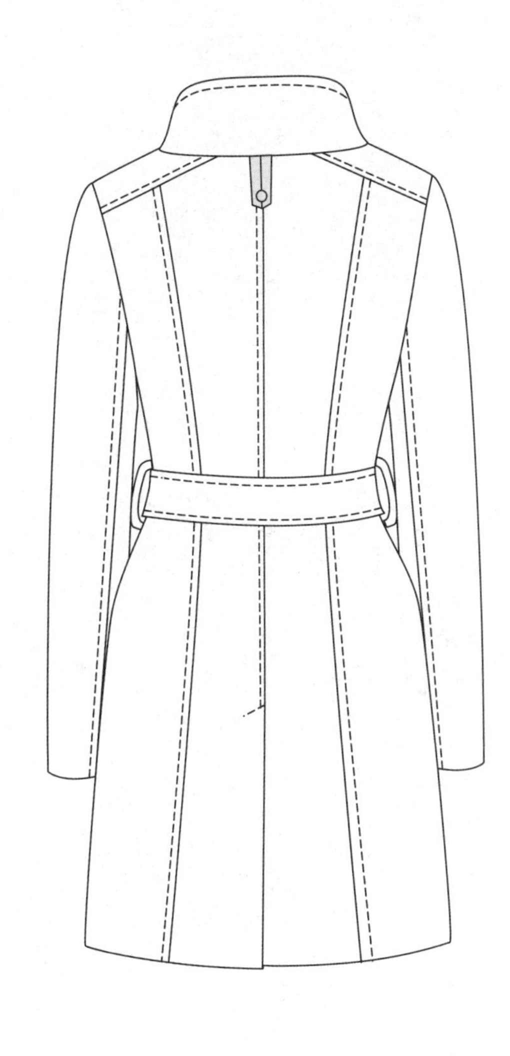

X型立翻领拉链装饰风衣

X型立领刀背线分割大衣

X型立领刀背线分割大衣

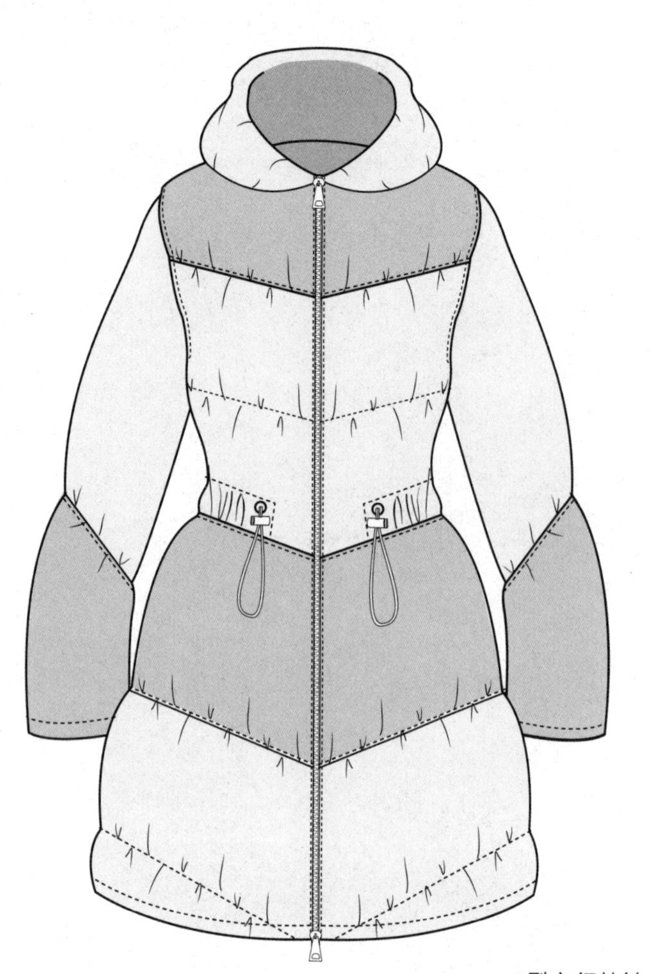

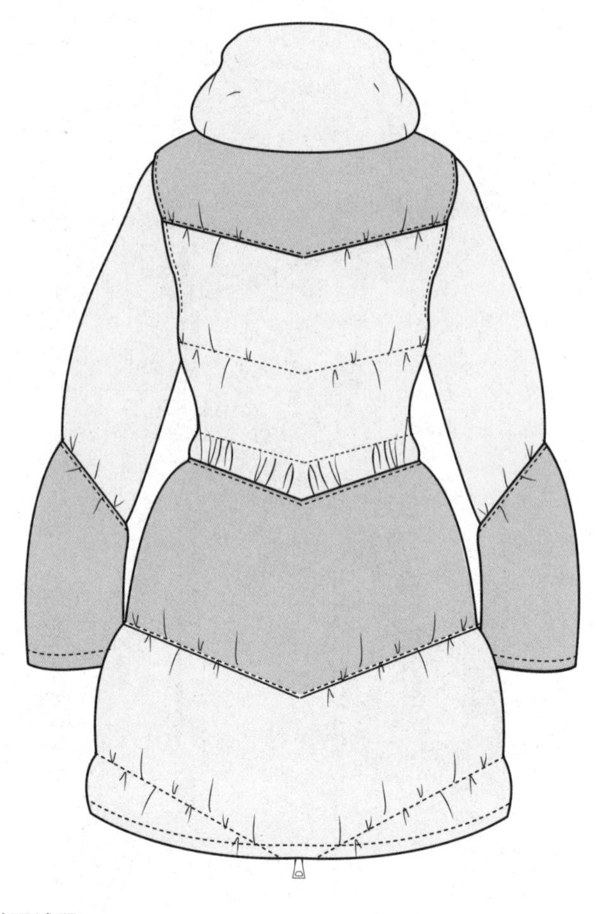

X型立领抽皱分割羽绒服

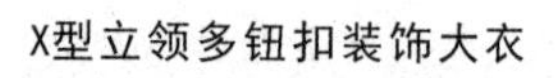

X型立领多钮扣装饰大衣

X型立领分割系带装饰大衣

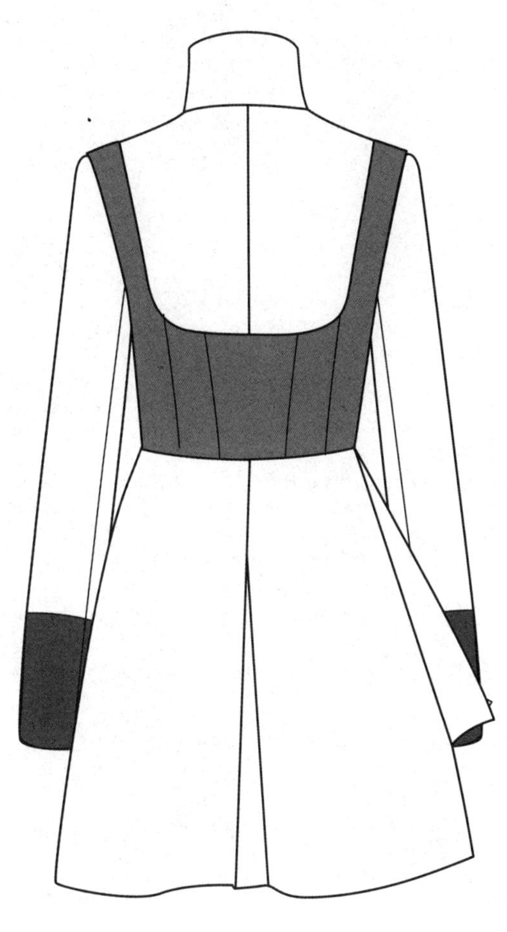

X型立领双排扣不对称摆大衣

X型立领双排扣大衣

X型立领假两件式大衣

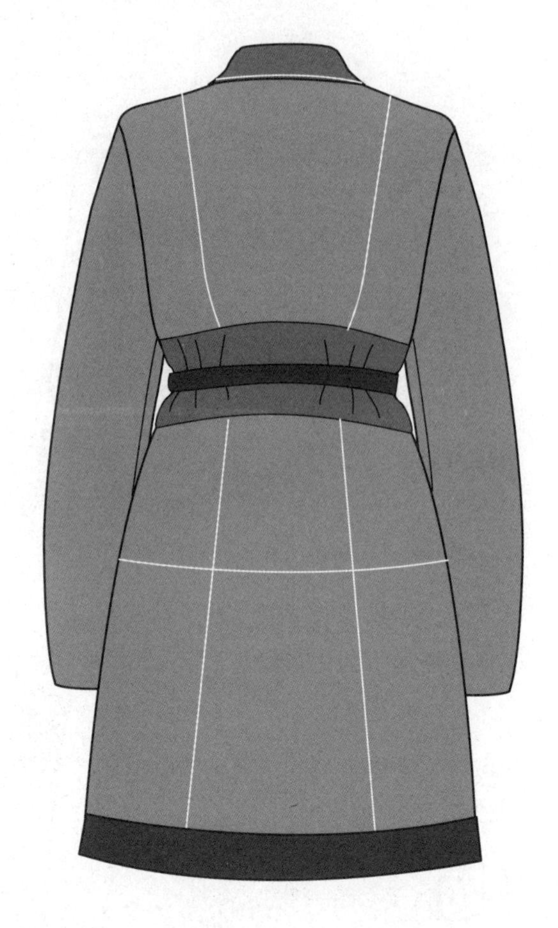

X型立领腰部装饰大衣

X型立领双排扣刀背线分割大衣

X型立领系腰带大衣

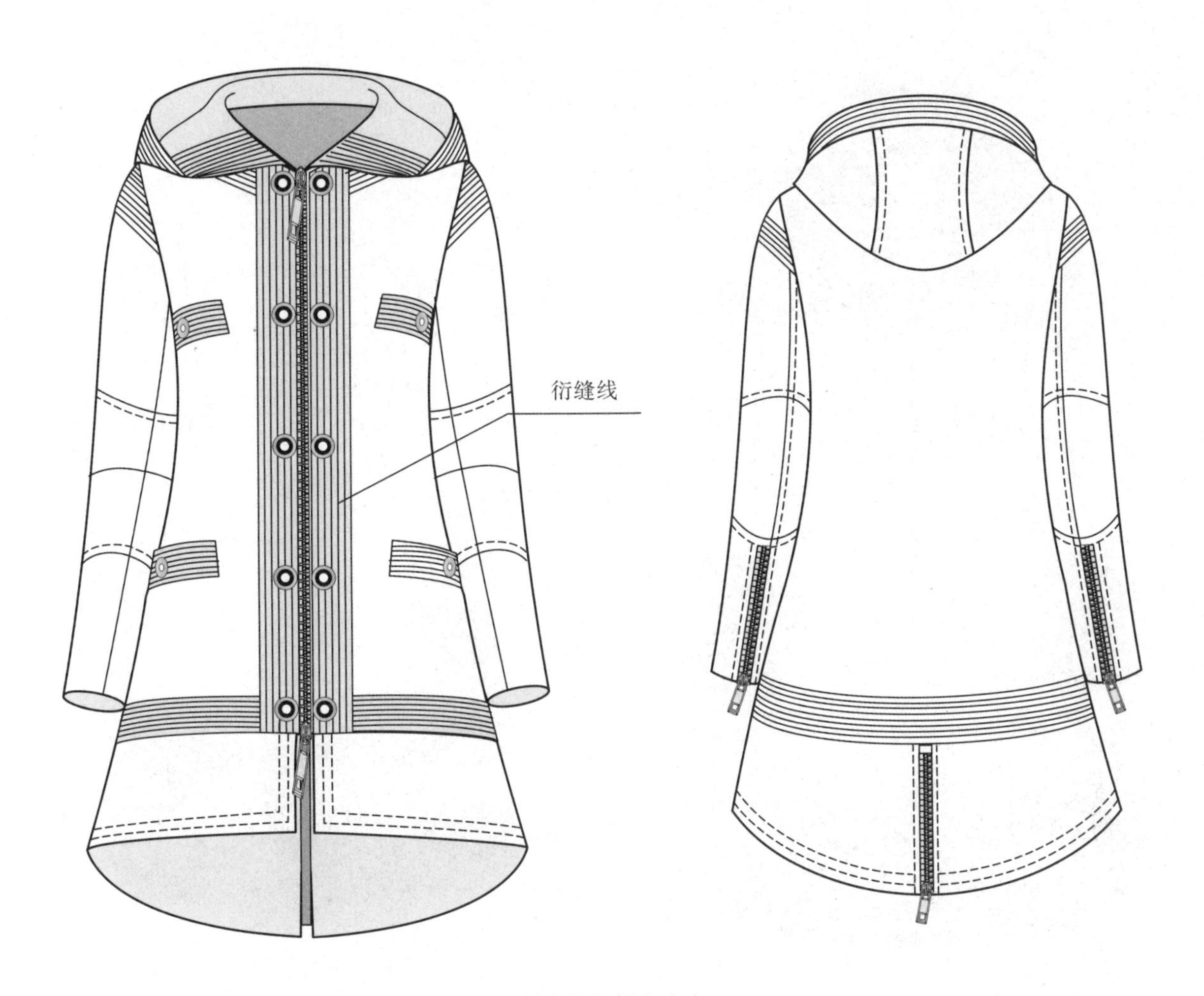

X型连帽领拼色大衣

X型立领系腰带大衣

X型连短袖腰部抽皱大衣

X型流苏带毛料装饰大衣

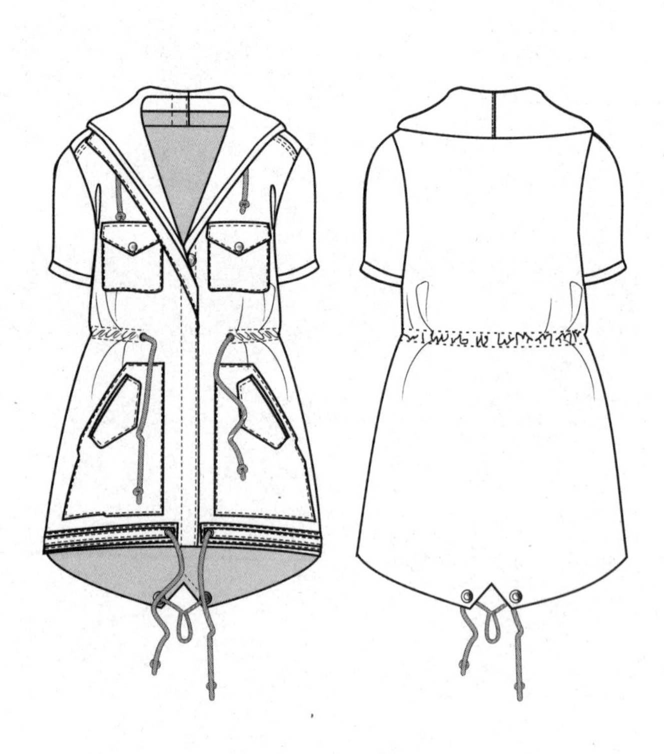

X型连帽翻领装饰袋大衣

X型连帽系带大衣

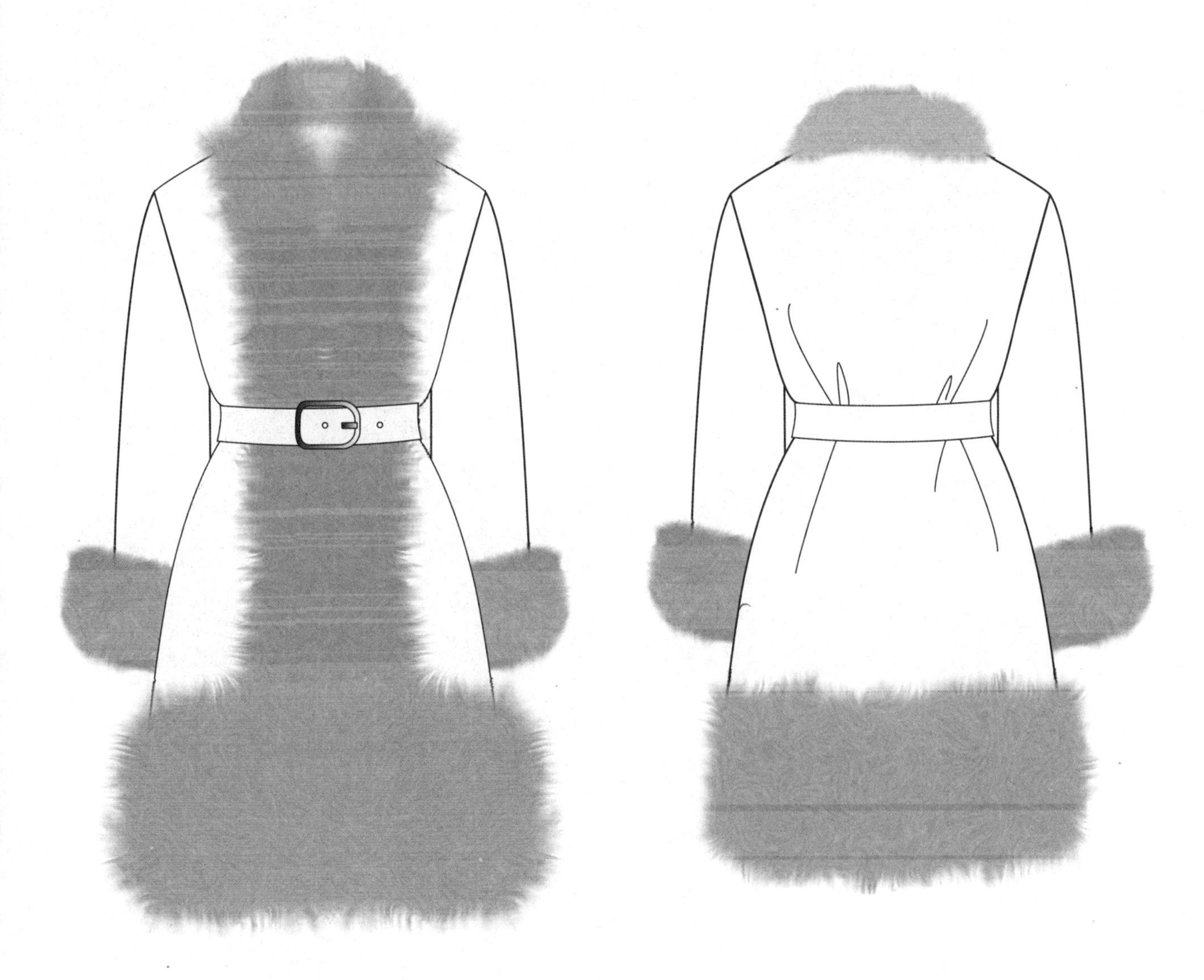

X型门襟袖口下摆毛料装饰大衣

X型连帽装饰扣前短后长披风式大衣

X型连帽系腰带大衣

X型拼色镶边装饰大衣

X型连身立领长大衣

X型连身立领系腰带大衣

X型枪驳领装饰腰带多褶裥大衣

X型落肩分割大衣

X型落肩立领领省大衣

X型青果领假两件大衣

X型泡泡袖系带翻领短款大衣

X型毛领落肩大衣

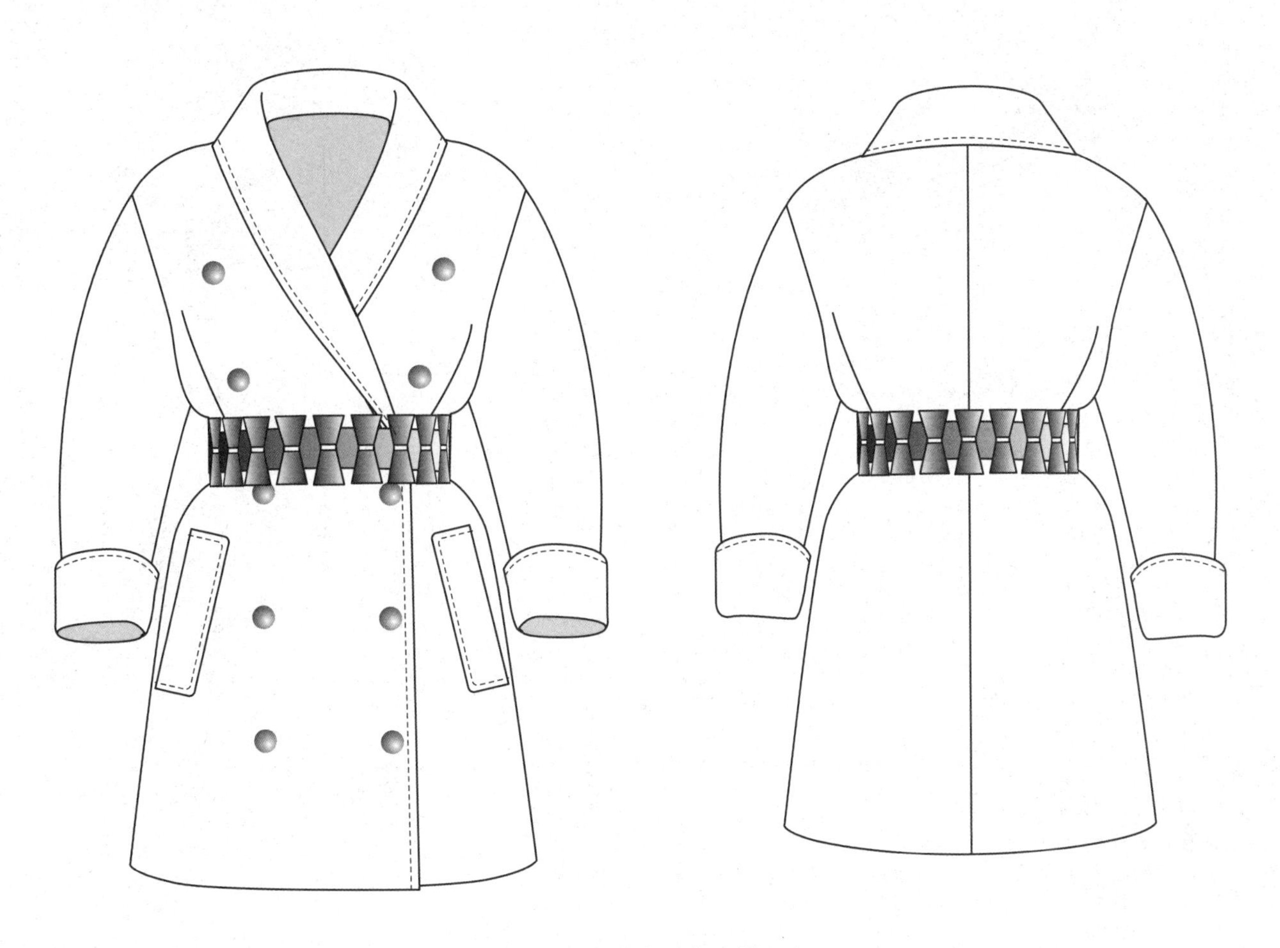

X型青果领双排扣装饰腰带大衣

X型披肩夹育克袖襻翻领分割大衣

X型青果领分割披肩大衣

X型双层领双排扣大衣

X型青果领系腰带大衣

X型曲线分割大衣

X型塌肩袖束腰大衣

X型束腰装饰撞色领子大衣

X型收腰大衣

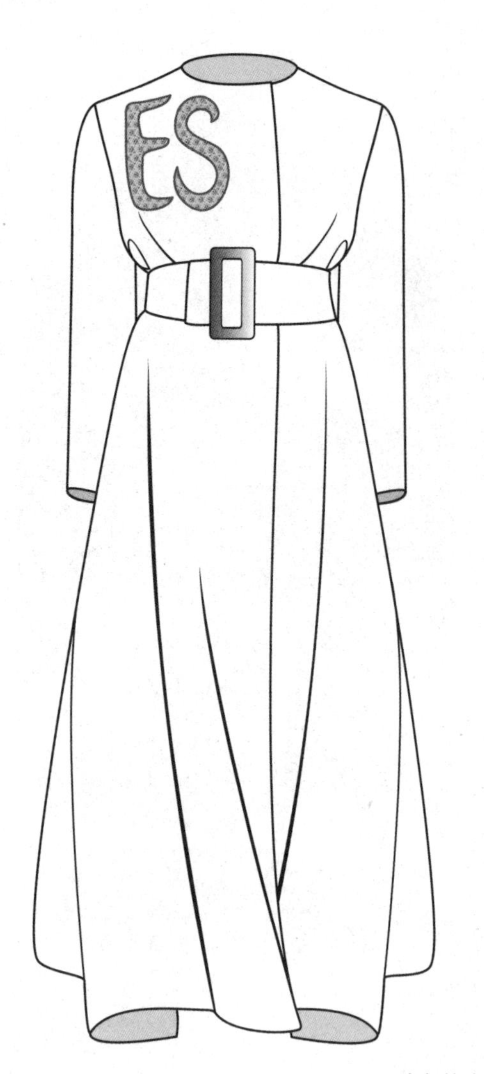

X型胸前亮片装饰波浪下摆大衣

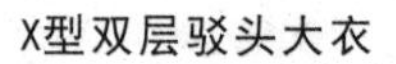

X型双层驳头大衣

X型双排扣立领下摆荷叶边装饰大衣

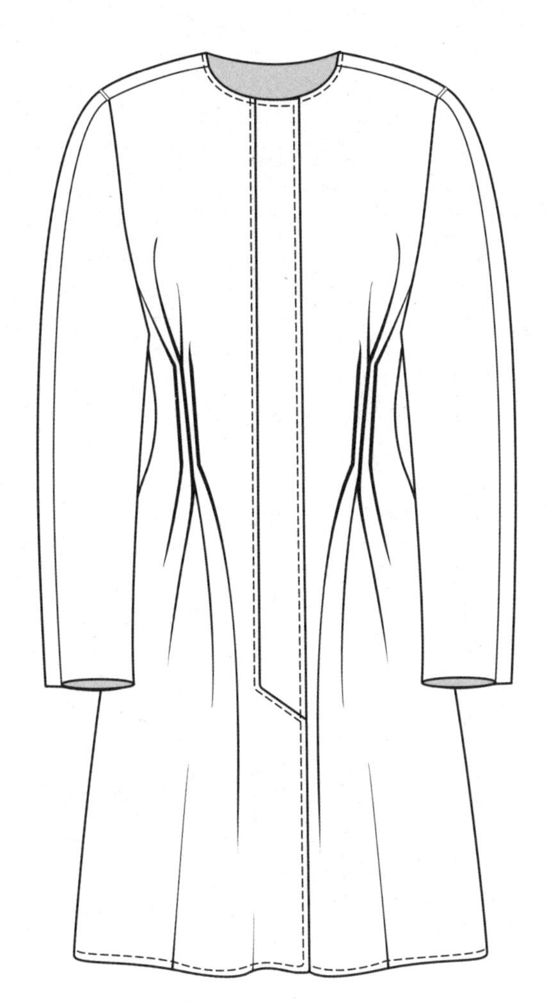

X型腰部收褶裥大衣

X型双排扣小翻领泡泡袖大衣

X型无领叠领大衣

X型珠绣装饰大衣

X型无领简洁型大衣

X型无领分割毛呢大衣

X型装饰分割大衣

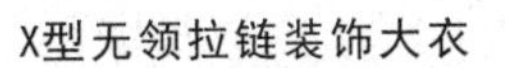

X型无领拉链装饰大衣

X型无领落肩腰带大衣

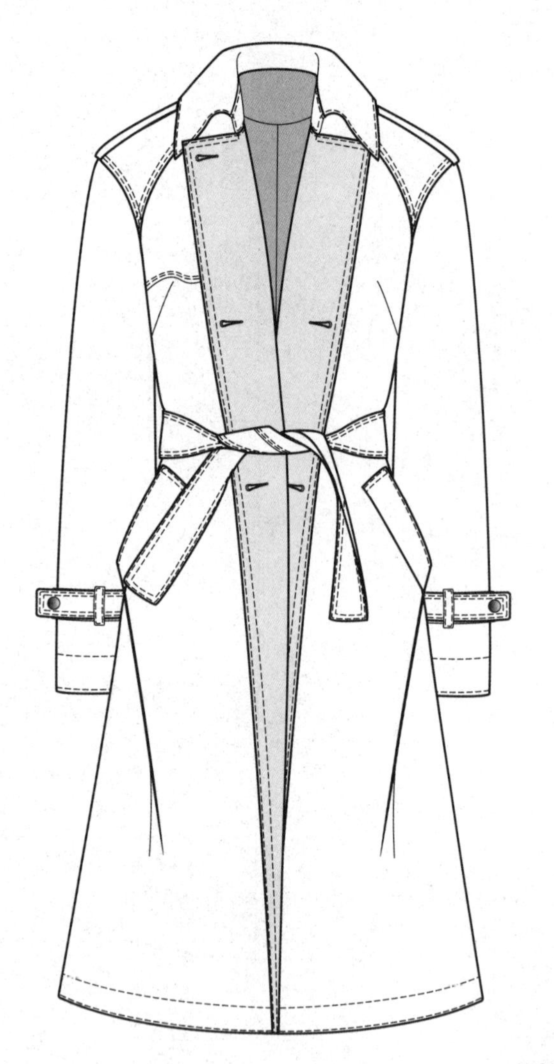

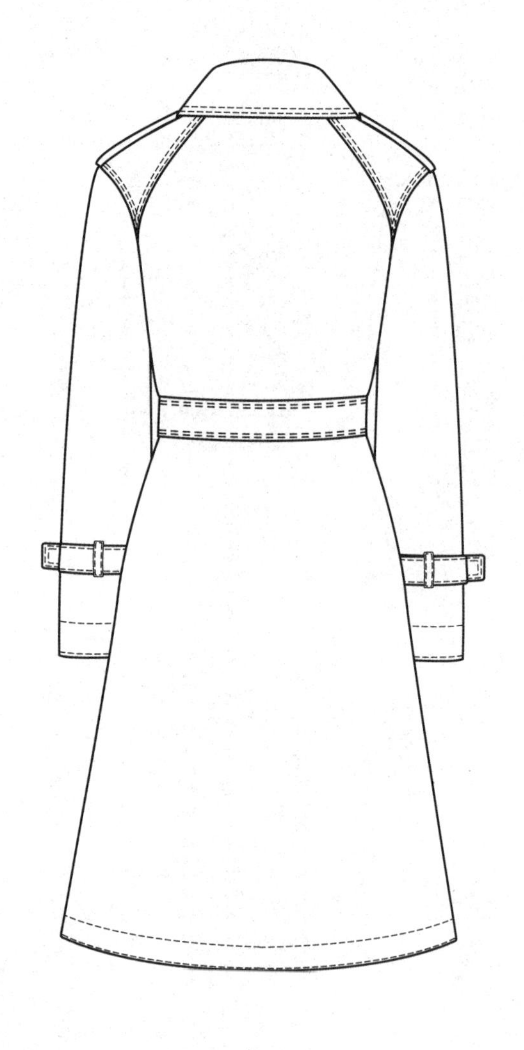

X型撞色风衣

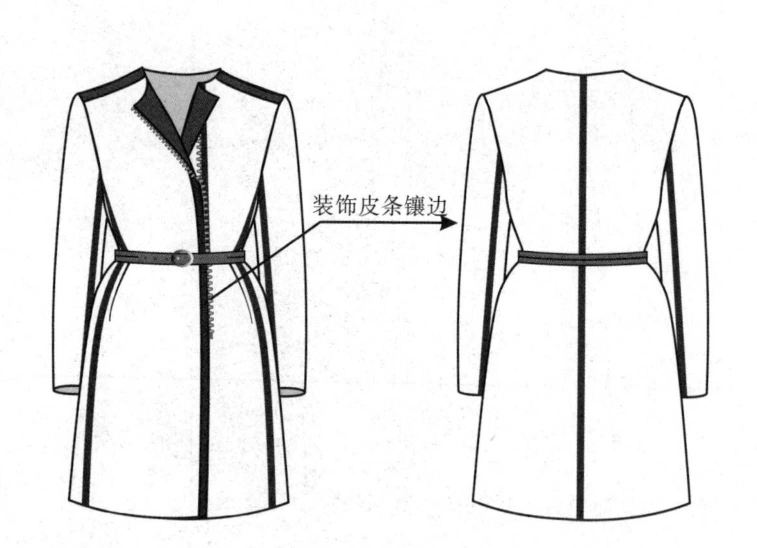

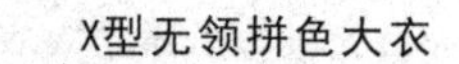

X型无领拼色大衣

X型无领拼色大衣

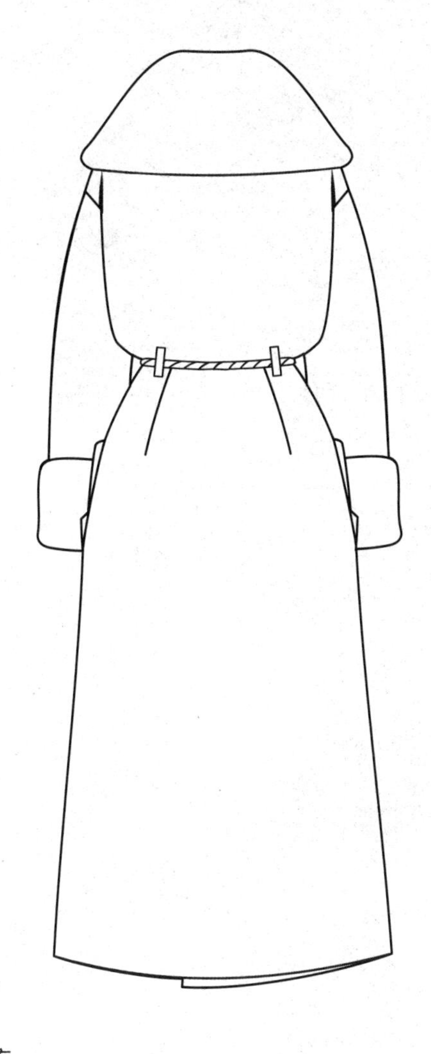

X型装饰分割落肩大衣

X型无领系腰带大衣

X型无领系腰带大衣

X型宽明迹线装饰束腰大衣

X型无袖收腰大衣

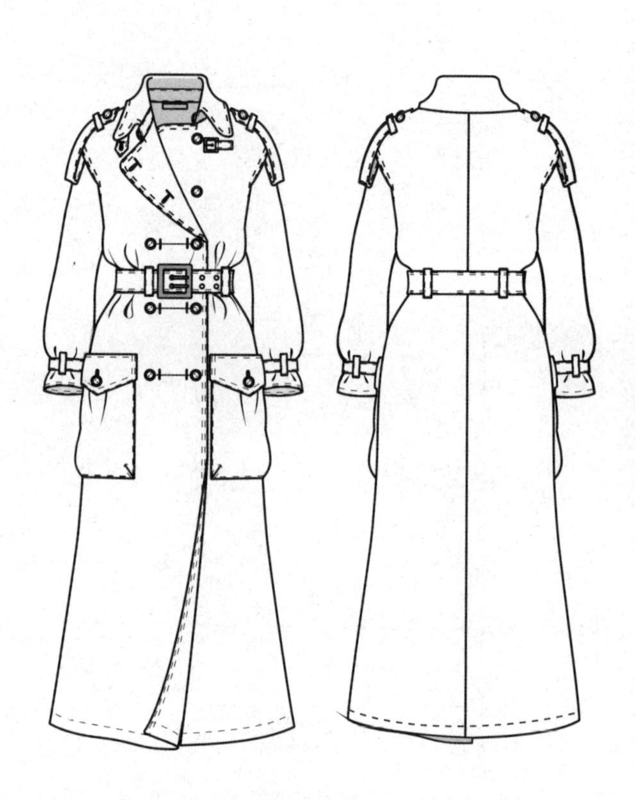

X型系带装饰肩襻大衣

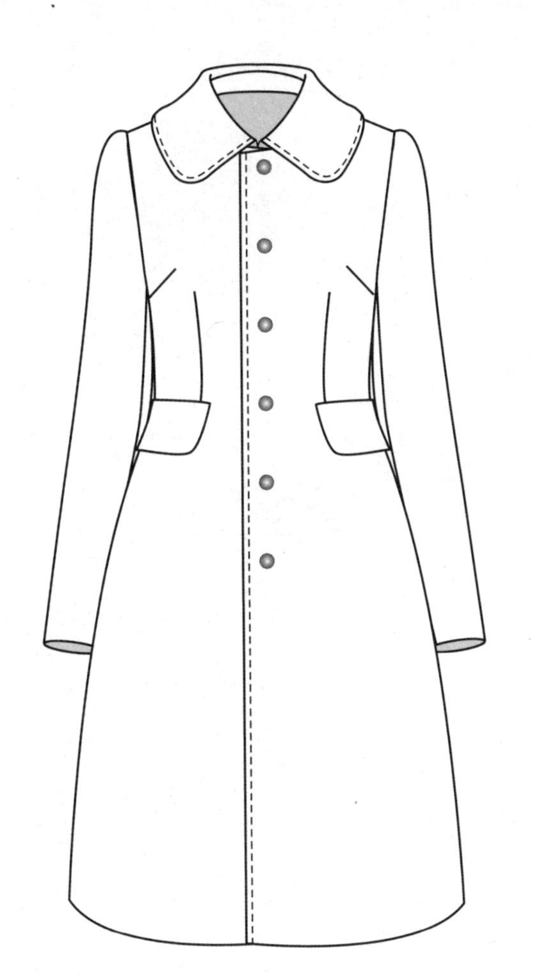
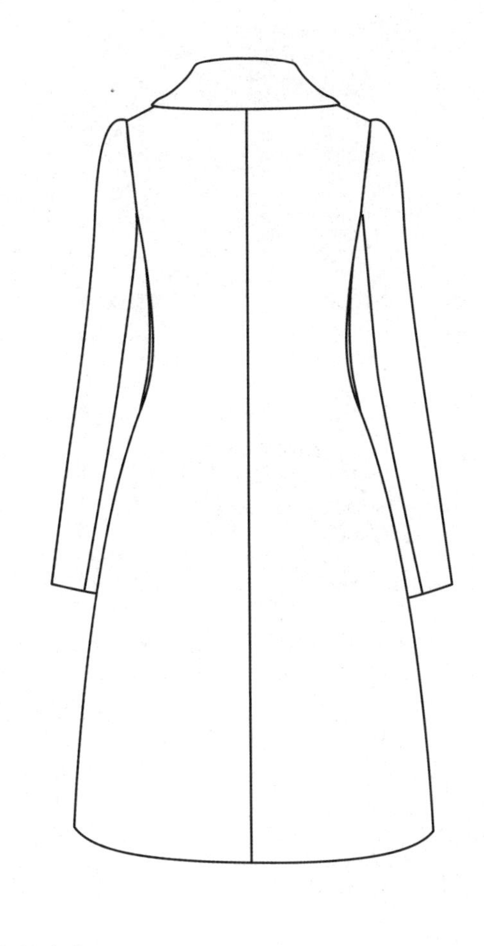

X型圆翻领小A摆中长大衣

X型系腰带翻驳领装饰大衣

X型系腰带翻驳领插肩袖大衣

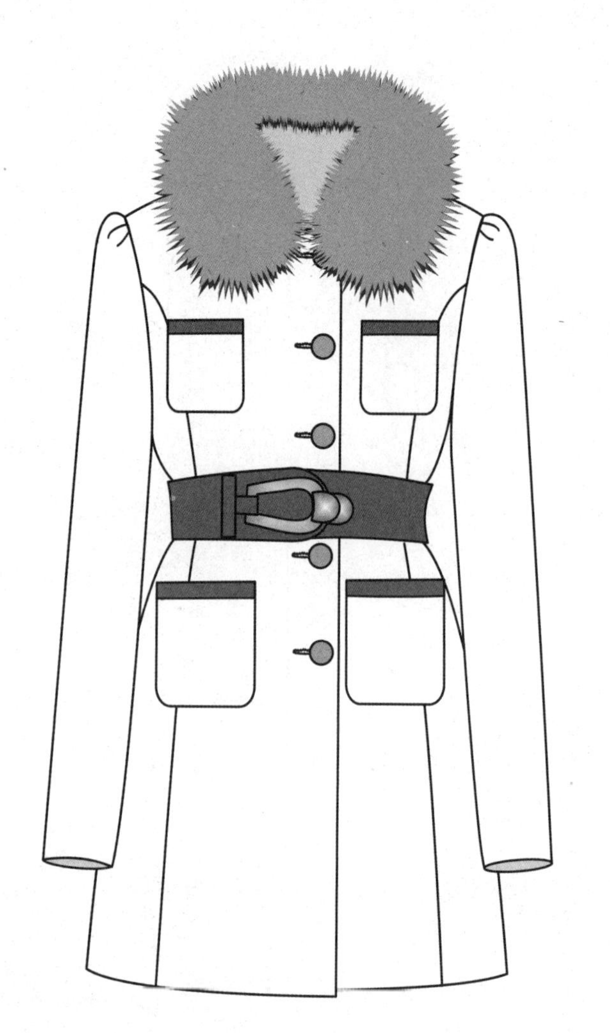
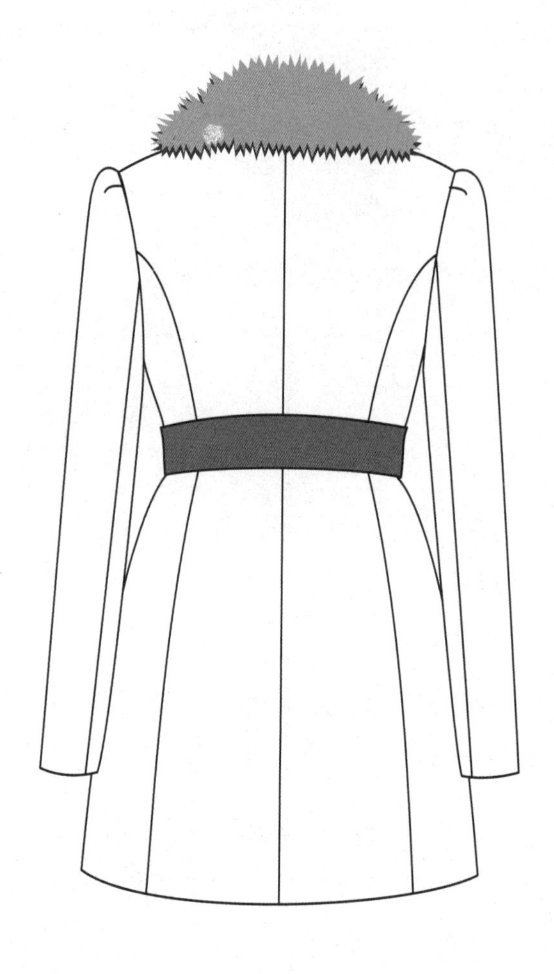

X型束腰毛领大衣

X型系腰带中国结翻领插肩袖大衣

X型系腰带翻驳领装饰大衣

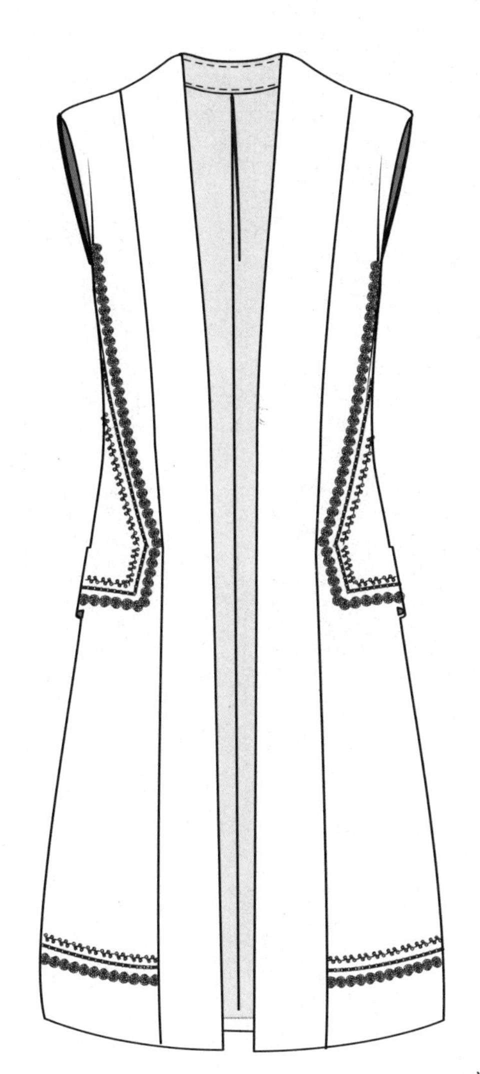

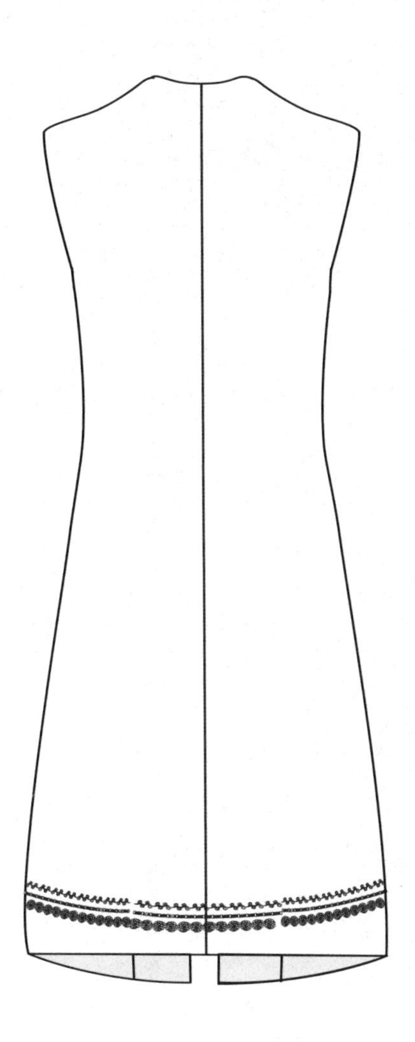

X型长款无袖装饰大衣

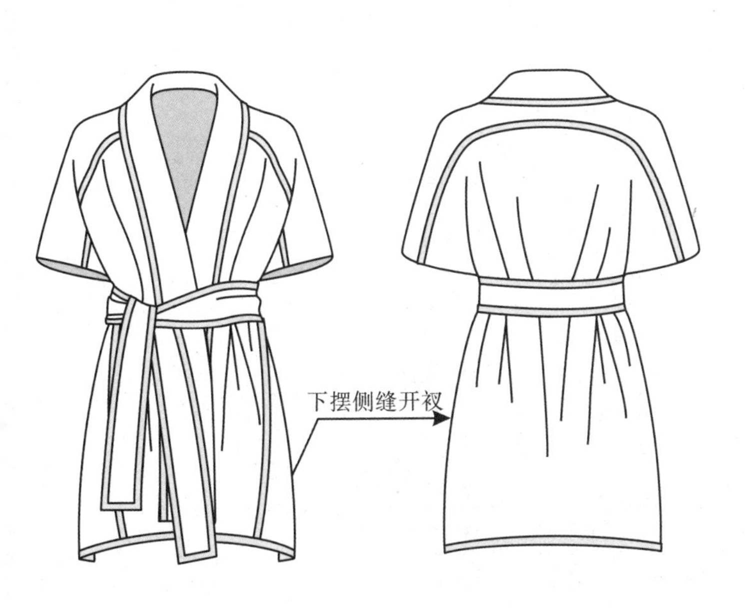

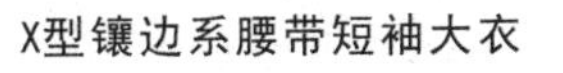

X型镶边系腰带短袖大衣

X型腰部松紧袖口底摆罗口毛领落肩大衣

X型圆角翻驳领系带装饰袖襻大衣

X型装饰分割插肩袖立领扣带大衣

X型一字立领公主线分割大衣

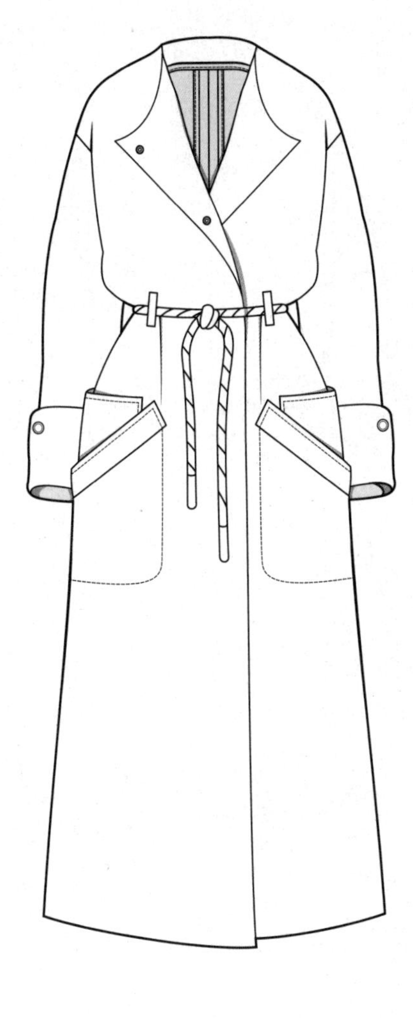

X型装饰落肩大衣

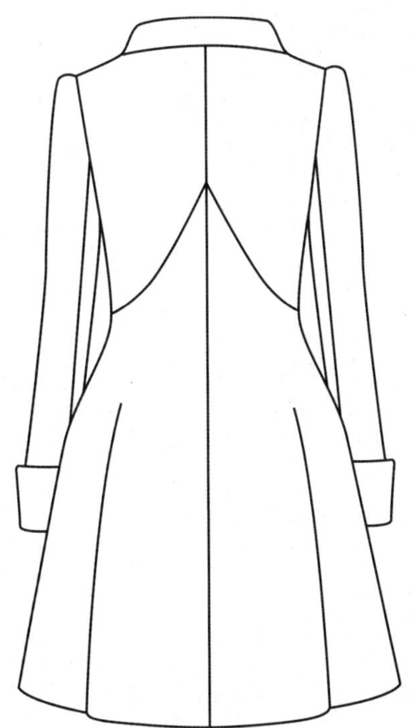

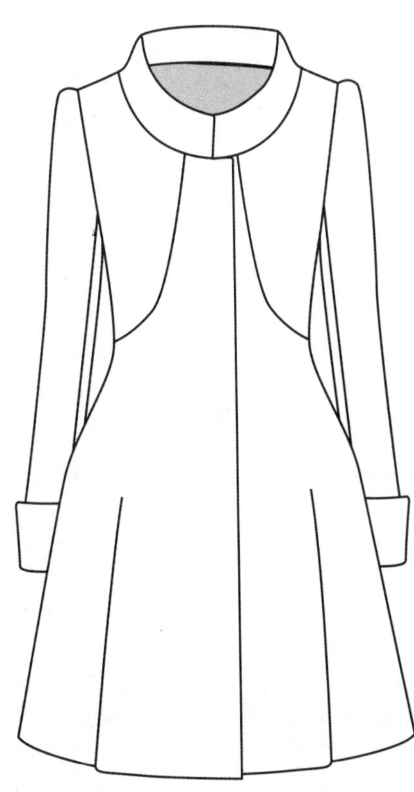

X型袖口上翻立领中长大衣

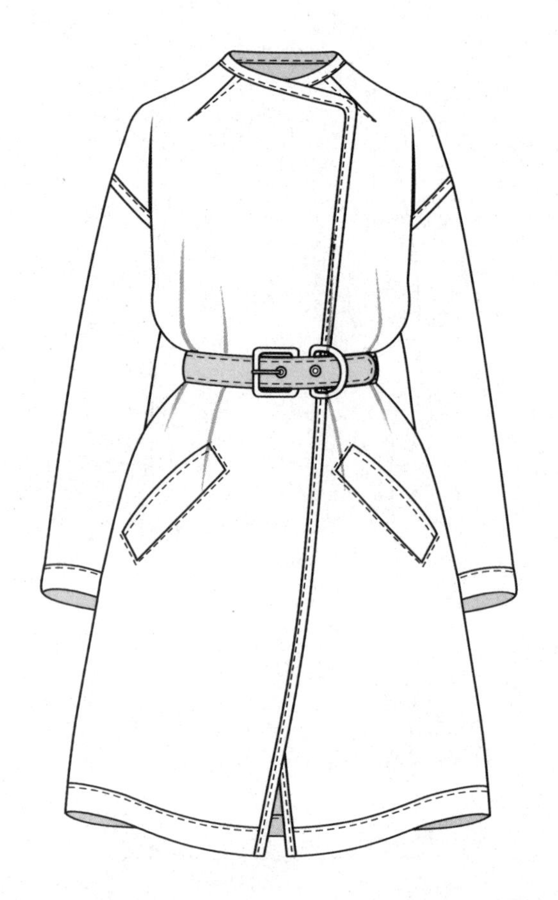

X型斜领落肩收腰长款大衣

X型腰部系绳装饰贴边外套

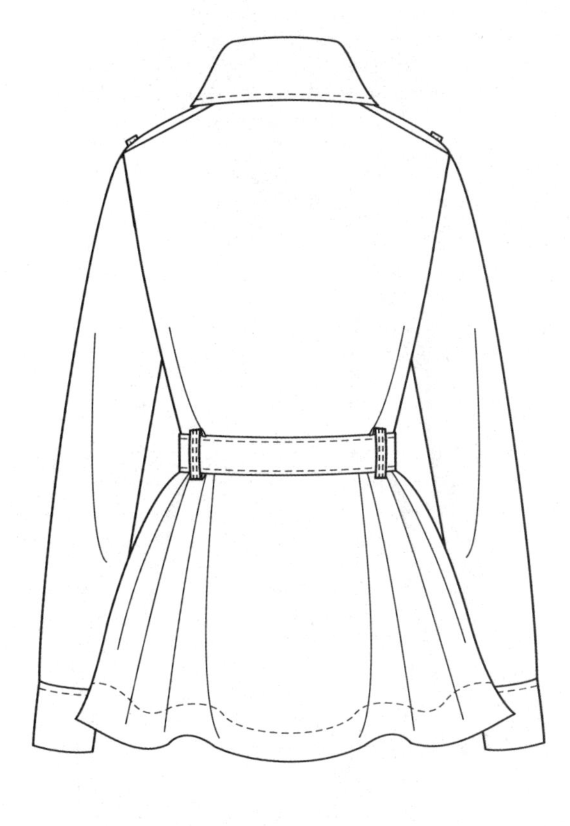

X型系带收腰夹克

X型腰部系带长款风衣

X型腰部装饰腰带明口袋大衣

第七章

款式图设计（组合型）

组合型插肩翻驳领系腰带泡泡袖双排扣大衣

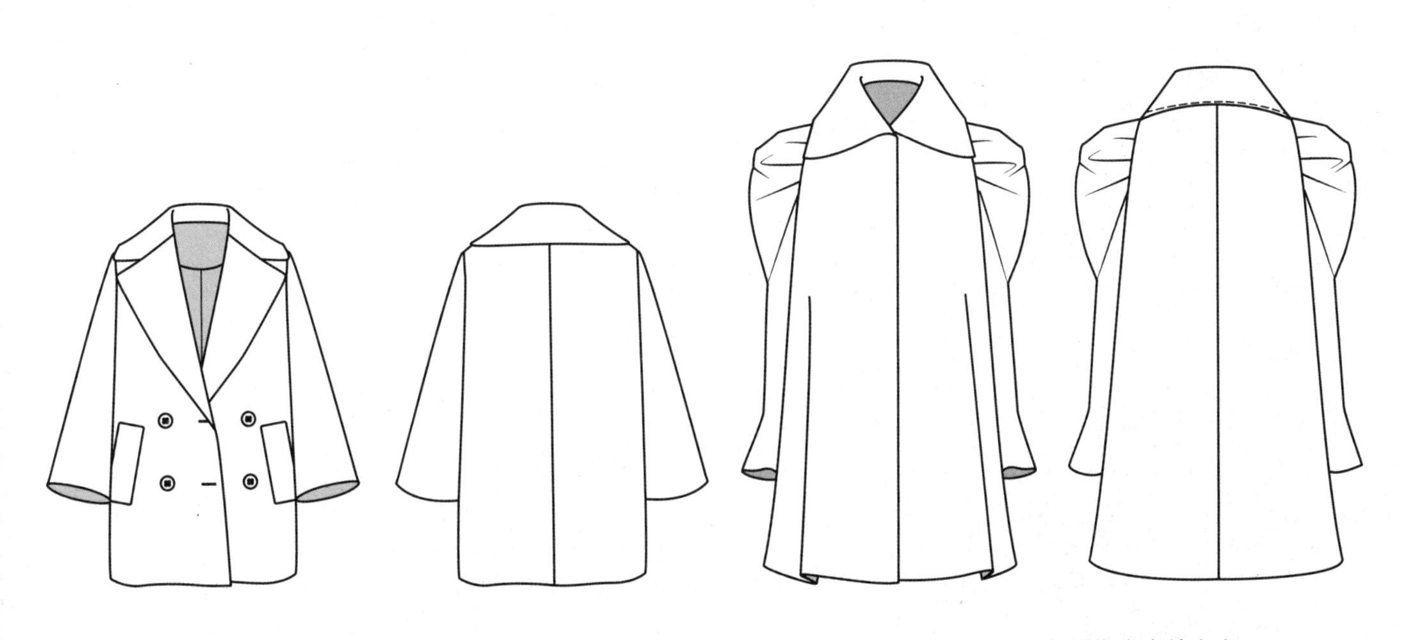

组合型大翻驳领双排扣大衣

组合型大翻领褶裥泡泡袖大衣

组合型翻驳领两件套式大衣

组合型大围巾装饰大衣

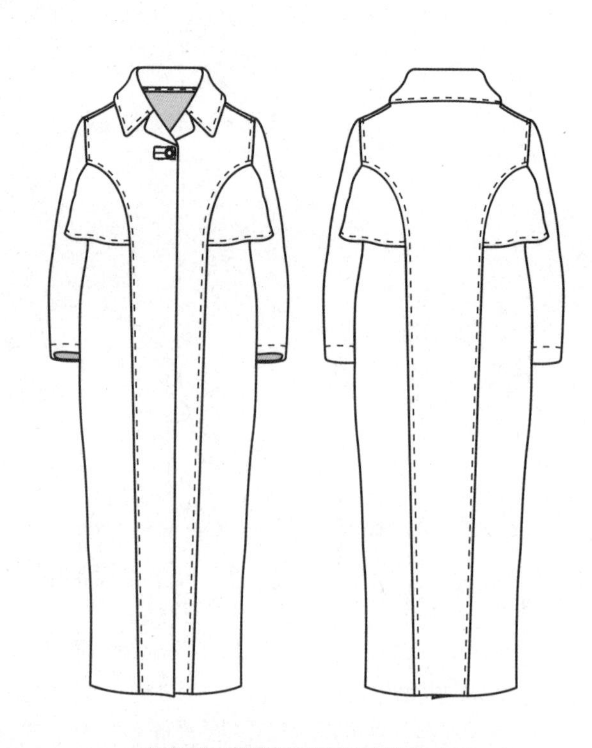

组合型刀背缝分割夹层翻领大衣

组合型翻驳领两件套式大衣

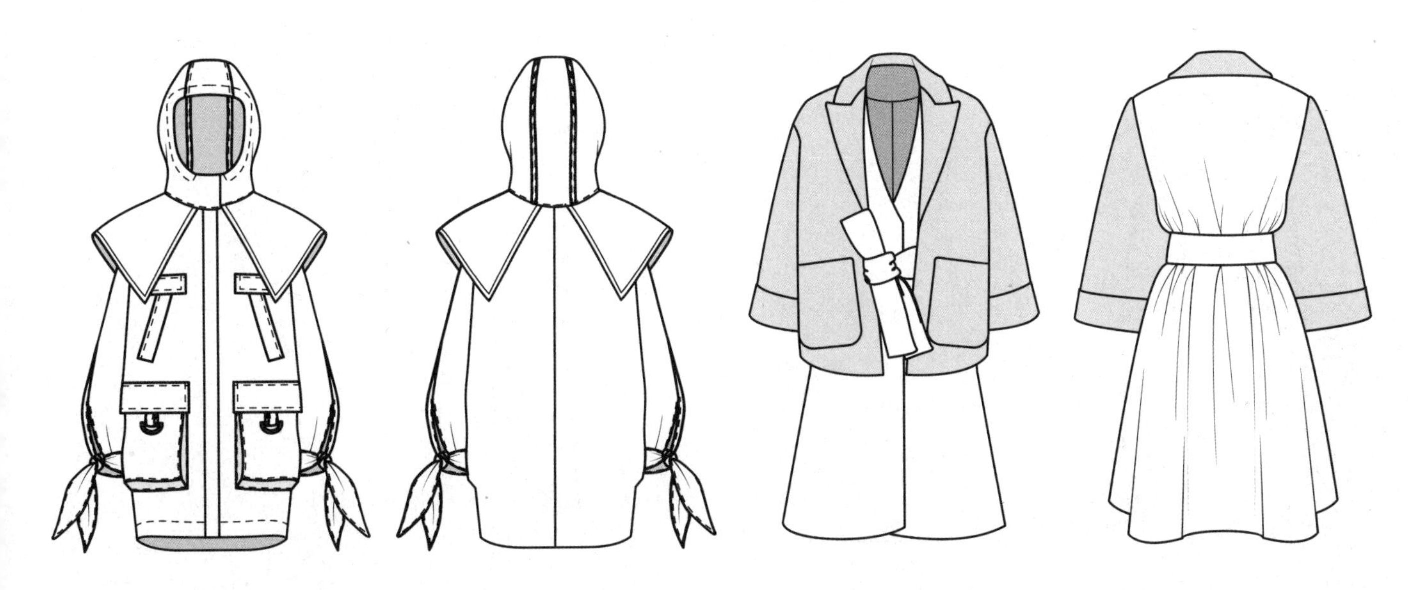

组合型斗篷式披肩夹帽蝴蝶结袖口装饰大衣

组合型假两件束腰装饰大衣

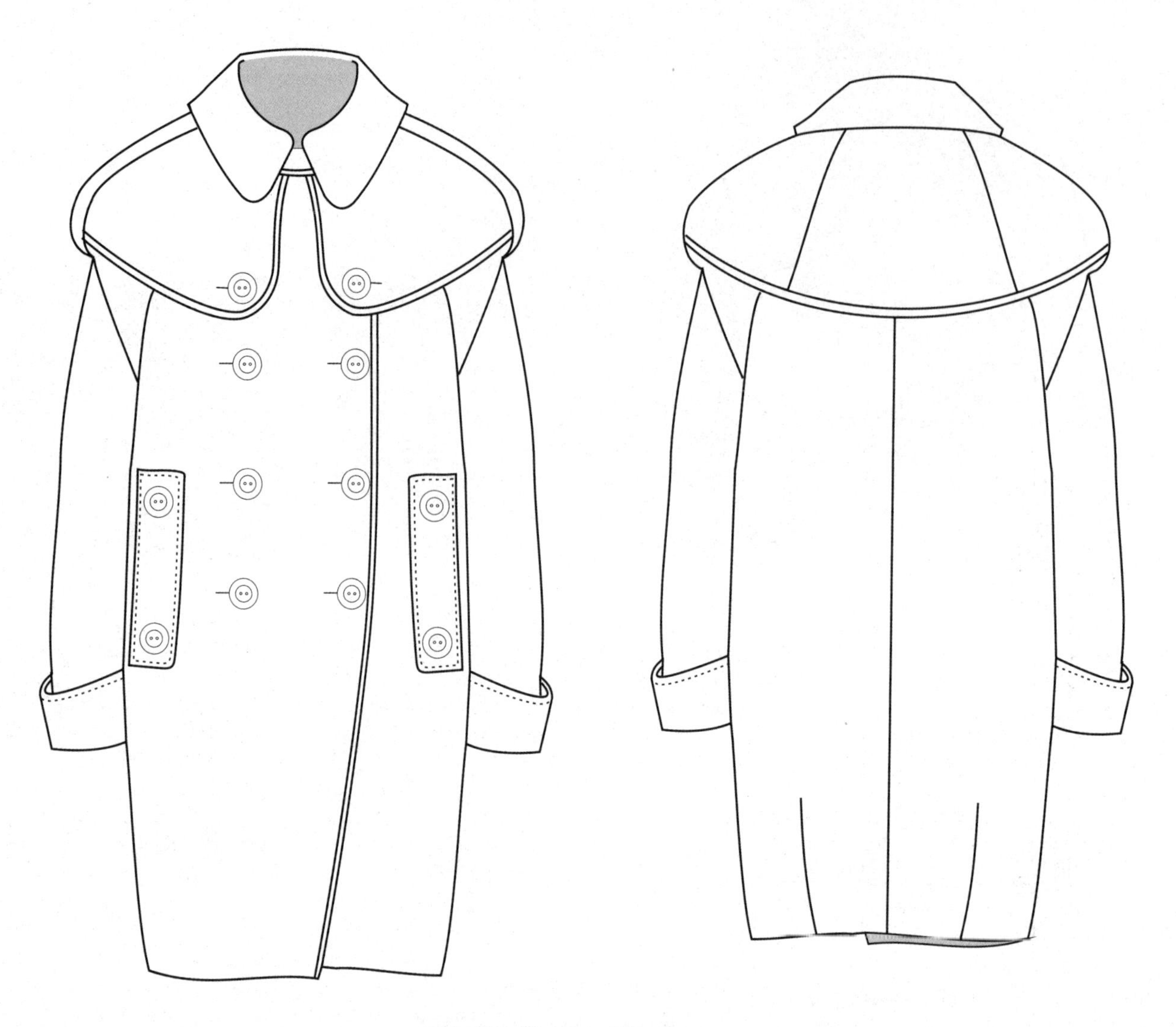

组合型翻领双排扣落肩育克大衣

组合型立翻领明线装饰大衣

组合型肩部披风大衣

组合型翻领腰部系带大衣

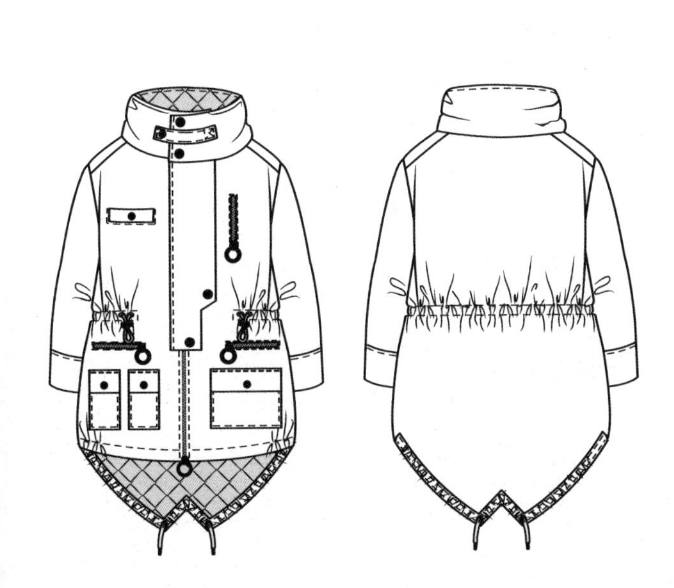

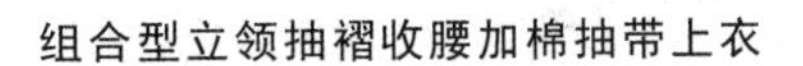

组合型立领抽褶收腰加棉抽带上衣

组合型立翻领腰部立体造型大衣

组合型翻领衣身褶裥大衣

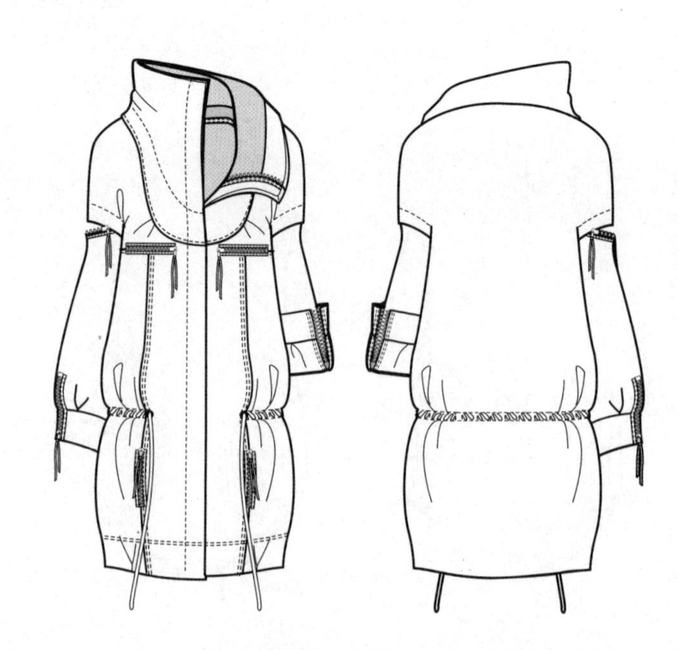

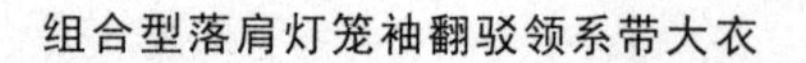

组合型落肩灯笼袖翻驳领系带大衣

组合型立领落肩拉链分割装饰大衣

组合型立领皮草装饰大衣

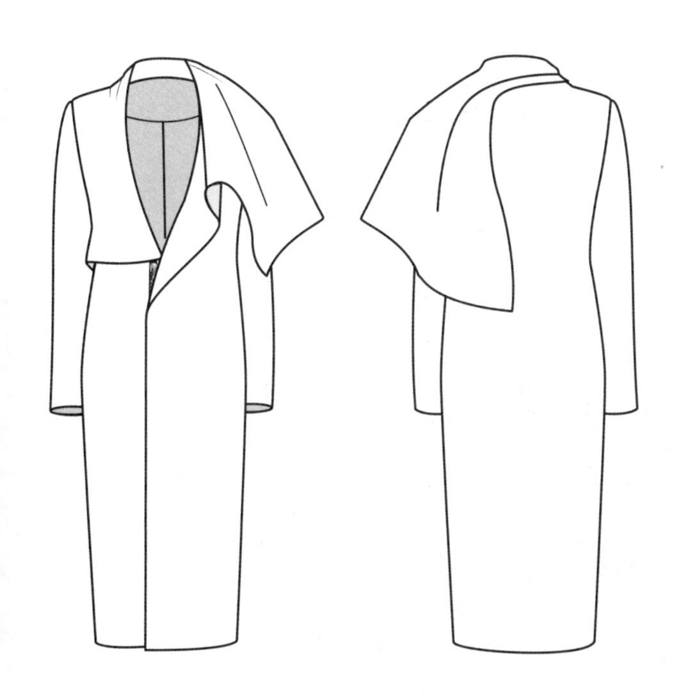

组合型披肩长款大衣

组合型束腰毛料装饰大衣

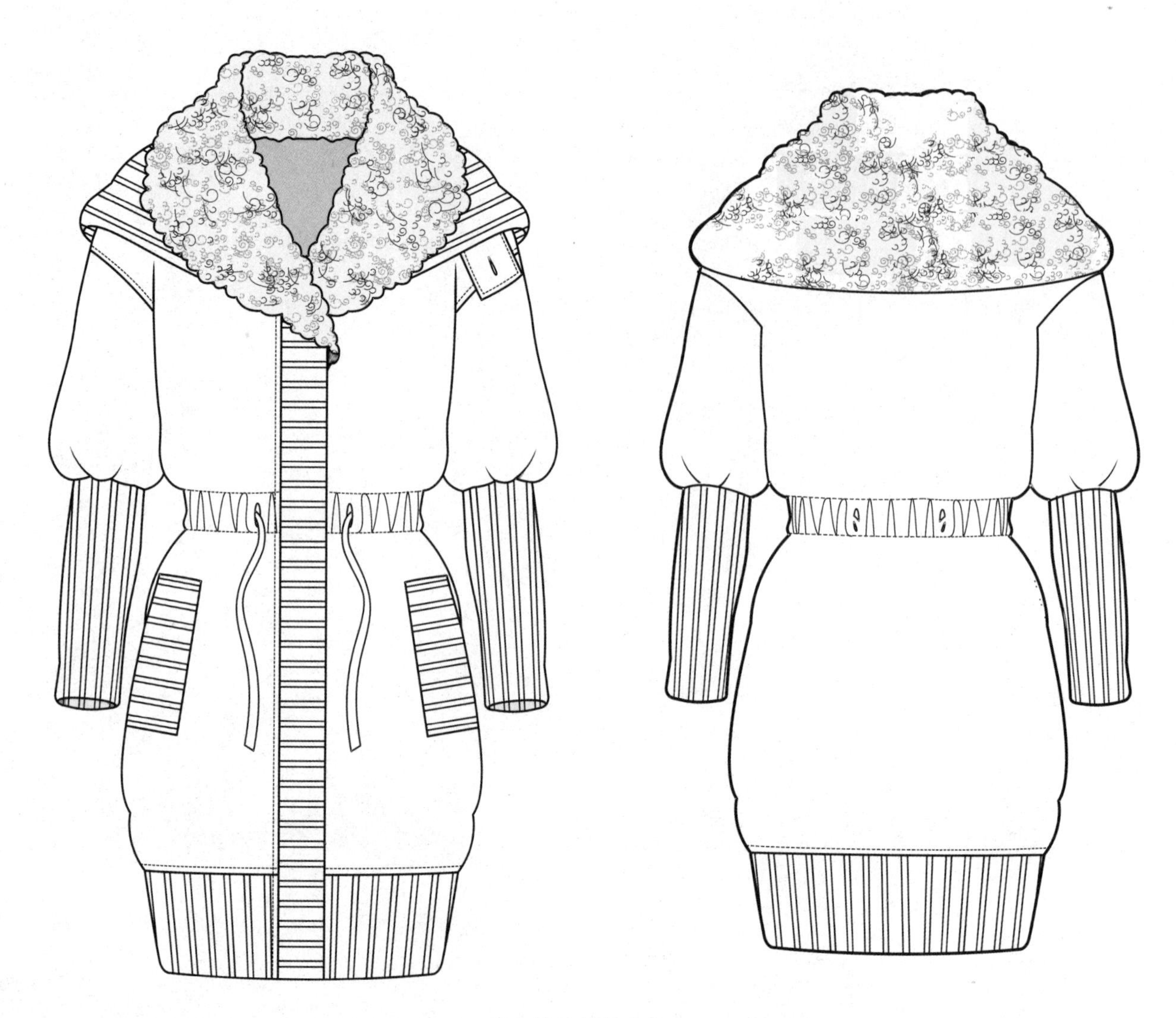

组合型毛领披肩大衣

组合型腰部系绳装饰贴边外套

组合型无领腰部褶裥连身袖大衣

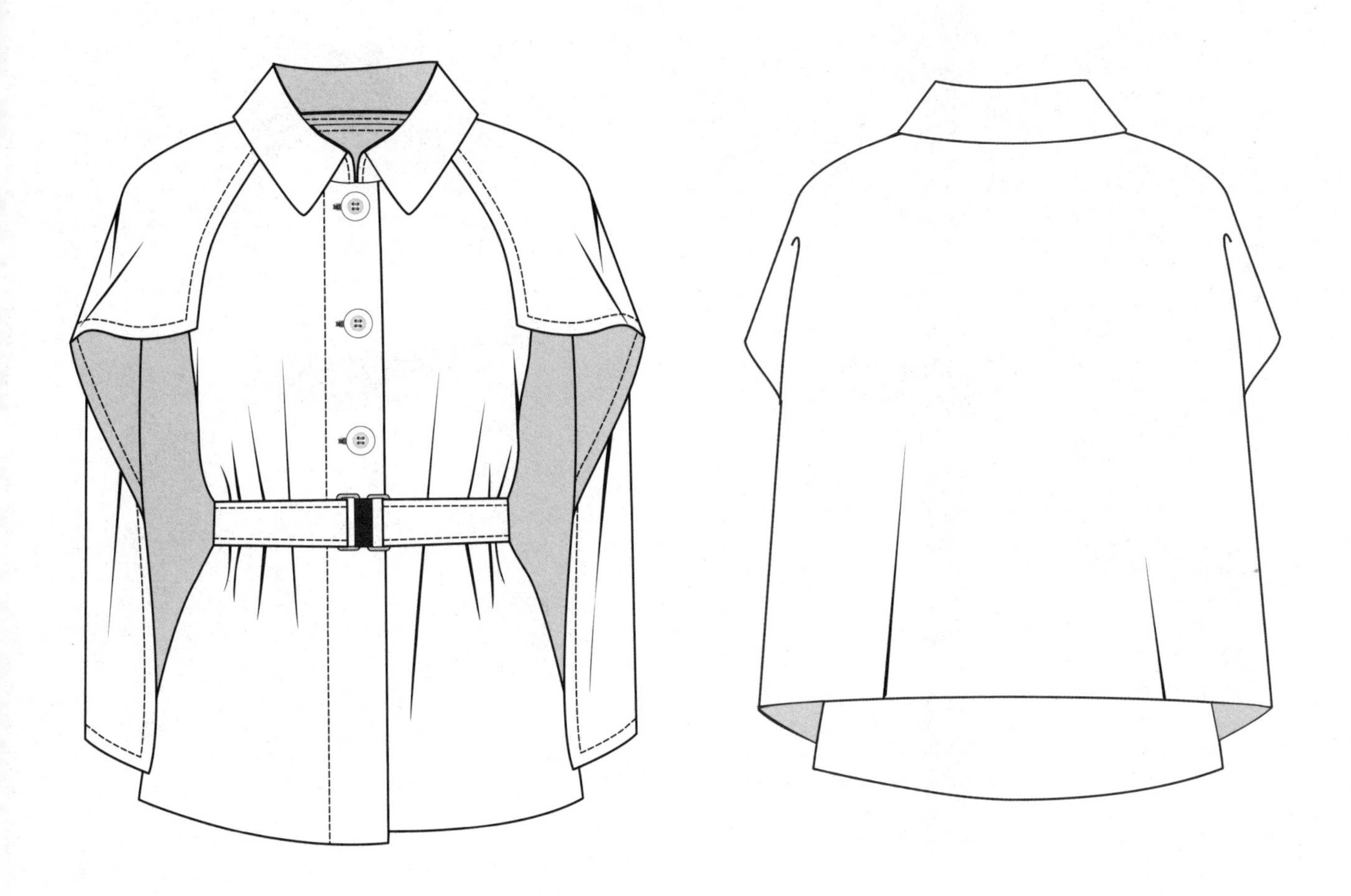

组合型披肩夹两件翻领分割大衣

组合型一字翻领斜插袋大衣

组合型装饰分割压线夹克

组合型皮草大衣

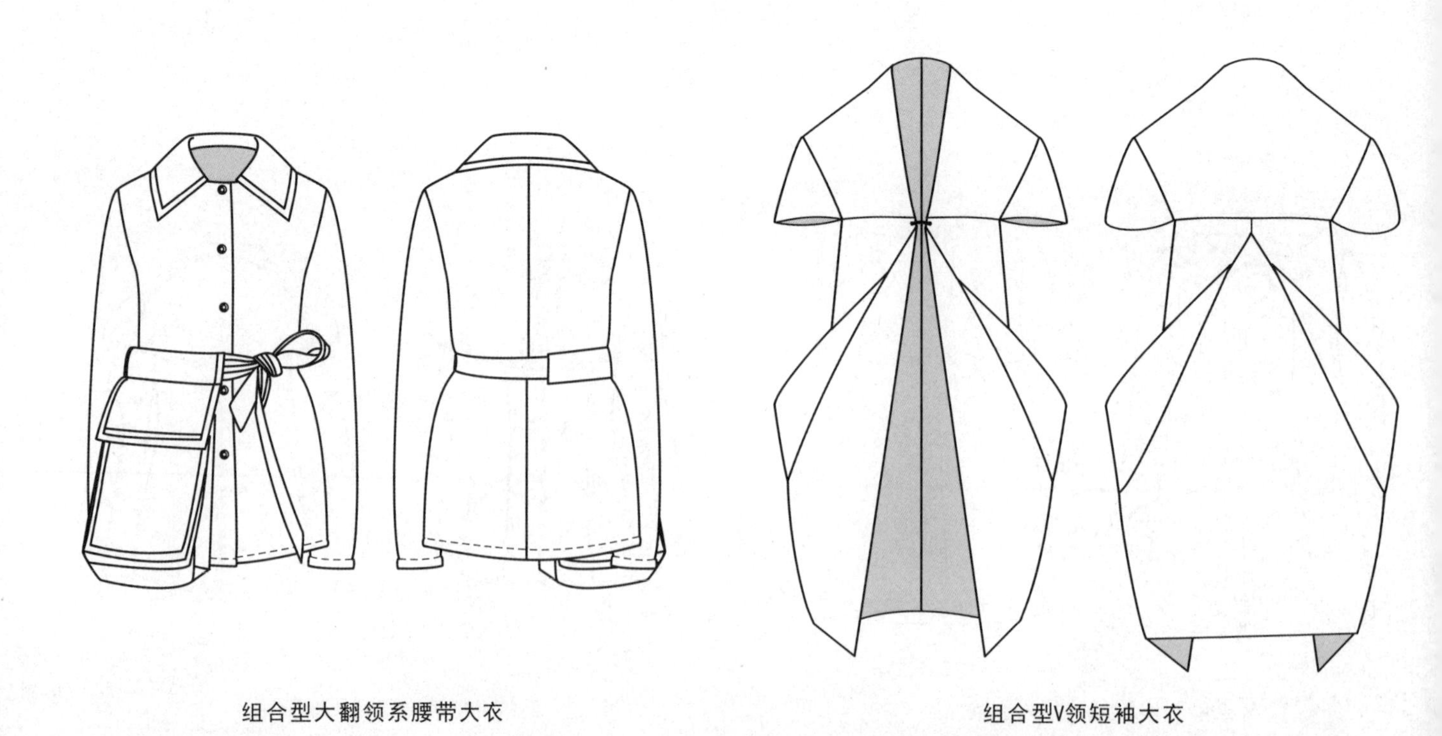

组合型大翻领系腰带大衣

组合型V领短袖大衣

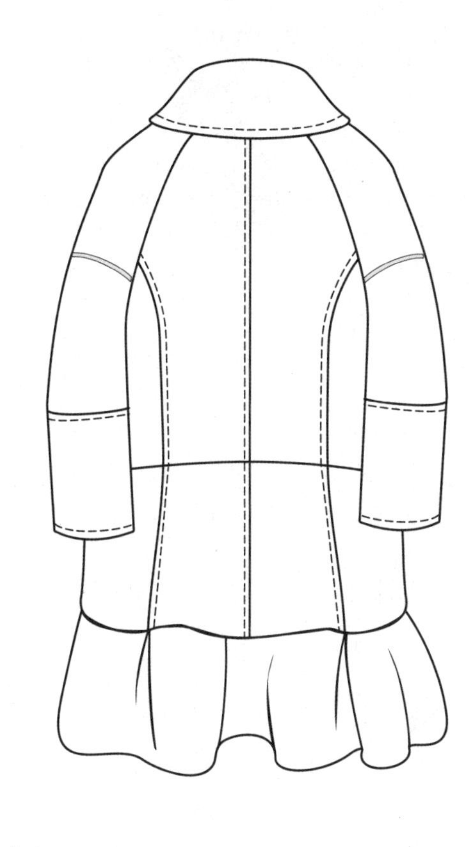

组合型下摆荷叶装饰大衣

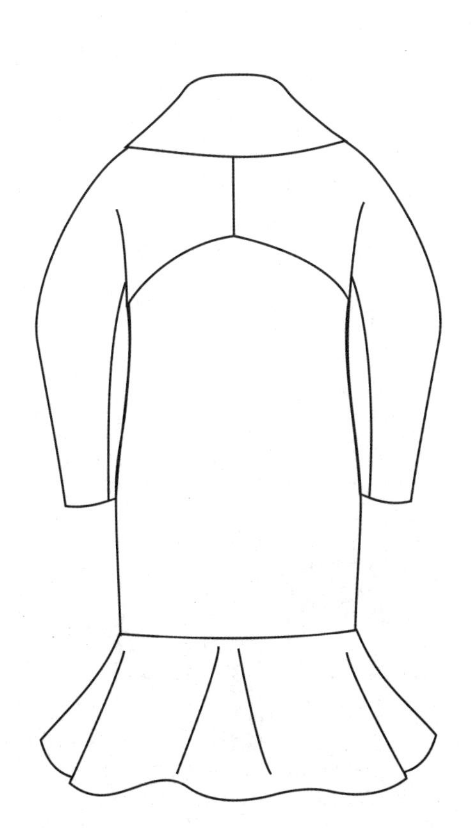

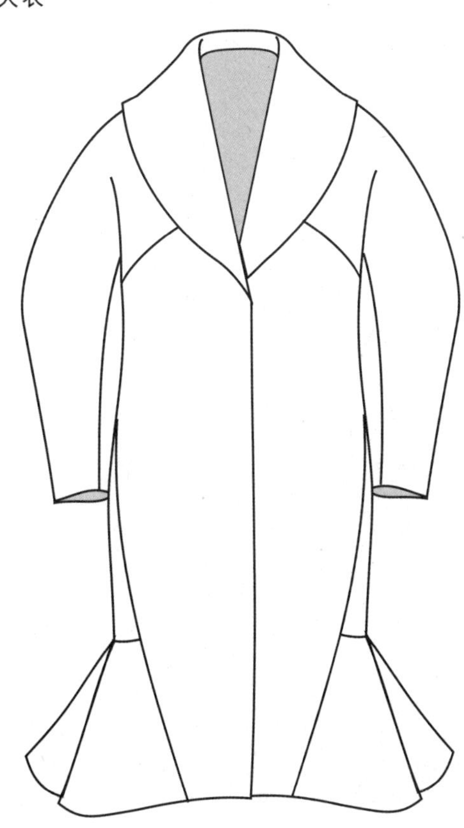

组合型翻领鱼尾摆大衣

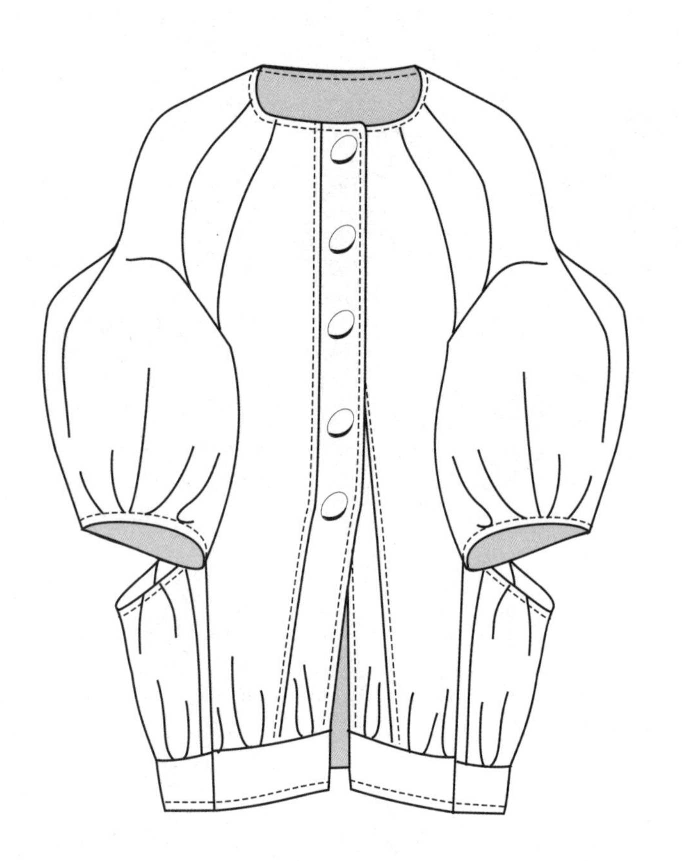
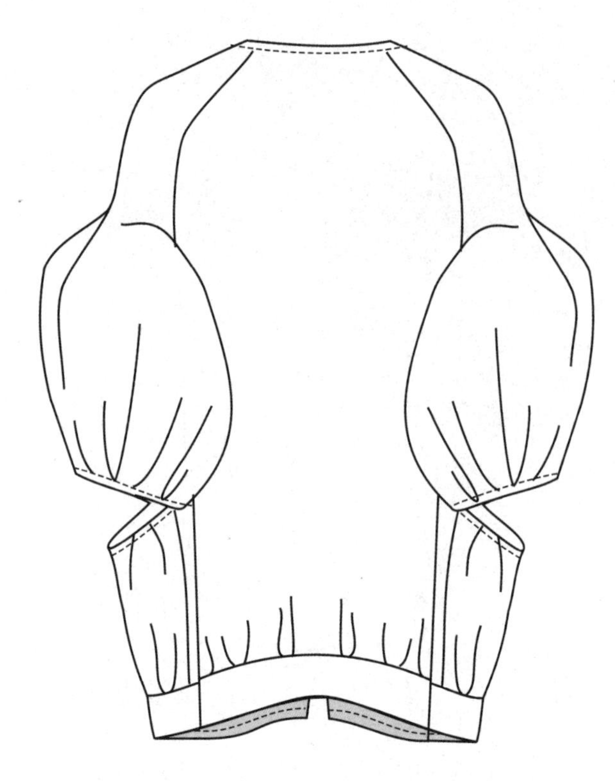

组合型灯笼袖圆领短款大衣

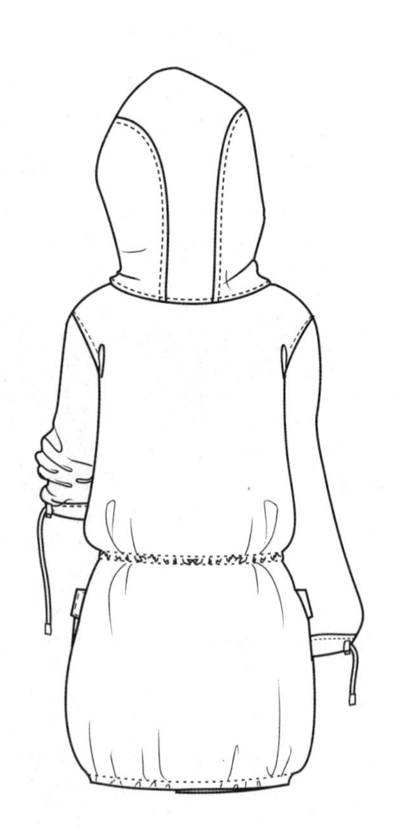
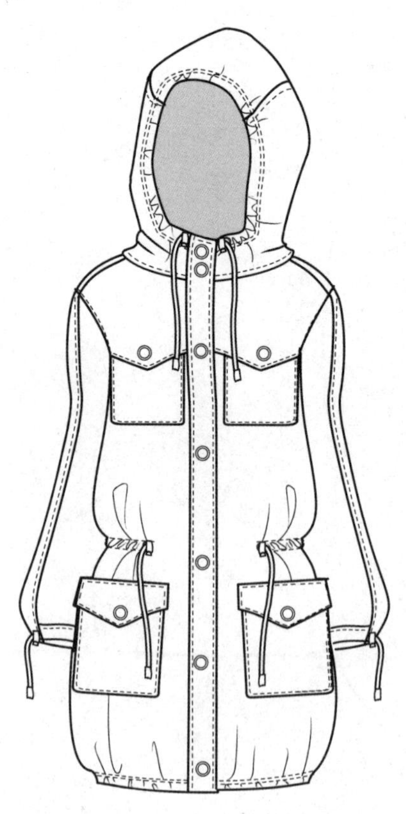

组合型连帽落肩分割腰部抽皱大衣

组合型门襟衣襻装饰下摆荷叶大衣

组合型无领灯笼袖插肩短大衣

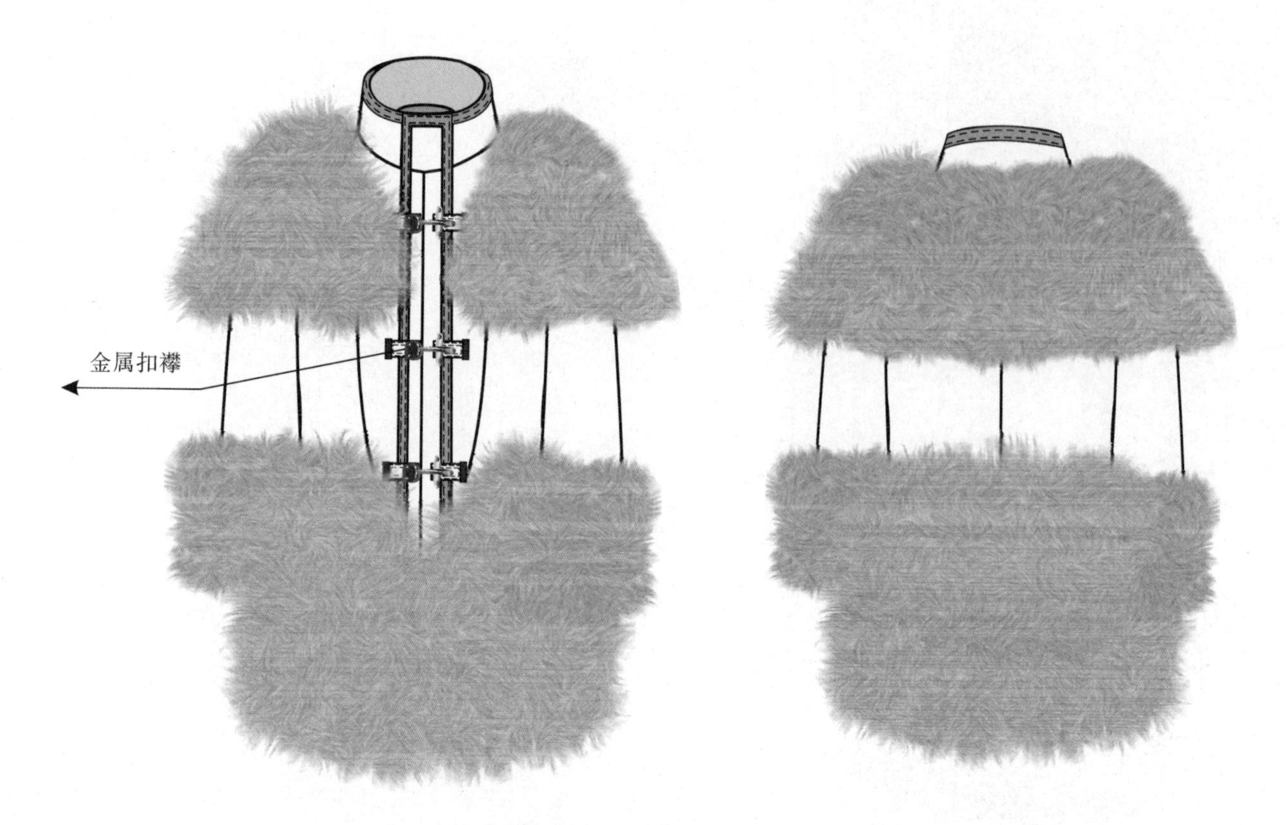

组合型皮条镶边金属扣装饰皮草大衣

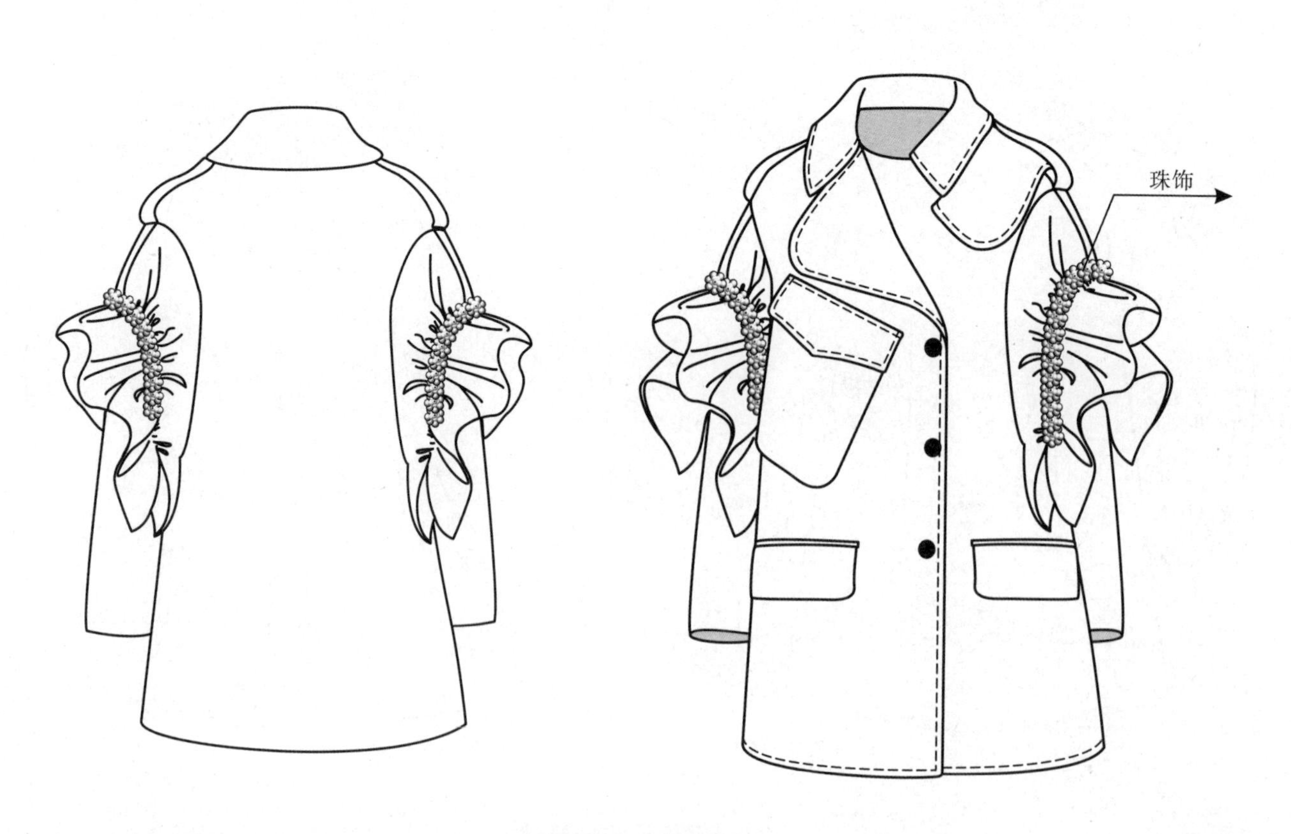

组合型褶裥珠饰袖子大衣

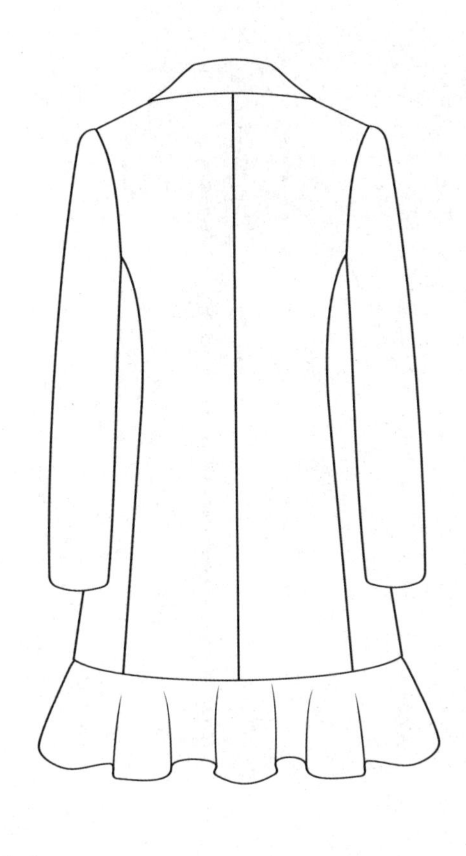

组合型下摆荷叶装饰大衣

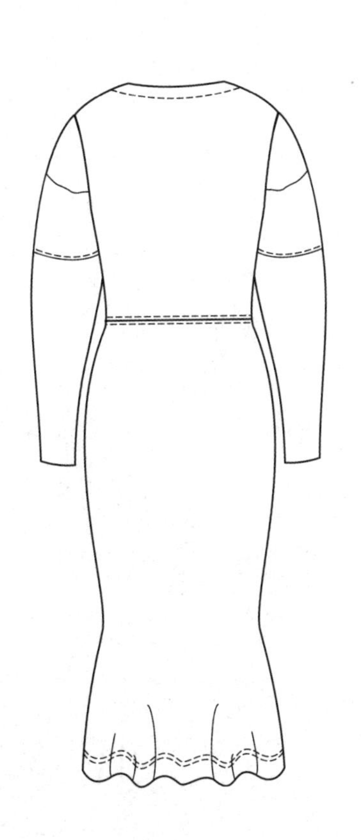
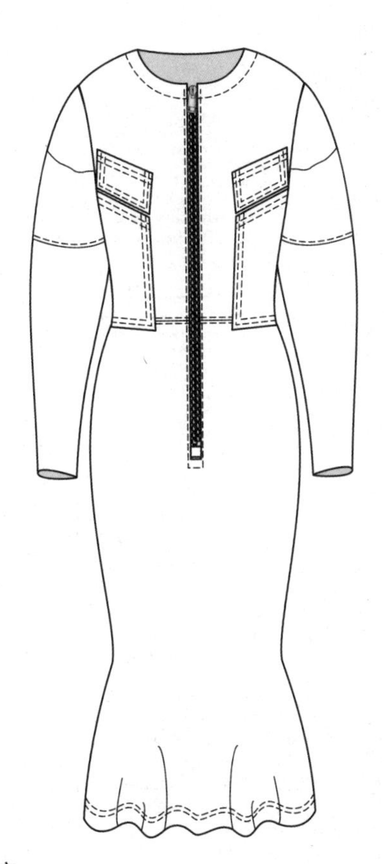

组合型塌肩袖下摆鱼尾大衣

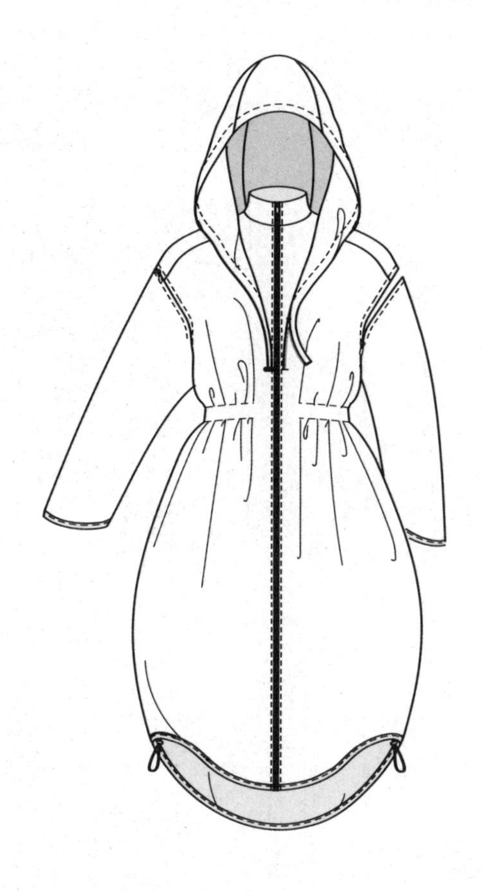

组合型收腰带帽大衣

组合型翻领系腰带大衣

第八章

细节图设计

大衣细节设计——翻领(1)

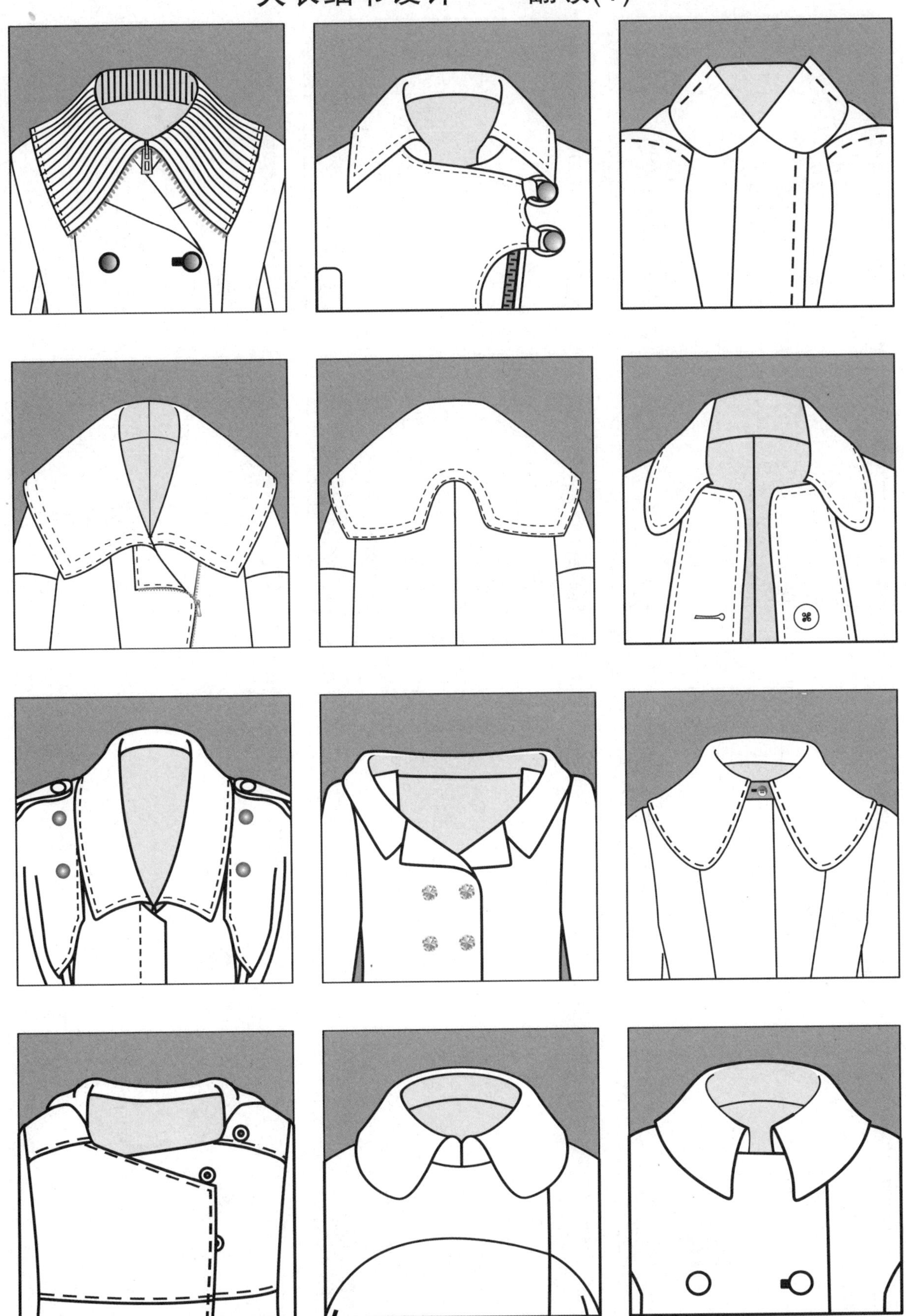

大衣细节设计——翻领(2)

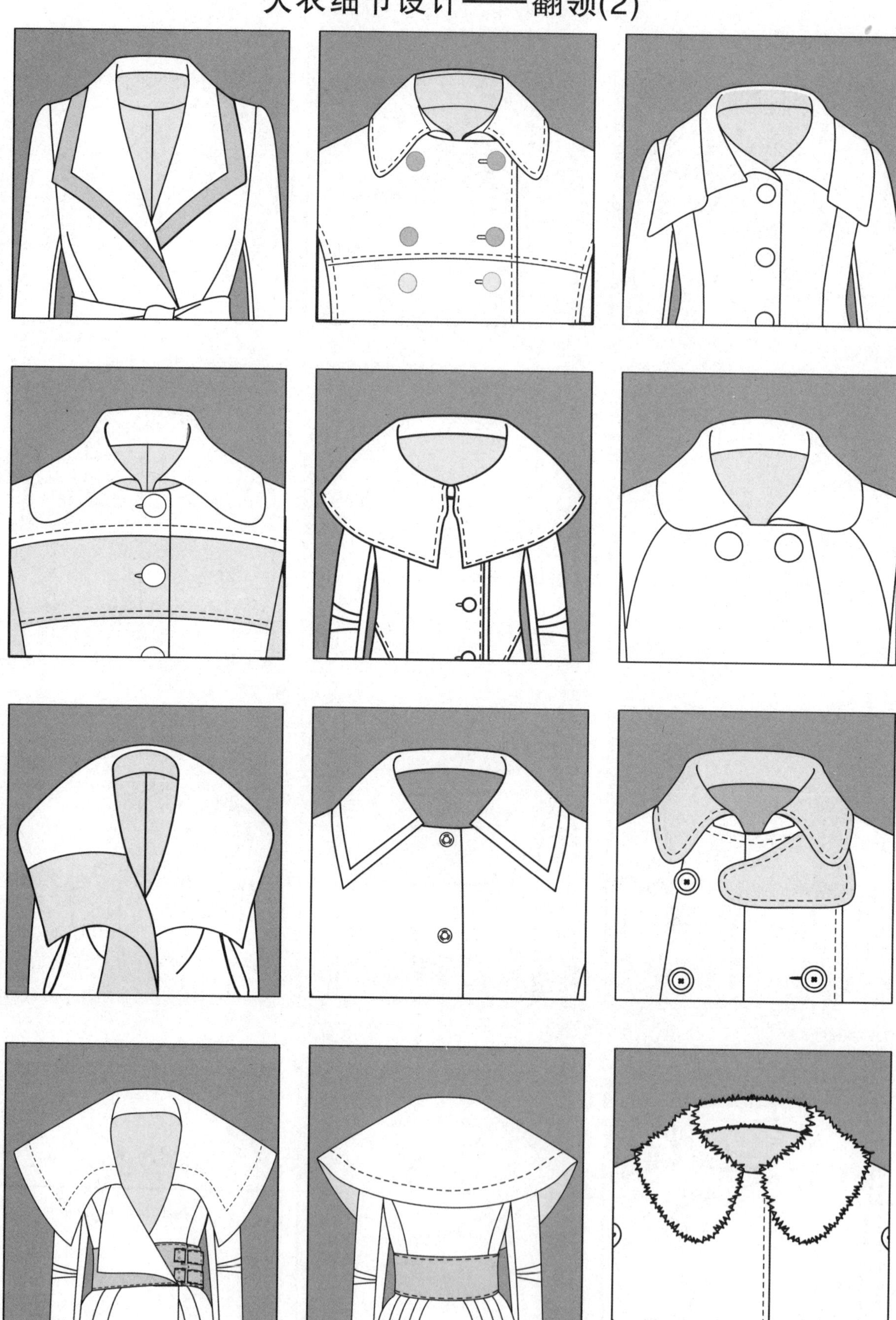

大衣细节设计——翻领(3)

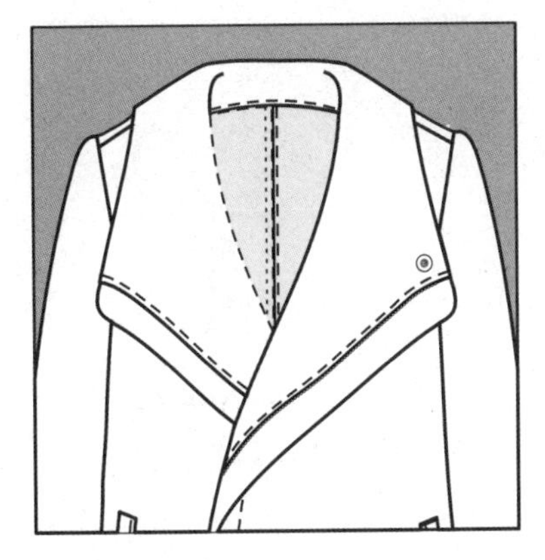

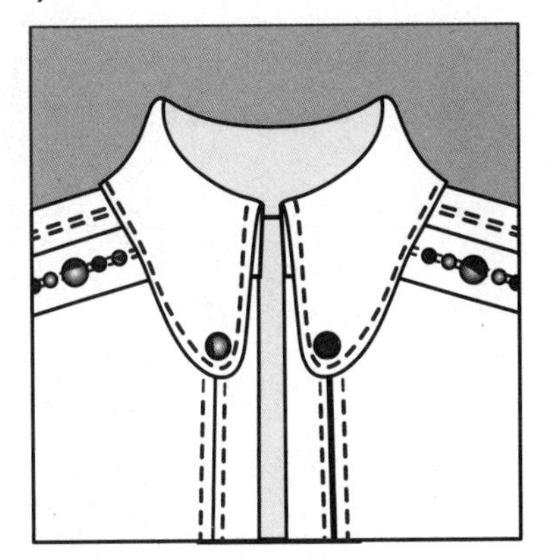
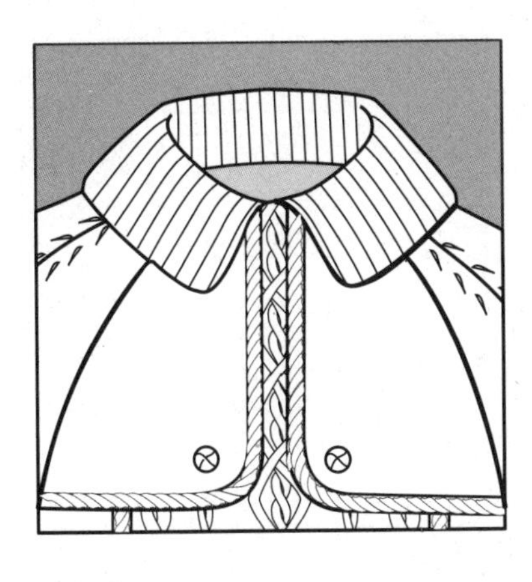
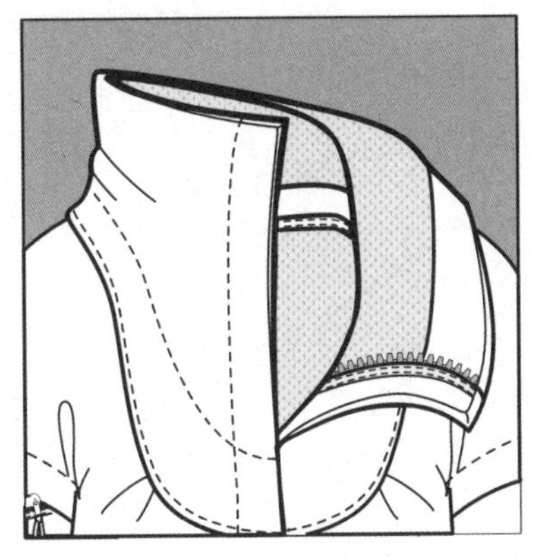
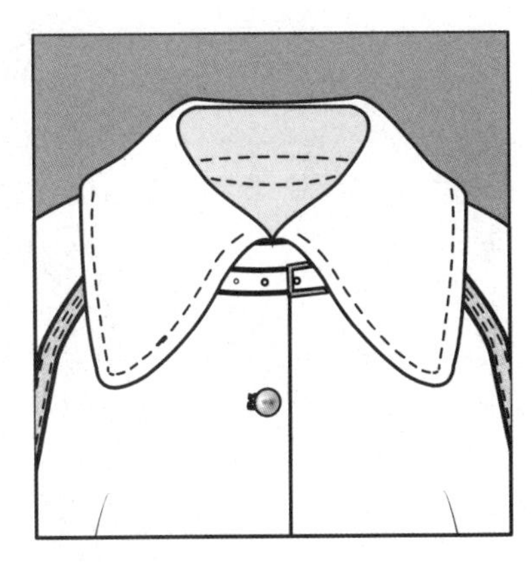
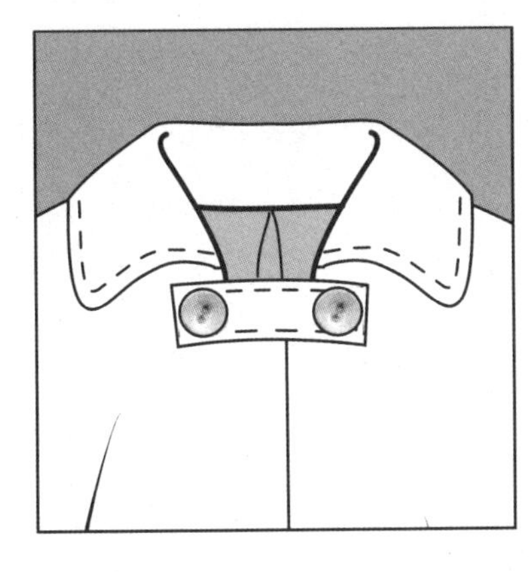

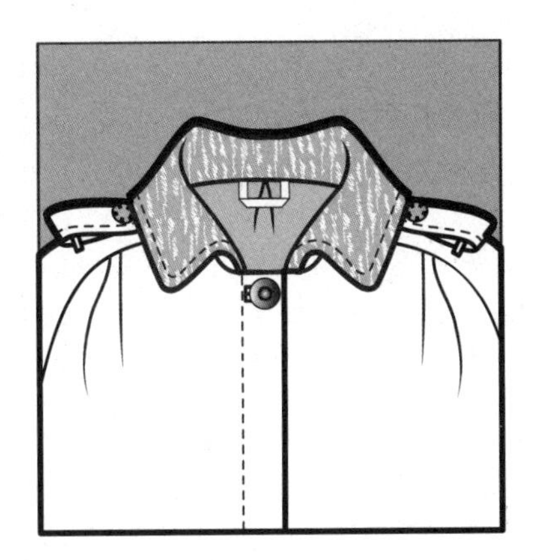
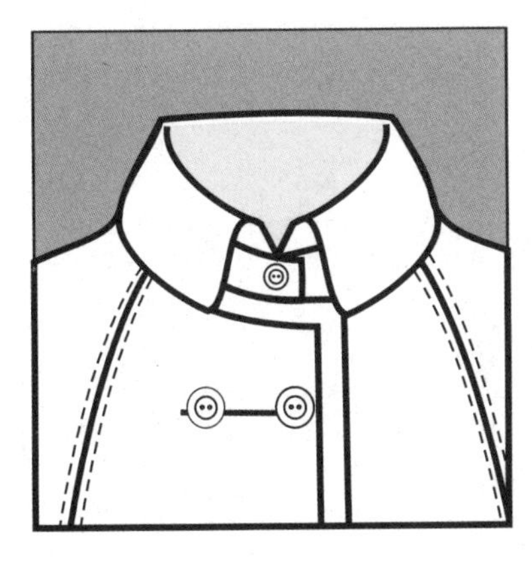

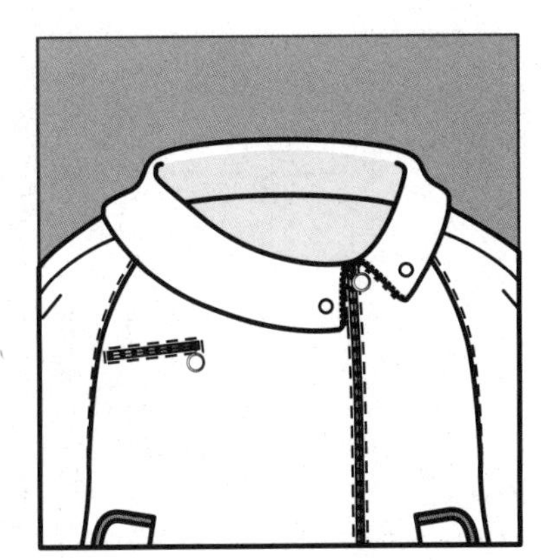

大衣细节设计——翻领(4)

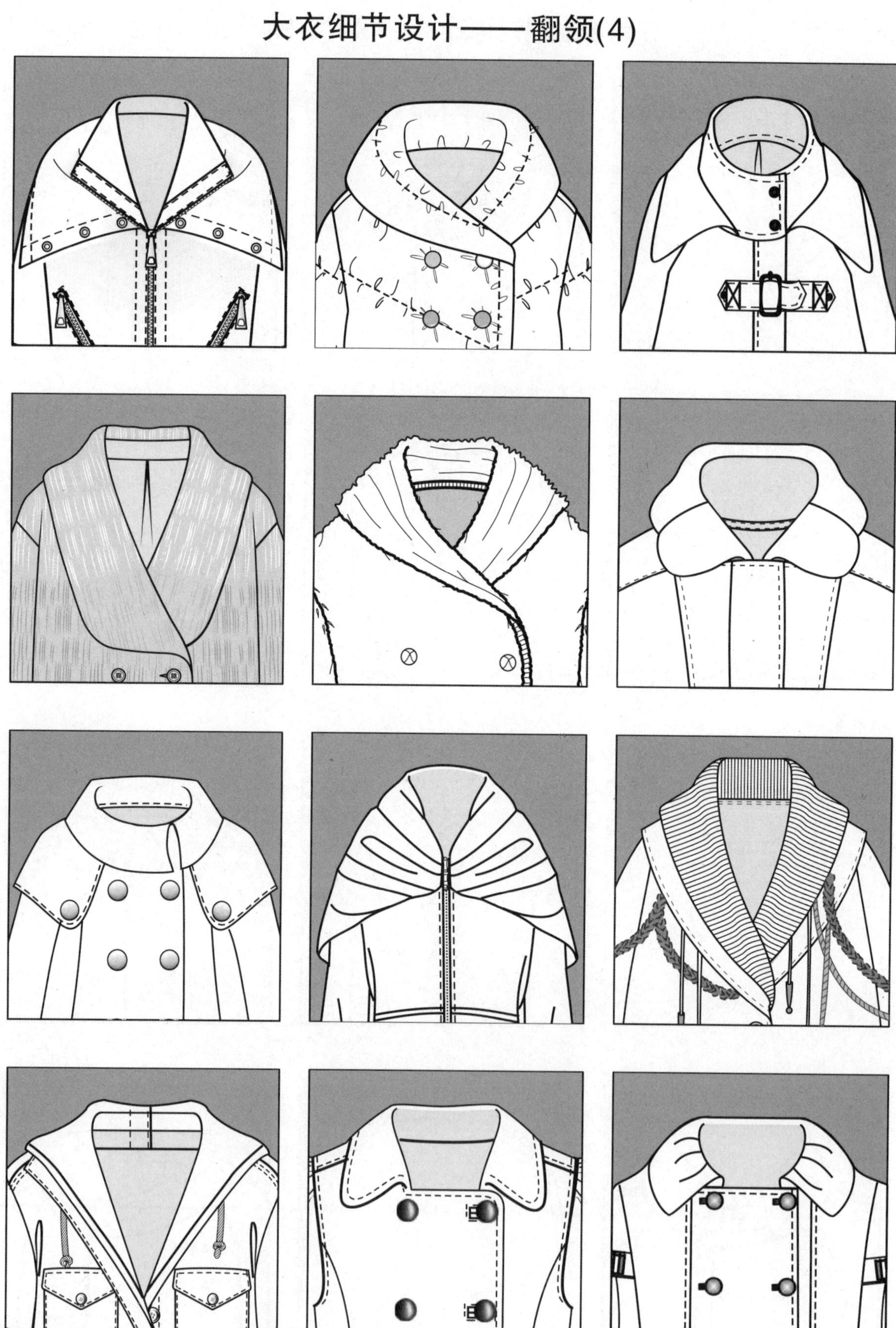

大衣细节设计——翻领(5)

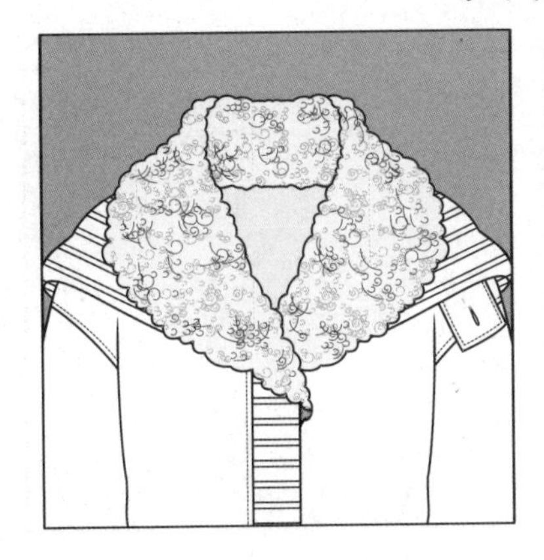
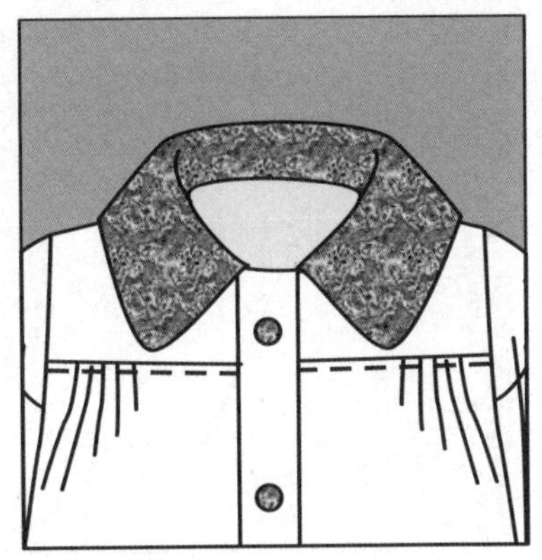
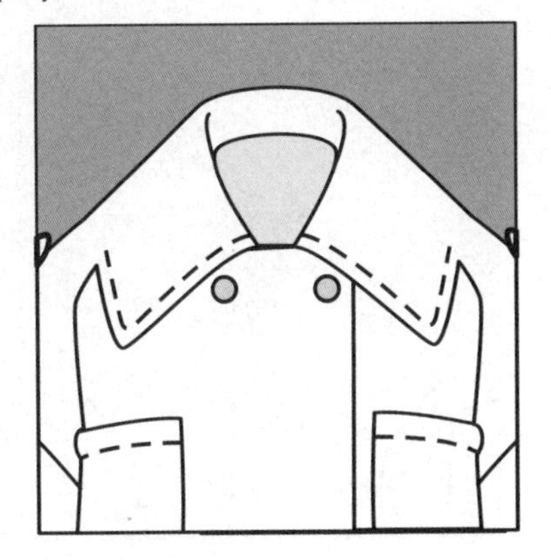
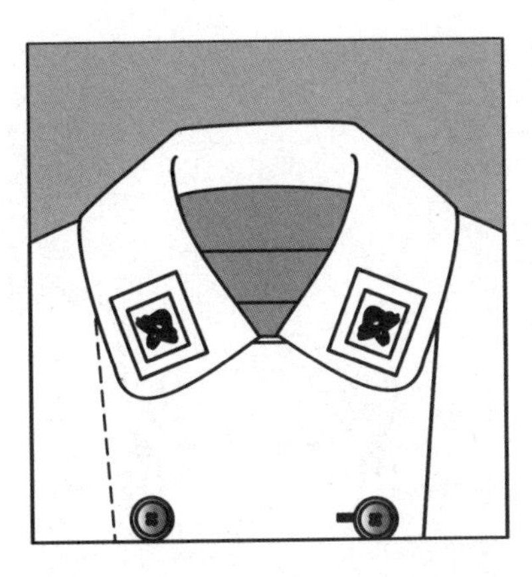
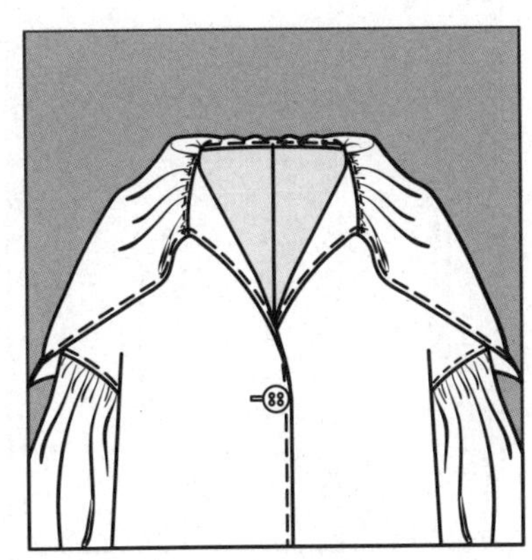

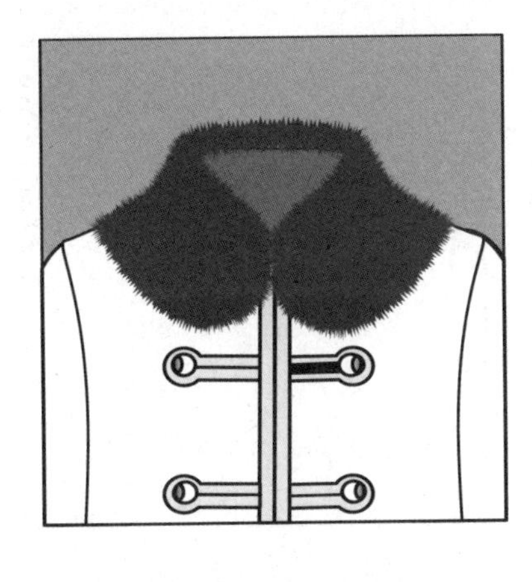
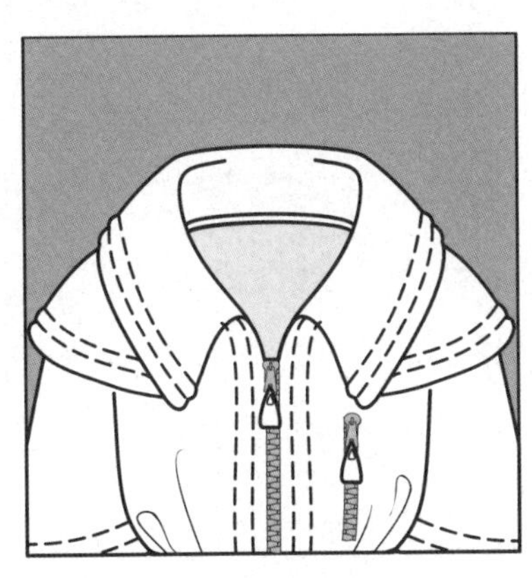

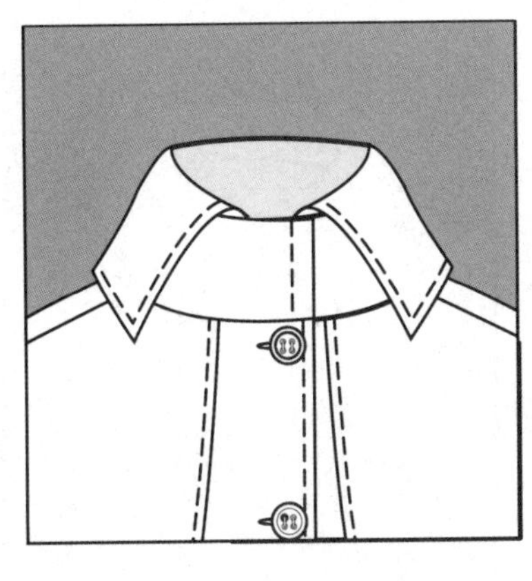
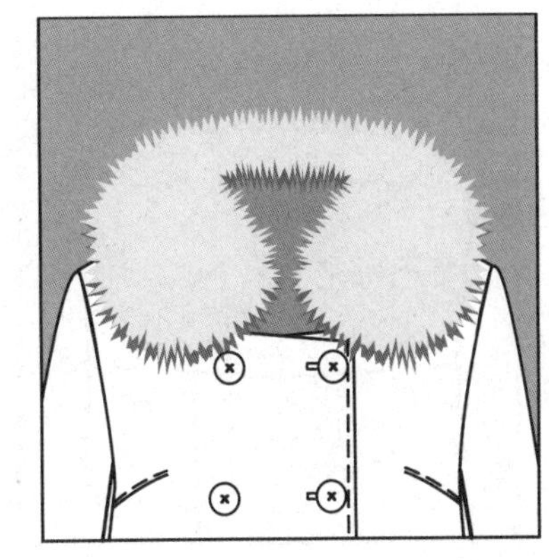
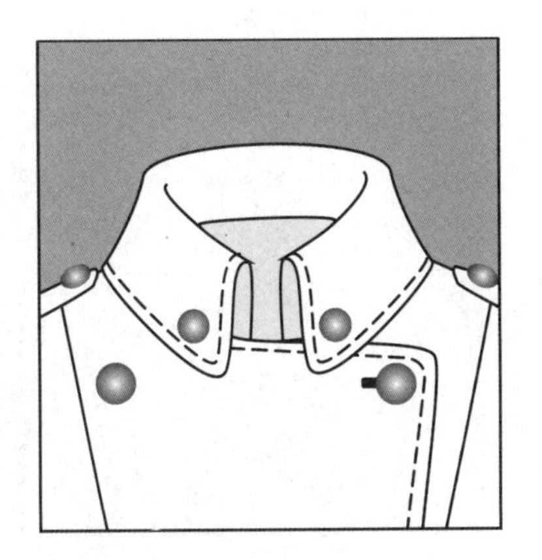

大衣细节设计——翻领(6)

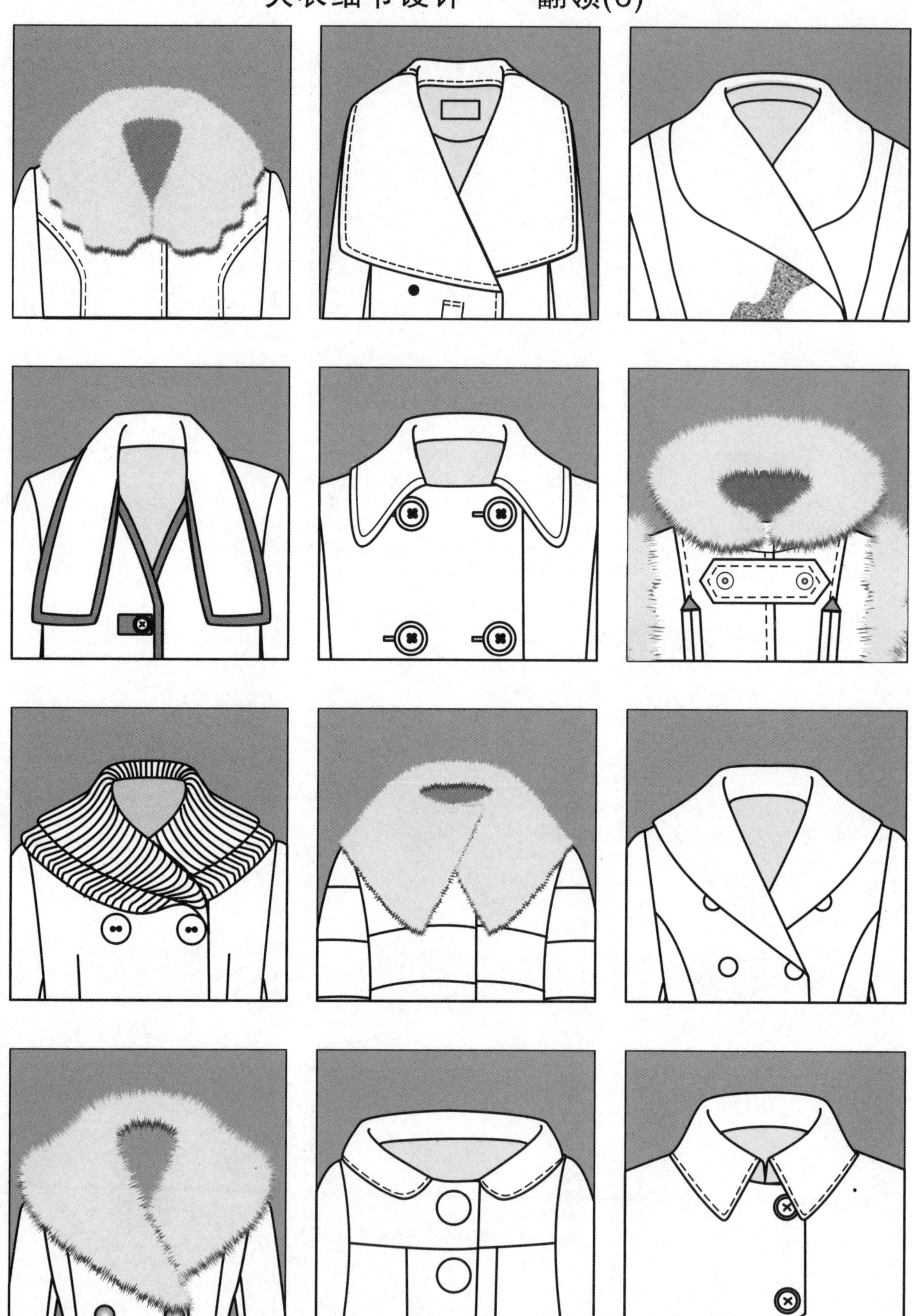

大衣细节设计——翻领(7)

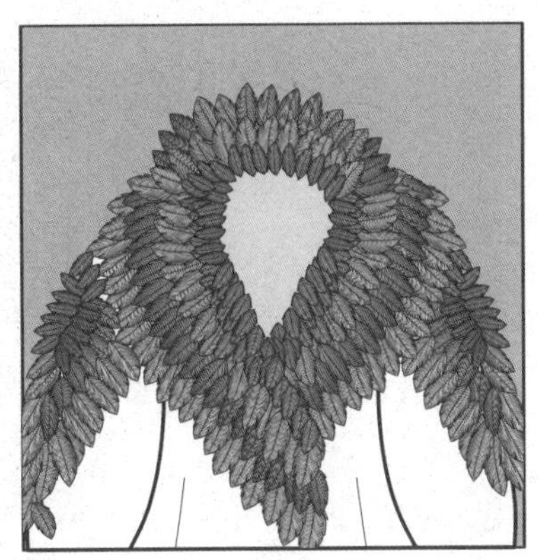

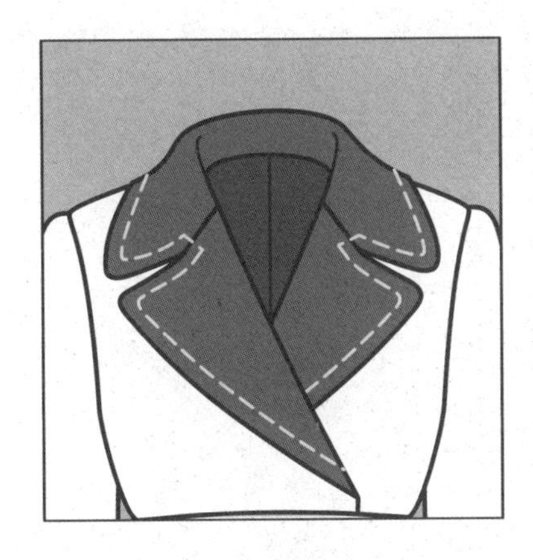

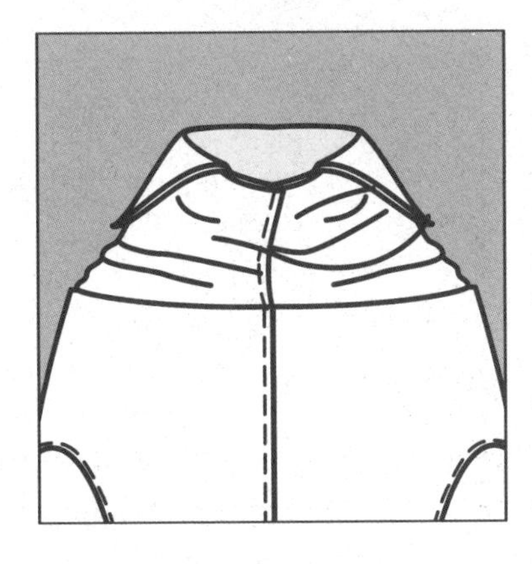
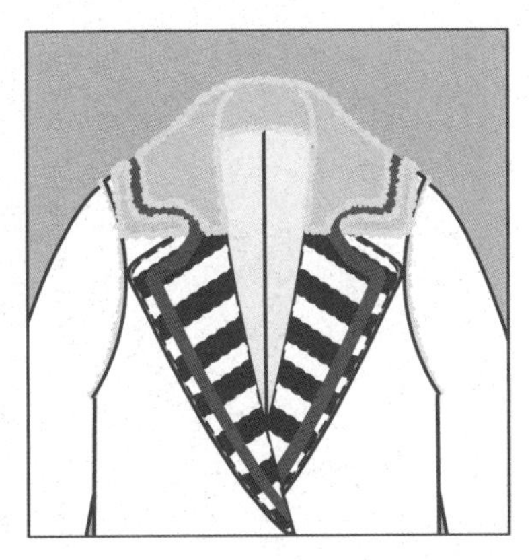
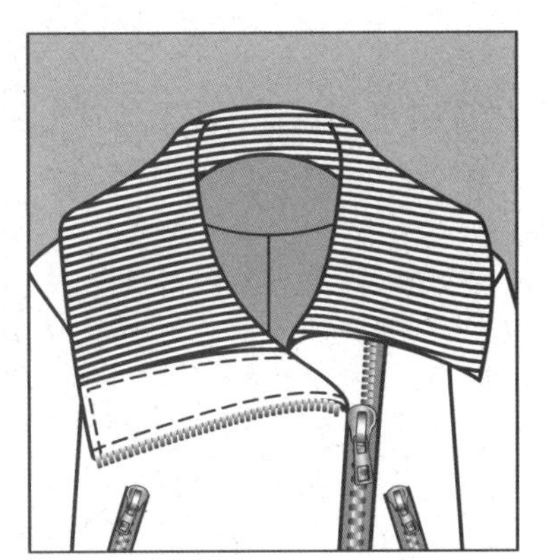
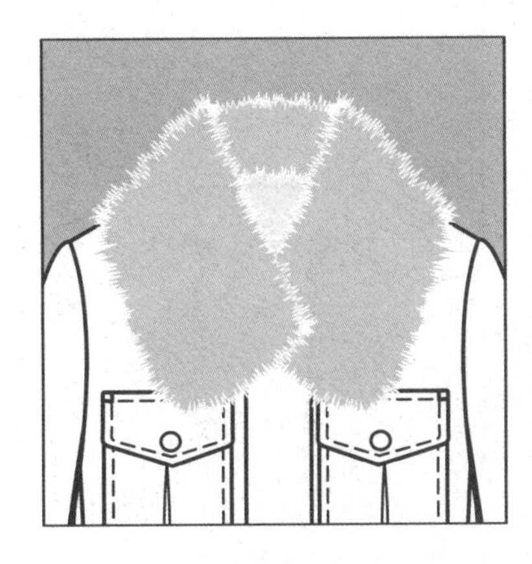
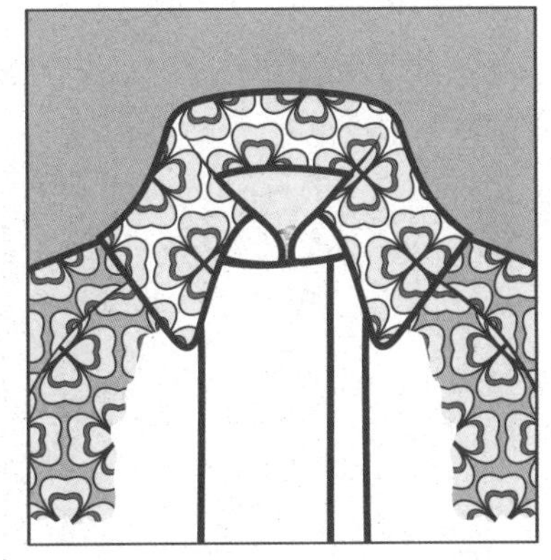
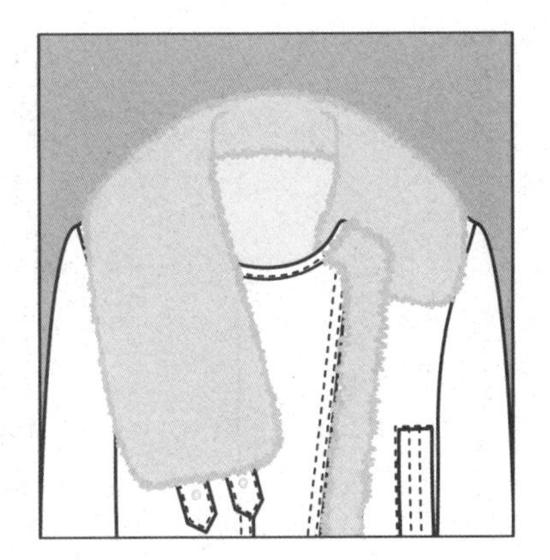

大衣细节设计——翻领(8)

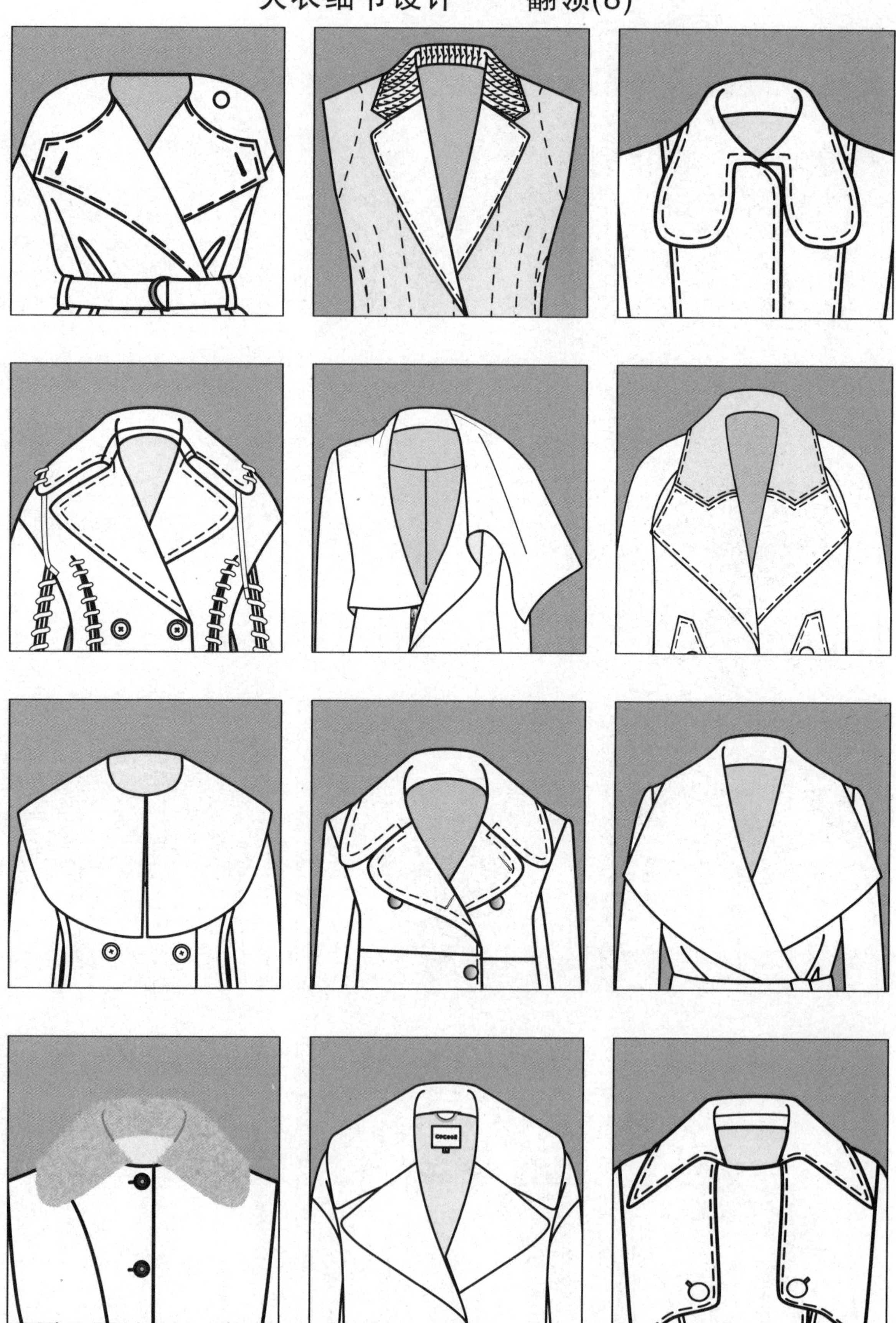

大衣细节设计——立领(1)

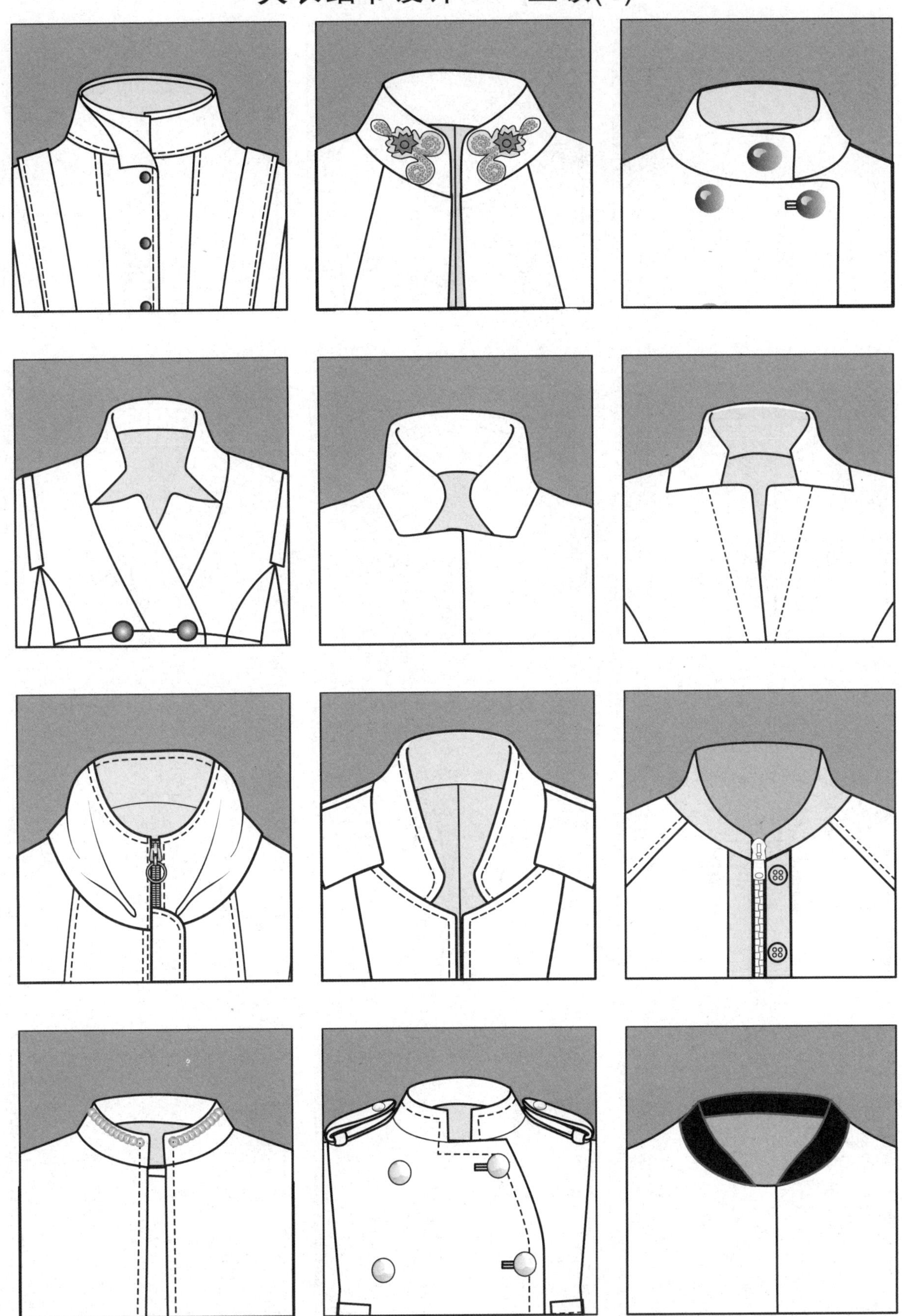

大衣细节设计——立领(2)

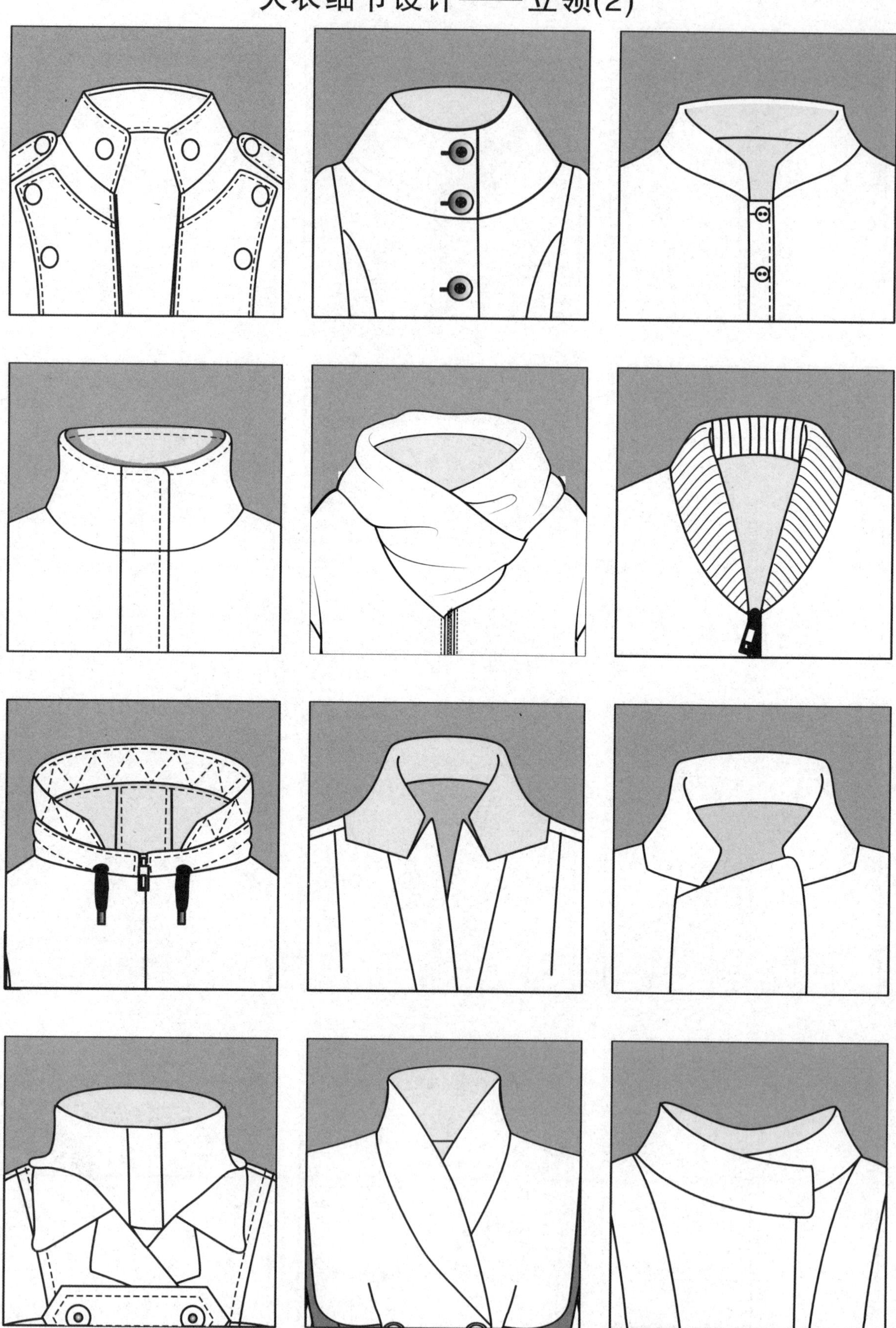

大衣细节设计——立领(3)

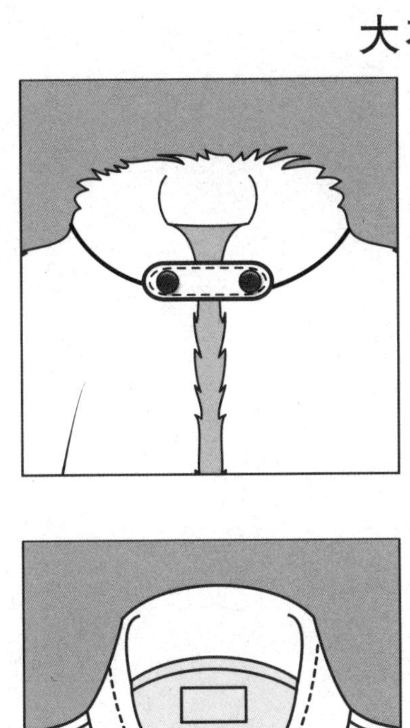
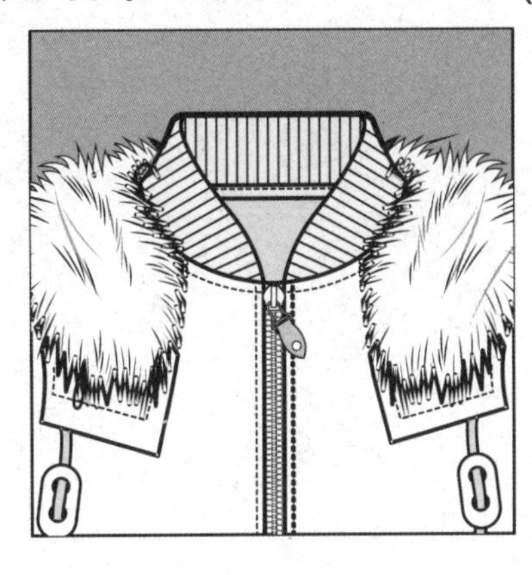
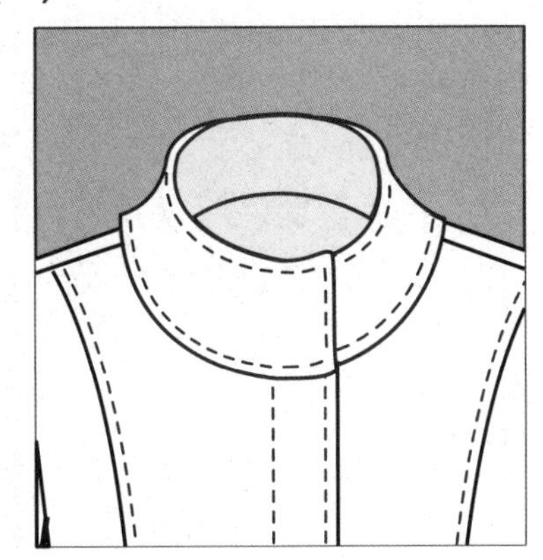

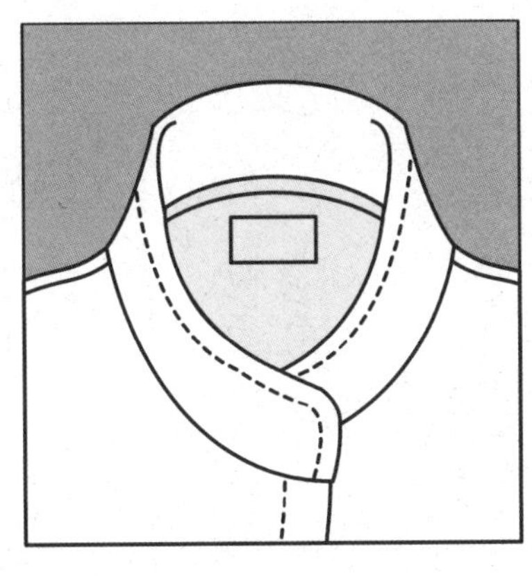

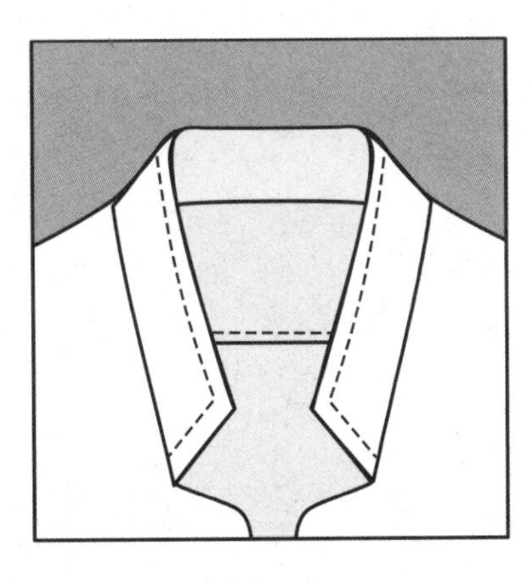
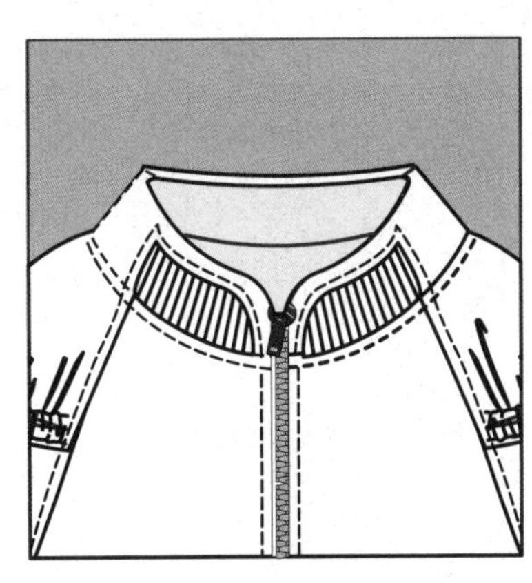
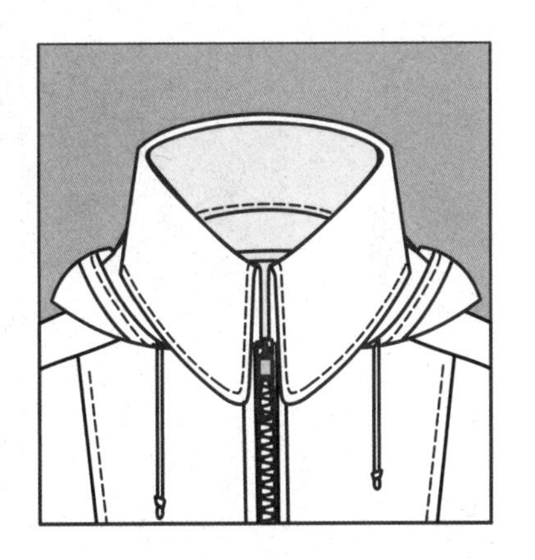

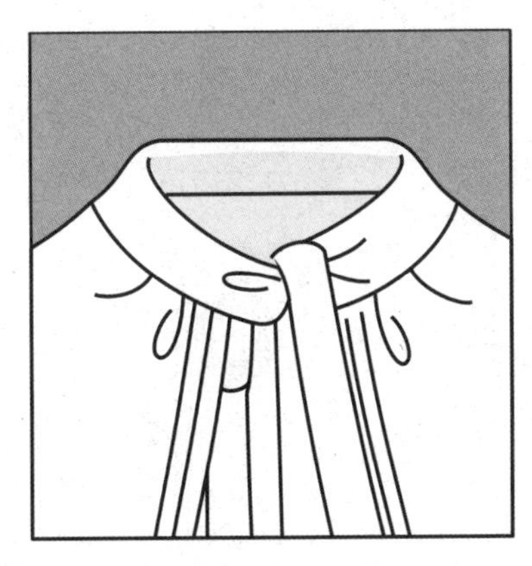
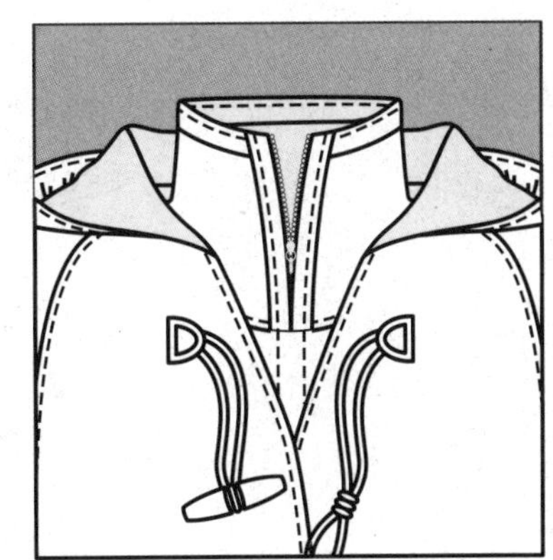
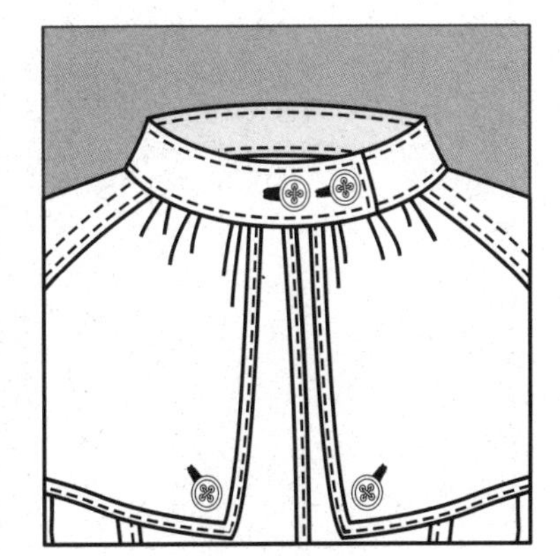

大衣细节设计——领圈领

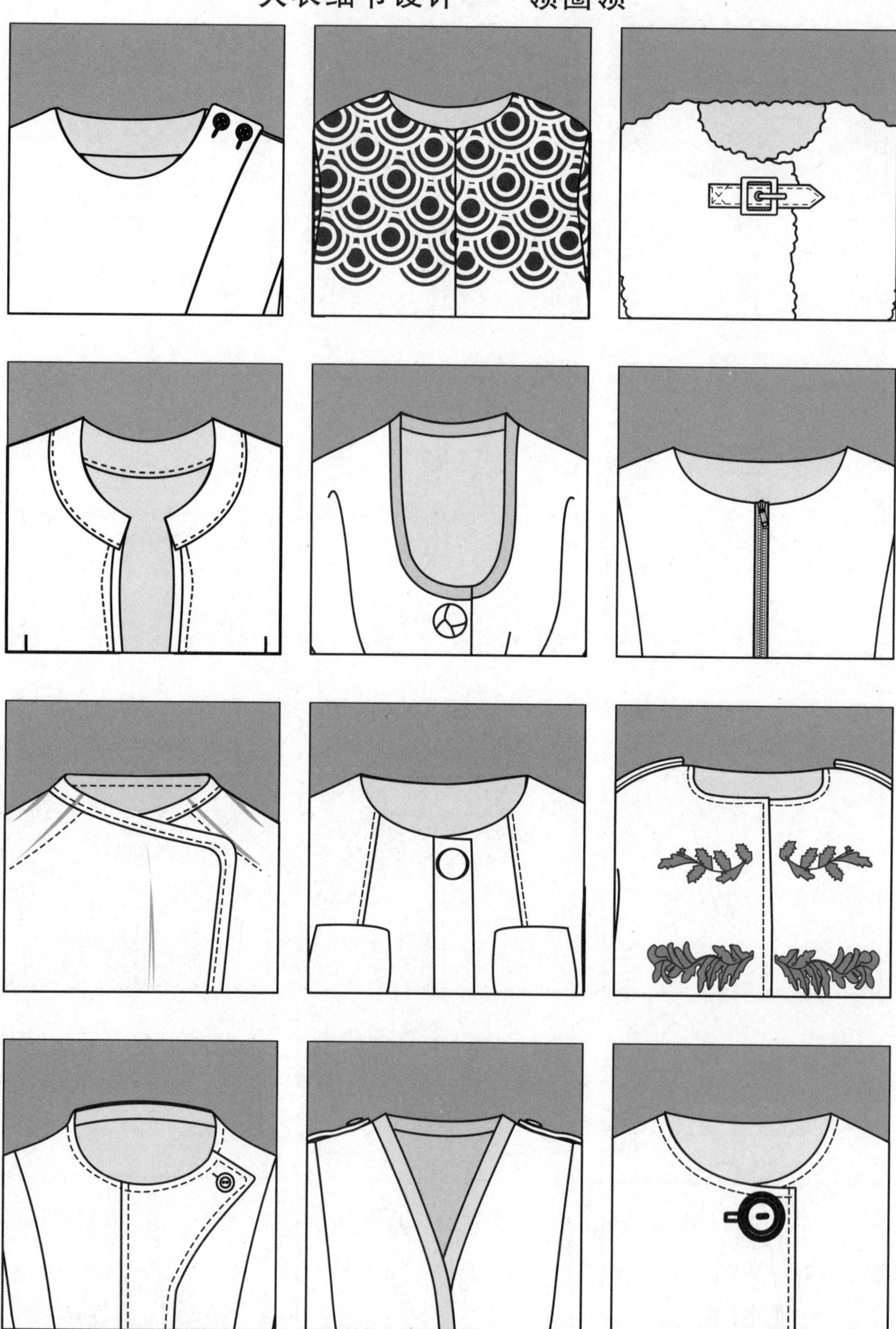

大衣细节设计——袖子(1)

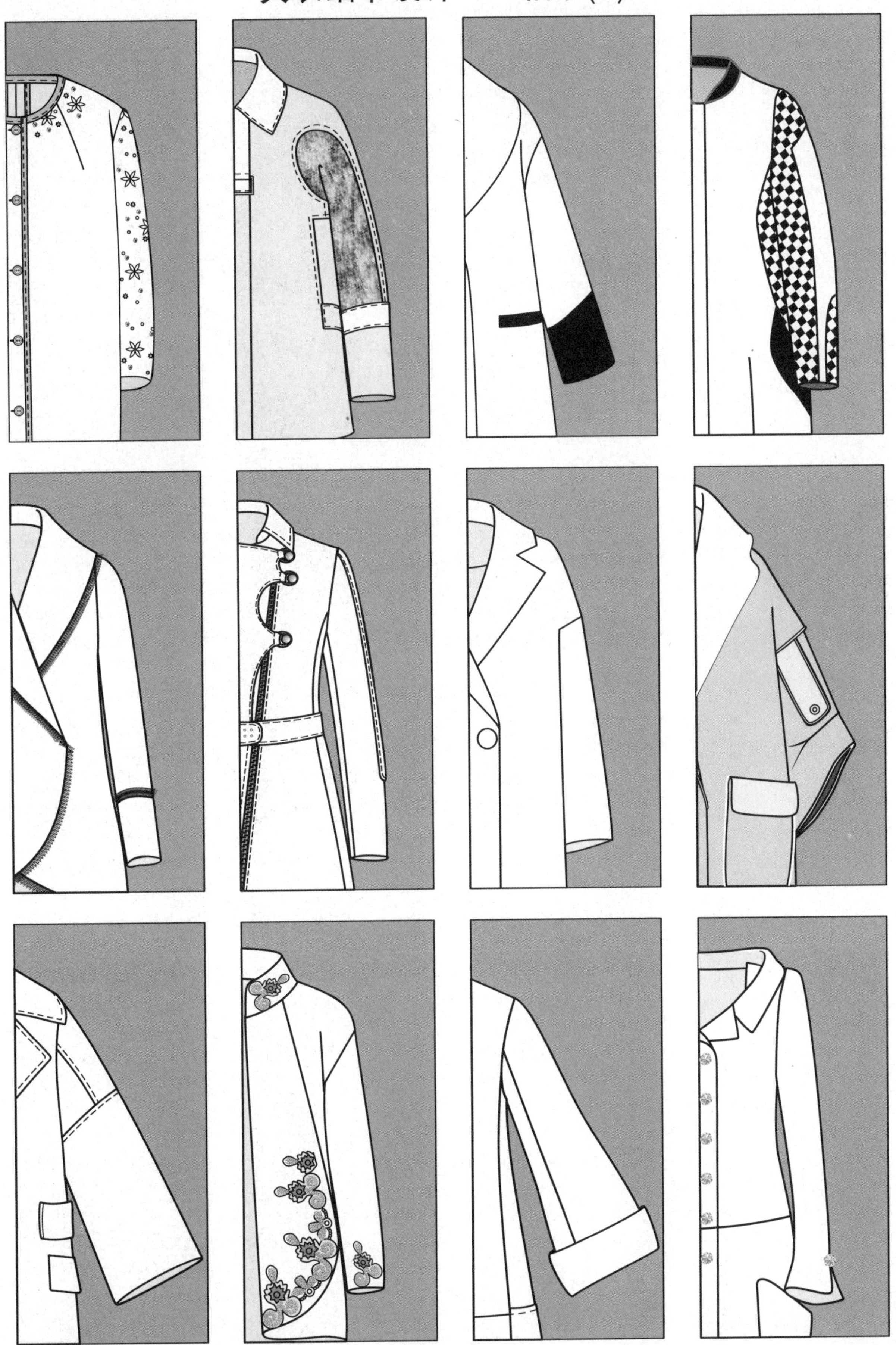

大衣细节设计——袖子(2)

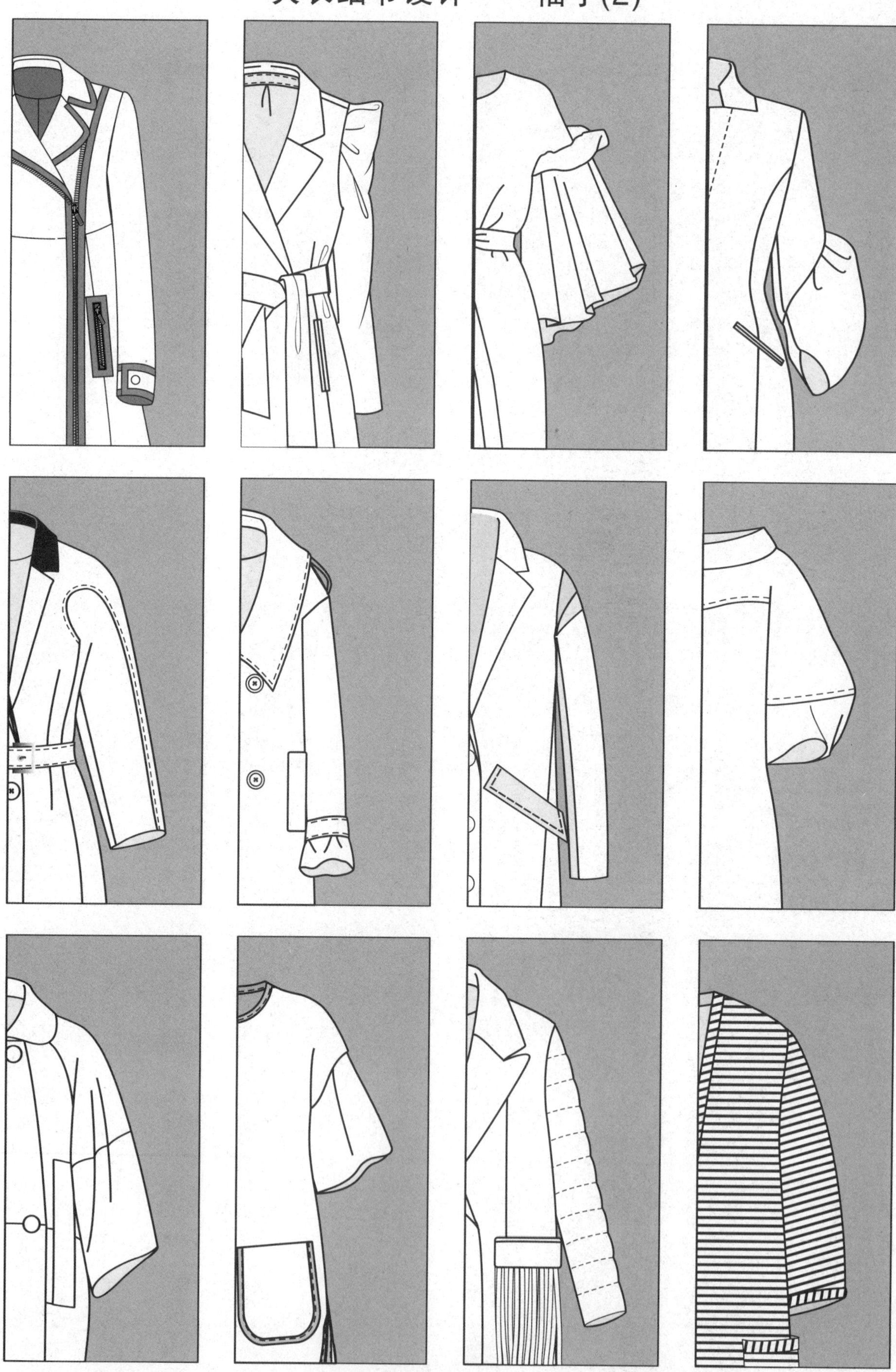

大衣细节设计——袖子(3)

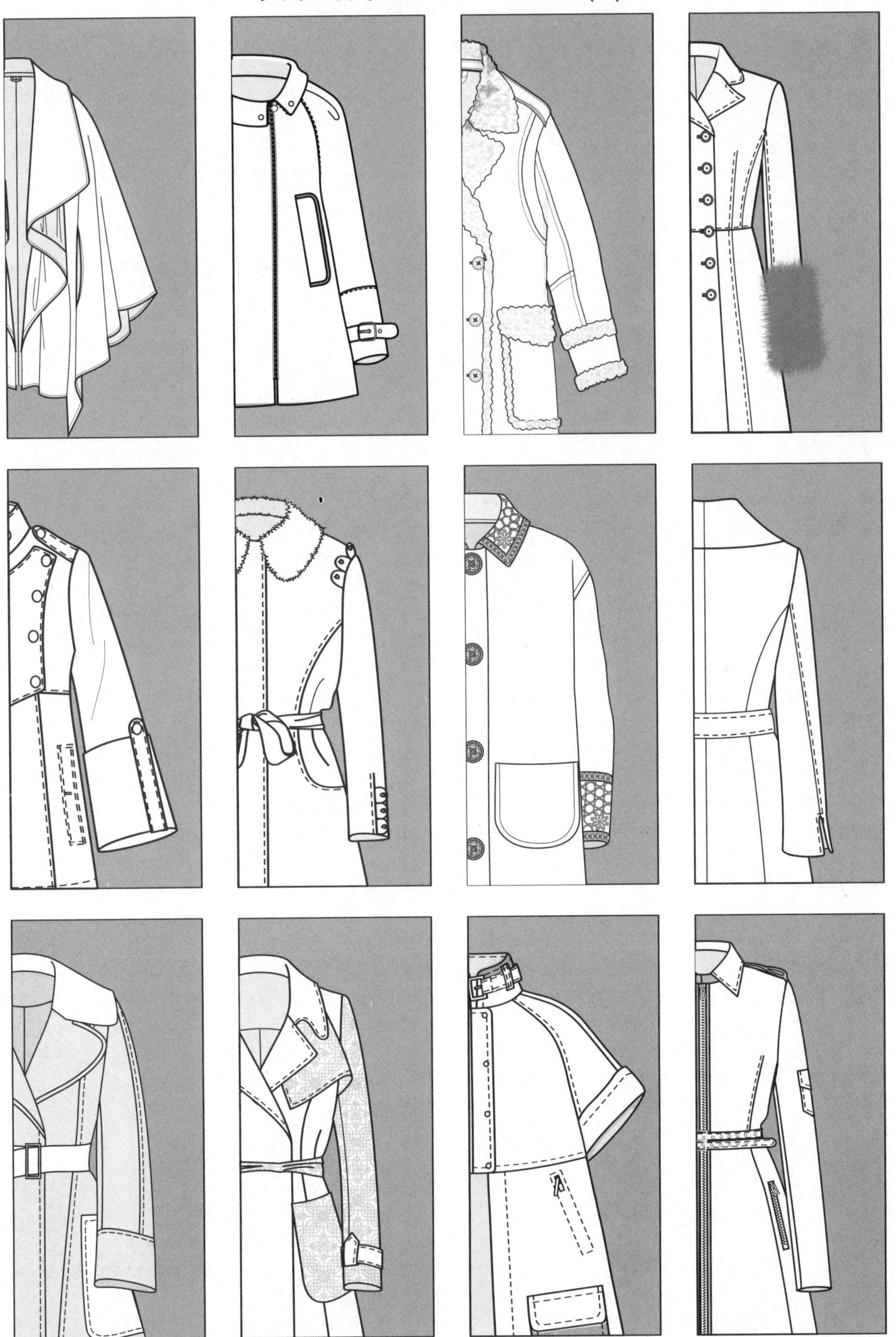

大衣细节设计——袖子(4)

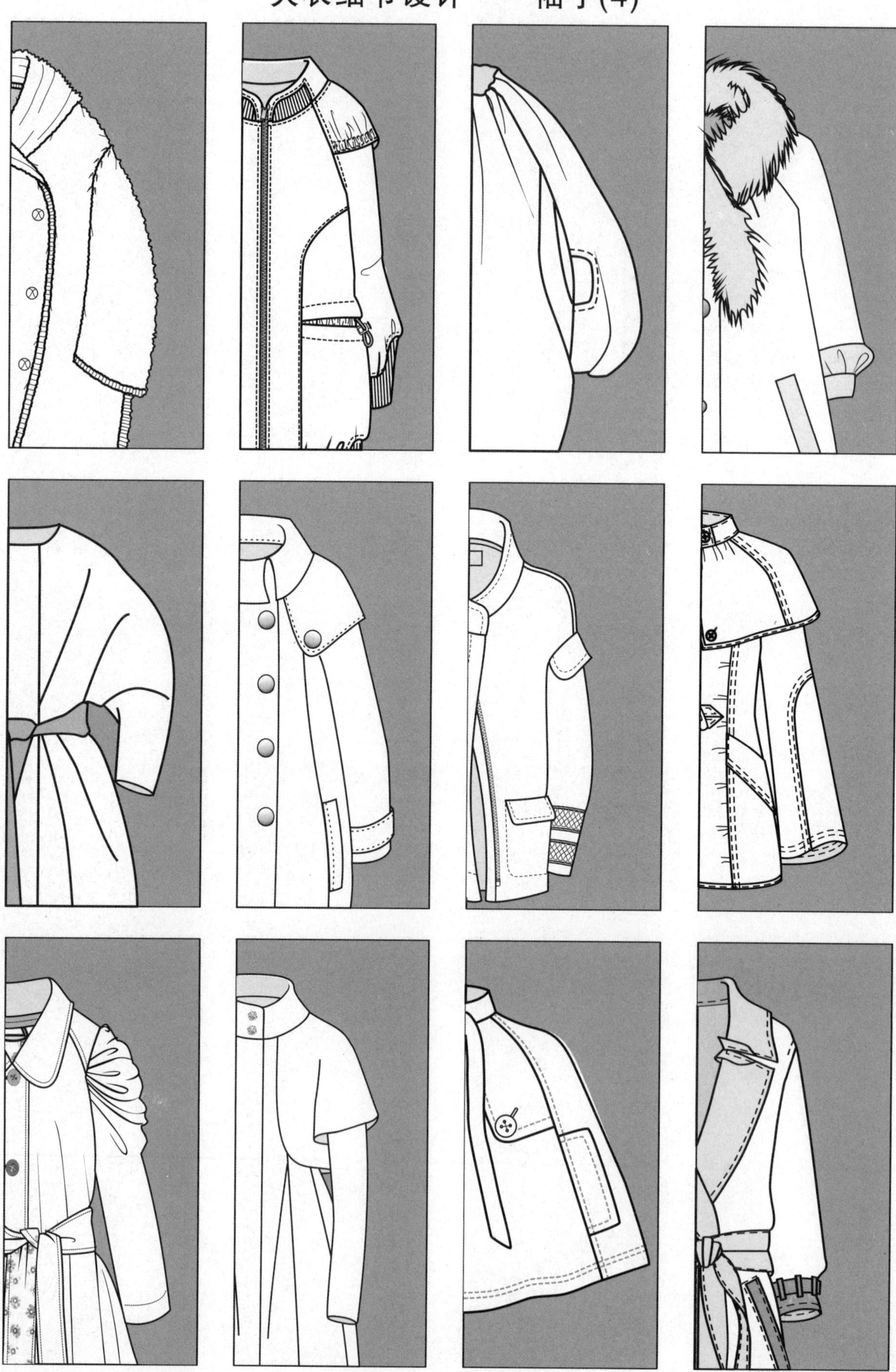

大衣细节设计——袖子(5)

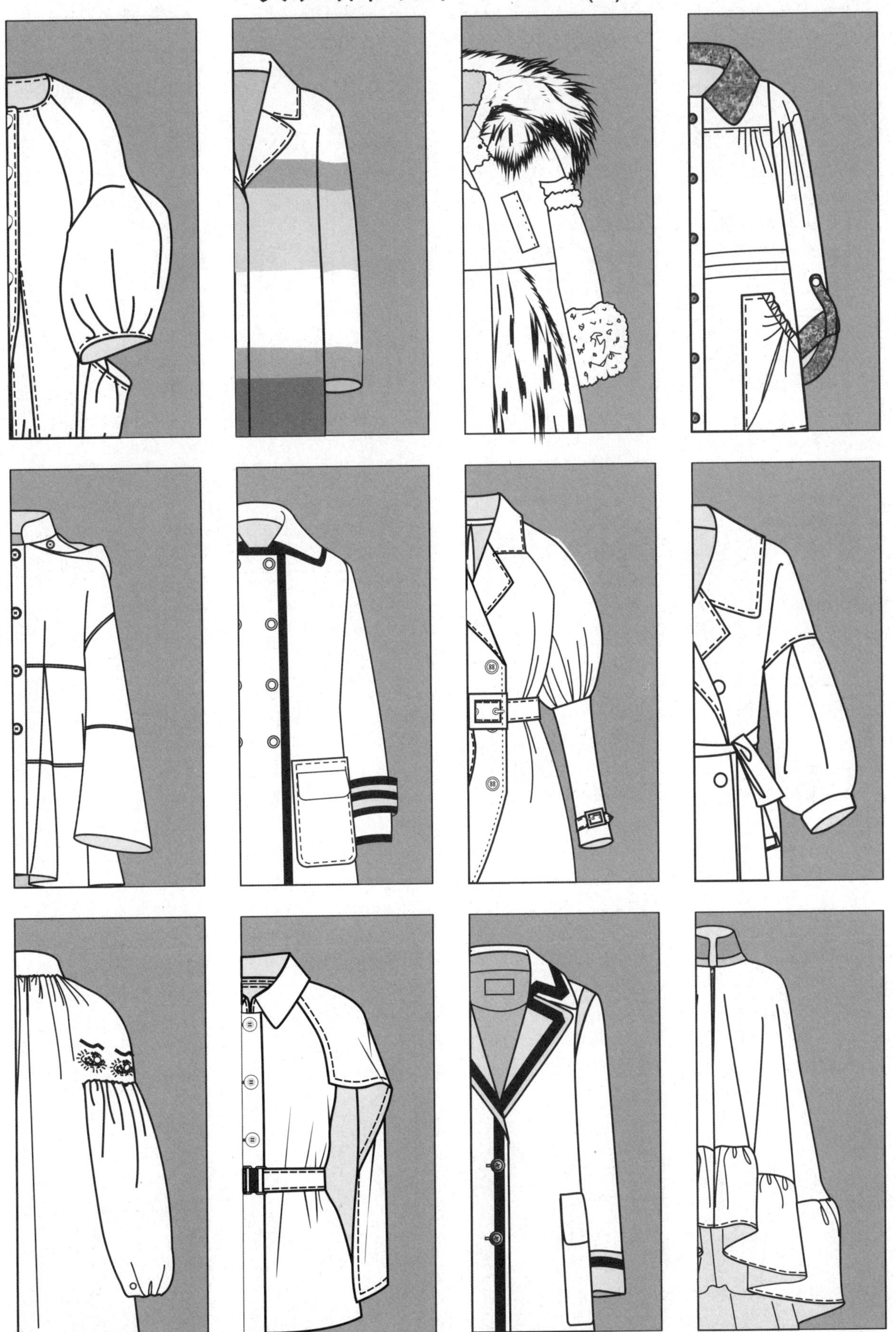

大衣细节设计——袖子(6)

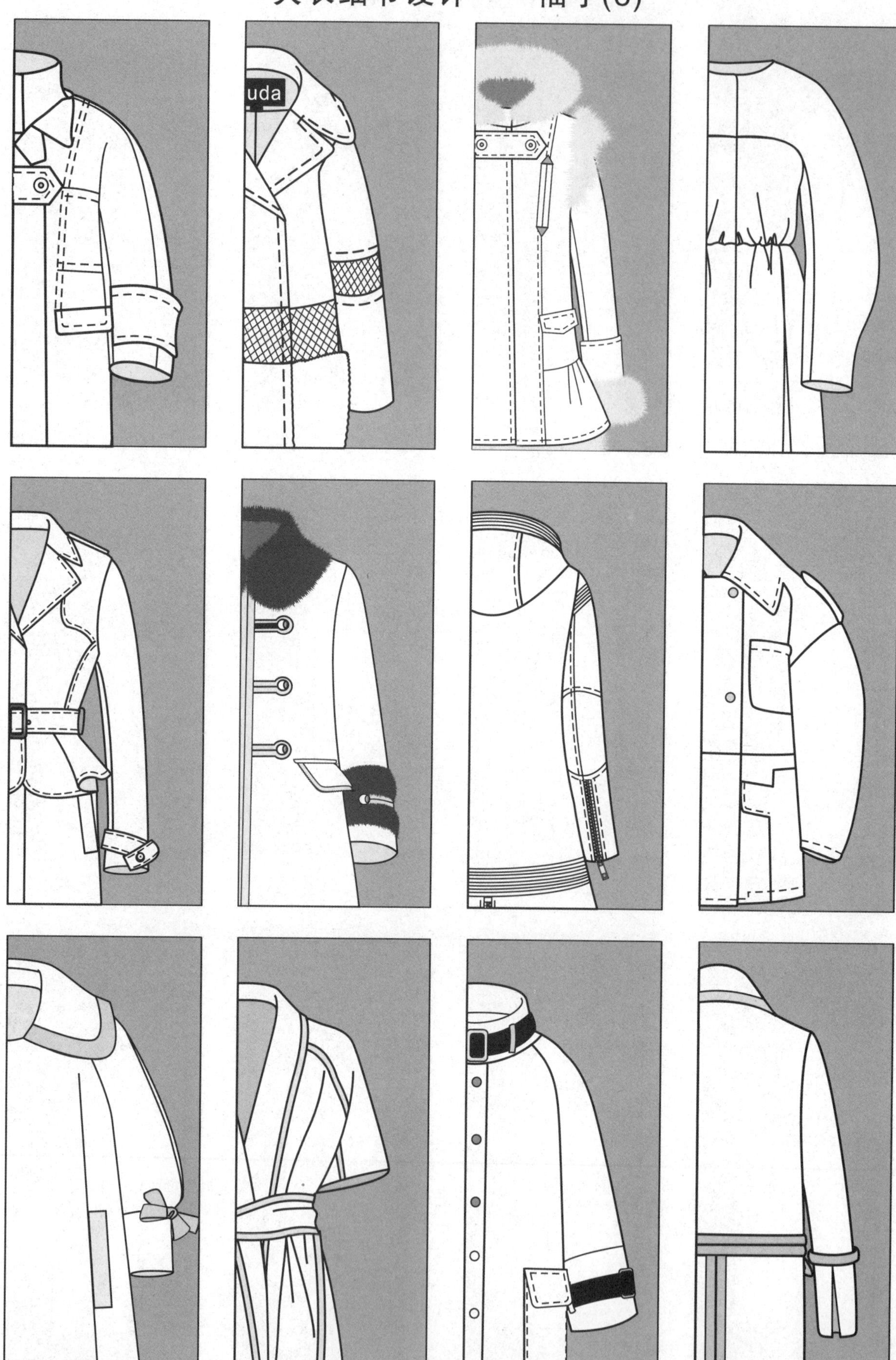

大衣细节设计——袖子(7)

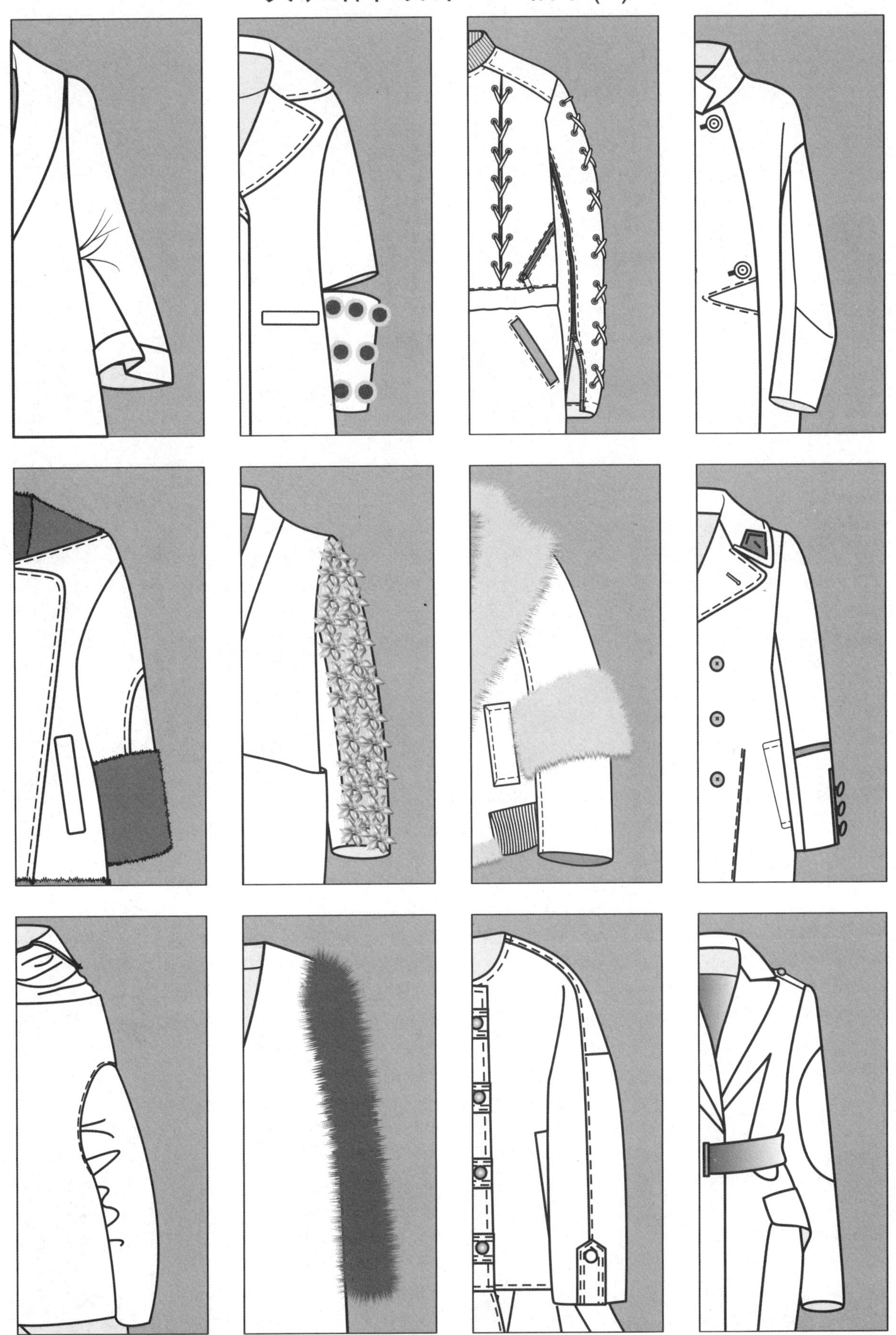

大衣细节设计——袖子(8)

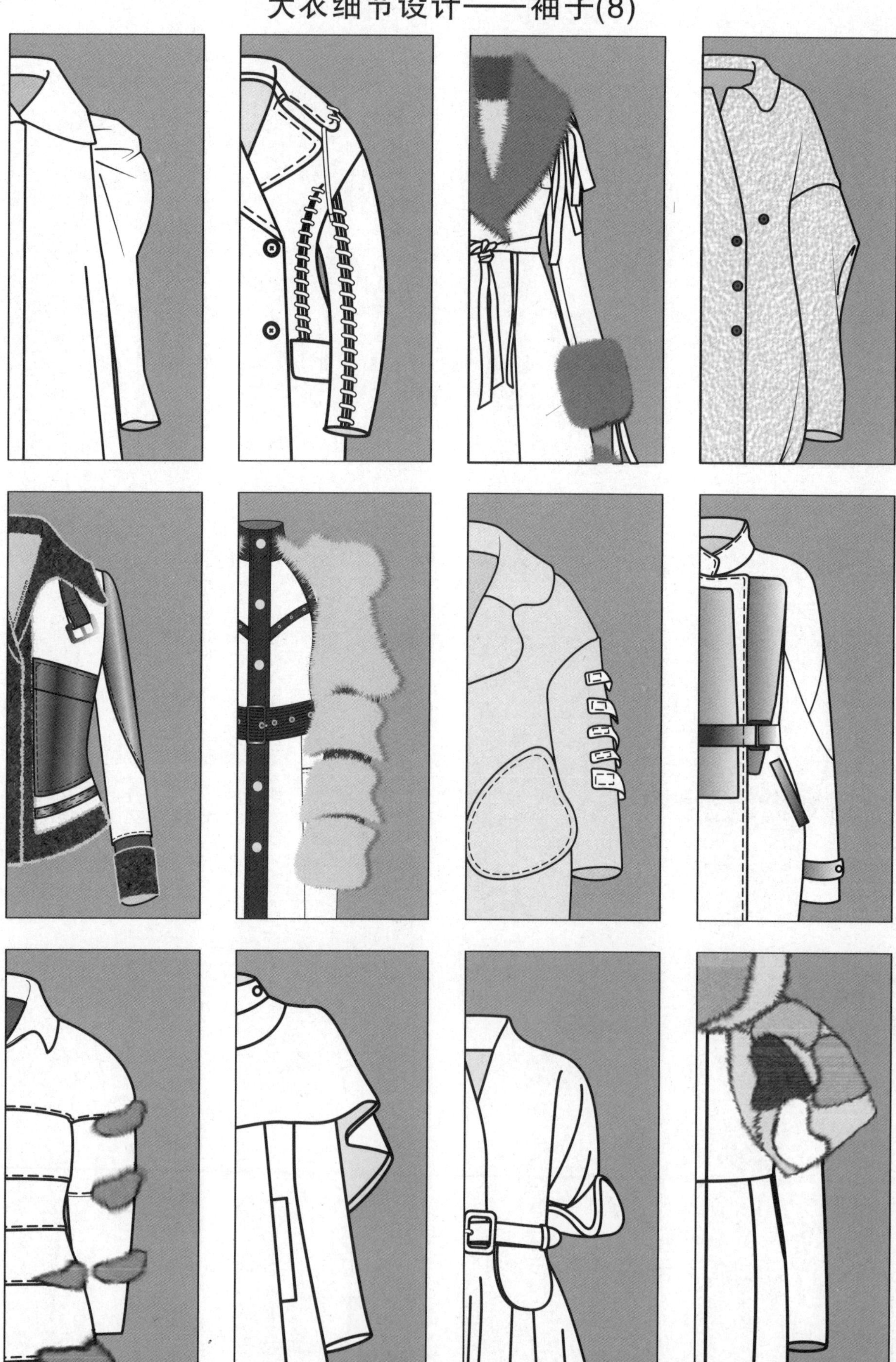

第九章

彩色系列款式图设计

拼色大衣系列设计 SERIES DESIGN

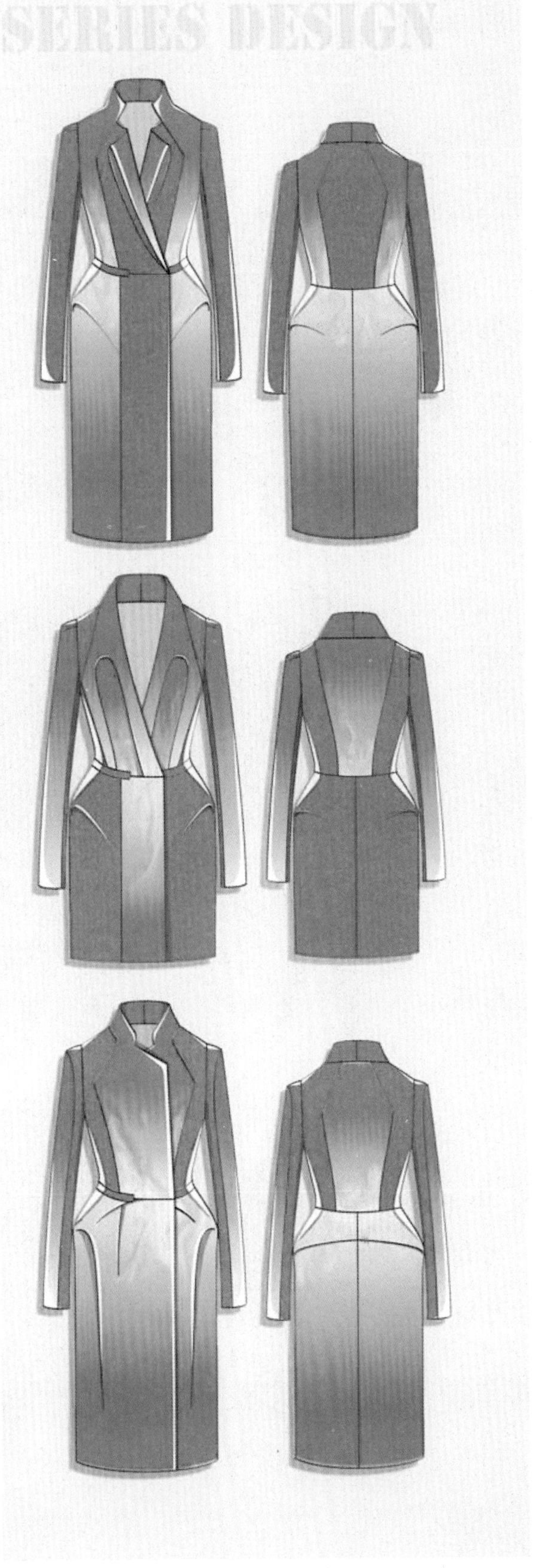

COAT STITCHING SERIES DESIGN

斗篷大衣系列设计

拼色大衣系列设计

大衣系列设计

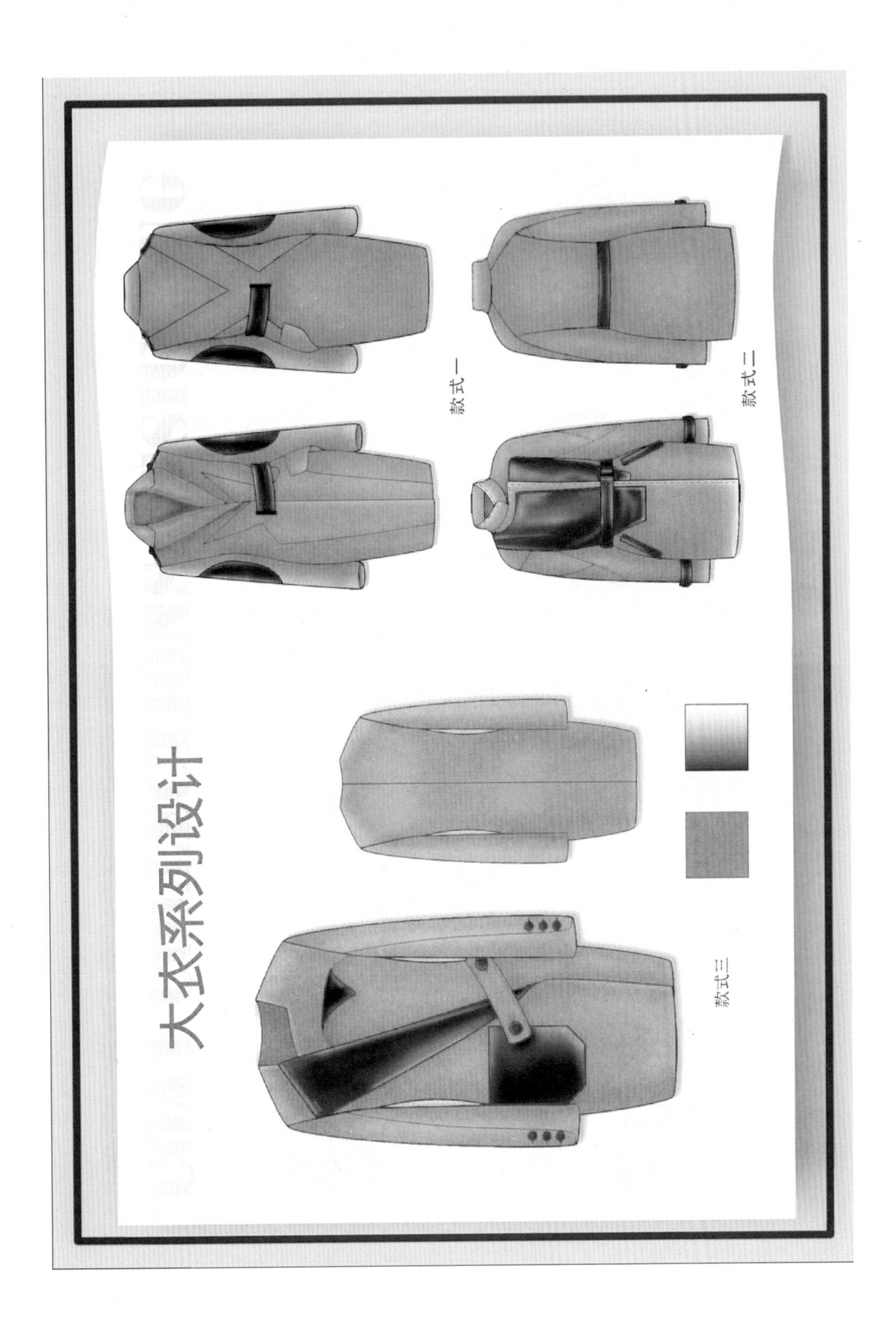
大衣系列设计
款式一
款式二
款式三

RIBBON DECORATIVE COAT SERIES DESIGN
丝带装饰大衣系列设计
款式一
款式二

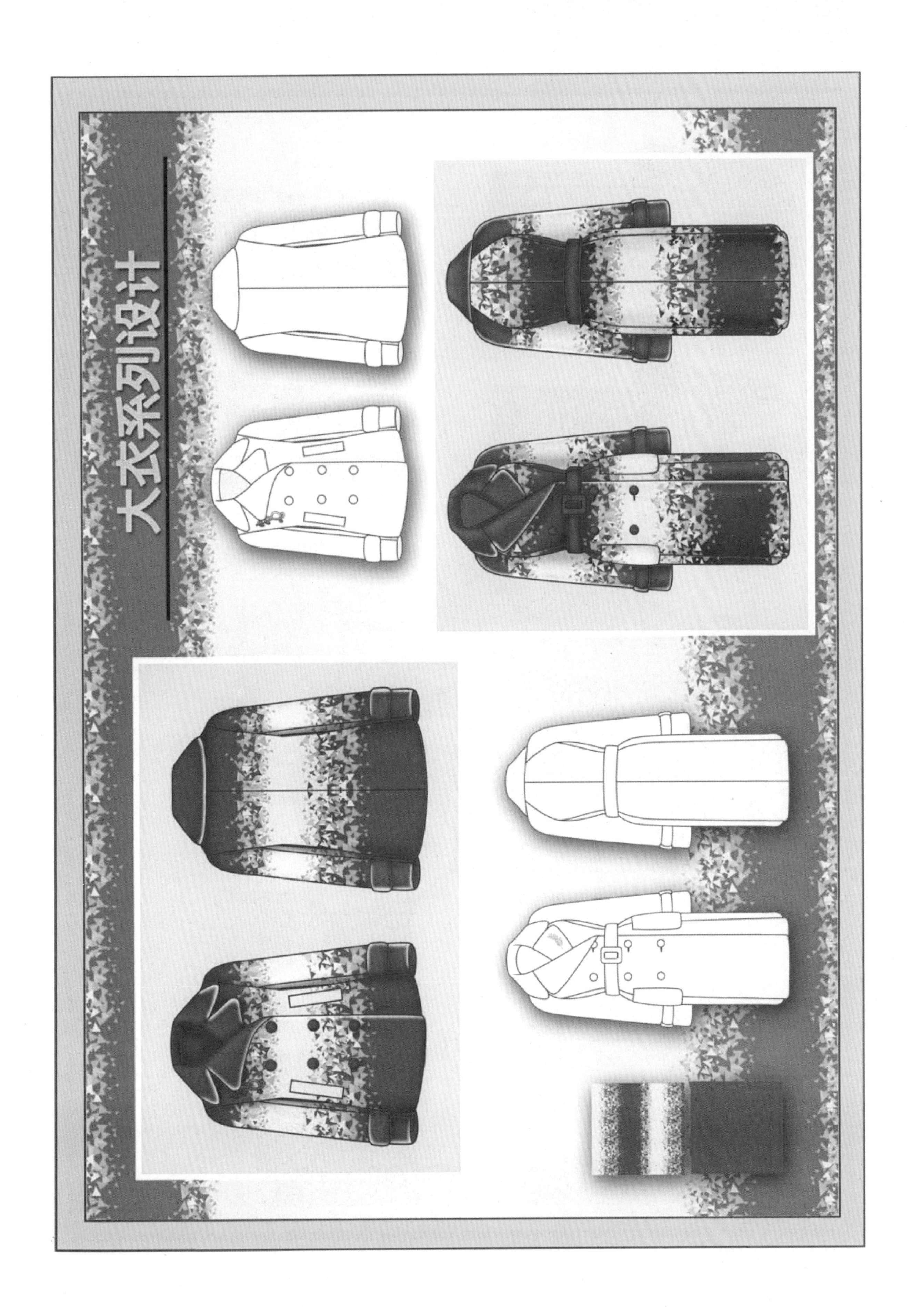
大衣系列设计

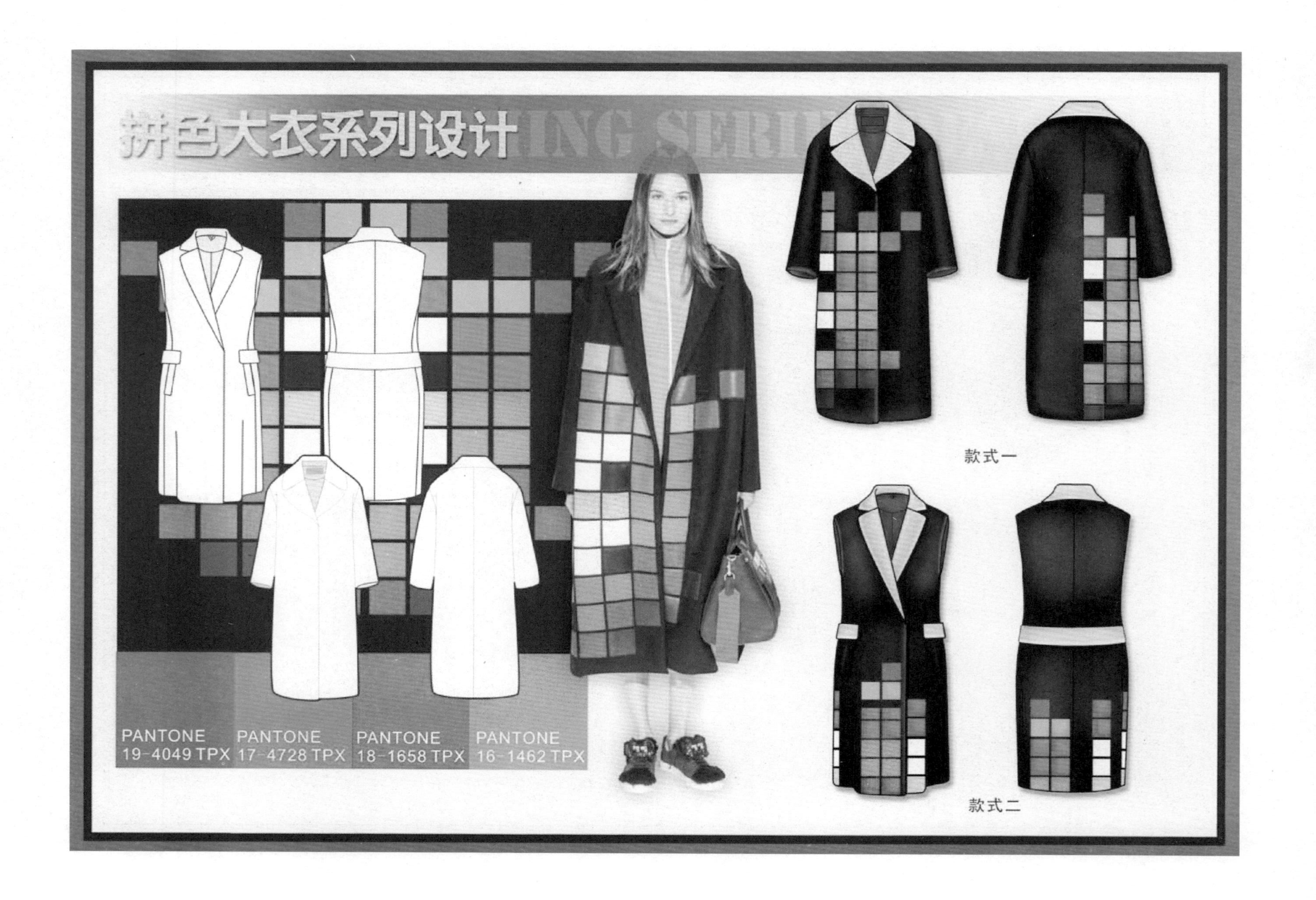
拼色大衣系列设计
PANTONE 19-4049 TPX
PANTONE 17-4728 TPX
PANTONE 18-1658 TPX
PANTONE 16-1462 TPX
款式一
款式二